东北大学多功能宽厚钢板辊式淬火成套技术装备实现薄规格钢板高平直度淬火等多项技术突破，荣获2014年国家科技进步二等奖

自主开发的现代化大型板带钢连续热处理线成功应用到宝钢、酒钢等企业，荣获中国机械工业科学技术一等奖等5项省部级奖

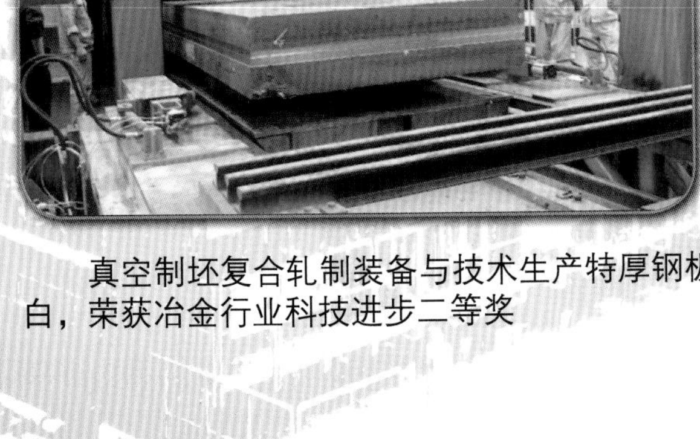

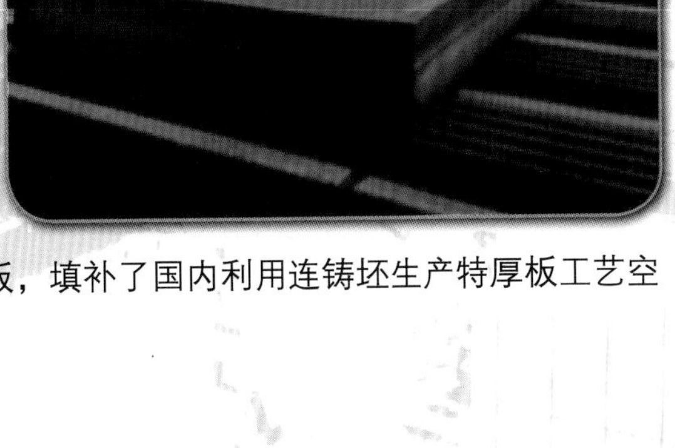

真空制坯复合轧制装备与技术生产特厚钢板，填补了国内利用连铸坯生产特厚板工艺空白，荣获冶金行业科技进步二等奖

东北大学 RAL 的系列热轧板带钢超快冷技术装备，已成功应用于华菱涟钢、首钢迁钢、包钢、首钢京唐等的生产线

550mm 高刚度控轧控冷热轧实验机组

450mm 高精度液压张力冷－温轧实验轧机

新一代 TMCP 技术在中厚板生产中的应用（5000mm 宽厚板轧机）

序

自20世纪末期以来，世界钢铁总产量快速增长，钢铁行业取得了巨大的进步。其中，我国钢铁工业已经基本完成工业化，实现了机械化、电气化和自动化，产量已经占世界钢铁总产量的一半。我国钢铁工业的飞速发展支撑了国内经济的腾飞，同时也促进了国际经济的繁荣。然而，伴随我国钢铁工业的高速发展，在满足国民经济急需的过程中，资源、能源及环境的限制问题也逐渐凸显出来，矿石、合金元素等资源大量依赖进口，高污染、高排放等环境问题已严重危及社会发展和人民生活，钢铁材料的潜力亟待深入挖掘，高新产品技术升级换代迫在眉睫。

面对这种严峻局面，钢铁工业的可持续发展已经成为我国钢铁工作者乃至全社会共同关心的问题。为此，我们必须大胆创新，努力转变发展方式，走新型工业化的发展道路，让我国的钢铁企业健康发展。这就要求工业化的技术体系向生态化的技术体系转变。

生态化技术体系的核心是减量化、低碳化、数字化。我们应依据生态化技术体系的特点，针对面临的资源、能源、环境等问题，加强技术创新，实现“绿色制造，制造绿色”这一生态化、绿色化的大计方针。所谓生态化、绿色化，即节省资源和能源；减少排放，环境友好，易于循环；产品低成本，高质量、高性能。

轧制技术的生态化、绿色化特征在轧制过程创新与轧制产品研发上具体体现在四个方面，即：“高精度成形；高性能成性；减量化成分设计；减排放清洁工艺”。今天比以往任何时候都更需要突出现代钢铁技术生态化、绿色化特征，着力围绕“高精度成形、高性能成性、减量化成分设计、减排放清洁工艺”开展创新研究，解决一批前沿、战略问题和关键、共性问题，推进我国轧制技术的发展。在世界轧制技术的发展中，留下中国人的印记，将是我国轧制科技工作者长期、艰巨而光荣的任务。

从全球钢铁工业来看，创新发展战略是把握未来钢铁工业工艺、技术、产品发展方向的关键，特别是在当前全球钢铁业处于低迷的情况下，应进一步加强科技创新、实现可持续发展，以便在全球钢铁业竞争中处于优势地位。东北大学轧制技术及连轧自动化国家重点实验室（The State Key Laboratory of Rolling and Automation，简称 RAL）作为工程类国家重点实验室，以冶金行业钢铁产业关键共性技术应用基础研究为重点，实现金属材料轧制技术领域工艺、装备、产品乃至产品服务的系统创新，坚持从制造向服务转变、从粗放向可持续转变、从同质竞争向差异竞争转变的创新发展战略转变路线，科研学术成果全面进入国民经济主战场，科研工作推进至国际前沿领域。二十余年来，RAL 秉承“开放、流动、联合、竞争”的运行机制，以国民经济需求为导向，面向钢铁材料及有色金属材料轧制技术领域，置身前沿，躬身实践；面向国民经济主战场，一步一个脚印，扎扎实实，取得了一系列具有自主知识产权的科研创新成果，走出了一条具有鲜明特色的国家重点实验室建设发展之路。

本书紧密围绕 RAL 实验室近年来的科研创新与发展之路，详细介绍了轧制技术领域重大关键共性技术以及国际轧制技术发展前沿的基础性、前瞻性、战略性轧制工艺理论、技术及装备应用。内容包含了热轧钢铁材料新一代 TMCP 技术、高性能、低成本、减量化钢材品种开发、先进工艺技术、轧制过程自动化、信息化技术及先进实验研究设备与中试平台等核心技术的研究成果。期望本书能够在我国研发先进工艺技术和装备、优化生产工艺流程，降低能源资源消耗、保护生态环境，实现绿色制造，优化、调整产品结构，开发高端钢材，支撑海洋、交通、能源等战略新兴产业的绿色化发展等方面发挥积极作用，为我国钢铁工业自主创新、技术改造、转型发展提供参考。

我国钢铁轧制行业已经步入后工业化时代，资源、能源、环境与产品方面的压力凸显，转型发展势在必行。我们必须按照中央的指示，乘新一轮技术革命和产业变革与我国经济社会转型发展历史性交汇的大好时机，通过学科交叉、行业协同，实现创新驱动发展，大力开发生态化的钢铁轧制生产技术，着力解决一批关系我国钢铁轧制工业健康发展的关键共性问题、前沿技术问题，建立生态化的钢铁轧制技术体系，大力推行减量化、低碳化、数字化，实现我国钢铁轧制行业的平衡、协调、可持续发展。

中国工程院  院士

轧制技术的创新与发展

——东北大学 RAL 研究成果汇编

王国栋　等编著

北　京
冶　金　工　业　出　版　社
2015

内容简介

本书共6篇，主要内容包括：概况；热轧钢铁材料新一代TMCP技术，其中涵盖控轧控冷技术，中厚板、热轧板带钢、装备及技术、H型钢、螺纹钢棒材、轴承钢棒材的装备与工艺技术、调控热轧钢材显微组织基本原理等；大热输入焊接用中厚板生产技术、9Ni钢研发技术、减酸洗钢和免酸洗钢研发技术、节约型不锈钢制备技术、低合金耐磨钢开发、Q960/Q1100研发，低硅含磷TRIP钢开发、高级管线钢研发，低成本高强汽车板研发；薄带连铸工艺凝固组织控制、无取向硅钢及取向硅钢研究、中温加热高磁感取向硅钢研究以及轧制过程自动化、信息化技术，先进实验研究设备与中试平台等。

图书在版编目(CIP)数据

轧制技术的创新与发展：东北大学RAL研究成果汇编/王国栋等编著. —北京：冶金工业出版社，2015.1
ISBN 978-7-5024-6766-1

Ⅰ. ①轧… Ⅱ. ①王… Ⅲ. ①轧制—科技成果—汇编—中国 Ⅳ. ①TG33

中国版本图书馆CIP数据核字(2014)第244643号

出 版 人 谭学余
地　　址 北京市东城区嵩祝院北巷39号 邮编 100009 电话 (010)64027926
网　　址 www.cnmip.com.cn 电子信箱 yjcbs@cnmip.com.cn
策划编辑 任静波 责任编辑 程志宏 任静波 美术编辑 彭子赫
版式设计 孙跃红 责任校对 卿文春 责任印制 牛晓波
ISBN 978-7-5024-6766-1
冶金工业出版社出版发行；各地新华书店经销；北京百善印刷厂印刷
2015年1月第1版，2015年1月第1次印刷
787mm×1092mm 1/16；20.75印张；1彩页；502千字；317页
79.00元

冶金工业出版社 投稿电话 (010)64027932 投稿信箱 tougao@cnmip.com.cn
冶金工业出版社营销中心 电话 (010)64044283 传真 (010)64027893
冶金书店 地址 北京市东四西大街46号(100010) 电话 (010)65289081(兼传真)
冶金工业出版社天猫旗舰店 yjgy.tmall.com

前　　言

轧制技术及连轧自动化国家重点实验室（RAL）已经开放运行20年了。在此20年的建设和发展过程中，RAL努力提高我国轧制工艺技术及装备水平，为我国轧制技术整体追赶世界先进乃至达到领先水平，进行了大量基础性、前瞻性、战略性应用基础研究及高层次人才培养的工作。通过工艺、装备与产品的自主创新，RAL开发了热轧钢铁材料新一代TMCP（控轧控冷）、薄带连铸、板坯复合轧制特厚板等一批重要的工艺技术与装备以及大线能量焊接用中厚板、9Ni钢、低合金耐磨钢、高等级硅钢等高性能、低成本、减量化钢材品种。轧制过程自动化、信息化技术和现代轧制技术研发创新平台作为轧制技术创新发展的两翼，逐渐成熟并发挥着重要作用，取得了丰硕成果。

本书结合国内外金属材料领域的发展趋势，针对轧制技术及连轧自动化国家重点实验室开展的轧制领域前沿性、探索性、战略性的工艺、装备、产品重大课题以及科研成果进行了介绍。本书共分为6篇，其中第1篇：第1.1章由袁国执笔，第1.2章由姜宇飞执笔；第2篇：第2.1章~第2.3章由袁国执笔，第2.4章~第2.6章由赵宪明、吴迪执笔，第2.7章由唐帅执笔；第3篇：第3.1章由朱伏先执笔，第3.2章~第3.4章由刘振宇执笔，第3.5章~第3.6章由王昭东执笔，第3.7章由许云波执笔，第3.8章由高秀华执笔，第3.9章由杜林秀执笔；第4篇：第4.1章由曹光明执笔，第4.2章和第4.3章由刘海涛执笔，第4.4章和第4.5章由许云波执笔，第4.6章由骆宗安执笔，第4.7章~第4.9章由刘振宇执笔；第5篇（第5.1章~第5.4章）由张殿华执笔；第6篇：第6.1章~第6.3章由李建平执笔，第6.4章由花福安执笔，第6.5章和第6.6章由骆宗安执笔。全书由王国栋、袁国主编，康健参加了部分章节内容的整理工作。在写作过程中，作者注重对以往创新性科研成果进行归纳与总结，尽其可能为读者及现场技术人员提供详尽的参考。

本书涵盖了轧制技术领域的工艺、装备与自动化、产品等多方面内容，汇聚了轧制技术及连轧自动化国家重点实验室近年来的主要科研创新与技术成果，内容丰富。全书由多位作者通力合作共同完成，在编写过程中又几易其稿，书中如出现疏漏乃至谬误，欢迎读者批评指正。

作 者

2014年10月

目　录

第 1 篇　概　　况

第2篇 热轧钢铁材料新一代TMCP技术

第3篇　高性能、低成本、减量化钢材品种开发

第4篇　先进工艺技术

第5篇 轧制过程自动化、信息化技术

第6篇　先进实验设备研发与中试平台

第①篇

概　况

1.1 自主创新结硕果，助推钢铁行业技术进步

东北大学轧制技术及连轧自动化国家重点实验室（The State Key Laboratory of Rolling and Automation，简称 RAL），其前身是建于 1954 年的东北工学院轧钢实验室，1989 年得到世界银行的支持，1991 年获批立项建设国家重点实验室，1995 年通过国家验收正式开放运行，成为我国轧制技术及其自动化领域唯一的国家重点实验室。二十余年来，RAL 秉承“开放、流动、联合、竞争”的运行机制，以国民经济需求为导向，面向钢铁材料及有色金属材料轧制技术领域，置身前沿，躬身实践；奋战在国民经济主战场，一步一个脚印，扎扎实实，取得了一系列具有自主知识产权的科研创新成果，走出了一条具有鲜明特色的国家重点实验室建设发展之路。

国家重点实验室作为国家科技创新体系的重要组成部分，是国家组织高水平理论基础研究和应用基础研究、聚集和培养优秀科技人才、开展高水平学术交流的重要基地。其主要任务是针对学科前沿发展和国民经济、社会进步及国家安全等重要科技领域和方向，开展创新性研究。作为工程类国家重点实验室，东北大学轧制技术及连轧自动化国家重点实验室（以下简称 RAL）科研工作偏重应用基础研究，提供成果的主要方式体现于“在解决国家经济建设、社会发展和国家安全的重大科技问题中具有创新思想与方法，实现相关重要基础原理的创新、关键技术突破或集成，拥有核心专利等自主知识产权，提供科学基础和技术储备或在实验技术方法、专用设备研制改进方面取得突破性进展。”RAL 获批立项建设二十多年来，在科技部、教育部等主管单位及省、市等各级领导的大力支持下，按照国家重点实验室建设发展要求，坚持有所为有所不为，把握行业发展脉搏，找准轧制技术领域科研创新工作切入点，经过 RAL 科技工作者的不懈努力，取得了长足稳步发展。实验室历经起步建设、消化吸收再创新、快速发展阶段，目前已全面迈向自主创新的新阶段。RAL 科研工作紧密围绕国家钢铁行业发展战略目标，面向行业共性关键技术问题，贯彻以企业为主体、以市场为导向、产学研用相结合的方针，通过承担国家、地方和行业的重大项目，培养国家紧缺的高层次人才，广泛开展国内外学术交流，积极开展轧制及其自动化领域的集成创新、消化引进再创新和原始性技术创新。RAL 高度重视科研成果产业化，取得的一项项丰硕的创新成果直接面向国民经济主战场，助推了钢铁行业轧制技术的创新发展，走出了一条具有鲜明特色的国家重点实验

室建设发展之路。

1.1.1 继承和发扬老一辈科学家扎实严谨的科学精神，敢于实践、善于实践，注重学科交叉，注重装备开发，奠定了RAL优良学术基础

轧制技术及连轧自动化国家重点实验室从建立之日起即继承和发扬了东北工学院老一辈轧钢专业工作者的宝贵科研精神财富和优良的学术传统。老一辈科学家严谨、务实、创新、探索的科学精神，敢于实践、善于实践，理论联系实际的工作作风为实验室科研工作和人才培养奠定了坚实基础，同时良好的学科和装备基础，也为实验室的快速发展提供了良好技术支撑。实验室成立之初，依托老一辈轧钢科研工作者自主研发和引进的系列成套高水平实验研究设备，其中包括：朱泉教授团队开发研制的板带三连轧机、白光润教授团队开发研制的型钢三连轧机，王廷溥教授团队开发的薄带铸轧机，以及王占学教授团队引进的热力模拟实验机设备等，实验室的科研人员相继开展了轧制技术领域的多项研究工作，也为当前轧制技术的开发和发展奠定了一定的研究基础。在学科配备上，以当时的压力加工专业为基础，注重与机械设计与制造、自动化、计算机等学科专业交叉。“引进一个专业绝对要比单纯的引进一个优秀人才更重要”，这是RAL在多年科研工作过程中得到的深刻体会。如在成立之初，顾兴源教授、王金章教授团队带领的自动化专业和王光兴教授带领的计算机专业团队加盟实验室，为轧制技术的快速发展和产业化奠定了良好的学科基础。良好的学科布局，综合发力，为求解轧制技术领域学科的前沿理论问题、解决国家重大战略需求中的关键科学问题，以及行业发展中的重大应用工程技术难题提供了学科专业支撑。目前，RAL重点实验室已发展成为涵盖材料、加工、机械、液压、自动化、计算机等多个学科专业，汇聚相关各方面人才的综合科研开发基地。可以说，其中独特的学科交叉建设理念功不可没。

1.1.2 RAL的建设起步（1991—1995）：跟踪国际先进技术，攀登巨人的肩膀，消化吸收再创新，实现实验室科研工作快速发展

国家重点实验室RAL获批立项后，实验室准确把握行业发展需要，及时跟踪当时的国际先进技术，结合钢铁轧制技术领域发展与科研工作需求，大跨步地推动重点项目科研与建设工作。受当时的实验室自身力量和行业发展所限，科研工作开展主要以对轧制技术领域引进设备、软件方面的消化吸收并再创新工作为主，偏重轧制领域的软件开发工作，并逐步涉及行业部分小型装备的开发工作，为实验室的科研工作腾飞夯实了基础。

在这一过程中，围绕轧制过程有限元模拟、板形控制、板带轧制先进控制系统技术开发等方向，开展了系列研究工作。同时，围绕行业企业发展需求，开发了部分小型轧机装备，如无锡新大窄带、江西新余窄带装备及自动控制系统、三架连轧机、UC轧机、鞍钢实验热轧机等实验装备，实现了实验室科研工作的快速起步和发展。其中有标志性的研究成果为“板带钢轧制过程的智能优化与数模调优”，在消化引进的国外板带热轧过程控制系统的基础上，经过不断地进行理论探索和工程实践，取得创新性的研究开发成果，荣获

国家科技进步二等奖。

1.1.3 RAL的快速发展（1996—2005）：依托重大基础研究和工程项目，RAL科研开始进入国民经济主战场，成果创新、转化、工程化取得突破

一分耕耘一分收获，机遇总是青睐有准备的人。1998年，依托首钢3340mm中厚板轧机改造项目，RAL在轧制技术领域开始承担国内大型主力轧机的建设工作，承担轧机及控制冷却设备的自动控制系统开发项目。同年年底，国家“973”一期项目启动，RAL承担200MPa级升级400MPa级的普碳钢超级钢开发课题，以控轧控冷（TMCP）为核心的钢铁材料开发工作全面铺开，也标志着RAL的科研开发工作进入了新的领域，即研发内容由偏重材料成型转向钢铁材料开发的物理冶金领域，为RAL承担以钢铁材料工艺开发为先导，涵盖机械装备、自动化、计算机等为一体的大型综合性技术开发项目奠定了工作基础。2001年，国家自然基金重大项目启动，RAL承担薄带连铸基础研究课题，进行薄带铸轧项目的模拟分析和实验研究工作，该项工作为RAL当前开展的薄带铸轧技术创新技术研究奠定了重要基础。

上述三项重大基础理论研究及工程开发项目的实施，均取得了丰硕的科研成果。依托首钢3340mm中厚板轧机改造项目，RAL开发的中厚板轧机自动控制系统推广应用超过20条生产线，成为国内中厚板轧线主流的自动化控制系统。400MPa级超级钢开发课题取得突破性成果，在热轧板带钢、中厚板、棒线材等领域推广应用取得显著效益。薄带铸轧基础研究成果获得课题结题专家组的高度评价（考核结果为A）。RAL的科研工作能力和实绩得到了业界和同行的高度认可，标志着RAL的科研工作开始迈入国民经济主战场。

1.1.4 RAL的全面发展（2005—2009）：RAL在行业中提供系统解决方案，承担大型工业化成套装备建设、钢铁材料产品研发以及大规模中试基地建设等综合性科研开发等项目，全面跨入国民经济主战场

在承担行业大型工业化成套装备建设方面，以2006年承担的临汾3000mm中厚板热处理生产线国产首套自主知识产权的辊式淬火机项目为标志，RAL突破以往以自动化为主体的科研项目工作模式，实现了以工艺为先导，涵盖材料、机械、自动化、计算机等多个学科专业的成套重大装备项目集成开发模式。2007年，又承担企业超快冷成套装备（含自动化）开发课题，进一步强化“硬件”开发步伐，新一代TMCP（控轧控冷）技术开发工作进入研究阶段，2008年，国家自然科学基金重点项目——硅钢薄带连铸工业化技术研究项目启动，围绕超纯铁素体不锈钢开展基础研究，深入研究和探讨薄带铸轧工艺的产品定位以及工业化应用问题。

在钢铁材料产品研究与开发领域，围绕“氧化铁皮控制技术与新钢材品种开发”、“双相不锈钢、铁素体不锈钢研究与开发”、“9Ni钢生产工艺与技术”、“海洋平台用钢”、“含钛高强汽车用钢研究”、“薄规格高强工程机械用钢、耐磨钢”、“低成本DP生产工艺”、“X100－X120高强、耐腐蚀管线钢实验室研究”等研究方向开展系列研究工作，以低成本高性能钢铁材料开发为主线，以满足国民经济重大需求为目标，迅速将科研成果成功推广应用至鞍钢、宝钢、太钢、首钢、包钢等国内大型钢铁企业。

随着国内钢铁企业产品研发的需要和对自身研发能力的日渐重视，由 RAL 率先启动的一项具有重大应用价值和意义的轧制技术实验研究装备开发工作——现代轧制过程中试研究创新平台得到行业内及企业广泛认同。围绕钢铁材料开发所需的热轧实验轧机、冷轧实验轧机、热力模拟实验机、冷轧连续退火模拟实验机、硅钢连续退火模拟实验机等实验研究设备，RAL 潜心开发研究，工艺技术理念先进，相继承担太钢、鞍钢、宝钢、首钢、马钢、包钢、沙钢等国内钢铁企业中试基地和实验研究装备建设项目。业界曾有人士评价该项研究成果“为企业的技术创新插上了腾飞的翅膀，装上了永不停歇的发动机”。

1.1.5 RAL 进入技术创新新阶段（2009—现在）：瞄准世界轧制技术前沿，厚积薄发，自主创新结硕果，科研工作助力行业发展和技术进步，以成为行业技术发展的引领者为己任，开创“绿色钢铁轧制技术”的新时代

基于 RAL 多年来在轧制技术领域的耕耘实践，在轧制技术领域实现自主创新已经具备较好的实施条件。凭借领先的技术创新理念，依托完备的工程实施手段和精益求精的科研开发团队，RAL 开发的系列自主创新技术和成果得到行业全面认可。2011 年，RAL 开发的新一代 TMCP 装备与工艺技术、板带轧制自动控制系统、辊式淬火机装备及工艺技术、轧制过程中试研究平台等系列自主创新技术，其推广应用在国内钢铁行业捷报频传，全面进入行业竞争的主渠道，进入国民经济建设主战场。

2011 年 6 月 17 日，RAL 成功中标承担河北钢铁研究院建设项目，这是继 RAL 承担鞍钢、首钢、宝钢、马钢、太钢、包钢等国内大中型钢铁集团公司研究院或技术中心中试场基地建设项目后，又一具有标志性意义的中试实验平台开发建设项目。河北钢铁公司基于对 RAL 先进工艺理念、技术及工程业绩的深入了解，决定将这一具有国际先进水平的中试基地建设项目交由 RAL 承担，充分表明了企业对 RAL 实验室模拟研究平台技术及开发理念的高度认可，也进一步巩固了实验室在轧制技术实验研究设备开发方面的引领地位和主导地位，对实验室进一步拓展实验设备研究开发领域和参与国际竞争具有重要意义。

2011 年 6 月 28 日，RAL 与迁安沪久管业有限公司签订 1450mm 酸轧联合机组三电系统开发合同。该酸轧联合机组采用六辊 UCM 五机架冷连轧机，轧线采用世界最先进的交直交传动，配备有完善的厚度检测与控制、板形检测与控制等复杂工艺控制系统，是国内第一条完全依靠自己力量开发全线计算机控制应用软件的酸轧联机系统。

2011 年 7 月 28 日，宝钢股份公司 4200mm 中厚板热处理生产线关键装备——4200mm 辊式淬火机设备进行国际招标。在与国外著名热处理装备公司同台竞争的舞台上，RAL 一举中标这一国际最高水平的热处理设备项目。该项目的竞标成功，标志着 RAL 实验室开发的辊式淬火机装备及工艺技术已得到国内要求最高、最为苛刻的钢铁企业的充分认可，具备了在国际舞台上进行高水平竞争的实力。

尤其需要指出的是，由 RAL 提出的以超快速冷却为核心的热轧钢铁材料新一代 TMCP（控轧控冷）技术。该项技术是由 RAL 著名学术带头人王国栋院士为代表的轧钢科研工作者首倡，基于多年来在钢铁材料轧制工艺技术领域的研究与实践，通过工艺原理上的理论创新带动装备创新，涉及量大面广的热轧钢铁材料领域。其技术目标在于通过研究热轧钢铁材料超快速冷却条件下的材料强化机制、工艺技术以及产品全生命周期评价技术，采用

以超快冷为核心的可控无级调节钢材冷却技术，综合利用固溶、细晶、析出、相变等钢铁材料综合强化手段，实现在保持或提高材料塑韧性和使用性能的前提下，80%以上的热轧钢铁材料（含热带、中厚板、棒线材、H 型钢、钢管等）产品强度指标均提高 100～200MPa 以上，钢材主要合金元素用量节省 30%以上，实现钢铁材料性能的全面提升，大幅度提高冲击韧性。使钢材使用量节约 5%～10%，提高生产效率 35%以上，节能贡献率达到 10%～15%，实现国内热轧钢铁材料的“资源节约型、节能减排型”的绿色制造工艺过程，从而推动我国钢铁行业轧制工艺的全面技术进步。

以超快速冷却为核心的热轧钢铁材料新一代 TMCP 技术自提出以来，得到了政府、行业及企业的全面广泛认同。新一代 TMCP 技术已先后被列为国家工业和信息化部《产业关键共性技术发展指南（2011 年）》原材料工业钢铁领域五项关键共性技术之一；《钢铁工业“十二五”发展规划》重点领域和任务以及新工艺、新装备、新技术创新和工艺技术改造的重点内容；《“十二五”产业技术创新规划》促进钢铁行业可持续发展予以大力推广的应用技术；《2013 年产业振兴和技术改造专项重点专题》冶金工业关键产品、工艺开发应用及升级改造的重点工艺技术；国家发展和改革委员会《产业结构调整指导目录（2011 年本）》钢铁部分鼓励类政策之一；科学技术部《中国科学技术发展报告（2010）》产业科技进步钢铁产业领域的关键工艺技术以及《高品质特殊钢科技发展“十二五”专项规划》的重点任务。同时，该技术作为发改委“钢铁、有色、石化行业低碳技术创新及产业化示范工程”以及科技部十二五科技支撑计划“钢铁行业绿色制造关键技术集成应用示范项目”立项实施，并当选为 2011 年度世界钢铁工业十大技术要闻。以上工信部、发改委、科技部等三部委关于钢铁行业产业技术创新和发展予以颁布并实施的七项国家政府文件及两项示范工程项目表明，热轧钢铁材料新一代 TMCP 技术已获得国家政府部门的高度重视，凸显了其在钢铁产业发展中的重要作用。另外，热轧钢铁材料新一代 TMCP 技术也得到了业界企业的充分认可。2011 年 8 月 27 日，南京钢铁股份公司 4700mm 中厚板生产线项目进行国际招标，参与这次投标的均为具有极强竞争力的国际知名轧钢设备公司和自动化公司。RAL 实验室成功中标该项目轧后控制冷却标段的工艺、装备和自动化系统。除 RAL 承担的冷却系统外，该轧线的机械装备、自动化系统、传动系统等均由国外知名公司中标。此次竞标成功，RAL 进一步将使用以超快冷为核心的新一代 TMCP 技术的中厚板轧机推向最宽级，进一步证明 RAL 倡导和开发的以超快冷为核心的新一代 TMCP 技术、装备和自动化系统已走在了国际轧钢技术领域竞争的前列，体现了自主创新技术的生命力，也标志着 RAL 科研工作迈向了自主创新的崭新阶段。

1.1.6 二十年发展谱华章，工作定位成就了 RAL 轧制技术领域技术创新的“国家队”

RAL 二十年的发展与积累，对轧制技术领域科研工作的理解和认识更为深刻，在科研工作定位、工作特色上形成了自己的风格和学术研究特色，具体体现在以下几方面。

1.1.6.1 RAL 实验室科研工作定位

（1）以国民经济需求为导向的应用基础研究。突出对产业竞争力整体提升具有全局性影响、带动性强的关键共性技术，以降低成本、减量化、可持续发展为中心，开展应用基础研究，进行工艺、装备、产品方面的系统创新，解决国民经济中迫切需要解决的重大问题。

（2）以可持续发展为导向的前沿性、探索性、战略性基础研究。RAL 作为轧制技术领域科研开发的“国家队”，在应用基础理论研究方面已走在国际前沿。根据国内外金属材料领域的发展趋势，把握和选择具有前沿性、基础性、战略性的课题开展基础研究，为金属材料工业的持续发展提供科学支撑。

1.1.6.2 RAL 实验室科研工作特色

（1）关键共性。针对量大面广的金属材料普遍存在的关键和共性问题，开展应用基础研究→迅速大面积推广应用，课题具有紧迫性、全局性、示范性、引领性。

（2）系统创新。由创新的思想指导，以工艺创新为龙头，以装备创新和工程创新为手段，以低成本、减量化的产品为目标，进行工艺、装备、产品的系统创新，为企业和行业发展提供系统“一揽子”的解决方案。

（3）求真务实。一切从实际出发，强调理论紧密联系实际，树立良好学风，研究结果必须接受实践（工厂）的检验，促进成果转化。

1.1.6.3 RAL 实验室用人机制及人才评价标准

（1）具有团队精神、敬业精神。在学科交叉基础上，将个人力量融入到团队工作中去，充分发挥每个人的优势，做大做强科研工作，推进重大科研专项工作实施。

（2）重视开展深层次理论研究，鼓励发表高水平有价值的学术研究论文，重视科研成果转化和产业化。科研工作及成果评价以“有没有在行业技术进步上起到作用”为标准，“真正的论文要写在轧钢生产创新实践上”，发挥工程类国家重点实验室科研成果在行业技术进步上的支撑和促进作用。

（3）支持自由探索，鼓励科研学术创新。在符合实验室科研发展方向的前提下，RAL 提供相应科研配套经费支持个人自由学术探索，鼓励学术创新，不断培育新的科研工作增长点。

1.1.6.4 RAL 实验室研究方向

（1）金属高质量低成本轧制过程。主要研究内容包括：低成本、高效能轧制工艺、理论与技术；轧制过程数学模拟、物理模拟与过程优化；高精度数学模型建模方法与在线应用；轧制过程模拟实验研究设备研制；低成本、高质量轧制产品开发。

（2）产品组织性能预测与控制。主要研究内容包括：加工过程对材料组织、性能的影响规律；成型过程中材料组织与结构演变的定量描述、建模与模拟；金属材料成分、组织结构与性能的关系；成型过程中材料组织性能预测与在线优化控制；控轧控冷机理研究与工艺开发。

（3）先进制备技术及高性能材料。主要研究内容包括：高强度、长寿命、耐腐蚀的新一代钢铁材料设计与开发；复合材料、难加工材料、特殊性能材料的制备理论与方法；短流程、近终成型新理论、新工艺、新设备及其关键技术；节能、环保、减量化新成型工艺与新产品开发。

（4）材料成型过程综合自动化。主要研究内容包括：现代控制理论与智能控制方法在材料成型中的应用，多变量、快响应、深度非线性控制系统的辨识与建模，材料成型过程监测、故障诊断与质量控制，材料成型过程管理与控制综合自动化系统。

“搞科研，不能靠说，不能靠写，必须靠干！”是实验室科研人员中广为流传的一句口头禅。也正是经过生产实践的严格检验，RAL 的科研成果长期以来得到了企业的广泛接受和认可。目前在 RAL 实验室 95% 以上的科研成果都实现了转化，大学象牙塔内普遍存在的转化瓶颈在这里早已不成为问题。RAL 经过 20 多年的发展建设和对轧制技术领域技术创新的执着追求，正逐步由国际先进轧制技术的追随者致力于转变成为先进轧制技术的引领者、领跑者。

1.1.7 建设国际领先的轧制技术协同创新基地，开发节能减排的绿色轧制工艺、技术和产品，致力于成为新一代轧制技术的全球领跑者将是 RAL 发展目标和未来愿景

我国作为一个拥有 13 亿人口、经济迅速崛起的发展中国家，持续稳定地生产低成本、高质量钢铁产品与掌握石油、粮食等战略资源具有同等重要的地位。我国钢铁行业发展到目前，成本压力巨大、资源消耗过多、环境友好性差、产品竞争力不强、行业企业大而不强的现状已成为制约国内钢铁行业发展的主要瓶颈，我国钢铁工业发展面临新的挑战和新的机遇。开发节省资源和能源、环境友好、低成本、高性能的绿色钢铁产品及生产技术，已成为钢铁工业发展的必然，也是当前全球钢铁工业发展的趋势。

轧制技术直接决定钢铁材料产品形状和性能，钢材规格、品种复杂，型、板、管、棒、线等可达上千品种、上万规格，且设备千差万别，自动化水平及轧制过程是否先进对钢材生产的绿色化举足轻重；同时，轧制产品面向市场，应对各行业应用需求，直接影响钢材全生命周期的绿色化表现。根据欧洲相关资料统计，轧制过程中的节能、减排在欧洲钢铁工业节能减排贡献率可达 40%，轧制过程节能、减排潜力巨大。截至目前，我国轧制过程中仍有大量涉及绿色制造的问题尚需要解决，也是当前技术创新最具活力的领域。因此，开发绿色轧制工艺、技术和产品，将是轧制技术发展的最重要方向，同时也是 RAL 当前及至未来长期一段时间的科研开发方向。

展望未来，RAL 将按照《国家中长期科学和技术发展规划纲要（2006—2020 年）》确定的战略目标，面向国际竞争，为增强科技储备和原始创新能力，开展基础研究、应用基础研究和基础性工作。围绕行业发展，以轧制技术创新研究为核心，开展研究平台建设。建设国际领先的轧制技术创新基地，实施有组织的创新，探索高校体系下技术创新的体制和机制，大幅度提升 RAL 的技术创新能力和核心竞争力，将 RAL 培育成为我国钢铁工业轧制工艺、技术、装备、产品创新的协同创新基地，源源不断地为钢铁工业提供关键、共性问题的工艺 - 技术 - 装备（含自动化） - 产品的整体解决方案，将是 RAL 新的历史时期的发展目标，同时也是行业和国家赋予 RAL 的历史重任。工艺流程创新实现带动装备、产品生产技术创新，实现减量化、节约型新流程的实用化，引领钢铁工业可持续发展的新潮流，致力于开发绿色轧制工艺、技术和产品，开展涉及冶金、加工、材料、热工、能源、机械、液压、计算机、自动化、机器人、工程管理等多学科交叉与合作的科研开发工作，汇聚各学科力量，组成围绕冶金行业服务的宏大队伍，承担具有重大意义的大项目，完成标志性的大成果，培养国际一流的创新人才，成为新一代轧制技术的全球领跑者，将是 RAL 长期不懈的发展追求。

问题是创新的原点，不断发现问题、解决问题是 RAL 不变的旋律和不竭的创新动力之源。RAL 始终把创新能力看做实验室生存与发展的高超“水手”，而且打造了一艘敢破

和善破坚冰的科研攻关“航母”。创新、特别是产、学、研、用联合创新，已使实验室逐步成长为我国轧制技术领域杰出的国家队。创新使实验室瞄准世界钢铁工业科技发展的最前沿，屡屡打破钢铁轧制领域的国外核心技术垄断，有力地推动了行业技术进步！

“舞台有限，精彩无限”，怀揣着再次飞跃的豪情，轧制技术及连轧自动化重点实验室再一次站在了崭新的起跑点上。我们期待着一个崭新的全球领先的轧制技术创新基地将会在不远的将来呈现在业界科技工作者的面前。

1.1.8　实验室简介

轧制技术及连轧自动化国家重点实验室（简称 RAL）拥有一支由材料、加工、自动化、机械、计算机等多学科交叉，富于创造力的科研人员、工程技术人员和能工巧匠密切配合的高水平研发队伍。现有固定研究人员 78 人，其中教授 16 人（中国工程院院士 1 人、博士生导师 12 人）、副教授 13 人、讲师 15 人。在职研究人员中 45 岁以下占 81%，具有博士学位的有 36 人。实验室重视对中青年人才的培养，强调树立团队精神和群体意识，已发展成为一支老中青相结合、知识结构和年龄结构合理、高学术水平的精干队伍。

实验室同时承担轧制技术领域的高水平人才培养工作，以硕士研究生培养为基础，以博士研究生培养为重点，博士后培养作为人才培养的制高点，全方位开展高层次人才的培养工作。研究生论文选题紧密围绕科研工作实际，做到理论与实际相结合、实验室研究与现场应用相结合，充分发挥研究生的创造能力，让研究生在科研实践工作中得到锻炼和快速成长。目前在读博士研究生 147 名、硕士生 114 名，培养的研究生数量逐年增多。2000 ~ 2010 年有 76 人获得博士学位，375 人获得硕士学位。研究生在学习期间有 3 人次获得国家科技进步奖，38 人次获得省部级科技进步奖，培养的研究生深受社会和企业的欢迎。

RAL 现有科研、办公、实验用房超过 $7000m^2$，建有功能完善的成型工艺过程模拟、材料组织性能检测与分析、过程控制与调试三个研究平台。现有板带钢强力热轧机、2/4 辊可转换的品种开发冷轧机、工艺研究冷轧机、无缝钢管穿孔实验机、双辊铸轧机等特色轧制研究设备 12 套，热力模拟实验机、扫描电镜、透射电镜、纳米压痕仪、场发射电子探针、X 射线衍射仪，全自动相变仪，多功能热力模拟实验机、拉伸实验机、疲劳实验机等配套实验与检测设备齐全，能够满足高水平工艺研究、品种开发和控制系统研究的需求。

RAL 实行“开放、流动、联合、竞争”的运行机制，通过设立开放课题、建立访问学者制度，与国内外知名公司及研究单位成立联合研究室。积极开展学术交流活动，每年邀请多名国内外专家来实验室交流讲学，派出人员出国访问、考察、出席国际会议，主持召开专题国际研讨会。在广泛开展国际技术交流的基础上，与韩国浦项制铁集团、日本三菱公司、日本住友金属公司等国际知名企业建立了长期战略合作伙伴关系。

RAL 积极组织、承担各类国家重大、重点研究开发项目，近年来承担了多项“863”计划项目、“973”计划项目、国家自然科学基金项目、国家攻关计划项目等，获国家科技进步奖 5 项，国家技术发明奖 1 项，省部级科学技术奖 47 项，发表研究论文 2300 多篇，出版论著 34 部，被授予发明专利超过 60 项。东北大学轧制技术及连轧自动化国家重点实验室将立足中国面向世界，准确把握轧制技术发展脉搏，占领轧制技术领域的制高点，打造出一支我国轧制技术领域高水平的国家级科研开发团队，助推钢铁行业的创新发展。

1.2 领航钢铁轧制技术创新发展的“人才雁阵”

——记轧制技术及连轧自动化国家重点实验室学术骨干群体

雁群在天空中飞翔，一会儿排成“人”字，一会儿排成“一”字，并定时交换左右位置。生物专家认为，雁群这一飞行阵势是它们飞得最快、最省力的方式。管理专家将其运用于管理学的研究，称为“雁阵效应”。东北大学轧制技术及连轧自动化国家重点实验室（RAL），正是这样一个高高翱翔的群体，一个“人才雁阵”，通过顽强拼搏、团队协作，正在成长为钢铁轧制行业技术创新的“领跑者”。

“十载已成功，喜庆临门……充当高科技尖兵，品种工艺与质量，争创全新。”这是金属压力加工学科元老王廷溥教授为东北大学轧制技术及连轧自动化国家重点实验室（RAL）成立10周年所作《浪淘沙》中的诗句。如今，RAL自获批立项走过的20余年，正如老教授们所期许的那样，始终瞄准行业发展中的关键技术、共性技术和前沿技术，不断进行技术创新，在国民经济发展的主战场上尽情展现才华，成为钢铁行业技术创新“大舞台”的重要角色。

1.2.1 重学风，在实践中培养人才，探寻创新之路

年轻人要成为人才，成为国家人民的栋梁之才，必须在革命、生产实践中经风雨，见世面。士兵要成为优秀的士兵，必须经过枪林弹雨的考验，身经百战才能造就钢铁战士；军官也必须经过重大战役的锻炼和考验，才能成为元帅和将军。正是基于这样一个观点，RAL提倡在实践中培养人才，在实践中锻炼人才，在实践中考察人才，在实践中选拔人才。

怎样搞科研？怎样在科研实践中培养人才？“搞科研，不能靠说，不能靠写，必须靠干！”、“不能急功近利，不能弄虚作假，必须脚踏实地。”这是王国栋院士对RAL学术科研人员提出的一个基本要求，也是让RAL“高手”云集、人才频出的重要原因。

作为RAL的当家人，实验室主任吴迪教授大力提倡研究人员、教授、学生深入企业，深入钢铁下游用户行业，了解钢铁行业及相关行业的发展状况和重大需求，从中凝练出研究方向，确定出研究课题。他反复强调，RAL必须将自己的工作与国家的重大需求联系起来，与解决企业的关键、共性问题联系起来。近十多年来，RAL不断总结分析钢铁行业的发展现状和趋势，认识到钢铁工业面临的资源、能源、环境方面的压力，以及提高钢铁产

品质量、降低生产成本的迫切需求，将开发绿色化的轧制工艺技术和产品作为自己的目标，立志成为绿色轧制技术的全球领跑者。

围绕这样一个中心，根据国家对重点实验室的要求，吴迪教授带领大家确定了一批关系全局、有良好发展前景的自主课题，定出了课题目标，号召大家积极承担。这些课题的目标不是论文数量，也不是获奖的数量，更不是争取国家项目的经费数额（实验室有国家专项资金支持）。课题的目标要求说明，解决什么样的科学问题，解决什么样的关键共性问题，有哪些工业应用或者潜在应用。研究的目标不能笼统定性说明，必须提出具体工艺、技术、质量参数，均定量说明。这些目标就是将来考核的内容。发表的论文、获得的奖励、得到的研究经费只是研究工作的副产品，但绝对不是RAL追求的终极目标。

近年来，国家在科技上增加了投入，与10年前相比，科研经费成数量级增长。但是，吴迪教授要求大家清醒地认识到，这些钱都是纳税人的血汗，是国家和人民的财富。因此，RAL对国家要绝对讲诚信，在争取项目上不忽悠，不夸口，先预研，先横向，再申请国家项目。王国栋院士把这种方法形象地称为“农村包围城市”。这两年RAL申请成功的国家项目，事先都经过充分的实践探索和考验，得到了很好的验证。这，也是一种对国家和人民的诚信吧！

吴迪教授反复强调，申请项目不能贪大，不能只是关注经费多少，重要的是做好我们承担的工作，要与兄弟单位密切合作。特别是纵向课题，应当是有限的纵向项目指导下的研发和大面积推广，做就要做到底，实现工程转化和产业化。不能期望整个舞台都由我们表演，我们只要舞台的一小角。但是，我们要尽自己最大的努力，表演出大家喜欢的最精彩的节目。拿了国家的科研经费，得到了企业的巨额资金，每一分钱都要用到刀刃上，不能辜负了人民的信任和期望。

在吴迪教授的带领下，RAL的教师、学生深入国民经济主战场，研究工作与生产实践相结合，与工程相衔接，在理论联系实际、研究工作为国民经济服务的大路上越走越宽。新一代控轧控冷技术与产品、无酸洗冷轧技术、薄带连铸硅钢技术、中厚板热处理生产线、实验研究创新平台、液化天然气储运用9Ni钢、大线能量焊接用钢等一批创新的工艺、技术、装备、产品源源不断地应用于国民经济的各个方面，转化为生产力和企业的核心竞争力。在为国家做出巨大贡献的同时，RAL一批思想好、学风正、深入实际、诚实肯干的青年学术骨干成长起来，形成了有大局观和实战能力的创新人才队伍。

王国栋院士非常推崇袁隆平院士的一句话：“不能没有书本、也不能没有计算机，但书本和计算机上种不出稻子来。”他一直认为，实验室的所有工作一定要结合实际，所有的创新一定要建立在实践的基础上。如果远离实际，只会趴在计算机上进行自圆其说的所谓“模拟”计算，对我们的老师和学生是没有前途的，对我们国家也是一种灾难。那样我们可能培养出的不是真正的科学家，而是不同表现形式的“周老虎”！

1.2.2 搭舞台，让年轻人担当主角

年轻人有的是充满希冀的年华、奋发有为的斗志、生龙活虎的力量，需要的是茁壮成长的境遇、创新发展的氛围、崭露头角的机会。正如当代著名小说家柳青先生所言：“人生的道路虽然漫长，但紧要处常常只有几步，特别是当人年轻的时候。”

“每一个项目都是一个展示才华的舞台，我们要把这个舞台让给年轻人，让他们做主

角”。作为实验室的“领头雁”，王国栋院士认为，让年轻人参加、承担科研任务，可以帮助年轻人迅速成长。科研任务就是实验室给予年轻人成长的关键机会，就是给予他们一个“撬动地球”的支点。

王昭东教授是一名不断开拓进取、逐渐挑起大梁的新秀，经过几年的历练，如今他已经成为实验室中厚板在线和离线热处理工艺和装备开发领域的青年带头人。在钢铁行业，热处理设备及工艺是钢铁产品生产线上的“禁区”，长期被国外几个大公司垄断，其关键技术被封锁。由于这一问题是一个学科综合性问题，涉及热处理工艺与设备、机械设计与制造、金属材料、自动控制及仪表、液压控制等多个学科领域，长期以来，我国都是依赖进口。几年前，王国栋院士和他的团队将这个领域列为必须攻克的学术和工程“高地”。王昭东、袁国、韩毅、张福波、高俊国、李勇、王超、付天亮等一代年轻人组成攻坚的“先锋队”，克服重重困难，从工艺做起，进行中厚板热处理工艺和装备的开发，终于登上了这一“高地”，并在“高地”上升起了鲜艳夺目的五星红旗。

作为“中厚板辊式淬火机设备研制及淬火工艺技术开发”项目的第一负责人，从2004年起，王昭东带领袁国、韩毅等博士、硕士研究生开始攻关。他们查阅大量的资料，深入到企业中调研分析，一边学习，一边研究，逐个突破中厚板热处理设备及工艺的关键点和难点，终于开发出高冷却能力、高冷却均匀性的大型淬火装备整体超宽狭缝式喷嘴，获得了国家发明专利，打破了国外的核心技术垄断。在此基础上，他们设计了技术先进、功能优良的大型辊式淬火机，克服工程上的重重困难，实现了工业应用。从太钢临汾第一台淬火机开始，课题组通过激烈的招标竞争，已经达成签约9条生产线的骄人业绩，这一项目在南钢、宝钢、新余钢铁、唐钢等企业广泛应用。利用这些热处理设备，一批被国外企业长期垄断、国内空白的高档产品也不断开发出来，有力地支持了国民经济建设，创造了巨大的社会效益和经济效益。他们开发的辊式淬火机多次荣获省部级一、二等奖，热处理产品高强耐磨板获得江苏省科技进步一等奖。

特别是2011年，宝钢4200mm中厚板轧机拟建设一套世界最高水平的热处理生产线，国际知名的LOI、DREVER－SMS等都派出最强阵容，参加投标，志在必得。经过激烈的竞争，RAL的青年团队以其创新的技术、成功的业绩、良好的服务，一举中标。在激烈竞争的国际舞台上，实验室年轻人的精彩表演，得到了业界的认可，竖起了又一个值得纪念的丰碑。

实验室的年轻人感慨地说：“作为项目的负责人极大地锻炼了能力和水平，这得益于RAL宽容失败、包容个性的氛围，也得益于实验室‘重点研究项目由青年教师作课题负责人或执行负责人’、‘委派青年骨干教师独立参与项目竞争和投标’的相关政策。”

2004年开始攻读博士学位的袁国，恰逢实验室开始进行辊式淬火机的研制。从项目一开始，他就加入了这个团队，和同志们一起承担起这副沉甸甸的担子。从首套辊式淬火机——临钢3200mm淬火机淬火工艺技术开发和设备完善工作开始，袁国共先后与8个淬火机大项目结缘。他与同志们团结战斗、共同克服实践中遇到的困难，共同分享成功后的胜利喜悦，在实战中“摸爬滚打”，“强筋健骨”，成长为实验室的青年学术骨干。

从项目的参与者到项目的负责人，密集的工作任务“逼”人成长。2009年，袁国和课题组的青年人仅仅用6个月时间就完成了总承包项目——南钢3500mm辊式淬火机。这个进度，比国外同类公司节省了一年多的时间。南钢的项目属“交钥匙工程”，不仅需要提供装备和技术，还要负责土建、安装、调试的全程服务。安装、调试的工期极短，只有10天，而正规的公司也要40天才能完成。他们说，企业的需要就是我们的目标。这10个日日夜夜，他们几乎全都奋战在生产现场，在项目进展的关键时期，袁国和项目组的同志们3天2夜只吃两顿饭。当崭新的淬火机矗立在车间里，经热处理后的钢板由淬火机缓缓通过时，他们尽情欢跃，他们挥洒泪水。他们就是这样，将一个个困难踩在脚下，把一个个成果奉献出来。在这个过程中，他们的理想变成了现实，他们的灵魂得到了升华。百炼成钢，年轻人的成长尤其如此。

实验室主任吴迪教授说："实验室采取'重点研究项目由青年教师作课题负责人或执行负责人'的鼓励政策，为的是让他们成为技术创新的'全才'。"越是创新，越是有许多不可预见的困难。实验室把每一个创新路上的障碍都看作是年轻人"练兵"的机会，让年轻人去闯、去干。当然，在项目的实施过程中，实验室更多的是给他们指导和关心，在思想上、技术上、资金上给予支持，帮助这些年轻人破除一个又一个障碍。

通过这些艰苦，甚至是痛苦的磨炼，实验室的一批年轻人成长起来了，他们有深厚的理论功底和坚实的学科基础，又有实践精神和工程能力，又善于团结合作和互相帮助，在我国钢铁工业这个巨大的舞台上，这样的年轻人组成的钢铁队伍，担当主角，攻难克艰，自然无往而不胜。

1.2.3 抓特色，练就"一招绝"创RAL品牌

"必须在实践中铸造自己的'一招绝'"，王国栋院士常教育RAL的科研人员："要解决国民经济发展中的重大问题，解决企业发展中的技术难题，必须拿出自己的'高招'和'绝招'"。RAL的科研人员已经形成一个共识：在所有的科技创新项目中，必须以过硬的技术打动人，以创新能力征服人。

现代钢铁生产过程趋于大型化和自动化，以热连轧机生产为例，生产线全长达1km，钢坯单重30t，一炉钢水的重量近300t，直接在庞大、复杂、高度自动化的钢铁生产线上进行实验研究和产品开发，成本高，风险大，是不现实的。

怎样才能采用十几公斤重的试样代替几十吨重的钢坯，用小规模的实验设备代替庞大的轧制和冷却生产设备，在最接近于生产现场环境的工业化实验设备上进行实验研究？这个问题，加工学科老一辈科学家留下来的"基因"给了我们最好的回答。他们留给我们的，不仅仅是严谨、务实、创新、探索的科学精神和联系实际的作风，还留给了我们研发实验装备的好传统。朱泉教授团队建设的板带三连轧机、白光润教授团队建设的型钢三连轧机、王廷溥教授团队建设的薄带铸轧机和王占学教授团队力主引进的热力模拟实验机是RAL赖以建设的四大支柱装备。

1998年，实验室敏锐地意识到，研究设备是决定企业发展的基础条件，他们看好中试设备这一新的增长点和创新点。实验室决定在老一辈科学家工作的基础上，以中试设备研发为突破口，做出RAL自己的特色，创出RAL自己的品牌。李建平挺身而出，大胆地担起了这个担子。在随后的十多年里，一些有志于轧制实验设备研发的年轻人花福安、牛文勇、王贵桥、杨红、甄立冬等团结在李建平的周围，在科研实践中形成了一个新的团队，建设具有我国特色的轧制实验设备成了他们共同的追求目标。

李建平从1985年到2008年做了23年的实验人员，通过如饥似渴的学习和不断的实

际工作积累，李建平掌握了现代轧制技术知识和自动化技术技能，练就了轧制过程自动控制的“高招”和“绝招”。在RAL，李建平肯于动脑，心灵手巧，是大家公认的。首钢3340mm中厚板轧机技术改造，是RAL第一次承担中厚板热轧领域的大型科技攻关项目，液压AGC辊缝位置在线检测与控制是涉及产品质量的关键性难题，一直无法解决。李建平老师凭借丰富的理论和实践经验，大胆采用磁致伸缩和横向偏摆技术，从不同于外国专家的技术路径入手，成功研制出高精度辊缝测量仪，解决了这一困扰钢铁界多年的技术难题，让国内外专家信服地竖起了大拇指。目前，该项技术已经派生出多种型号的高精度测量产品，在钢铁企业得到广泛推广应用。正是看中了李建平所具有的这些创新潜质，实验室不唯资历、不唯学历、只唯实践，把研发实验设备这个重要任务交给了李建平。

中试研究设备研发这个项目，恰好与李建平的兴趣、特长相吻合，他全身心投入了这项研究，从最开始的一台小轧机的设计、调试，到如今终于将庞大的钢铁生产线浓缩到了工业化实验研究设备上——在RAL建立了国内第一个现代轧制技术、装备和产品研发创新平台，并且将研究成果推广到钢铁企业。在中试的王国里，李建平如鱼得水。在1998年到2011年的13年中，李建平的科研团队在材料成型过程数学、物理模拟与轧制过程研究装备开发及应用领域，取得了多项具有突破性的科研成果。他和他的团队研制出具有自主知识产权的组合式多冷却路径控制“高刚度控轧控冷实验机组”；研制成功国内第一台“高精度液压张力四辊可逆温轧/冷轧实验轧机”和国际一流的“带钢、硅钢连续退火实验机”，攻克了热轧、快冷、温轧、冷轧和连续退火热处理5大技术难题，构建了高强板带材、高品质硅钢极薄带材工艺技术、装备和产品两大研发创新平台、5大系列研究装备，已经在鞍钢、宝钢、首钢、太钢和武钢等16家国内著名钢铁企业推广应用，这16家企业的钢产量已经超出了中国钢产量的一半。他们几乎垄断了轧制实验设备的国内市场，累计获得研究经费4.3亿元。RAL的研究设备为企业装上了腾飞的翅膀，安装上了技术进步且永不停歇的发动机。

李建平老师凭借“勤奋专注、坚毅踏实”的人生准则和他的大量成果，赢得了实验室和学校的口碑，开发有特色的轧制技术开发平台也成了学校的品牌，获得了国家、省和行业部委、企业的高度评价。在刚刚结束的2012年国家科技进步奖评审中，“现代轧制技术、装备和产品研发创新平台”项目通过国家二等奖初评答辩；“高品质硅钢生产工艺研究装备开发及应用”项目通过了2012年辽宁省科技进步二等奖终审答辩；“现代轧制过程中试研究创新平台”2010年获得辽宁省科学技术进步一等奖；“板带轧制实验装备中试研究装备与应用”2011年获得国家冶金行业科学技术二等奖。

“不学千招会，就拿一招绝”，为了练就“高招”和“绝招”，必须拿出滴水穿石的毅力，经得起失败，耐得住寂寞。骆宗安和他的课题组也是一个以实验设备为主要研究对象的群体，他们攻坚的目标是世界上顶尖的热加工模拟设备——热力模拟实验机。为了这台设备，他们付出了整整10年。

2000年，骆宗安应王国栋院士的“召唤”，放弃了在鞍钢做厂长的职位，走进了RAL，读博士，开阔视野。这一步竟又成就了一位“武林高手”。

2001年，骆宗安还在念研究生的时候，王国栋院士就将热力模拟实验机这个任务布置给骆宗安，并作为他的博士论文课题。热力模拟实验机在热轧新产品开发和工艺优化中起重要作用，具有综合性强、技术含量高的特征，融材料科学、传热学、力学、机械学、工程检测技术、自动控制和计算机领域的知识和技能为一体。之前只有美国、日本等极少数工业发达国家能够生产，而我国是应用热力模拟技术进行热加工研究最活跃的国家，不得不承受国外设备的高价位垄断。所以，这个任务真可以说是一块“硬骨头”。

“美国的那家公司从 20 世纪 50 年代就开始做这个设备，而且是专门做这一个设备，可以说技术已经很成熟了。”骆宗安在背水一战的几年里，身边质疑声不断，也有人怀疑过王国栋院士的这一决策。

从开始着手研究，到现在自己制作的实验机在学校和企业里应用，已经十多年过去了。回顾这段历程，骆宗安不禁感慨万千：“这台设备做了 4 年的时间，最初研究的两台彻底报废。到 2004 年底才做出来样机，后来在工厂调试又用了一年的时间，纠一个程序的错误就得用去 3 天到一周，忙来忙去，甚至把 20 年的吸烟习惯都给戒掉了”。“这种高精尖的设备一是做起来很难，二是市场推广也慢，直到 2008 年，我们才向企业推出了第一台设备”。在研究 - 应用的漫长征途中，骆宗安没有放弃。实验室也从未放弃，给予自主课题的资金支持和政策的扶持。企业的同志们也给予了他们极大的宽容，允许失败，失败再来。这一切犹如雪中送炭，温暖着骆宗安的心，鼓舞着课题组每个人的斗志。正是这些坚定的支持，使骆宗安敢于面对困难，迎着困难上，一直坚持到热力模拟实验机应用于实际，变成实验室的王牌产品。

原本从国外引进需要 1000 万元的设备，骆宗安的课题组只用 200 万元。单热力模拟实验技术与装备一个项目就申请了 11 项专利，其中发明专利 6 项。现在，设备已经应用到济南钢铁集团有限公司、湖南华菱湘潭钢铁有限公司、包头钢铁集团公司等企业，这些单位直接节约购置设备费用超过 3000 万元。RAL 已经报废了当年引进的 GLEEBLE - 1500，装备了两台自主研发的 MMS - 300，教师和研究生利用这两台设备完成的品种开发和工艺研究项目多次荣获国家级、省部级科技进步奖，创造间接经济效益 4 亿元左右。

在实验室，没有 7 ~ 8 年的磨砺是做不了项目负责人的。骆宗安的项目组已经发展成为由苏海龙、谢广明、冯莹莹等教师和研究生组成的相对稳定的学术群体。除了实验装备开发这一领域，他们还在钢板复合轧制工艺和设备开发领域频出成果，在创新的道路上不断前进。

在国际范围内，RAL 的实验设备已经由跟跑变成了领跑。这些世界上顶尖的轧制实验设备，让参观实验室的国际、国内同行们大开眼界，叹为观止。成为我们中国的品牌，是我们东大人的骄傲。

1.2.4 促合作，协同创新解决行业关键共性问题

RAL 现有固定研究人员 69 人，其中教授 18 人（中国工程院院士 1 人、博士生导师 12 人）、副教授 15 人、讲师 20 人、助教 2 人、科学研究及实验技术人员 14 人（其中副高级以上 8 人）。学术带头人按照每个人的专攻强项大体分为以下几个方向：（1）以张殿华、李建平、王君代表的材料成型过程综合自动化方向；（2）以刘振宇、朱伏先、陈礼清、许云波为代表的产品组织性能预测与控制方向；（3）以杜林秀、高秀华为代表的钢种开发方向；（4）以吴迪、王昭东为代表的设备工艺方向；（5）以赵宪明、邸洪双、李长生、赵德文为代表的新技术、新工艺方向。

RAL 倡导团队协同创新，针对一个个具有挑战性的项目，他们集中优势力量，团队合

作，方向融合，联合攻关，组成大队伍，承担大项目，完成大成果，做出大贡献。新一代控轧控冷技术（NG－TMCP）是实验室近年持续投入、集中发展的研究方向，它对于我国热轧钢材的升级换代、减量化生产具有极为重要的意义。要完成这样一个艰巨而宏大的任务，必须集中实验室各个方面的力量，全力以赴，联合攻关。因此，实验室汇集了轧制工艺、物理冶金、装备与自动化等几个梯队的人员力量，从工艺、装备（含自动化）、产品、服务几个方面合作开发，完成了由 R&D（研究－开发）向 R&DES（研究－开发－工程－推广）的转化，形成了完整的创新链，实现创新全过程，迅速将科研成果产业化，突破了科研成果转化的瓶颈。

从 1998 年承担“973”项目开始，经过十余年的团队联合攻关，新一代控轧控冷技术取得了丰硕的成果，工艺技术、装备、产品全面开花，在热连轧厂、中厚板厂、H 型钢厂、棒材厂广泛采用，取得了节省合金元素、提高钢材质量、生产工艺简化的良好效果。在科技部、工信部、发改委下发的 5 个与钢铁工业相关政府文件中，都将新一代控轧控冷技术列为国家重点推广的关键、共性技术，在全行业推广应用。世界金属导报还将这项技术评选为“2011 年世界钢铁技术 10 大进展”之一。

这一技术受到企业的普遍欢迎。在 2011 年 10 月南钢 4700mm 轧机招标中，RAL 一举击败几个国际知名的重机设备公司和自动化公司，中标轧后冷却装备与自动化系统。首钢迁钢公司 2160mm 热连轧机和曹妃甸 2250mm 热连轧机，都是刚刚投产不久的世界顶级设备，已经决定由 RAL 对轧后冷却系统进行改造，实现其装备水平的进一步提升。

在科学实践、创新发展的过程中，一批青年的专家成长起来了。在控制冷却设备和自动化系统开发方面，王昭东、袁国、李海军、李勇、田勇、王丙兴等学术骨干，带领团队，成果迭出，享誉业内外；在物理冶金原理和钢种开发方面，刘振宇、周晓光、衣海龙、蔡晓晖、唐帅、贾涛等一大批年轻人建立新理论，提出新观点，引领控轧控冷理论和实践的发展。

新一代控轧控冷技术得到政府和企业的认可，并大面积推广应用，说明了一个道理，就是只有团队的通力合作，团结奋斗，协同创新，才能调动实验室整体的力量，形成大队伍，才能挑战大项目，取得具有重大意义的大成果，为国家经济发展和国防安全做出大贡献。

要形成强大的优秀人才队伍，学科交叉是必需的。在多年的科研工作过程中，实验室深刻体会到“引进一个专业绝对要比单单引进一个优秀人才更重要”。实验室要解决行业的关键共性问题，需要良好的学科布局和很强的学科综合实力，只有这样才能为求解轧制技术领域学科的前沿理论问题和解决国家重大战略需求中的关键科学问题以及行业发展中的重大应用工程技术难题提供学科专业支撑。如今，实验室广聚各个方面的人才，已发展成为涵盖材料、加工、机械、液压、自动化、计算机等多个学科、专业人才汇聚的综合性科研开发基地。

轧钢生产线的自动化系统是多变量、高响应、大滞后的复杂非线性系统，是指挥近千米长生产线高速、稳定、高精度运行的“五官”、“大脑”和“神经”。轧制过程自动化的水平代表着自动化技术在行业应用领域的最高水平，轧制技术的发展离不开自动化技术的发展和强力支撑。在实验室成立之初，顾兴源教授、王金章教授带领的自动化专业团队和王光兴教授带领的计算机专业团队即加盟实验室的建设，将自动化技术的“基因”深植于

RAL，为轧制技术的快速发展和产业化提供了良好的学科和技术方面的支撑。

王国栋院士常说，我们希望搞自动化的同志加盟轧制技术研发，不是让你们改行，而是给你们提供一个发挥、表演的舞台，希望你们能够在这个舞台上表演出最精彩的节目。他也要求，搞轧制过程自动化，就要了解轧制过程，当你对轧制过程的了解超过了轧制专家的时候，你的自动化也就达到了最高的境界。

今天，学科交叉的效果已经显现，轧制过程自动化不仅成为实验室迈向国民经济主战场的一个重要的阶梯，而且成为了实验室不断前进的开拓力量，成为实验室每一个成员手中的锐利武器。每一个实验室的重大成果，都离不开自动化技术的支撑，都凝聚着自动化技术人员的心血和汗水。自动化学科的交叉推动了轧制技术的发展，而轧制技术的强大需求也促进了自动化技术的进步。这就是学科交叉、协同创新的结果，这是双赢。

1989年，在实验室筹备的过程中，读完硕士的张殿华就注意到自动化应用于轧钢领域的广阔前景，随着自动化专业队伍来到实验室，开始在轧制过程自动化这片广阔的领域拼搏、奋斗。如今他是实验室的副主任、轧制过程自动化方面的带头人、国内外知名的轧制过程自动化专家。20多年在轧制领域的奋斗，他不仅在自动化技术方面攻克了一个个难关，攀登上一个个高峰，还攻读了轧钢专业的博士学位，在实践中领略了轧制技术的真谛，成为名副其实的轧制过程自动化专家。而他所带领的轧制过程自动化队伍已经成为行业著名、能打硬仗的专业化队伍，为我国大型板带轧制装备的自动化、智能化、信息化做出了巨大的贡献。

1998年8月28日实验室与首钢签订了“首钢3340中厚板轧钢厂四辊精轧机液压AGC工程项目”，张殿华依靠他多年来的学术成果和经验积累，解决了大型中厚板轧机液压厚度自动控制系统的关键问题，调试一次成功。这一战，让张殿华一举成名，先后获得省、市、行业四项科技奖励。

在板带钢热连轧计算机控制系统领域，张殿华和他的团队将一系列创新性的研究成果先后应用于热轧工程实践，完成了十几条大中型板带热连轧全线计算机控制系统工程，其中攀钢1450mm热连轧机改造项目获得国家科技进步二等奖，申报发明专利20余项。

在板带钢冷连轧自动化控制系统领域，张殿华带领团队先后与SIEMENS－VAI、三菱和TMEIC等国际一流公司合作，完成了唐钢1700mm 5机架冷连轧、宝钢益昌薄板5机架冷连轧、鞍钢莆田1450mm酸轧联机等多条生产线的自动化系统建设、开发工作。“冷轧板带板形计算机控制系统”成果应用到鞍钢、唐钢、洛阳铝等多条冷轧生产线，并在RAL建立了相关的研究和调试平台。这个项目打破了国外对冷轧板形控制系统这项高技术的长期垄断，是我国冶金领域核心技术自主创新的重大进步，2011年获得国家科技进步二等奖。

2011年，张殿华与迁安市思文科德薄板科技有限公司签订了“80万吨精品冷轧项目酸洗冷连轧机组自动控制系统研制”重大工程项目，合同额1.06亿，是东北大学截至目前合同额最大的一个科研项目。

现在，张殿华的团队已经发展成为由过程自动化、基础自动化、计算机、轧制工艺、液压系统等几个方向人才组合而成的协同作战团队。徐建忠、龚殿尧等教师和李旭、高阳、孙杰等一批出身于轧制专业、张殿华教授的昔日弟子，已经成为轧制过程自动化研究方面的骨干。他们以学科交叉促进创新，为钢铁行业技术创新“造血”，为实验室协同创新“输血”。

王君教授也是来自自动化学科，一直从事中厚板轧制自动化的研究和工程项目，他带领矫志杰、何纯玉等出身于加工、机械方面的年轻新秀，转战南北，在首钢、重钢、唐钢、邯钢、敬业、三明、武钢等多家中厚板厂建功立业，解决了中厚板轧机厚度控制、侧弯控制、冷却控制等问题，受到企业的普遍赞扬。

RAL 几个方向的项目组既相互协作，又术业专攻，仿若推动实验室良性循环的“红细胞”，为钢铁行业源源不断地提供“养料”。

有些大项目，常常涉及整个钢材轧制生产链。这类项目流程长，工序多，影响因素复杂，需要上下游工序协调、多学科合作，更需要研究者们齐心合力，密切配合，相互照应，融会贯通。2008 年，RAL 承担了国家自然科学基金重点项目“基于双辊薄带连铸的高品质硅钢织构控制理论与工业化技术研究”。硅钢被称为“钢铁材料的艺术品”，它的研究涉及冶炼、浇铸、热轧、冷轧、热处理等诸多工序，还涉及研究设备改造和建设。由于我们是采用一个全新的薄带连铸流程，技术难度更大，工序间的合作更显重要。

为此，RAL 首先将这些来自不同研究领域的青年精英汇聚在一起，探讨如何分工合作，如何拧成一股绳，协同创新，拿下这个重点项目。这些沙龙式的研讨，迸发出新的思想火花，也焕发出协同创新的热情。有了这个共同的思想基础，工作困难虽多，但是进行有序，成果累累。

曹光明、李成钢专门负责冶炼和薄带连铸工艺，他们两人都是金属压力加工学科毕业，但是深深爱上了薄带连铸这个特殊的过程。在刘振宇教授的指导下，他们首先改造了铸轧设备，开发了重要的铸辊、侧封等装置、部件以及铸轧自动控制系统。同时，他们还进行了大量的炼钢和铸轧工艺研究，探寻铸轧的规律。硅钢这个难于驾驭的钢种，他们却“玩”得得心应手，不仅实现了精确的铸轧条件控制和铸带成分控制，满足了下游研究的需要，而且还与从事硅钢研究的刘海涛博士等合作，研究出利用浇铸过程控制铸带结晶组织和织构的工艺理论和方法，即使含硅量 6.5% 的高硅钢，只要有需求，他们也绝对可以按要求提供连铸设备。薄带连铸硅钢的第一关他们牢牢地守住了。

后续的热轧和冷轧、热处理等工艺过程也非常复杂，技术难度非常高。在校外，他们联合钢铁研究总院连铸中心的硅钢研究组；在校内，他们联合织构和材料各向异性实验室；在实验室内部则按照取向、无取向、高硅钢不同品种，由张晓明、许云波教授、刘海涛博士后和张元祥、张婷等一批研究生承担。经过 3 年的通力合作和刻苦攻关，他们研究出一系列先进、适用的工艺理论和方法，实现了薄带连铸硅钢晶粒尺寸、析出、织构、磁性能的全流程控制。目前实验室研究出的无取向硅钢原型钢性能超过常规方法大生产的实物质量，取向硅钢的磁性能达到了先进企业 CGO 的实物水平，6.5% 硅的高硅钢也试制出大尺寸样品。

硅钢研究需要的轧机和热处理研究设备也没有问题，人才济济的 RAL 有这样的人才。李建平领衔的实验设备研发团队，加班加点，特别为硅钢研究开发了独具特色的热处理装备和专用的温轧轧机。通过这项工作，RAL 的研究装备家族又增加了新的成员，为企业研发硅钢提供了有竞争力的新手段。

一个项目 3 年周期。在 2012 年春季召开的 NSFC 重点项目验收会上，专家们对照申请书，逐项审查，给予了充分肯定和高度评价。这个项目以优异的成绩通过了验收，还引出了后续的更加重大的项目。目前，该项技术已经列入了国家科技支撑计划和“863”计划，正在与企业合作，进行成果转化和产业化工作。

正是这样一个自然科学基金重点项目，推出了一项重大的工艺技术，同时形成了一支高水平的硅钢研究队伍，涌现出一批硅钢研究的人才。NSFC项目结束了，但是硅钢研究平台建立起来了，硅钢研究队伍凝聚起来了。这个平台、这个队伍，还将继续运转，继续发展，继续前进。既然我们已经占据了领跑的位置，我们就将保持它。

1.2.5 聚人才，齐心协力谱写创新篇章

作为一个国家级的研究单位，RAL要有海纳百川、汇聚天下贤士的博大胸怀。赵宪明教授在哈工大锻压专业读完本科、硕士、博士之后，1995年6月来到东北大学参与RAL的筹建工作，是第一个从兄弟院校来到实验室工作的博士。“从参与实验室筹建的老先生们身上传承下来一种海纳百川的包容精神，对于不同专业背景、不同学校背景的人没有排挤和排斥，而是惜才如金、求贤若渴。”回想起刚加入实验室的时候，赵宪明仍然很感激实验室的老前辈白光润教授的耐心帮助和指导。

赵宪明教授来到RAL的时候，RAL正承担国家“863”项目，急需在棒材方面开辟新的领域，开发出我国建筑部门急需的低成本的高强螺纹钢筋。赵宪明教授在吴迪教授带领下，开始进行关键装备——超快冷系统及控冷工艺的研究。这是一个集材料、加工、机械、液压、自动化、计算机等多个学科的创新技术。

赵宪明教授先后转战山东石横钢厂、江西萍乡钢厂、福建三明钢厂等十几家单位，研发了具有特色的棒材快速冷却系统，探索了低温控轧、高温轧制+快冷等几个不同的研究方案，终于实现了高强钢筋低成本、减量化生产，为企业创造了巨大的经济效益，为我国高强钢筋的发展闯出了一条新路，也为实验室出色完成“863”项目的指标、实现超级钢千万吨级生产做出了突出贡献。

此后，赵宪明教授又将这项技术推广应用于轴承钢生产，在解决轴承钢网状碳化物这一难题方面取得重要突破。这一工作的重要意义在于，它将新一代控制轧制和控制冷却技术推广到合金钢，为合金钢生产减量化、生态化开辟了新的途径。目前这项技术已经应用到宝钢特钢、江苏兴澄、河北石家庄钢厂等合金钢厂，用于提高轴承钢的质量。最近，赵宪明教授又将这项技术应用于窄带钢轧机轧制弹簧钢，也取得了改善产品性能的良好效果。

关于RAL的科研管理，赵宪明教授也发表了自己的看法。他说：“每个人在承担项目的时候，可以邀请其他方向的老师参与自己的项目，为项目提供技术支持。”现在实验室的老师们已经非常适应这种自由组合的工作模式，哪些需要自动化、机械、材料等其他学科的支持，老师们就探索相互合作。通过这样一种合作方式，课题负责人可以根据需要调配所需学科的人力。这在作为项目负责人与企业进行技术谈判的时候，有着得天独厚的优势，不仅可以节省项目的人力成本，而且有利于孕育创新思维。

花福安副教授本科毕业于中国科技大学机械专业，在中科院自动化所获得自动化方面的硕士学位，在金属所获得金属材料博士学位，他的经历就是学科交叉的产物。来到东北大学后，由于兴趣和志向相同，他加入了李建平教授的实验设备研发团队，他的综合创新

能力得到发挥。他先后承担了国家自然科学基金仪器设备专项等重要科研项目，开发出连续退火模拟实验机、硅钢连续退火成套设备等热处理实验装备，在仪器开发方面开辟了一个新的领域。

谢广明博士毕业于哈尔滨工业大学焊接专业，拿到博士学位后来到RAL，加盟骆宗安的科研小组，利用实验室购进的电子束焊接等先进设备进行板坯扩散焊接复合的研究，同种金属扩散焊接复合已经在企业推广成功，多异种金属材料扩散焊接复合也取得很大进展。最近，他根据汽车行业发展的需要和自己的研究基础，申请了自然科学基金项目，进行摩擦搅拌焊的研究。RAL决定，购置相应的焊接设备，扶持这方面的研究工作。

对于肯于钻研、有发展潜力的年轻人，RAL派他们到国外优势单位学习、考察、进修，加强他们的理论素养，打好基础。蔡晓晖博士、贾涛博士毕业留校后，RAL分别安排他们到德国阿亨大学和加拿大UBC学习。在国外学习期间，他们阅读了大量的物理冶金文献，对轧制过程组织性能演变的规律进行了深入的研究，他们的工作得到教授们的充分肯定。回国后，他们投入到实验室的研究工作中，结合新一代控轧控冷技术研究，在相变和析出理论研究方面继续工作，将这项研究向前推进。

在RAL这个和谐创新的氛围中，不仅年轻人在实践中成长，一些老教授也焕发了青春，在技术创新的第一线一马当先，冲锋陷阵，言传身教，带动后人。赵德文、朱伏先教授是博士生导师，虽然年近退休，仍然承担繁重的教学和科研任务，仍然不断做出创新的成果，成为年轻人的楷模。赵德文老师常年深入首钢秦皇岛公司中厚板生产现场，与企业工程技术人员结合，基于他深厚的理论功底，通过缜密的理论分析和实验研究，提出厚板的“直接轧制法”，代替原来的两阶段轧制，大幅度提高了厚板的中心层质量，提高了轧制效率。朱伏先教授带领博士生张朋彦进行大线能量焊接钢材的研究，在氧化物冶金、析出控制领域取得突破，在国内率先开发的大线能量焊接用钢材线能量可以达到每厘米几百千焦，甚至每厘米上千千焦，研究成果达到了国际先进水平，填补了国内空白，已经在湖南湘钢生产并提供给用户使用，为我国造船、压力容器、桥梁、高层建筑等行业的高效、优质生产提供了关键钢材。

RAL的实验研究人员和工程技术人员，担负着为科研、教学服务的重要任务，是RAL发展的重要力量。邹杰是实验室的老技师，工程能力特强，机电安装、调试有丰富经验，又善于与企业现场人员沟通。根据他的特点，RAL安排他负责现场的安装调试，几年来，不仅调试工作进展顺利，还与企业建立了密切的合作关系。

近年RAL添置了大量的高精尖设备，如何提高利用率、发挥投资效益成了重中之重。RAL积极调动实验人员的积极性，引导他们为科研和教学提供优质服务。为尽快发挥引进实验设备的效益，RAL提出重要、繁忙设备应大幅度增加开机时间，薛文颖、吴红艳、王佳夫等同志积极响应，目前他们正在落实这项工作。张维娜等一批高学历的年轻人，担任实验室重要研究设备的使用、维护等工作，他们勤奋学习，刻苦研究，很快掌握了高级、复杂的检测设备，强力地支持了RAL的研究工作。

RAL在用人方面，坚持“用人当用强”，不苛求实验室的每一个人都是全才，而是更多地发现各人的特点和强项。据此安排工作，把每个人的优势发挥出来，集成起来，这样就可以组成足以克敌制胜的最佳阵容。

1.2.6 夯基础，厚积薄发引领轧制技术发展

植物生长，根深才能叶茂；科学研究，基础牢固才能大有作为。RAL 认识到这一点，要求实验室成员认真学习基础理论，加强基础研究，夯实基础，厚积薄发。

这些年来，RAL 先后承担了钢铁材料基础研究的 3 个 973 项目。一期 973 项目，承担课题“新一代钢铁材料轧制过程中实现晶粒细化的基础研究”，在超级钢的研究取得突破成果，获得国家科技进步一等奖；二期 973 项目，承担课题“利用铸轧技术生产细晶均质不锈钢和高磷铜耐候钢薄带的基础研究”，发现薄带连铸含磷钢逆向偏析规律和铁素体不锈钢薄带连铸组织控制规律，前者已提供宝钢进行新薄带连铸机的建设，后者指导实验室后续硅钢薄带连铸组织控制，对薄带连铸技术的发展做出了重要贡献；三期 973 项目正在进行中，已经在高强钢组织控制和热处理装备开发应用上完成创造性成果，并获得一项省级科技进步一等奖。RAL 连续参加承担加工过程 973 项目，完成了一批有价值的研究成果。RAL 还完成了自然科学基金重大项目的 1 项（课题“金属熔体凝固控制与若干先进成型技术的基础研究——近终形双辊铸轧薄带钢基础研究”），6 项自然科学基金重点项目（课题分别为“金属材料组织性能预报及在线监测”、“特种合金及高合金钢热连轧过程中的组织演变及控制理论”、“薄钢板连铸连轧过程组织性能控制与检测”、“轧制板材过程中有限元高速在线算法基础”、“基于双辊薄带连铸的高品质硅钢织构控制理论与工业化技术研究”、“超纯铁素体不锈钢微合金化机理”）以及一批自然科学基金面上项目和青年自然科学基金项目。

这些研究工作对于推动 RAL 加强基础、开拓创新发挥了重要作用，延伸出一批具有重大实用价值的先进工业化技术和后续研究，为 RAL 的可持续发展提供了重要支撑。同时，也涌现出一批通过基础研究促进技术创新的优秀人才，加强了实验室的人才队伍建设。

刘振宇教授就是在基础研究突出且创新工作出色的青年教师。刘振宇教授 1985 年至 1994 年近 10 年的时间里在东大校园完成了本科生、硕士生、博士生的学习，硕士生和博士生阶段主要进行热轧钢材组织 - 性能演变过程的模拟与控制，之后在新西兰、日本博士后工作期间，从事金属材料氧化机理的研究、合金扩散型相变和先进高温合金材料开发研究工作。这些材料学领域的基础研究工作为刘振宇日后回国、在科研中不断取得创造性成果打下了厚实的理论基础。

2003 年，刘振宇满怀希望回到 RAL。他说：“回国工作一方面是出于对学校的感情，另一方面，也是实验室给予了宽松的科研环境。”回国之后，实验室根据他的研究基础，为他“量身打造”了参与企业横向项目的机会，安排他研究鞍钢 ASP 连铸连轧工艺氧化铁皮控制技术。对此，刘振宇颇有感触，“王院士根据我的研究方向，很快为我安排了鞍钢连铸连轧工艺氧化铁皮控制技术，让我之前的研究成果有了更加广阔的应用空间。”刘振宇没想到，在国外很难实现的从理论到应用领域的跨越，在 RAL 只需这简单的一小步。

依靠他在材料高温氧化方面的理论功底，刘振宇建立了钢材热加工过程中氧化铁皮演变的机理，建立了描述氧化铁皮结构和厚度演变的预测模型，很快解决了 ASP 生产线的氧化铁皮控制问题，还开发出我国汽车工业急需一个新的钢种——黑皮钢。有了黑皮钢，汽车大梁制造厂免除了酸洗工序，避免了酸的消耗，还改善了工厂的操作环境。这一工作开

辟了钢材氧化研究的新途径，氧化铁皮不再是钢材生产中产生的“废弃物”，而是在后续加工中可起到保护产品表面或取消酸洗等重要作用的“功能性附属品”。这项工作引起了企业的极大关注，已经有 11 个企业采用。目前氧化铁皮控制技术已经应用到更高的强度级别大梁钢，还应用到硅钢等钢种。2009 年这个项目获得冶金科技进步一等奖。接着，刘振宇又乘胜前进，在热轧氧化铁皮控制的基础上，进一步提出了无酸洗冷轧技术，旨在通过热轧氧化铁皮的控制和后续热处理的改进，取消涂镀材冷轧前的酸洗工序，实现轧钢工作者多年取消酸洗工序的梦想。这一工作在 2011 年确定为“十二五”国家科技支撑计划优先启动课题，与宝钢合作实施，目前正在进行中。

刘振宇承担的另一个课题是钢铁二期 973 项目中的课题“利用铸轧技术生产细晶均质不锈钢和高磷铜耐候钢薄带的基础研究”，这项工作也与材料腐蚀有关，是刘振宇的强项。研究过程中，他发现了薄带连铸中磷发生逆偏析的规律，他提出利用这个原理，开发含磷钢连铸薄带，在不增加钢中贵重合金元素如镍和铝含量的条件下提高钢材的耐蚀性，其腐蚀速度比常规耐候钢降低 30%。该项技术正在应用于宝钢新建的薄带连铸机。与常规热轧流程相比，这一短流程技术可降低能耗 60%、降低 CO_2 排放 80%，钢材的耐腐蚀性能有一定提高，有很好的应用前景。在这个项目中，刘振宇、刘海涛等还发现了体心立方金属材料薄带连铸过程中凝固组织的控制规律，开发了铁素体不锈钢铸轧薄带凝固组织控制技术。这一重要的创新思路，为后续硅钢薄带连铸过程中凝固组织和织构的控制奠定了基础。目前，硅钢薄带铸轧技术工业化项目已被列入国家“十二五”科技支撑计划。

2008 年，刘振宇又成功申请到国家自然科学基金重点项目“超纯铁素体不锈钢微合金化机理”，国际上首次阐明了铁素体不锈钢再结晶织构偏离 γ - 纤维织构的机理及消除这种织构偏转的技术路线，解决了节镍型不锈钢生产中一个关键问题，被德国著名物理冶金学家 Raabe 教授评价为“精细而令人感兴趣的工作”。这一工作在宝钢铁素体不锈钢工业生产中成功应用，达到国际领先水平。

刘振宇和物理冶金研究小组年轻人基于在基础研究方面的功底和近年的实践，在新一代 TMCP 细晶强化、析出强化、相变强化的强化机制方面提出了创新的思路，通过不同强化机制的综合作用，挖掘钢铁材料的强力，推进钢铁材料的更新换代。他们在中厚板、热连轧等板材轧制领域，通过新一代控轧控冷技术的研究，推出了低成本、高性能的钢材产品，例如碳锰钢、双相钢、管线钢、高强钢、桥梁钢、海洋平台用钢等，源源不断地提供给企业。近年，他又将新一代控轧控冷技术推广应用于双相不锈钢、铁素体不锈钢、亚稳奥氏体不锈钢等不锈钢钢材品种，取得了明显的节能减排、提高质量的良好效果。

在加强基础、努力创新这一思想的指导下，RAL 涌现出了一大批技术创新拔尖人才。这些年总共有 18 人次得到各种人才称号，有的得到教育部新世纪优秀人才支持计划资助，有的被评为辽宁省普通高等学校优秀青年骨干教师，有的列入辽宁“百千万人才工程”百人层次或千人层次。

当加强基础、努力创新成为 RAL 每一个人的自觉行动时，实验室就有了希望，这一时刻正在到来。RAL 的教授们、研究生们不仅深入实际，做好今天的研究，还自由探索，构思 RAL 的未来。正是因为有了这样一个氛围，RAL 才能不断有新的思想提出，不断有成功的喜讯传来。在 2011 年年终总结会上，RAL 的教授们交流了自己的工作，畅谈了未来的设想。

邱洪双教授开展了基于动态材料模型加工图的理论研究，首次证明了 Prasad 失稳判据与 Murty 失稳判据的相似性；Gegel 稳定判据与 Malas 稳定判据的统一性。作为应用，采用加工图与激活能图研究了 TB5 钛合金的热变形问题，确定了该合金的热加工工艺窗口。

杜林秀教授除了进行超高强汽车板、高强汽车大梁钢、高强车轮钢等应用技术研究外，还长期坚持进行超细晶、纳米化钢材的大尺寸、实用化加工技术基础研究，并提出了具体的实用方案，获得了大尺寸、细晶化的原型钢。

陈礼清教授正在进行资源节约型无镍铬不锈钢的研发，Fe－Mn－Al－C 系钢的实验表明，可以实现抗高温氧化。下面工作重点是要提高其耐蚀性，将在研究其腐蚀机理的基础上，设计合金体系，提高耐蚀性能，以部分取代奥氏体不锈钢。

李长生教授提出解决难加工金属薄带成型的热辊温轧工艺方法。这种方法轧制过程中轧件依靠与加热轧辊的接触传热和变形温升实现温轧。

张晓明教授在研究铁粉对润滑效果影响的基础上，与化学系合作开展绿色高效的纳米润滑剂的研究。

徐建忠教授跟踪国际技术发展，研究多辊智能轧机板形控制技术和多辊轧机辊系弹性变形理论，开发板带矫直过程板形控制设定模型，为 RAL 未来智能化矫直技术开发奠定理论基础。

高秀华教授在研究成功系列管线钢、抗 HIC 管线钢、抗大变形管线钢的基础上，将结合承担的国家十二五支撑计划项目，开展耐腐蚀油船货油舱用钢研究和耐腐蚀集输管线、输送管线钢研究。

许云波教授采用低硅含磷系成分开发了 TRIP780 和 980 热轧薄板，其组织具有晶粒超细化和纳米析出特征，力学性能超过国内外冷轧板水平，成型性能优异。针对冷轧硅钢、TRIP、IF 钢等，对（超）快速退火（URA）条件下的再结晶组织和织构演变机理进行了系统研究，结果表明：URA 对硅钢织构、TRIP 钢的组织和综合力学性能、IF 钢强度和冲压性能有显著影响。

王昭东教授积极拓展自己的研究领域，将钢材热处理装备开发中做出的创新和积累的经验应用到铝合金的热处理中，正在与有色金属加工领域的教授们合作，深入有色金属加工领域的企业，开发新的、具有我国自主知识产权的铝合金板材热处理装备和产品。

张殿华等教授参加了王天然院士牵头组织的工程院咨询项目“基于泛在信息的智能制造”，准备结合这个项目在钢铁行业实施钢铁轧制过程的智能制造，开发出新一代的智能化的轧制过程，建立示范性的智能轧钢生产线。

李建平教授将开展“实物尺寸、服役环境下材料服役性能研究装备”、“汽车零件先进加工技术与装备”、“特种轧制装备”的研究，为材料的研究和加工提供有竞争力的研究手段。

赵宪明教授继续在钢材冷却技术上发展，结合弹簧钢、轴承钢、合金结构钢等钢材品种和线材、重轨、窄带钢等生产过程，在工艺、装备、产品等方面进行新一代控轧控冷技术的开发，建立起具有我国自己特色的工艺体系。

大家提出的这些想法有一个共同特点，就是考虑了国家需求和技术发展趋势，从基础研究开始，着眼于实验室的未来发展。也许有些想法还有很长的路要走，但是，我们终究已经起步。相信有一天，看似丑小鸭的“奇思妙想”，会逐渐羽翼丰满，长大成为白天鹅，在轧制技术的发展中发挥引领未来的作用。

1.2.7 结语

创新驱动发展，创新永无止境。我国作为一个拥有 13 亿人口、经济迅速崛起的发展中大国，持续稳定地生产低成本、高质量钢铁产品与掌握石油、粮食等战略资源具有同等重要的地位。这需要钢铁工作者在前进的道路上不停地探索，大胆地创新。RAL 的教授和学生们瞄准“建设国际领先的轧制技术协同创新基地，开发节能减排的绿色轧制工艺、技术和产品，致力于成为新一代轧制技术的全球领跑者”的发展目标和未来愿景，形成了实验室科学研究和科技创新的“雁阵模式”，用实际行动绘制出了科技创新驱动发展的广阔图景。我们祝愿 RAL 的领航轧制技术创新发展的“雁阵”，在自主创新的蓝天里越飞越高，越飞越远，贡献国家，造福人类。

第②篇

热轧钢铁材料新一代TMCP技术

2.1 热轧钢铁材料新一代 TMCP（控轧控冷）技术

TMCP（Thermo - Mechanical Controlled Processing），即控制轧制和控制冷却技术，是20世纪钢铁业最伟大的成就之一，也是目前钢铁材料轧制及产品工艺开发领域应用最为普遍的技术之一。正是有了 TMCP 技术，钢铁工业才能源源不断地向社会提供越来越有用的钢铁材料，支撑着人类社会的进步和发展。

2.1.1 TMCP 工艺技术的发展、基本原理

TMCP 工艺的两个重要组成部分之一的控制轧制，在热轧钢铁材料领域很早就基于经验予以实施了，其核心思想是对奥氏体硬化状态的控制，即通过变形在奥氏体中积累大量的能量，力图在轧制过程中获得处于硬化状态的奥氏体，为后续的相变过程中实现晶粒细化做准备。在20世纪60~70年代，随着能源开发对高性能管线钢的需求增加，为满足管线钢板的生产，控制轧制技术得到显著发展，并在厚板轧制、船板生产等方面得到广泛应用。

为了突破控制轧制的限制，同时也是为了进一步强化钢材的性能，在控制轧制的基础上，又开发了控制冷却技术。控制冷却的核心思想是对处于硬化状态奥氏体相变过程进行控制，以进一步细化铁素体晶粒，甚至通过相变强化得到贝氏体等强化相，相变组织比单纯控制轧制更加细微化，促使钢材获得更高的强度，同时又不降低其韧性，从而进一步改善材料的性能。1980 年，日本 NKK 福山制铁所首次为厚板生产线配置并使用了 OLAC（On - Line Accelerated Cooling）系统。此后基于对提高厚板性能及钢种开发的需要，重点发展了厚板的快速在线冷却技术，并相继开发出一系列快速冷却装置，将其投入厚板的开发生产及应用中。控制冷却设备的普遍应用有力地推动了高强度板带材的开发和在提高材质性能方面技术的进步。后来，人们将结合控制轧制和控制冷却的技术称为控轧控冷技术 TMCP（Thermo - Mechanical Controlled Processing）。

因此，热轧钢铁材料 TMCP 的基本冶金学原理是，在再结晶温度以下进行大压下量变形促进微合金元素的应变诱导析出并实现奥氏体晶粒的细化和加工硬化；轧后采用加速冷却，实现对处于加工硬化状态的奥氏体相变进程的控制，获得晶粒细小的最终组织。为了提高再结晶温度，利于保持奥氏体的硬化状态，同时也为了对硬化状态下奥氏体的相变过程进行控制，控制轧制和控制冷却始终被紧密联系在一起。控制轧制的基本手段是“低温大压下”和添加微合金元素。所谓“低温”是在接近相变点的温度进行变形，由于变形温度低，可以抑制奥氏体的再结晶，保持其硬化状态；“大压下”是指施加超出常规的大压下量，这样可以增加奥氏体内部储存的变形能，提高硬化奥氏体程度；微合金化就是增加微合金元素，例如铌等微合金元素的加入，为的是提高奥氏体的再结晶温度，使奥氏体在比较高的温度下即处于未再结晶区，因而可以增大奥氏体在未再结晶区的变形量，实现奥氏体的硬化。控制冷却的理念可以归纳为“水是最廉价的合金元素”这样一句话，通过冷却参数的控制与优化实现对热轧后钢板相变过程的控制，配合控制轧制工艺过程得到所需的组织和性能。

TMCP工艺实施所依托的装备条件，除轧机外主要是层流冷却系统，如图2－1为热轧板带钢生产线轧后层流冷却设备。从钢铁技术发达国家日本等国家的自控制冷却技术（含工艺及装备）工业化大批量应用开始，如今TMCP工艺技术已历经30余年。我国约2000年开始，在如东北大学、北京科技大学等相关科研单位努力下，依托钢铁企业中厚板轧制线建设及技术改造，自主研发出具有当时国际先进水平的自主知识产权的系列控冷设备。此后，国内中厚板企业或采用国产或通过轧线设备成套引进，中厚板轧线相继都配备了其冷却机理一致、但设备形式及功能有所差异的层流冷却设备，并在此设备基础上，开发出相关控制冷却工艺技术，在各类品种及工艺开发过程中发挥了巨大作用。

图2－1 热轧生产线传统控制冷却技术的主要设备形式

2.1.2 新一代TMCP技术的源起与基本原理

20世纪90年代，国内外钢铁行业掀起了超级钢的工艺技术开发潮流，1998年底，我国国家重点基础研究发展计划（“973”计划）“新一代钢铁材料的重大基础研究”项目启动，东北大学RAL承担“轧制过程中实现晶粒细化的基础研究”子课题，任务是通过细化晶粒，使现有200MPa级别的普碳钢在成分基本不变的条件下屈服强度提高一倍，且具有良好的塑性和韧性。与当时国际上流行的最大限度细化晶粒的技术路线不同，RAL科技工作者创新性地提出采用晶粒适度细化的概念，开发出在现有工业条件下能够实现的超级钢生产工艺技术。2005年我国生产超级钢热轧带钢、超级钢棒线材、超级钢中厚板等品种逾400万吨。RAL在热轧钢铁材料TMCP工艺技术开发领域取得的成就令人瞩目。

面对节节增长的超级钢工业化批量生产数据，超级钢的开发实践成绩令人鼓舞，超级钢开发课题在国内钢铁行业开创性地做出了令人瞩目的贡献。但对于RAL科研学术团队来说，静心思考之余，总隐隐地感觉传统TMCP这一技术理念存在一定的不足和缺憾：在热轧板带和热轧中厚板生产应用过程中，低温大压下，轧制温度很低，导致轧机负荷很大；同时，为满足组织转变要求，终冷温度都已较低，通常都低于500℃，有的钢种甚至低至350～450℃。由此造成的轧制过程不顺稳且冷却过程的板形不良等问题时刻在考验着企业的操作及生产工艺过程，从企业接受程度来说，总是存在一定的难度。对此，王国栋院士曾用“如鲠在喉”这句非常形象的话语来形容企业对于该工艺生产技术的感受。

对于超级钢开发过程的另一个宝贵收获是在棒线材上的开发工作。棒线材生产过程由于轧速很高，低温轧制常导致堆钢等事故产生。因此，采用在热轧板材推广应用过程中惯用的“低温大压下”路线，在棒线材尤其是线材超级钢工艺的开发过程中屡屡碰壁，推广应用难以展开。“低温路线走不通，必须高温轧制，有没有新的工艺技术路线可以实现”？这个问题时常萦绕在 RAL 人的心头。RAL 人创新性地提出采用高温终轧路线，通过大应变连续累积变形 + 水雾超快速冷却工艺，在适当的温度点停止冷却，通过超快速冷却抑制奥氏体的再结晶，保持硬化状态，并控制随后的相变过程，实现了 Q235 级别钢升级达到 400MPa 级别的棒线材的稳定工业化批量生产，突破了常规低温控制轧制的观念。

问题是创新的源泉。善于发现问题，在看到成绩的同时也要更多地发现不足，是技术创新不竭的动力。具体反思和认识 TMCP 技术本身，通过采用低温大压下和微合金化的技术路线，铌等微合金元素的加入虽然可以显著提高钢材的再结晶温度，扩大未再结晶区，大大强化了轧制奥氏体的硬化状态，还会以碳氮化物的形式析出，对材料实行沉淀强化，从而对材料强度的提高做出贡献。但是，微合金和合金元素加入，会提高材料的碳当量，恶化材料的焊接性能，同时还会造成钢材成本的提升和合金资源的消耗。至于进一步提高轧机能力，则因现代化轧机能力已接近极限而无法轻易实现。另外，采用低温大压下易导致热轧钢板表面形成过多的红色氧化铁皮，对表面质量造成破坏，增加后续加工过程中的加工成本，甚至损伤钢板的表面。再者，传统 TMCP 在提高热轧钢板强韧性的同时，会因低温轧制产生残余应力而带来板形不良和剪裁瓢曲等问题。最后，传统 TMCP 技术生产高强钢厚板时，除非提高钢中合金元素含量或进行轧后热处理，否则已无法突破强度和厚度规格的极限。因此，传统的 TMCP 技术本身已有了其难以克服的局限性。同时，随着社会的高速发展，使人类面临越来越严重的资源、能源短缺问题，承受着越来越大的环境压力。人类只有解决这些问题，才能与自然和谐发展，保持人类社会的长治久安和子孙后代的幸福安康。针对这样的问题，在制造业领域，提出了 4R 原则，即减量化、再循环、再利用、再制造。具体到 TMCP 技术本身，传统 TMCP 工艺过程实现的两个要素“低温大压下”和“微合金化”，一方面导致轧制生产工艺过程与人们长久以来形成的“趁热打铁”的观念相违背，必然受到设备能力等的限制，轧制生产过程操作方面的问题不容回避；另一方面导致钢铁材料产品生产过程中大量的资源和能源消耗。长期以来，钢铁企业为此而大幅提升轧制设备能力，投入了大量资金、人力，同时消耗了大量的能源和资源。如何克服传统 TMCP 工艺过程的缺点，即采用节约型的成分设计和减量化的生产工艺方法，获得高性能、高附加值、可循环的钢铁产品。这一问题实实在在地摆在了轧钢工作者的面前，作为钢铁材料物理冶金重要手段的 TMCP 技术，需要建立新的发展思路和开发框架。

而与此同时，为弥补传统控制冷却技术的不足，在欧洲和日本相继开发出了热轧板带轧后超快速冷却技术。传统的层流冷却和新一代的超快速冷却的共同特点是它们都需要使用水，利用水来调节热轧钢材的冷却过程，即调节材料的相变过程。但是，与传统层流冷却相比，超快速冷却可有效打破汽膜，实现对热轧钢板进行高效率、高均匀性的冷却（对于3mm 厚钢板冷却速度可达400℃/s 以上），冷却速率可达到传统层流冷却速率的2 ~5 倍左右。但当时人们对该技术的认识和应用更多的是实现热轧钢材的快速降温或用于后段强冷实现双相钢的开发生产等补充或辅助手段。

基于 RAL 在超级钢工艺上的开发实践和对钢铁材料 TMCP 工艺技术领域的研究与体会以及对传统控制冷却（层流冷却）技术重新认识，王国栋院士敏锐地认识到，将超快速冷却技术应用于热轧钢铁材料轧制技术领域，与控制轧制相结合，必将为已发展 30 余年的

TMCP 技术带来革命性的变化，引领新的发展。

在随后 RAL 开展的系列实验室研究结果表明，超快速冷却使热轧钢板的性能指标与以往相比有了质的飞跃，而材料成本和生产过程中的各类消耗则大幅度降低。这种技术在生产中的初步应用使人们认识到，使用水的冷却过程不仅仅可以丰富轧后冷却路径控制手段，而且会衍生出很多新的钢材强韧化机理。在此基础上，2007 年，以王国栋院士为代表的 RAL 人系统提出了以超快速冷却技术为核心的新一代 TMCP 技术。

目前，轧后超快速冷却技术已经成为热轧板带材生产线改造的重要方向。中试结果和部分生产应用都表明，这种技术可以推广应用于包括中厚板、热连轧、棒线材、H 型钢、钢管等 90% 以上的热轧钢材。与常规冷却方式相比，不仅可以提高冷却速度，且与常规 ACC 相配合可实现与性能要求相适应的多种冷却路径优化控制。

与传统 TMCP 技术采用“低温大压下”和“微合金化”不同，以超快速冷却技术为核心的新一代 TMCP 技术的中心思想是：

（1）在奥氏体区间，趁热打铁，在适于变形的温度区间完成连续大变形和应变积累，得到硬化的奥氏体；

（2）轧后立即进行超快冷却，使轧件迅速通过奥氏体相区，保持轧件奥氏体硬化状态；

（3）在奥氏体向铁素体相变的动态相变点终止冷却；

（4）后续依照材料组织和性能的需要进行冷却路径的控制。

新一代 TMCP 通过采用适当控轧 + 超快速冷却 + 接近相变点温度停止冷却 + 后续冷却路径控制，通过降低合金元素使用量、采用常规轧制或适当控轧，尽可能提高终轧温度，来实现资源节约型、节能减排型的绿色钢铁产品制造过程。新一代 TMCP 技术与传统 TMCP 的区别如图 2 -2 所示。

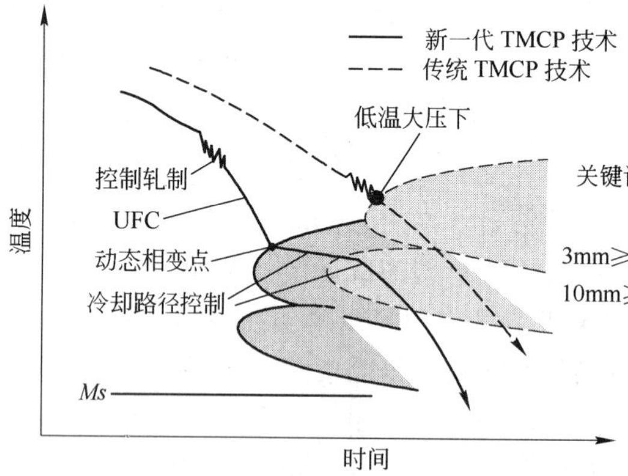

图 2 -2　新一代 TMCP 与传统 TMCP 的比较

2.1.3　新一代 TMCP 核心装备技术——超快速冷却系统

钢铁材料在冷却过程中会发生复杂的相变，如果依据钢铁材料相变过程的特点，与其连续冷却相变曲线对应，实行冷却路径控制，则可以控制冷却后的相变组织，从而得到需要的材料性能。因此可将冷却过程分为两两彼此连接在一起的几个冷却阶段，各个阶段的冷却速率和冷却起讫点按需要设定，并进行精确控制。

冷却装置应当能够提供从空冷到超快速冷却的不同的冷却速率。通常快速冷却（或超快速冷却）可以提供以下3种抑制功能：

（1）在奥氏体区采用超快速冷却，可以抑制变形奥氏体的再结晶，防止奥氏体发生软化及晶粒粗化，从而在后续的相变过程中细化铁素体晶粒，低成本地实现材料的细晶强化；

（2）如果在奥氏体中可能发生C、N化物析出，则利用超快冷可以抑制这种奥氏体中的析出，使析出在较低温度下的铁素体相变中或铁素体区发生，从而细化析出粒子，增加析出粒子数量，在同样的合金含量下，低成本地提高析出强化效果；

（3）通过超快速冷却，可以抑制较高温度下发生的相变，促进较低温度下发生的中温或低温相变，低成本地实现材料的相变强化。

当然在冷却过程中有时也需要低速冷却，例如空冷，这一过程可近似于保温，有利于相变和析出过程在接近恒温的条件下进行。

根据上述组织控制要求，冷却系统应当具有下述功能：

（1）大范围的冷却速率控制，根据需要，将冷却区划分为几个区段。各区段冷却系统集管的冷速可在空冷与超快速冷却之间无级调整，这样可以依据需要，对各个冷却区段选定一定的冷却速率，对材料相变过程进行控制，从而实现对材料组织和性能的控制；

（2）精细的冷却起讫点温度控制，根据需要，将冷却区划分为几个区段，每个区段起讫点依据需要进行精确的温度控制；

（3）冷却路径控制。钢铁材料有别于其他材料的重要特点是，钢铁材料有复杂的相变过程。为了控制钢材的组织和性能，需要进行精确的冷却路径控制。在上述各段冷却速率和冷却起讫点温度得到精确控制之后，可以实现钢铁材料的精细冷却路径控制，这就为获得多样化的相变组织和材料性能提供了广阔的空间。利用这样一个特点，就有可能利用简单的成分设计获得不同性能的材料，实现减量化、集约化的轧制生产。

与传统TMCP相比，新一代TMCP工艺所依托的装备条件即轧后超快速冷却系统。与普通层流冷却技术相比，超快速冷却技术通过有效打破钢板与冷却水之间的汽膜，实现高效射流冲击换热和核态沸腾换热，对3～4mm厚的板带材冷却速度可达300～400℃/s，为控制钢材轧后的组织和性能提供了强有力的手段。

自新一代TMCP工艺技术理念提出以来，在东北大学RAL、鞍钢、首钢、华菱涟钢、马钢等国内钢铁行业研究院所以及钢铁企业的共同努力下，目前已在中厚板、热连轧、H型钢等热轧钢铁材料新一代TMCP（控轧控冷）装备及工艺开发技术领域取得了系列创新性的科研成果，开发出应用于中厚板轧机的ADCOS－PM系统、热连轧机的ADCOS－HSM、棒线材轧机的ADCOS－BM系统、H型钢轧机的ADCOS－HBM系统。2009年，依托河北敬业3000mm中板生产线，国内首套超快速冷却装备开发成功；2010年，首秦4300mm、鞍钢厚板4300mm宽厚板生产线超快速冷却装备（ADCOS－PM）投产运行；2010年，华菱涟钢2250mm热连轧线、CSP热轧线超快速冷却装备（ADCOS－HSM）投产运行；2009年，马钢H型钢轧后超快速冷却装备（ADCOS－HBM）投产运行。经过近五年的开发及实践探索，围绕新一代TMCP（控轧控冷）技术，RAL作为国内该项技术的倡导者、实践者，已在超快速冷却技术机理、超快速冷却成套装备技术、材料强化机制、产品工艺开发等关键技术领域获得成功突破，并在普碳钢（减量化Q345）、高强（Q600MPa/700MPa）、管线（X70/80）等产品品种上实现工业化产线大批量规模化生产，在低成本高性能热轧钢铁材料开发方面取得显著成效。RAL根据对热轧钢铁材料新一代TMCP技术材料组织控制机理的研究及探索，提出了基于新一代 TMCP 的如下组织调控方法：

(1) 晶粒细化控制技术；

(2) 相间析出与铁素体晶内析出控制技术；

(3) 铁素体晶内析出的热轧 + 冷轧全程控制技术；

(4) 含 Nb 钢析出控制技术；

(5) 贝氏体相变控制技术；

(6) 在线热处理取代（或部分取代）离线热处理技术；

(7) 双相钢、复相钢冷却路径控制技术；

(8) 集约化轧制技术；

(9) 高强钢冷却过程中相变与板形控制技术；

(10) 厚板与超厚板高质量、高效率轧制技术。

关于上述相关装备技术及各种组织控制技术的具体研究成果，将在另文中予以介绍。

2.1.4 新一代 TMCP 技术实现低成本高性能热轧钢铁材料工业化大批量开发生产目标

新一代 TMCP 技术目标是通过研究热轧钢铁材料超快速冷却条件下的材料强化机制、工艺技术以及产品全生命周期评价技术，采用以超快冷为核心的可控无级调节钢材冷却技术，综合利用固溶、细晶、析出、相变等钢铁材料综合强化手段，实现在保持或提高材料塑韧性和使用性能的前提下，80% 以上的热轧板带钢（含热带、中厚板、棒线材、H 型钢、钢管等）产品强度指标提高 100 ~ 200MPa 以上或节省钢材主要合金元素用量约 30% 以上，实现钢铁材料性能的全面提升，大幅度提高冲击韧性，节约钢材使用量 5% ~ 10%；提高生产效率 35% 以上；节能贡献率 10% ~ 15%。

2011 年，新一代 TMCP 技术相继被列为工信部《产业关键共性技术发展指南（2011 年）》中钢铁产业五项关键共性技术之一、《钢铁工业“十二五”发展规划》重点领域和任务以及新工艺、新装备、新技术创新和工艺技术改造的重点内容、国家发改委《产业结构调整指导目录（2011 年本）》中钢铁部分的鼓励类政策之一。新一代 TMCP 技术获得国家政府部门的高度重视，凸显了其在钢铁行业发展中的重要作用。

新一代 TMCP 通过工艺创新，依托装备及产品工艺创新，将有助于实现我国热轧钢铁材料的“资源节约型、节能减排型”等绿色制造工艺过程，从而推动我国钢铁行业轧制工艺的全面技术进步。

2.2 中厚板新一代 TMCP 装备及工艺技术

根据新一代 TMCP（控轧控冷）工艺技术理念，充分利用细晶强化、相变强化、析出强化、固溶强化等综合强化手段，进一步挖掘钢铁材料潜能，认识和理解“水是最廉价的合金元素”，采用节约型的成分设计和减量化的生产方法，较低成本实现高性能钢铁材料的开发与大批量生产，获得高附加值、可循环的钢铁产品，不仅是新一代 TMCP 工艺的技术目标，同时也是当前我国钢铁行业众多中厚板企业的强烈诉求。

实施新一代TMCP工艺技术的关键是要开发出中厚板超快速冷却装备及相应的工艺技术。传统中厚板控制冷却装备自1980年日本NKK开发成功并实现大规模工业化应用至今，已历经30余年，尤其是近十年来，国内中厚板轧线控制冷却技术得到普遍应用，企业工艺技术人员对控制冷却技术所涵盖的设备和工艺的认识及理解也得到进一步的深化和提高。实际上，在中厚板企业冶炼和轧制装备及技术水平日益提高、生产工艺组织及管理水平近趋成熟的前提下，决定中厚钢板组织和性能等级以及平直度质量的轧后控制冷却技术及工艺，已成为国内外中厚板生产厂家提高产品档次和竞争力的关键核心技术。

2.2.1 传统层流冷却技术的开发、实践及再认识

2.2.1.1 中厚板轧后冷却技术的发展现状

中厚钢板轧后冷却技术的研究起源于20世纪70年代中期管线原板的开发与生产需要。日本的NKK（现已与川崎钢铁合并为JFE）通过开展控制冷却设备的开发，历经中试，于1980年开发出首套中厚板在线控冷设备OLAC（On－line Accelerated Cooling）系统，并在福山制铁所的厚板生产线上投入大规模实际使用。我国大约从2000年开始，在国内相关单位如东北大学、北科大等努力下，依托相关钢铁企业中厚板轧线建设及技术改造，自主研发出具有当时国际先进水平的自主知识产权的系列控冷设备。此后，国内中厚板企业采用国产或通过轧线设备成套引进，相继都配备了冷却机理一致，设备形式及功能有所差异的层流冷却设备，并在此设备基础上，开发出相关控制冷却工艺技术，在各类中厚板品种及工艺开发过程中发挥了巨大作用。

纵观中厚板轧后冷却技术近30余年的发展历程，大体可分为两个阶段，第一阶段是20世纪80年代开发并发展成熟以层流冷却为代表的传统层流冷却技术；第二阶段是1998年后以日本JFE钢铁公司开发，以Super－OLAC为代表的新一代轧后冷却技术，详见图2－3。

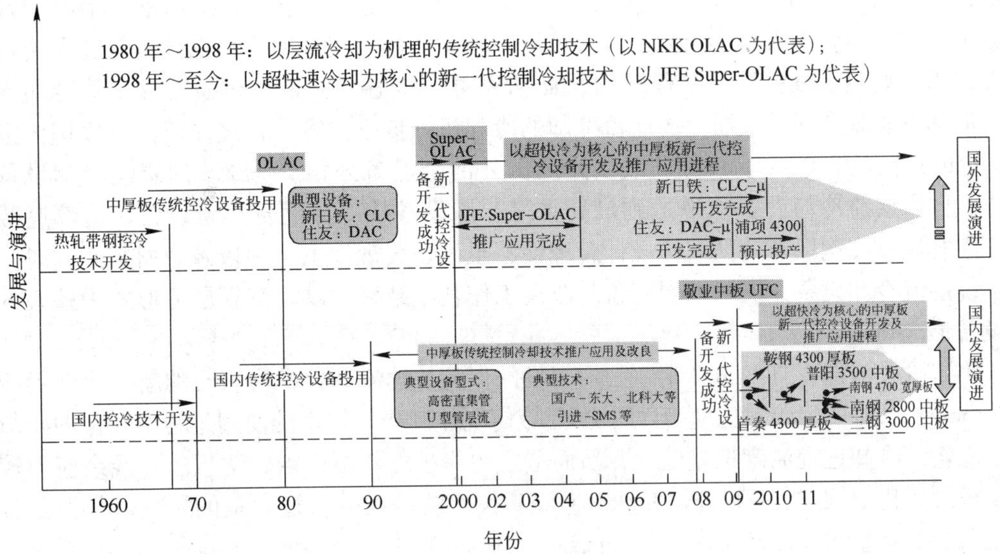

图2－3 中厚板轧后冷却技术发展

第一阶段，是在20世纪80年代开发并推广应用的传统层流冷却技术，实现方式有带压力喷射冷却、层流冷却、喷淋冷却、板湍流冷却、水幕冷却、水-气喷雾冷却等。国外典型的控制冷却设备如表2-1所示。

表2-1 国外部分典型的板材控制冷却设备

公 司	新日铁（NSC）	福山厚板（NKK）	川崎制铁（KSC）	住友金属（SMI）	神户钢铁（KSL）	法国敦刻尔克厚板厂	法国Clecim公司
设备名称	CLC	OLAC	MACS	DAC Ⅰ DAC Ⅱ	KCL	RAC	ADCO
冷却方式	窄缝喷水或扁平喷淋	层流	喷嘴	窄缝层流喷淋	管层流	层流冷却	喷嘴
用 途	轧后快冷或直接淬火	轧后快冷或直接淬火	轧后快冷或直接淬火	快速冷却直接淬火	轧后快冷或直接淬火	轧后快冷或直接淬火	加速冷却或直接淬火

但根据目前国内在轧后冷却技术领域的多年研发及应用实践过程来看，上述系列控制冷却设备所实现的应该仅仅是具有一定冷却强度的冷却过程，其所表述具备的直接淬火功能，通过其现在的技术改造趋势或现阶段我们对它的回顾、理解、认识来看，应该说效果有限，或者理解为其高强度冷却功能效果不尽满意。原因具体应该体现在两个方面：一方面在于冷却能力上，可能不足以满足实现在线淬火的工艺冷速要求，另一方面可能在于冷却后的钢板板形难以控制。对于这一问题的理解还可以从1998年JFE依托其Super-OLAC开发成功后的在线热处理（HOP）工艺应用及品种开发情况得到印证。因此，在中厚板轧后冷却技术领域，此前发展重点是中厚板控制冷却技术的研究和应用。

相比之下，我国由于钢铁轧制技术发展起步较晚，冷却技术实际上长期处于跟踪发展阶段。与日本第一阶段控制冷却技术可类比的是传统主流层流冷却设备。在国内从设备形式及冷却机理上，可主要归纳为两类：一类是直集管型层流冷却设备，一类是U型管层流冷却设备，如图2-4所示。在此基础上，国内不同研制单位通过采用加密或稀疏配置集管数量、改进集管出水口管径大小以及采用不同类型的均流装置优化设计集管宽向流量分布等技术方案或手段进行一定程度的改良和完善，如适当提高冷却强度或改善冷却均匀性，但都不能脱离开其实质上的层流冷却的冷却机理核心内容。在这一阶段，以国内宝钢5000mm、首秦4300mm宽厚板轧线引进的国外冶金设备公司——SMS的层流冷却设备为标志，国内层流冷却设备水平达到最高水平。该设备从冷却设备集管设置、边部遮蔽功能、集管流量控制以及辅助结构设计合理性甚至设备美观度上达到极致。而与此同时，国内围绕层流冷却设备开展的系列完善与改良工作基本结束，以高密管层流形式为核心的层冷设备形式确立。

第二阶段，即以日本JFE钢铁公司开发的以超快速冷却技术为核心的新一代轧后冷却系统Super-OLAC为代表。基于对OLAC等传统控制冷却技术的使用过程中存在的冷却过程不稳定、冷却进程温度偏差较大，从而造成中厚板性能不稳定、钢板内部残余应力较大以及板形恶化等问题，JFE公司在原有OLAC技术的基础上通过大量的研究，开发了具有全新概念的新型快速冷却技术——Super-OLAC，如图2-4所示。Super-OLAC系统全面突破现有层冷设备冷却机理和设备模式，在冷却机理上，主要以射流冲击换热和核态沸腾换热为主要热交换方式，冷却强度可达到传统层流冷却的 2～5 倍以上，可以以近似理论极限冷却速度对钢板实现高强度冷却。在设备模式上，摒弃原有层流冷却设备的集管模式，采用可升降结构设计，设备形式更为庞大；冷却系统具有压水、喷嘴可升降、近距离喷射钢板冷却的特点。在冷却效果上，可实现中（宽）厚板全面均匀的高强度冷却，解决了现有层流冷却设备存在的冷却速度不高、冷却均匀性不好等问题。

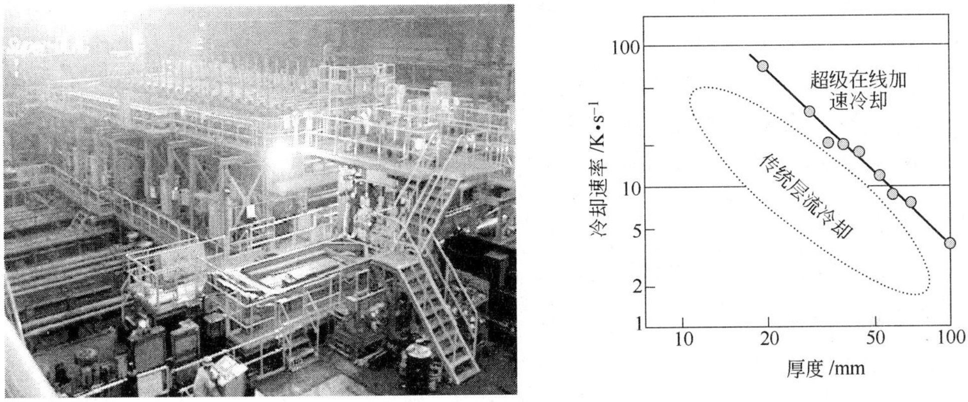

(a) (b)

图 2－4 JFE 公司 Super－OLAC 设备及与传统层冷设备冷却速度比较

（a）JFE 公司 Super－OLAC 设备；（b）Super－OLAC 与层冷设备冷却速度比较

JFE 公司通过采用 Super－OLAC 系统成功开发出系列低成本高性能的中厚板产品，包括高强度厚规格船板，低屈强比、高韧性和良好焊接性能的建筑用钢板（抗拉强度 490～590MPa），强度和韧性最佳匹配的超低碳贝氏体桥梁用中厚板（BHS500W 和 700W），低碳当量的高强度工程机械用中厚板（JFE－HITEN780LE）、压力容器钢板、X100 管线钢等，成为引领日本厚板轧制技术新潮流的关键技术。

2.2.1.2 传统层流冷却技术的问题及再认识

从 20 世纪 80 年代开发并推广应用的传统层流冷却技术，是中厚板轧后冷却技术发展过程中具有重要意义和影响的冷却技术方式，与控制轧制组成的 TMCP 技术，是 20 世纪最伟大的钢铁技术成果之一，在中厚板产品的开发及生产过程中发挥了巨大作用，支撑了钢铁材料的发展，对人类文明和社会发展做出了巨大贡献，直至目前在国内外大多数钢铁企业生产中仍发挥着重要的作用。

随着中厚板产品品种工艺开发的进一步深入，以及采用低成本减量化工艺实现高性能钢铁材料的开发需求更趋迫切，目前以层流冷却机理为特征的传统层冷设备愈发暴露出其冷却机理上的不足，直观表现在其冷却能力偏低（即冷却速率低）、冷却均匀性差（外在表现为冷却后钢板板形较差）两个方面。根据东北大学在轧后冷却技术以及控轧控冷工艺技术领域多年来的研发及应用实践，结合其应用需求，简要分析如下：

（1）冷却强度偏低，难以满足先进高强度钢铁材料开发所需的大冷却速率范围可调的需求。

层流冷却强度偏低的主要原因在于其冷却机理采用换热强度较低的膜态沸腾换热。传统层流冷却设备采用高位水箱与层流冷却集管配置形式，冷却水在高位水箱自然流出，形成连续水流。冷却水在自重作用下垂直流落在钢板表面，在水流下方和几倍水流宽度的扩展区域内，形成具有层流流动特性的单相强制对流区域（区域Ⅰ），也称为射流冲击区域。该区域内由于流体直接冲击换热表面，从而大大提高热质传递效率，因此换热强度很高。随着冷却水的径向流动，流体逐渐由层流到湍流过渡，流动边界层和热边界层厚度增加，同时接近平板的冷却水由于被加热开始出现沸腾，形成范围较窄的核状沸腾和过渡沸腾区域（区域Ⅱ）。随着加热面上稳定蒸汽膜层的形成，带钢表面出现薄膜沸腾强制对流区（区域Ⅲ），该区域内由于热量传递必须穿过热阻较大的汽膜导热，而不是液膜，因此其换热强度远小于水与钢板之间的换热强度。随着流体沸腾汽化，在膜状沸腾区之外，冷却水在表面聚集形成不连续的小液态聚集区（区域Ⅳ）。小液态聚集区的水最终或者被汽化，或者从钢板的边缘处流下，如图2－5所示。

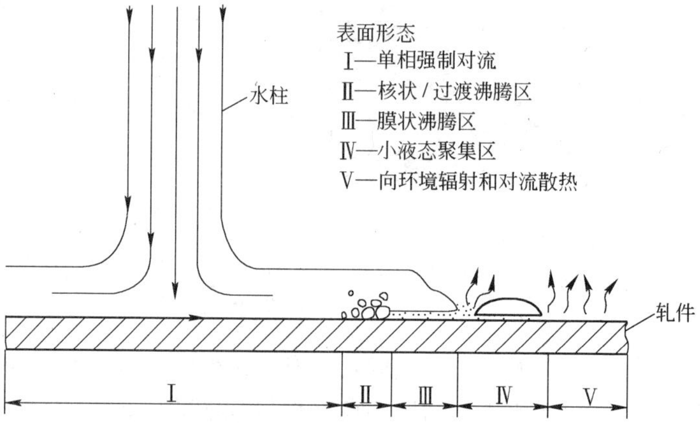

图2－5　钢板层流冷却过程的表面局部换热区描述

在实际冷却过程中，由于普通层流冷却设备纵向集管间距较大，冷却水落到热钢板表面上以后，造成膜状沸腾换热区域（区域Ⅲ）远大于射流冲击换热区域（区域Ⅰ），由于汽膜阻热，导致冷却强度较低。这就是基于层流冷却机理的传统控冷设备冷却强度偏低的根本原因。

对于通过加密集管排布提高管层流设备冷却强度技术手段，可以说在一定程度上可以提高钢板冷却强度。但在实际生产过程中，由于管层流冷却设备采用无压冷却水自然流向钢板表面，加密集管布置提高钢板表面水流密度必然造成钢板上表面残留积水过多，导致集管流出的冷却水很难穿透残留积水的水层厚度，即新水无法与钢板表面实现直接接触，其结果是再多的冷却水也并不能提高冷却效果，还往往起到反作用，恶化钢板冷却过程板形。

（2）冷却均匀性差，冷却后钢板板形控制难度大。

传统层流冷却均匀性差的原因是由于其冷却过程中钢板表面残留水的无序流动以及由此形成的冷却水的过渡沸腾换热造成的。钢板冷却后的板形实际上是钢板冷却过程中冷却均匀性与否的外在表现。

集管冷却水在自重作用下流落至钢板表面后，受钢板运动惯性作用在较短时间内沿落点径向及钢板运行方向形成一定的有序流动，但随后即表现在残留水的无序流动。随着钢板沿轧线运行，更多的集管冷却水落至钢板表面，而此时前段集管流落至钢板表面冷却水已受高温钢板影响水温升高。在后段集管新水与前段集管具有一定温升的残水交互作用影响下，钢板表面会产生一定程度的冷却不均。随着冷却过程的进行，钢板表面冷却不均的情况将进一步恶化，进而影响钢板内部组织性能，表现为钢板的板形瓢曲等，同时钢板内部残余应力较大。若钢板内部残余应力太大，钢板热矫后矫平的钢板，运至冷床以及后续工序时会存在板形再次瓢曲。为确保交货质量，很多中厚板企业往往依赖重载冷矫设备，造成工序压力及成本很高。

除上述两个主要问题外，还有高密管层流直接淬火问题。下面予以简要分析。

直接淬火工艺具有良好的经济性和有利于板材性能提高的优点，早已成为国内外钢铁企业开发高强度中厚板产品时广为关注的重要技术领域。但以层流冷却机理为核心的中厚板直接淬火设备，淬火后板材性能均匀性及平直度控制难题是直接淬火工艺应用的重要制约因素。因此，这也是此前在中厚板轧后冷却技术领域以中厚板控制冷却技术的研究和应用为重点的重要原因。实际上，中厚板在线直接淬火技术的核心也是高强度均匀化冷却技术。结合上述冷却机理分析以及多年来的开发及应用实践从冷却机理看，层流冷却设备的冷却能力和冷却均匀性并不能满足中厚板的淬火冷却工艺要求。实践也表明，以层流冷却为机理的直接淬火设备，对于薄规格钢板，通常不能保证淬火后的板形，钢板冷却后易瓢曲，大大增加了后续矫直工作的难度；对于厚板（厚度≥30mm），更难以达到板材淬火所需的冷却速度及淬透层深度，并导致板材性能不合格。

因此，随着技术进步和对中厚板产品质量要求的提高，发展已近30余年的传统层流冷却技术已不能很好地满足控轧控冷工艺的需求。低成本、高性能的中厚板产品及工艺开发需要新一代控制冷却装备。

2.2.2 新一代中厚板控制冷却装备应具备的特征、功能

为了提高再结晶温度，有利于保持奥氏体的硬化状态，同时也为了对硬化状态下奥氏体的相变过程进行控制，控制轧制和控制冷却始终与微合金化紧密联系在一起。同时，为弥补传统层流冷却时存在的冷却不均而导致的中厚钢板板形问题，通常需要配备具有强大矫正能力的高刚度重载热矫直装备甚至冷矫直装备，通过反复矫直来满足钢板交货的平直度要求。这一点在国内中厚板生产企业的高强工程机械用钢、高级别管线钢等高品质钢产品生产中表现尤为突出。

在现有成分设计体系基础上，实现中厚板产品微合金元素的减量化应是新一代控制冷却装备的最基本特征和功能。层流冷却条件下，由于冷却过程中冷却速率较低，在较低的可控冷速条件下，为实现相变强化，抑制铁素体相变，必须通过添加足量微合金元素实现铁素体转变曲线的鼻尖向右移，才能获得相应的贝氏体或马氏体相变组织，从而获得所需的性能。不添加或少添加合金元素，钢铁材料相变曲线鼻尖靠左，采用超快速冷却的条件下，由于冷却速度大幅度提高，就可以通过高冷速来获得相应的组织，即通过水代替昂贵的合金元素，从而得到同样的性能。因此，对于成分、厚度规格、强度级别上均有很大区别的热轧钢铁产品，从减量化角度，提高冷却速度对实现资源节约型、成分或工艺减量化的产品开发技术路线来说，具有普适性的效果。对于热轧钢铁材料TMCP技术本身，这也是新一代TMCP的创新发展之处。

解决中厚钢板冷却后的板形不良问题、实现高强度冷却（或极限冷却）条件下的板形平直度控制应是新一代控制冷却装备的又一重要特征。冷却后板形的好坏是冷却过程中钢

板冷却均匀与否的直接体现，也是冷却过程中钢板内应力综合作用的宏观表现。对于冷却后的板形不良问题，若冷却后板形较差，依赖矫直装备通过反复矫直过程实现板形矫正，一是对后续工序造成很大压力，增加工序成本，直接影响产品生产节奏及工序顺行；二是由于矫直设备矫直盲区的存在，对于板头板尾，很难实现高强钢板头尾位置的完全矫正，从而导致过大的切头切尾量，直接影响成材率；三是依赖矫直设备大部分情况下并不能完全消除钢板存在的残余应力，矫直后的钢板裁切（如纵向切条等）后易于发生翘曲，影响板材后续使用。而实际上，对于某些产品，采用矫直装备反复的弹塑性变形对钢板内部组织的拉伸变形作用有时是不允许的。因此，解决热轧钢板冷却后的板形问题，其根本途径在于有效解决轧后冷却过程的冷却不均，从而在根源上解决和改善板形不良问题。

综上所述分析，要改进和完善中厚板层流冷却技术存在的不足，满足高性能钢铁材料的低成本减量化工艺生产要求，热轧中厚钢板新一代轧后控制冷却技术及装备应具有如下特点：

（1）具备高的冷却强度，满足高温钢板的超快速冷却要求，为控制钢材热轧后的组织和性能提供强有力手段，具备工艺拓宽、实现产品性能升级（或产品合金成分减量化）、扩大品种及规格范围等多种功能。

冷却装备可实现轧后钢板大范围冷却速率的控制（具备常规层流冷却最大冷却能力2～5倍以上超快速冷却能力和可调节冷速），满足品种、规格等多样的中厚板产品的多种冷却工艺需要，如常规冷却强度、超快速冷却（2～5倍于层流冷却强度）以及直接淬火工艺等。

（2）具有良好的冷却均匀性，有效地避免了在生产过程中出现的板形问题，满足中厚板产品尤其是高强中厚板产品冷却后的板形控制要求。

冷却装备不仅要实现常规层流冷却强度下的冷却均匀，还应实现极限冷却强度如超快速冷却、直接淬火条件下的钢板均匀化冷却，以确保钢板内部组织均匀、应力小、板形良好，减轻后续矫直工序压力，满足板形要求。

（3）可充分利用细晶强化、析出强化、相变强化及固溶强化等多种强化机制，实现多种强韧化机制的优化组合，满足低成本高性能钢铁材料开发需要。

热轧钢铁材料具有复杂多样化的相变组织和材料性能，结合控制轧制，通过采用多种冷却工艺，包括常规冷却、超快速冷却（2～5倍于层流冷却强度）、直接淬火冷却等，充分挖掘工艺潜力，实现基于材料使用要求“量身打造”钢铁材料，开发低成本高性能中厚板产品及工艺。

（4）冷却设备控制系统具备冷却速度、终冷温度、冷却过程弛豫控制等多元调节控制功能，具有高的控制精度。

传统层流冷却设备由于冷却强度较低，依赖集管水量在一定范围内的调节并不能实现层冷设备在“硬件”能力上的大范围冷却能力可调的功能，即实现钢板冷却速率的有效控制。充分利用热轧钢铁材料多种强化机制，实现减量化的合金成分设计，就要实现热轧钢板轧后精确的冷却路径控制，满足产品开发所要求的冷却速度、终冷温度、冷却路径等参数控制需要，实现高精度的冷却过程控制。

因此，中厚钢板新一代轧后控制冷却技术及装备是以超快速冷却为特征的控制冷却系统。

2.2.3 基于超快速冷却的中厚板新一代TMCP装备及工艺技术开发的难点与关键技术

2.2.3.1 高强度均匀化冷却技术的开发与实现

超快速冷却装备开发的技术核心及关键技术难点是热轧钢板的高强度均匀化冷却技术。在高温钢板水冷过程中，不同热交换方式的冷却能力与其换热特性密切相关。对流换热是高温钢板水冷过程的主要传热方式，主要有两种形式：一是有一定压力的冷却水流冲击到钢板表面形成的单相流体的射流冲击换热，其换热特性与其流动结构特点密切相关。如图2－6所示；二是冷却水在高温钢板表面的沸腾换热。沸腾换热是伴随有相态变化的对流换热方式，主要有核态沸腾、过渡沸腾和膜态沸腾三种形态，热量主要靠液体变汽体时的汽化潜热方式来传递，如图2－7所示。

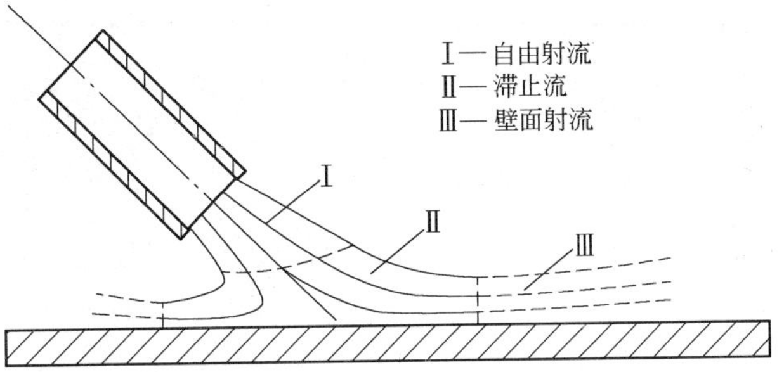

图2－6 喷嘴射流冲击钢板的流动结构示意图

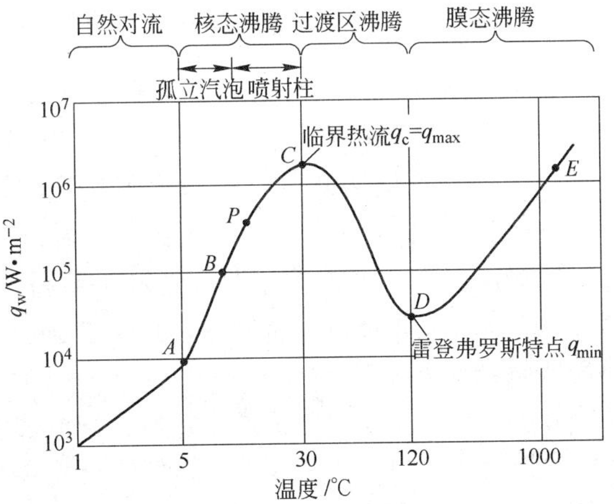

图2－7 标准大气压下水的沸腾曲线

从换热强度的角度，射流冲击换热和核态沸腾换热均具有很高的换热强度，是满足高温钢板高强度冷却的热交换方式。因此，实现热轧钢板的高强度冷却，在冷却机理上，必须摒弃传统层冷设备以膜态沸腾为主的层流冷却机理及换热方式。

从冷却均匀性角度，高温钢板冷却过程中的板形和冷却均匀性的控制要求，体现为冷却过程中热交换方式的换热均匀性，取决于对板材水冷过程中微观换热方式的有效控制。因此，实现高温钢板的高强度均匀化冷却，从两种换热方式的微观换热特性的物理机制、影响因素等方面出发，考虑到高温钢板水冷过程中射流冲击换热与沸腾换热的互相关联性，结合钢板运动过程，RAL提出采用一定压力的冷却水倾斜喷射的超快速冷却技术方案，通过合理的喷嘴设计、喷嘴布置方式以及在整个冷却区内的水流量分配，使带有一定压力的冷却水以一定角度冲击到钢板表面，通过消除残存钢板表面汽膜，实现新水直接接触钢板表面，钢板表面残水形成有序壁面射流，从而获得高的冷却强度。同时，倾斜喷射的有压水通过有效减少膜态/过渡沸腾状态，实现钢板表面残留水的有序流动，扩大高温钢板冷却过程中的射流冲击换热区，尽量减小膜态沸腾、过渡换热过程的热交换区域及作用时间，从而实现钢板高强度冷却过程中微观换热过程的稳定性和均匀性，从而实现高温钢板的高强度均匀化冷却。如图2－8为RAL开发的超快速冷却核心技术——高强度均匀化冷却技术与传统层流冷却技术的分析比较。

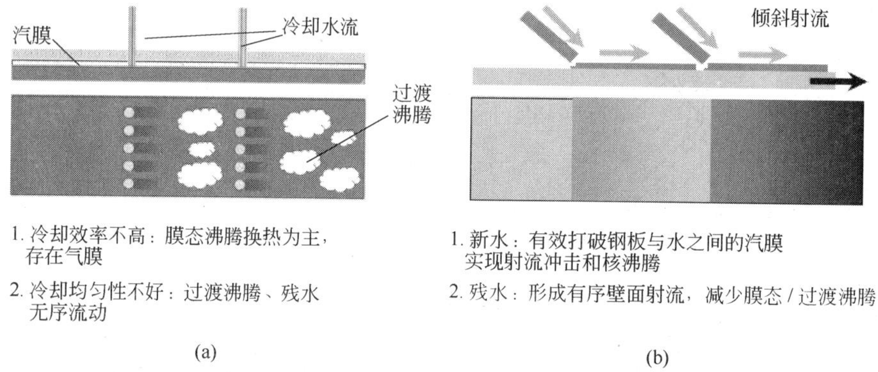

图2－8　RAL开发的超快速冷却技术与传统层流冷却机理比较示意图
（a）传统层流冷却；（b）超快速冷却——倾斜射流冷却

2.2.3.2　基于超快速冷却的新一代控制冷却成套装备及过程控制技术开发

在高温钢板高强度均匀化冷却机理的基础上，RAL开发出以超快速冷却为特征的新一代控制冷却成套装备，涉及关键喷嘴结构开发设计、装备开发与集成（含机械设备、电气、自动化、控制模型）、过程控制技术开发，以及配套水系统的技术开发与设备集成等。在设备结构上与传统层流冷却技术存在根本性区别，必须摒弃现有的层流冷却设备模式，实际上是我国冶金成套技术装备开发领域的一项原始性技术创新。

（1）超快速冷却系统喷嘴结构开发

采用有限元流体数值分析方法，基于对喷嘴进水结构、均流装置等对喷嘴出口流量分布影响的模拟分析，进一步结合实验室中试、制造厂试制，开发出流量分布合理、具有自主知识产权的大型超宽整体狭缝式喷嘴和高密快冷喷嘴结构，如图2－9为中厚板超快冷系统缝隙喷嘴的有限元实体模型及实际喷嘴出口流场分布情况。从图中可以看出，开发的缝隙喷嘴结构具有良好的流量分布均匀性。

需要指出的是，开发的狭缝式喷嘴在水流流动形态、冷却机理上与传统层流冷却设备的水幕喷嘴存在本质区别。在水流流动形态上，传统层冷设备水幕喷嘴基于层流流动形态，出流形成的幕状水流或成幕条件不仅受自身流体收缩和表面张力作用影响，同时受水中气体、杂质和喷嘴振动，以及导流槽光滑程度等喷嘴结构影响，成幕条件不易控制，易于破断，稳定性差，可控性低，已被实际应用所淘汰。而RAL开发的超快冷狭缝式喷嘴

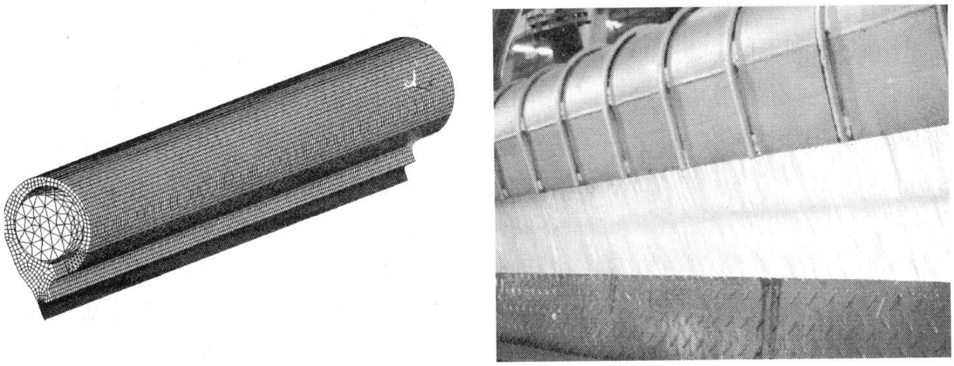

(a) (b)

图 2－9 中厚板超快速冷却系统喷嘴出口流场

(a) 缝隙喷嘴的有限元实体建模；(b) 缝隙喷嘴出口流量分布

在水流流动形态上，是基于紊流流动形态，一定的水压通过合理的喷嘴结构实现沿喷嘴宽度方向的流量均匀分布，可有效地避免前述层流形态水流流量分布可控性低的问题。在冷却机理上，水幕冷却并未脱离开依靠水流自重形成幕状层流实现钢板冷却的层流冷却机理，而狭缝式喷嘴通过一定压力的射流冲击到钢板表面，基于射流冲击和核态沸腾换热实现高强度冷却。在辊式淬火机及超快冷装备中取得良好的实际使用效果也已充分证明了其机理和结构开发的合理性，以及设备维护的简易可行。合理的喷嘴关键结构为超快速冷却系统的开发成功奠定了坚实基础。

（2）基于超快冷特征的中厚板先进轧后冷却装备（ADCOS－PM）技术开发与集成

超快速冷却设备作为一个全新的冷却装备，在结构上，在考虑冷却工艺要求和设备功能的基础上，RAL 自主创新开发出喷嘴集管优化配置技术、软水封控制技术、上喷嘴提升同步控制技术、防钢板翘曲设备保护技术、液压系统、电气自动化系统等冷却装备成套系列关键技术，以及全新的中厚板冷却设备结构，实现了工艺、机械、液压、润滑以及电气自动化系统的集成创新，成功地开发出以超快冷为特征的中厚板新一代控制冷却装备。如图 2－10 为开发成功并已应用于实际生产的系列中厚板超快速冷却装备。

(a) (b)

图 2－10 应用于实际生产的中厚板超快速冷却装备

(a) 鞍钢厚板厂 4300mm 超快速冷却装备；(b) 首秦 4300mm 厚板线超快速冷却装备

（3）超快速冷却系统的工艺过程控制技术开发与实现

满足中厚板低成本减量化的工艺开发及应用需求，实现超快速冷却系统的连续稳定大批量工业化应用，有赖于开发出合理的超快速冷却工艺过程控制技术。针对中厚钢板的冷却工艺需求，RAL 开发出水量参数的高精度快速调节控制技术、对称冷却控制技术、钢板头尾低温区速度遮蔽控制技术、钢板分段优化处理及微跟踪控制技术、多元冷却路径及策略控制技术、冷却过程温度均匀性控制技术、高平直度板形控制技术、超快速冷却过程的温度及工艺控制模型等一整套完整的关键工艺控制技术、手段以及工艺调试方法，为超快速冷却系统及工艺的稳定应用提供了关键技术支撑。图 2 – 11 所示为超快冷系统在冷却路径控制上的技术特点，图 2 – 12 为钢板采用超快速冷却工艺后的终冷温度控制及温度分布。

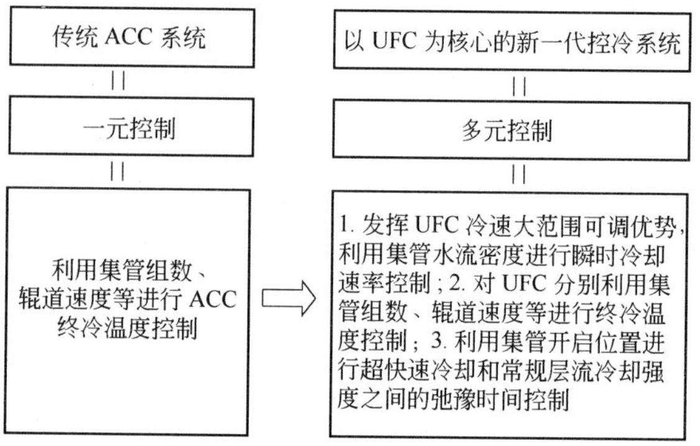

图 2 – 11　超快速冷却系统的冷却路径控制特点

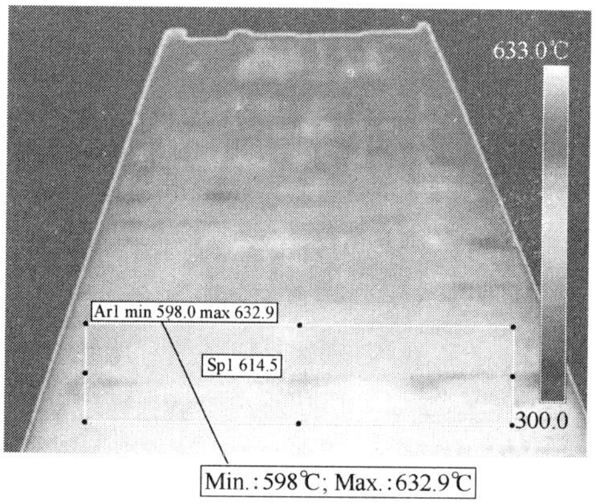

图 2 – 12　超快速冷却系统的温度控制精度

（4）辅助供水系统的配套技术与设备集成

与核心冷却装备的技术更新换代同步，超快冷的供水系统同样需要实现技术的配套创新。为满足超快速冷却系统不同冷却强度及工艺时的供水需求，供水系统需要实现水量参数如水压、流量的高精度控制。为此，RAL 开发出供水泵组的流量变频控制技术。在这里需要指出的是，超快速冷却装备对供水系统的水质要求并不苛刻，实际上只需满足层流冷却条件下的水质要求即可。表 2 – 2 为超快冷条件下的主要水质参数要求，从表中可以看出，与传统层流冷却系统的水质要求是一致的。实际上，随着国内钢铁企业对控制冷却技术及装备认识的提高，做好冷却设备水系统水质的日常运行维护已成为企业工艺及设备技术人员的共识，已不再是所谓的维护与实现难题。

表 2 – 2　超快速冷却系统的水质参数要求

项目名称	标　准	项目名称	标　准
悬浮物总量	$\leqslant 80\times10^{-6}$	电导率/$\mu S\cdot cm^{-1}$	≤1800
悬浮物颗粒度/μm	≤200	pH	7.0 ~ 9.0
油和油脂	$\leqslant 5\times10^{-6}$	硬度	$\leqslant 400\times10^{-6}$
含铁量	$\leqslant 1\times10^{-6}$		

2.2.3.3　新一代 TMCP 工艺技术开发与应用——“成分节约型、工艺减量化”的全新的低成本、高性能热轧中厚板产品及工艺体系开发

中厚板新一代 TMCP 装备及工艺技术开发的目的在于实现中厚板“成分节约型、工艺

减量化”产品及工艺开发体系，这也是新一代TMCP工艺的技术目标和直接效益（包括经济效益和社会效益）体现。结合装备及工艺的创新，以“资源节约型、节能减排型”的热轧钢铁产品绿色制造为目标，再造一个“成分节约型、工艺减量化”的全新的热轧中厚板产品成分-工艺体系，形成品种、规格系列完整，工艺完善的热轧中厚板新一代TMCP工艺技术体系，实现钢材成分、工艺、产品的全面升级换代。

从传统TMCP技术的发展历程及技术进展来看，作为我国钢铁工业轧制技术领域的原始性技术创新，新一代TMCP工艺理念和技术在钢材产品及工艺上的完全实现任务宏大，这是一个需要延伸几年、甚至十几年的艰巨任务。因此，这既是中厚板新一代TMCP装备及工艺技术开发与应用的终极目标所在，也是其技术难点所在。

在中厚板产品及工艺开发过程中，如果我们能够发挥超快速冷却具有的冷却速率大范围可调的优势，就为实现中厚钢板灵活多样的轧后冷却路径及工艺控制提供了技术手段。通过对冷却路径进行适当的控制，则可以在更大的范围内，按照我们的需要对材料的组织和性能进行更有效的控制，甚至开发出全新的高性能产品。因此，在实施新一代TMCP技术的过程中，RAL创新性地提出了柔性化的中厚板在线热处理工艺技术理念，如图2-13所示。采用超快速冷却，还可能利用简单的成分设计获得不同性能的材料，实现柔性化的轧制生产，提高炼钢和连铸的生产效率。如为了实现贝氏体相变，往往添加Mo或B，使CCT曲线的铁素体相变区右移，以利于在较慢的冷却速率下得到贝氏体组织。但是，添加合金元素会提高生产成本，消耗资源。如果采用超快速冷却，情况会完全不同。例如，同样为了发生贝氏体相变，可以不添加合金或少添加合金元素，通过轧后超快速冷却，抑制铁素体相变的发生，而使相变在更低的温度下进行。如果超快速冷却的终止温度位于贝氏体相变温度范围，则可以得到贝氏体组织；如果这一终止温度位于马氏体相变点以下，则得到马氏体组织，所以这是一种减量化和柔性化的相变强化方法。

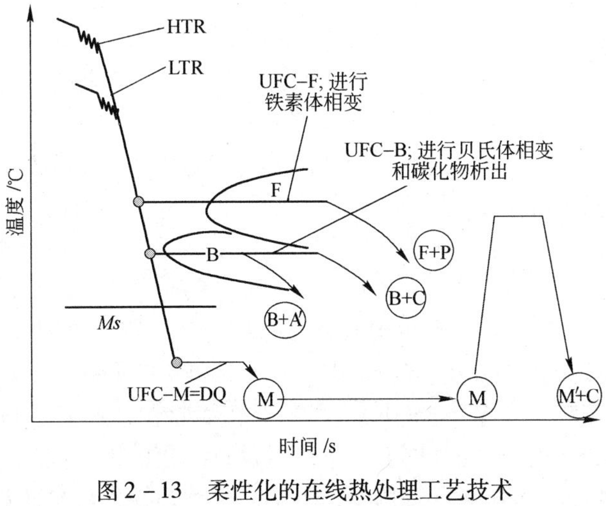

图2-13 柔性化的在线热处理工艺技术

在轧制阶段，依据钢种的不同，可选择高温轧制或低温轧制等不同的控制轧制方式；终轧后，采用超快速冷却，将热轧钢板冷却至不同的动态相变点附近，通过实现精确的冷却起讫点温度控制，及后续的冷却工艺过程控制，实现不同的工艺及相变组织控制。如果超快速冷却的终止温度位于贝氏体相变温度范围，则可以得到贝氏体组织，称为UFC-B；

如果这一终止温度位于马氏体相变点以下，则得到马氏体组织，称为 UFC－M，或者称为DQ。此外，通过与后续不同的冷却工艺、加热工艺如回火相配合，会使得轧后的热处理过程变得丰富多彩，也为获得多样化的相变组织和材料性能提供了广阔的空间。

因此，结合超快速冷却装备及工艺，针对中厚板生产工艺，采用提出的新一代 TMCP 的组织调控方法，如晶粒细化控制技术、相间析出与铁素体晶内析出控制技术、含 Nb 钢析出控制技术、贝氏体相变控制技术、在线热处理取代（或部分取代）离线热处理技术、集约化轧制技术、高强钢冷却过程中相变与板形控制技术、厚板与超厚板高质量、高效率轧制技术等，在低成本、高性能的中厚板产品及工艺开发中具有广阔的技术创新和开发应用前景。

2.2.4 基于超快速冷却的新一代 TMCP 装备及工艺技术开发实践

新一代 TMCP 工艺技术是一项由理论创新带动装备创新，进而实现产品及工艺开发与创新的大型科研创新项目，实际上是以工艺为先导，集材料、机械、液压、电气、自动化、计算机控制、产品开发等多个学科专业为一体的综合性技术开发项目。

2.2.4.1 装备开发历程及推广应用

2006 年，轧制技术及连轧自动化国家重点实验室（RAL）开发成功国产首套自主知识产权的中厚板辊式淬火机装备及淬火工艺技术，RAL 科技工作者在辊式淬火机开发研制过程中所掌握的高温钢板高强度均匀化冷却技术为中厚板在线超快速冷却装备的开发奠定了坚实基础。针对中厚板所需的超快速冷却系统，借鉴辊式淬火机淬火过程的高温钢板高强度均匀化冷却基本原理，RAL 基于提出的倾斜喷射的超快速冷却系统设计理念，采用斜喷缝隙式喷嘴＋高密管式喷嘴的混合布置，经过多年的潜心研发和技术积累，在认真借鉴、吸收现有冷却装备优点和分析中厚板新一代 TMCP 冷却工艺需求的基础上，历经实验室实验、工业现场中试以及工业化装备开发等阶段，开发出具有自主知识产权的新一代轧后超快速冷却关键装备和技术。RAL 将该系统命名为 ADCOS－PM（Advanced Cooling System－Plate Mill）。开发的 ADCOS－PM 通过将板面残存水与钢板之间形成的汽膜清除，从而达到钢板和冷却水之间的完全接触，实现钢板和冷却水均匀接触的全面的核沸腾。在提高钢板和冷却水之间的热交换，达到高冷却速率的同时，实现了钢板的均匀冷却，大大抑制了钢板由于冷却不均引起的翘曲。当然，为了防止因轧制导致的钢板翘曲等板形问题影响热轧钢板的冷却过程，在超快冷系统的前面最好采用预矫直机对钢板进行预矫直。

这种新型的控制冷却系统首先于 2007 年在河北敬业公司 3000mm 中厚板轧机上装设了实验原型装备系统，确认了其冷却能力和冷却均匀性。随后在鞍钢 4300 中厚板轧线和首秦 4300 中厚板轧线上正式采用。2010 年 3 月，鞍钢 4300mm 宽厚板轧后超快速冷却系统投入运行；2010 年 5 月，首秦 4300mm 宽厚板轧线超快速冷却系统投入运行。在 RAL 和我国钢铁企业广大技术人员的共同努力下，经过近两年的深入细致的工作，RAL 针对冷却装置的极限冷却能力、冷却速度的调整范围、冷却均匀性保障措施以及柔性化冷却路径控制系统等超快速冷却系统装备关键技术开展了卓有成效的开发与研究工作，并取得重大突破和一系列创新性成果，完成了从工艺理论到工程实践的实现及应用过程，开发并形成了涵盖装备技术、自动控制、冷却工艺、减量化产品工艺等在内的完善的中厚板新一代 TMCP 装备及工艺成套技术。2011 年 5 月，“鞍山钢铁公司新一代 TMCP 技术创新及产业化示范工程”列入国家发改委“钢铁、有色、石化行业低碳技术创新及产业化示范工程”，标志着中厚板新一代TMCP装备及工艺技术获得政府的高度认可，自主创新及技术攻关和项目实施工作得到了来自国家层面的有力支持。

东北大学RAL在中厚板新一代TMCP装备及工艺技术领域的开发实践工作以及取得的丰硕成果得到了业界的高度认可。2011年8月27日，南京钢铁股份公司4700mm中厚板生产线项目进行国际招标。在与国际知名轧钢设备公司和自动化公司的激烈竞争中，RAL采用基于超快速冷却的中厚板新一代控制冷却装备技术成功中标该项目轧后控冷标段的工艺、装备和自动化系统。除RAL承担该项目冷却系统外，该轧线的机械装备、自动化系统、传动系统等均由国外知名公司中标。同时，为积极应对自2008年以来日趋严峻的钢铁行业形势，采用超快速冷却技术，开发“资源节约型、工业减量化”的低成本减量化工艺路线及中厚板产品日益得到钢铁企业的广泛认同，国内中板厂相继启动了新一轮轧后冷却系统技术改造项目。2011年11月，南京钢铁股份公司与东北大学RAL正式签约，南钢2800mm中板轧后冷却系统改造项目启动；2011年12月，福建三钢（集团）责任有限公司与东北大学RAL正式签约，三钢3000mm中板轧后冷却系统改造项目启动。RAL开发的以超快冷为特征的新一代中厚板控制冷却装备及工艺技术得到了业界高度认可，真正体现了自主创新的新一代TMCP技术的生命力。

2011年11月22日，由东北大学RAL与鞍钢合作完成的“鞍钢股份中厚板厂4300mm中厚板轧机轧后先进快速冷却系统的研制”项目通过了由辽宁省科技厅组织的省级科技成果鉴定，由国内钢铁行业知名专家组成的鉴定委员会鉴定认为，该项目开发成功的国内首套拥有自主知识产权的宽厚板在线超快速冷却系统，不但可以实现在线淬火工艺，而且可以实现比传统TMCP工艺更加灵活的新一代TMCP（UFC－TMCP）工艺，实现了低成本、高性能中厚板产品的批量稳定生产，取得了显著的经济效益、社会效益和环境效益。该成果总体上达到了国际领先水平。

2.2.4.2 装备工艺技术特点

ADCOS－PM具有如下工艺特点：

（1）系统冷却能力强、冷却速度调节范围广。ADCOS－PM在冷却能力上，同比层流冷却，超快速冷却能力可达到2～5倍以上常规层流冷却强度，高温钢板冷却速率调节范围大，可实现水冷状态下热轧钢板的极限冷却能力，满足了热轧钢板轧后常规层流冷却强度、超快速冷却以及直接淬火等冷却工艺的需要。RAL开发的ADCOS－PM装备系统与JFE Super－OLAC系统的冷却能力对比如图2－14所示。从图中可以看出，ADCOS－PM装备系统在冷却能力上与日本JFE Super－OLAC系统基本一致。

同时，针对钢板冷却需要，可实现钢板瞬时冷却速率的无级调节，如对于20mm厚度钢板，可实现冷却速度在8～55℃/s范围内连续可调；对于30mm厚度钢板，可实现冷却速度在6～30℃/s范围内连续可调。

（2）系统冷却均匀性好，可实现不同水冷条件下热轧钢板轧后冷却过程的均匀性冷却。

ADCOS－PM通过合理设计喷嘴形式和喷嘴布置方式，采用热轧钢板厚度方向、宽度方向和纵向冷却均匀性控制技术，实现了热轧钢板常规层流冷却强度、超快速冷却以及直接淬火工艺过程中良好的温度均匀性控制和板形控制。图2－15为ADCOS－PM系统超快冷工艺条件下钢板的控温精度及板形情况。

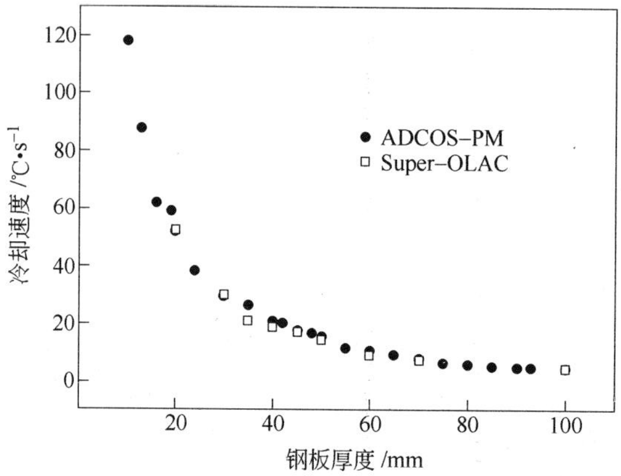

图2-14 RAL ADCOS-PM与JFE Super-OLAC超快速冷却装备冷却速度比较

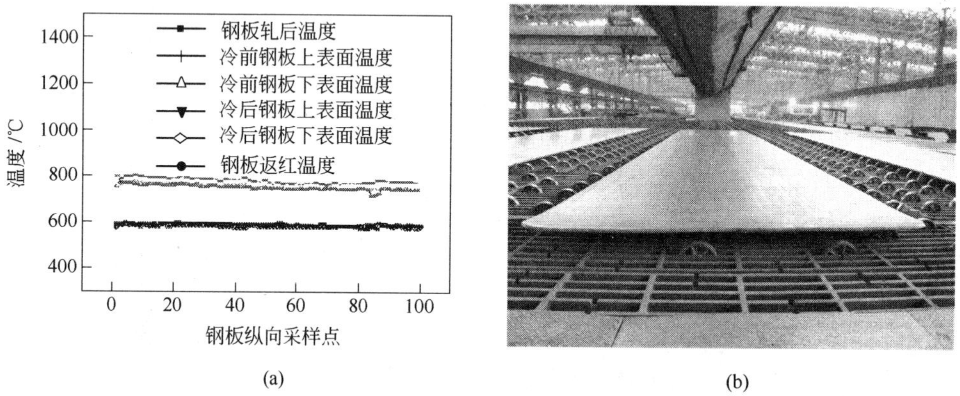

图2-15 ADCOS-PM系统超快速冷却钢板控温精度及板形

（a）20mm厚Q600CFD超快冷控温精度；（b）超快冷工艺经热矫后至冷床的钢板板形

（3）系统冷却工艺控制方式灵活，可实现多种冷却模式控制，满足多样化的冷却工艺需要。

中厚板冷却路径的控制采用以超快速冷却设备为基础，可实现多级冷却路径控制及多种冷却模式，即根据材料组织及性能需要，设定每个冷却阶段的开冷温度、终冷温度、冷却速度，通过控制各个阶段温度和冷却速度等工艺参数，实现轧后冷却过程中多样化的控制模式。图2-16所示为中厚板轧后多级冷却工艺控制示意图。

ADCOS-PM不仅可实现常规层流冷却前段冷却、后段冷却、两段冷却、稀疏冷却等冷却方式，同时还可实现如下冷却工艺：

（1）单独常规加速冷却（ACC）；

（2）单独超快速冷却（UFC）；

（3）多阶段的超快速冷却（UFC^+）；

（4）多阶段的常规加速冷却（ACC^+）；

（5）超快速冷却+常规加速冷却（UFC+ACC）；

（6）常规加速冷却+超快速冷却（ACC+UFC）；

（7）直接淬火（DQ）。

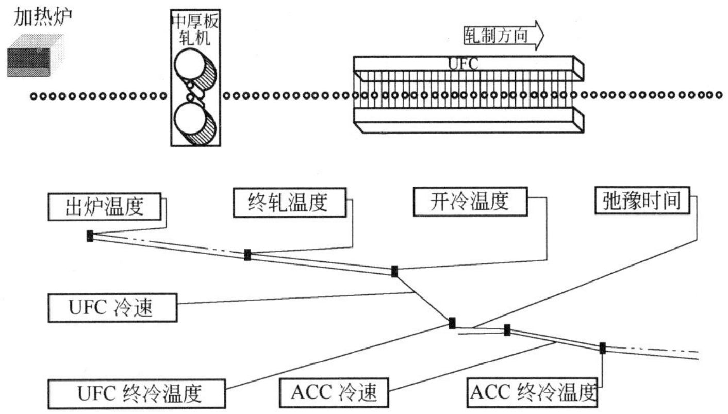

图 2-16 冷却路径工艺控制图

2.2.4.3 产品工艺开发与应用

在河北敬业、鞍钢、首钢等国内钢铁企业各级领导的大力支持和广大技术人员积极参与及努力下，基于超快速冷却的新一代 TMCP 工艺技术在"资源节约型、工艺减量化"的中厚板生产工艺及产品技术开发与批量化生产应用过程中成效显著。目前，基于超快速冷却装备，围绕新一代 TMCP 工艺，RAL 已在低合金钢系列、桥梁用钢、高强工程机械钢（Q550D、Q690D）、石油储罐用钢（08MnNiVR）、水电钢（07MnCrMoVR、AY610D）、管线钢（X65、X70、X80）、耐磨钢（NM360、NM400）等钢种方面开展了卓有成效的减量化工作，低成本高性能钢铁材料开发工作效果显著。ADCOS-PM 在提升产品性能，生产工艺及工序的减量化以及提高产品冷却均匀性等体现出良好的使用效果和工艺潜力，具体体现在：

（1）可充分利用析出强化、细晶强化、固溶强化以及相变强化机制，提升产品综合力学性能；

（2）减少化学元素添加量，提高生产效率，减少生产工序，实现产品的减量化生产；

（3）良好的冷却均匀性控制，可用于生产低（或无）残余应力的优质中厚板产品。

下面分别以高等级水电钢（AY610D）、高级别管线钢（X70）生产工艺为例，简要说明基于超快速冷却的新一代 TMCP 装备及工艺技术实际应用情况。具体的各种组织控制技术及技术机理细节将在另文中予以介绍。

高等级厚规格 AY610D 水电钢

对于厚规格水电钢生产，由于传统层流冷却强度较低，对于厚规格（40mm 及以上规格）产品，国内中厚板厂通常采用传统 TMCP 工艺 + 离线淬火 + 回火工艺进行生产，同时，为保证淬透性，钢中需要添加大量的 Mo、Ni 等合金元素，且有时仍存在产品板形差、性能富余量小、产品合格率低等生产问题。

在中厚板产品竞争日趋激烈的市场形势下，为满足低成本高性能钢铁材料生产，依托 ADCOS-PM 装备系统，采用直接淬火工艺，通过控制轧制 + 直接淬火 + 回火工艺的技术路线取代原有生产工艺，在合金成分减量化和生产工序减量化两个方面取得了非常理想的应用效果。

（1）主要合金成分减量化效果。采用新一代 TMCP 工艺，在综合力学性能保持不变的前提下，钢中主要合金元素如 Mo 元素由 0.27% 降低到 0.12%，Ni 元素由 0.21% 降低到 0.09%，同比成分减量化达 50% 以上。

（2）工序减量化效果。我们知道，采用直接淬火工艺可使同一合金成分的钢种具有更高的淬透性，从而使直接淬火工艺在开发高强度碳钢和低合金板带钢方面得到广泛的应用。因此，采用直接淬火工艺，充分发挥 ADCOS - PM 冷却能力大、冷却均匀性好的特点，可省却再加热淬火工艺。图 2 - 17 为 48mm 厚度 AY610D 钢板采用直接淬火后的金相组织分布情况，从图中可以看出，淬火后钢板各个厚度层别上的组织以马氏体和贝氏体为主。

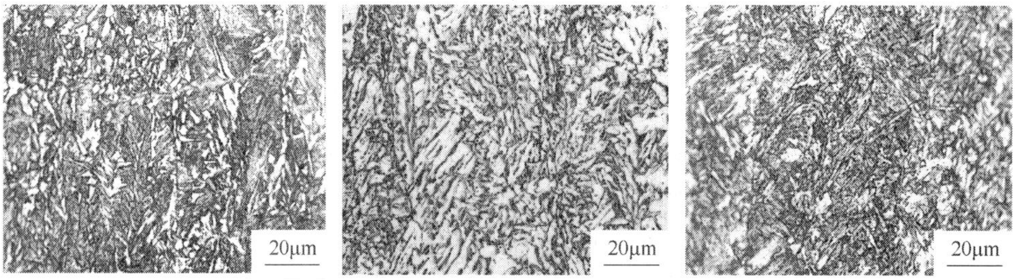

图 2 - 17　48mm 厚度 AY610D 钢板采用直接淬火后的金相组织

采用在线直接淬火工艺生产的厚规格 AY610D 钢板各项性能均达到国标要求，表 2 - 3 为与离线调质处理得到的 AY610D 力学性能对比情况。

表 2 - 3　采用 ADCOS - PM 直接淬火工艺与原调质处理工艺后的产品性能对比

工艺	钢号	规格 /mm	屈服强度 /MPa	抗拉强度 /MPa	A/%	冷弯 (180°，$d=3a$)	冲击功（-20℃）/J		
DQ + T	AY610D	48	586	664	24	合格	330	340	350
调质	AY610D	48	559	656	25	合格	333	241	318

综上所述，厚规格 AY610D 钢板采用在线直接淬火工艺，钢板金相组织分布及力学性能可很好地满足生产要求。在主要合金元素减量化方面，Mo 元素节约使用量所占的比例为 56%，吨钢效益 586 元；Ni 元素节约使用量所占的比例为 57%。以在线淬火 + 离线回火工艺代替离线淬火 + 离线回火工艺，吨钢节约成本 323 元。从成分减量化和工序减量化两个方面，吨钢累积降低成本 909 元。

高级别管线钢（X70/80）

管线钢是中厚板轧制生产线的重要产品，由于管线钢需要采用低温控轧，加之传统层流冷却设备冷却速率不高，冷却均匀性不好，为满足高级别管线钢生产，通常需要添加一定量的 Mo、Nb、Ni 等合金元素，合金成本较高，且生产过程中难以实现良好的板形控制，热矫直工序反复矫直 3 - 5 道次后有时仍需依赖冷矫直工序才能满足交货平直度质量要求，成为制约国内很多钢铁企业大批量接单生产的工艺技术难题。

依托 RAL 开发的 ADCOS - PM，国内某宽厚板生产线（4300mm）首先在 X70 管线钢生产中采用超快速冷却工艺获得成功突破。采用超快速冷却工艺生产 X70 过程中，板形合格率（热矫后）由传统层流冷却工艺50%左右（引进的ACC设备冷却）提高到95%（采用RAL开发的ADCOS-PM冷却）以上，一次检验性能合格率由75%提高到99.5%，抽检的DWTT落锤性能合格率达到98%以上。三定尺钢板小时轧制块数由18块/小时提高到最高27块/小时（单重：18.5t，轧制板长38m，最大产量可达500t/h），两定尺钢板小时轧制块数最高可达31块/小时。试制钢板性能在完全满足X70要求的前提下，部分钢板性能满足X80水平。X70采用超快冷工艺，在合金元素的设计上，采用了无Ni、无Mo、无V和无Cr的减量化成分设计方案，实现了X70管线钢的减量化生产，取得了节省合金、降低成本、稳定强度的良好效果；在板形控制上，实现了良好的板形控制，热矫直一道次后即可很好地满足交货平直度质量要求，实现了低成本高性能钢铁材料的开发生产，经济效益十分显著，具体表现在：

（1）提高成材率：提高两个百分点，由86%提高至88%；

（2）小时轧制效率提高：由18块/小时提高至最高27块；

（3）产品性能合格率、板形合格率大幅度提高；

（4）合金成分减量化明显，平均吨钢合金成本节约300~400元/t。

考虑节省热矫道次、省却冷矫直等工序，吨钢成本节约900元左右。此外，超快速冷却工艺的使用，实现了该企业高级别管线钢产品的大批量接单生产，突破了传统层流冷却工艺的接单限制。

自2010年12月至今，该企业采用RAL开发的超快速冷却系统已实现X65/70/80的大批量生产，生产总量已达24万吨左右。此外，其他高强钢的试轧也取得了良好的效果，可以说，制约国内管线钢、高强钢等品种生产的瓶颈已获得重要突破。下面结合该企业管线钢X70管线钢生产工艺，介绍一下超快速冷却装备的实际应用情况。

A 成分减量化及性能情况

采用超快速冷却工艺，在综合力学性能保持不变的前提下，在无Mo、Ni元素的情况下，V元素0.045%降为0，Cr元素由0.30%降低至0，减量化效果显著。

针对降成本过程中V、Cr合金的逐步减少，通过调整超快冷的冷却速度和终冷温度，以弥补合金减少造成的影响，确保了产品性能稳定生产。采用低成本后，其稳定生产X70管线钢的屈服强度、抗拉强度全部达到技术条件要求，且屈服强度波动范围较窄，屈强比完全满足要求，且屈强比较低，伸长率远超出技术条件要求，冷弯性能良好，硬度合格，夏比冲击（-10℃）性能完全达到技术要求条件。

批量试制钢板的系列低温夏比冲击韧性如图2-18所示，-60℃低温冲击功仍然高达150J以上，剪切面积SA高于75%，因此试制钢板的夏比冲击韧脆转变温度低于-60℃，满足X70的要求。

此外，超快速冷却工艺技术相继应用在X65、X80等高级别管线钢生产上，取得良好效果，在性能稳定性、性能均匀性和降低合金成本方面表现突出。

B 钢板全长方向的温度均匀性控制情况

采用ACC冷却的钢板长度方向（特别是头部）存在较大温差。而采用超快速冷却工艺，管线钢生产过程中的温度控制精度及温度均匀性得到极大改善，对于同一块钢板，长度方向上95%的温度点被控制在距离目标温度±25℃以内；同一品种规格的异板平均温

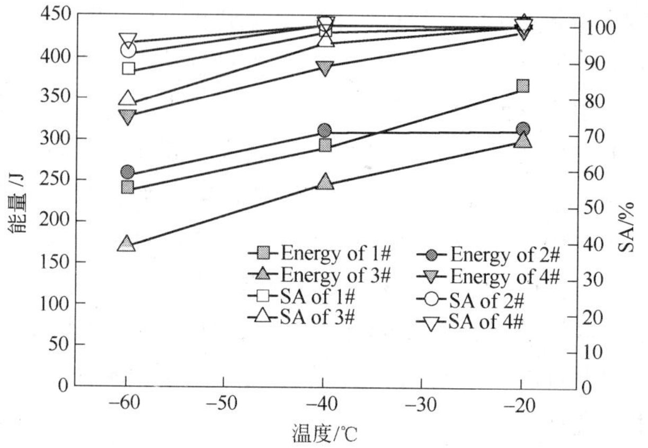

图 2－18 低成本 X70 级超快冷工艺下的系列低温冲击韧性

度，96% 的终冷温度被控制在距离目标温度 ±20℃ 以内，头部和尾部过冷位置均控制在 250mm 以内。

C 钢板全长方向的性能波动情况

采用超快速冷却工艺，基于开发的超快冷头尾遮蔽技术，成功解决了管线钢板长方向上的性能波动大的难题，其典型的头中尾的拉伸性能如图 2－19 所示，可以看出，超快冷条件下的性能波动较小，很好地满足了 X70 的性能要求。

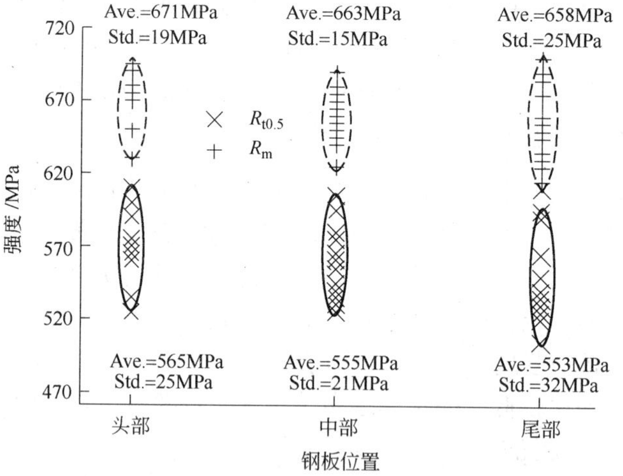

图 2－19 基于减量化成分体系采用超快冷却工艺生产 X70 的管线钢头中尾性能

D 金相组织

为了检测钢板不同位置的组织均匀性，对钢板的不同位置进行金相检验，如图 2－20 所示，试制钢板的组织均匀，均为 AF + F（少），铁素体晶粒度为 12.5 ~13 级，同时钢质纯净，夹杂物含量低，满足 X70 要求。

E 板形改善情况

例如 17.2mm 的 X70 钢板，UFC 投入使用之前，国内某 4300mm 生产线采用 ACC 进行冷却，热矫后甚至 3 ~5 道次矫直后其板形合格率非常低，基本在 50% 左右。且热矫送至

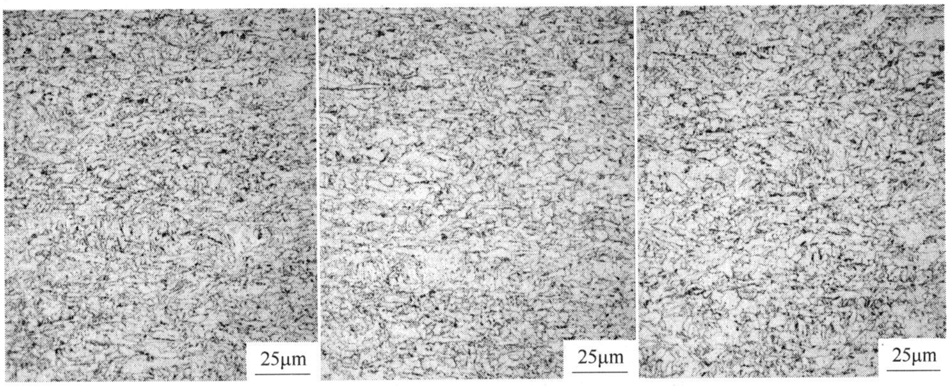

(a)　　(b)　　(c)

图 2 - 20　不同位置的金相组织

(a) 头部；(b) 中部；(c) 尾部

冷床后钢板重新瓢曲，导致生产压力陡增。采用超快速冷却工艺，大大提高板形合格率，热矫直一道次合格率提高到 95% 以上。图 2 - 21 为采用 ACC 工艺冷却后的板形情况。

图 2 - 21　ACC 冷却热矫后钢板至三冷床板形

UFC 投入使用后，首秦 4300mm 宽厚板生产线均采用轧后 UFC 冷却工艺，其板形合格率在 95% 以上。采用 UFC 冷却后的板形情况如图 2 - 22 所示。

图 2 - 22　UFC 冷却热矫后钢板至三冷床板形

F　生产效率的提高

UFC 投入使用前，热矫直机需要矫直 3 道次，且通常 50% 左右的热矫板形合格率（部分情况下合格率甚至低于 10%），为后续的冷矫直工序带来极大压力。

UFC 投入使用后，钢板板形良好（一检合格率在 95% 以上），对于减轻冷矫直机的工作负担和保证精整区域物流顺畅起到重要作用。

UFC 投入使用后，热矫直机的矫直道次由 3 道次（最高 7 道次）减少为矫直 1 道次，小时轧制块数由每小时 18 块提高至最高每小时 27 块，生产效率提高了 50%。同时，一检 95% 以上的板形合格率也为大大减轻了冷矫直机等后续精整生产线的工作压力。

综上所述，采用以超快速冷却系统为核心的中厚板新一代 TMCP 工艺技术可以大大降低对微合金和合金元素的依赖，在材料设计上实现低成本、减量化。这对于节省资源和能源，以及钢铁材料的再循环利用，提高钢铁行业生产效益，实现社会可持续发展，具有重要意义。

（致谢：对河北敬业、鞍钢、首秦、河北普阳等钢铁企业各级领导及广大技术人员的辛勤付出以及他们为中厚板新一代 TMCP 装备及工艺技术的顺利实施做出的重要贡献特表示真挚的谢意）

2.3　热轧板带钢新一代 TMCP 装备及工艺技术

现代热轧板带钢轧制过程的特点是高速连续大变形轧制，连轧过程完成之后，即使在较高温度轧制，也可以得到硬化的充满缺陷的奥氏体。进一步来说，由于连轧中的连续大变形和应变积累，硬化奥氏体的获得不仅不需要低温大压下，甚至也不一定必须添加合金和微合金元素。对轧后充满缺陷的硬化奥氏体采用超快速冷却，可使材料在极短的时间内，迅速通过奥氏体相区，将硬化奥氏体冻结到动态相变点附近，为保持奥氏体的硬化状态和进一步进行相变控制提供了重要基础条件，也就是可有效避免硬化奥氏体的软化，设法将奥氏体的硬化状态保持到动态相变点。

同时，轧后超快速冷却与常规轧后冷却系统相结合，可以实现轧后冷却路径的精确控制，从而精确控制钢铁材料的复杂相变过程，为获得多样化的相变组织和材料性能提供了更大的空间。利用这样一个特点，有可能利用不含合金或含量少合金的简单成分体系获得高性能的材料，实现减量化、集约化的轧制生产。

因此，基于以超快速冷却为核心的高速连轧技术和控制冷却技术，也就是新一代 TMCP 工艺技术，可以采用更多、更有效的手段，充分发挥细晶强化、析出强化、相变强化等多种强化机制的联合作用，从而实现热轧板带钢轧制过程的高效化、减量化、集约化和产品的高级化。体现在合金成分减量化上，在保持或提高材料塑韧性和使用性能的前提下，可节省钢材主要合金元素用量 20% ~30% 甚至以上，以达到节能减排，提高生产效益。而实际上，在当前热轧板带钢产品市场竞争日趋激烈的形势下，采用节约型的成分设计，降少合金元素用量，实现高性能产品的开发生产，降本增效，已成为钢铁企业产品竞争的最关键要素之一。

2.3.1 热轧板带钢轧后超快速冷却技术发展与应用

2.3.1.1 国外超快速冷却技术的发展

早在 20 世纪 60 年代后半期，控制冷却就在热带钢输出辊道上用于材质控制过程中，随着人们对钢铁材料研究的不断深入，控制冷却技术已成为现代轧制生产中不可缺少的工艺技术。随着先进钢铁材料开发的需要，基于管层流的热轧带钢轧后控制冷却技术面临新的发展需求。

Hoogovens – UGB 厂最先应用超快冷技术，开发的超快速冷却实验设备使 1.5mm 厚热轧带钢在实现高冷却速率的同时，还具有良好的横向和纵向板形。该实验装置是在 1.4m 的冷却区上安装 3 组集管，水流量为 $1000m^3/h$。但因冷却段太短，温降能力有限，仅有 150 ~ 200℃ 的降温，难以大幅度改善产品性能。随后又开发了 7 组集管的超快速冷却原型装置，冷却区长度扩大至 3m，用于厚度为 2.0mm 的 C – Mn 钢及钒钢，相对于常规冷却可以提高抗拉强度和屈服强度 100MPa 以上。

此后，比利时 CRM 厂对超快速冷却技术及其在提高材质性能和高附加值产品开发方面的研究得到广泛关注，其基于水枕冷却的超快速装置结构紧凑，冷却区长度较短（7 ~ 12m），在工业试验中，厚度为 4mm 带钢的最大冷却速率为 300℃/s，水流密度为 $1000m^2/h$。

比利时 CRM 厂超快速冷却装置在轧制线上的位置分前置式（布置在精轧机和层冷之间）和后置式（布置在层冷和卷取机之间）两种方式，如图 2 – 23 所示。

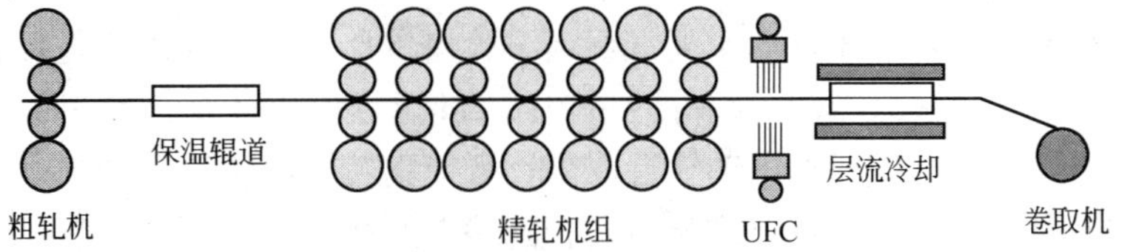

(a)

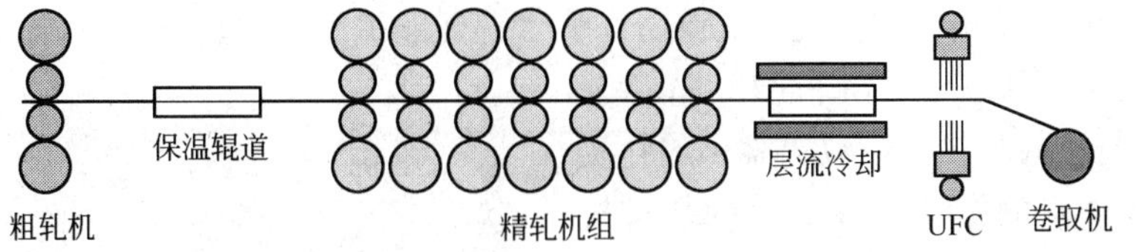

(b)

图 2 – 23 超快冷装置在热轧带钢生产线上工艺布置方式
(a) 前置式超快速冷却系统；(b) 后置式超快速冷却系统

工业化的对比性实验表明，前置方式的技术优势在于可以生产高屈服强度的热轧带钢，后置方式则用于双相或多相高强度钢的生产。与常规层流冷却工艺相比，超快速冷却可显著提高钢的强度，明显改善其综合性能。此外，超快速冷却装置具有的超常快速冷却能力，在多相高强度钢、相变诱导塑性钢及双相钢等高附加值新产品开发生产过程中也具有很好的应用前景。

日本JFE钢铁公司福山厂开发的Super－OLACH（Super On－Line Accelerated Cooling for Hot Strip Mill）系统，可以对厚度为3mm的热轧带钢实现近700℃/s的超快速冷却。该公司开发的NANOHITEN热轧板带钢是超快速冷却技术应用的典型代表，该产品组织为单相铁素体上分布着大量1～5nm的TiC粒子，其强度高达1180MPa，同时具有良好的塑性。

此外，韩国浦项钢铁公司在超快速冷却技术方面的开发与应用也取得了显著进展，根据2010年韩国浦项钢铁公司介绍，其已在热连轧生产线上开发应用具有自身特色的超快速冷却技术，并称之为HDC（High Density Cooling），如图2－24所示。

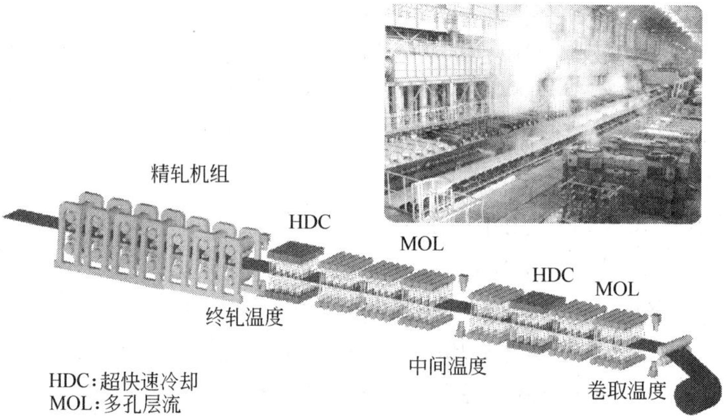

图2－24　浦项的超快速冷却装置在热轧带钢生产线上工艺布置方式

2.3.1.2　我国超快速冷却技术的发展与应用

东北大学轧制技术及连轧自动化国家重点实验室（RAL）是国内热轧板带钢轧后超快速冷却技术以及基于超快速冷却为核心的新一代TMCP工艺技术的提出者、倡导者，同时也是科研实践的先行者。作为国内钢铁行业热轧板带钢轧后超快速冷却技术最主要的研究开发单位，RAL目前已历经实验、中试等超快速冷却技术开发过程，开发了相关的原型实验装置、工业化中试设备以及工业化推广应用成套技术装备，形成了涵盖机械装备、自动化控制系统、减量化产品工艺技术在内的系统完整的成套技术、专利和专有技术。

2004年，RAL利用自主研发的实验研究平台，开发出实验室超快速冷却原型实验装置，如图2－25所示。同时，针对普通C－Mn钢、HSLA钢等进行了系列热力模拟实验、热轧实验研究，为进一步的工业产线规模的装备技术开发及工艺实验开展做了较为充分的技术储备。2004年底，依托包钢短流程（CSP）热轧生产线，合作开发出超快速冷却技术的工业实验装置，安装于包钢CSP生产线层流冷却和卷取机之间，如图2－26所示。并结合原有层流冷却系统，以C－Mn钢为原料，开发生产出540MPa、590MPa级的低成本双相钢。

图2－25　实验室超快速冷却原型试验装置

2008年，攀钢与东大合作，在其1450mm热轧线上安装前置式超快冷装置。2008年，湖南华菱涟源钢铁有限公司依托产品质量提升技改工程轧钢项目轧后冷却系统工程，与东大合作开发出国内首套2250mm热轧板带钢超快速冷却工业化装备，该设备采用前置式布置方式，即安装在精轧机和层流冷却设备之间，图2－27为投入使用的涟钢2250mm热轧生产线超快冷系统。2009年，涟钢CSP生产线新增超快速冷却系统，同样采用前置式布置方式。

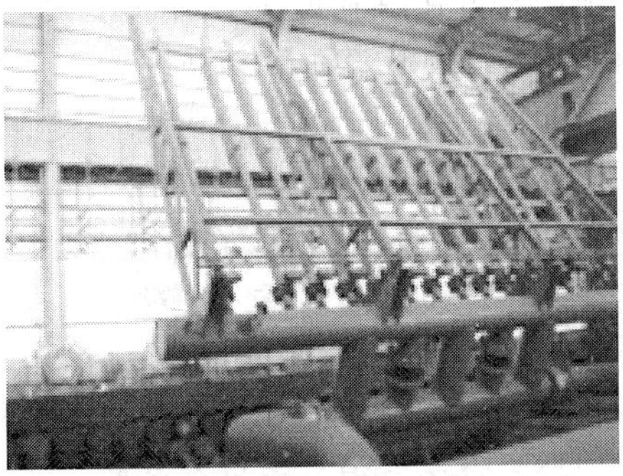

图2－26 包钢CSP热连轧线超快速冷却中试装置

图2－27 投入实际生产的涟钢2250热连轧线超快速冷却系统

2009年建成投产的本钢2300mm生产线，采用西马克（SMS）提供的后置式超快速冷却技术方案，设备长度约12m，布置在层流冷却和卷取机之间，并称之为密集型冷却系统（Compact Cooling System）。

在东北大学RAL的大力倡导下，国内各钢铁公司及相关研究单位已意识到热轧钢材轧后超快速冷却技术的重要性，开始重视并研究超快速冷却技术及相关工艺技术，并在技术理念、设备配置、产品应用等方面的认识得到进一步提高，并在实际生产应用方面取得了显著成效。

2.3.1.3 热轧带钢超快速冷却技术开发与工艺应用

作为热轧钢铁材料轧制技术研究最为活跃的热轧板带钢领域，围绕超快速冷却技术的发展应用，实际上主要包括两个方面的内容：一是针对实现热轧带钢实现超快速冷却的技术途径和手段；二是超快速冷却技术在热轧带钢产品开发上的工艺应用理念。

对于热轧带钢实现超快速冷却的技术手段，当前主要有两种技术方案或实现途径，一是采用加密层冷集管方式；二是采用有压冷却水射流冷却方式。

对于热轧带钢产品，相对中厚板其厚度较薄（厚度规格小于25.4mm），但在冷却区域的输送速度较高。对于3.0mm（甚至5.0mm）左右厚度的薄规格钢板，通过常规层流冷却能获得较高的冷却速率（如冷速可达到80℃/s以上）。当进一步通过加密层流冷却集管，还可能获得更高的冷却速率。因此，在现有层流冷却集管布置密度基础上，进一步增加层流冷却集管，在集管数量上达到1.5～2倍，冷却水流量随之也达到约1.5～2倍于原层流集管流量，可在一定程度上提高热轧带钢的冷却速度，能够满足较薄规格热轧带钢的快速冷却需要，看起来是一个较容易实现的技术手段。但对于更厚规格的热轧带钢实现超快速冷却则存在机理上的问题。

实现高温钢板的超快速冷却，最基本的要素是要实现新水和高温钢板直接接触，尽可能避免冷却水与高温钢板之间的汽膜阻碍热量传导。而由于层流冷却是基于常压水，冷却水从集管中依靠重力自然出流冲击到钢板表面，在集管加密配置情况下，更多的冷却水落到钢板表面，集管连续开启过程中，钢板上表面残留水将快速增加，最终在钢板上表面形成一层较厚的残留水层。但层冷集管依靠自重出流的冷却水冲击力有限，冷却水流很难有足够的冲击能力穿透钢板上表面残留水层而直接接触到高温钢板表面，从而造成冷却能力很难进一步提高。在这种情况，上表面冷却水效率因残留水层过厚且新水又无法直接冷却钢板表面而导致效率急剧降低，但下表面由于喷管出流冷却水接触到钢板下表面后很快因重力作用回落，新水不断直接接触钢板下表面，从而造成钢板下表面冷却强度大于上表面，体现在水量比上，则会出现上表面水量要远大于下表面的使用情况。分析国内某热轧生产线轧后加密层流冷却系统的集管水量设计理念，也体现了上述问题。

因此，在冷却强度上，层冷加密集管对规格较薄的热轧带钢可在一定程度上实现超快速冷却，但对于厚规格（10mm 以上）带钢则很难能够满足超快速冷却需要。对于热连轧机生产线的产品范围通常要覆盖由薄到厚（最厚 25. 4mm）的系列规格，采用加密层冷集管配置将很难满足全系列规格的产品开发需要。同时，由于层流冷却固有的冷却均匀性差、冷却过程板形控制差等缺点，采用层冷集管加密的技术方案也很难满足全系列热轧带钢产品超快速冷却的需要。

采用有压冷却水喷射冷却，其难度在于带有一定压力的冷却水如何能够实现钢板的高强度均匀化冷却，这实际上也是热轧带钢超快速冷却技术的核心关键技术所在。基于有压冷却水射流冲击钢板表面，水流冲击能力大幅度提高，可有效实现新水直接接触高温钢板表面冷却，从而冷却强度可大大提高。但由于带材厚度较薄，在生产过程中对于板形的要求苛刻。因此，保证超快速冷却过程的板形控制也将是该技术方案的关键技术。通过东北大学 RAL 在热连轧超快速冷却装备及工艺开发中的现场实践，所开发出的有压冷却水喷射冷却系统，可很好地实现热轧带钢从薄到厚规格系列产品的超快速冷却，且板形控制良好，达到了类似 Super OLAC H 系统的效果，满足了产品工艺生产需求。具体该部分内容将在后续热轧带钢超快速冷却技术装备开发的章节予以介绍说明。

实际上，在超快速冷却装置出现后，人们对超快速冷却的认识和应用更多的是作为热轧带钢产品开发一种补充或辅助冷却手段。在较长一段时间内，在工艺应用上主要用于实现热轧钢材的快速降温或用于后段强冷实现双相钢的开发生产，这一点可以从 2004 年后国内很多新建热轧生产线预留后置式超快冷系统的工艺布置方案中可以看出。自 2007 年，以王国栋院士为代表的东北大学 RAL 人，根据多年来对热轧钢铁材料 TMCP 工艺技术领域的研究体会和开发实践，将超快速冷却工艺与控制轧制过程结合起来，系统提出基于超快速冷却的新一代 TMCP 工艺技术理念并阐明其技术内涵后，超快冷工艺技术才得到了实质性的应用和发展。此后，国内钢铁行业对超快速冷却技术及工艺应用理念方面的认识逐步深入，并且应用到绝大部分热轧钢铁材料新工艺开发方面，而不仅仅是此前用于后置式强冷以单纯的满足开发双相钢所用。随后，国内大型钢铁企业新建的多条常规热轧线也逐步采用或预留前置式超快冷工艺布置方案，以更好地满足企业自身后续的生产及全面新品种工艺开发和升级需要。而现场实践也证明，东北大学 RAL 人提出和倡导的基于超快速冷却的新一代 TMCP 工艺技术理念，在开发成分节约型的低成本高性能热轧板带钢新产品新工艺方面成效显著，而基于超快速冷却为核心的新一代 TMCP 工艺理念开发低成本高性能钢铁材料，也已成为国内热轧板带钢企业的广泛共识。

2.3.2 热轧板带钢新一代 TMCP 装备及工艺技术开发难点与关键技术

开发热轧带钢超快速冷却系统，涉及的关键性喷嘴结构开发设计、装备开发与集成、过程控制技术开发以及配套水系统的技术开发与设备集成等，在设备结构上与传统层流冷却技术存在根本性的区别。

相对于中厚板轧制生产线，热轧带钢生产线具有轧制速度快、自动化程度高、产品工艺上要求实现灵活的冷却路径控制等特点，加之热轧带钢生产线轧制节奏高、设备布置紧凑，因此，对超快速冷却装备开发及工艺过程控制提出了新的要求。

2.3.2.1 热轧带钢超快速冷却技术装备的开发需求

A 高的冷却速率

对于热轧带钢超快速冷却装备，为使轧后带钢在极短的时间内，迅速通过奥氏体相区，将硬化奥氏体冻结到动态相变点附近，首要一点就是要满足全系列厚度范围热轧带钢超快速冷却的要求，即可实现 2 ~5 倍于层冷速率的高冷却强度，为大范围的热轧带钢冷却速度控制提供设备基础。

B 良好的冷却均匀性

在满足热轧带钢高冷却速率的同时，还要满足冷却过程中良好的板形控制要求。而实际上，对热轧板带材而言，确保高速冷却条件下的平直度始终是一个关键性、瓶颈性的问题。这就要求冷却设备具有良好的冷却均匀性，尤其是设备喷水系统结构沿钢板宽度方向要实现合理的水量分布。

C 满足实现良好的工艺过程控制所需的设备条件和功能

在工艺上，基于超快速冷却的热轧带钢新一代 TMCP 工艺要求精确控制超快速冷却的终止点温度，即在到达动态相变点时及时终止超快速冷却。因此，超快速冷却设备须满足流量的高精度控制以及相关检测仪表如红外测温仪、热金属检测器等检测要求，以实现工艺过程的自动化控制，满足工艺需求。

D 实现超快速冷却与层流冷却模型控制系统的有机结合

热轧带钢生产线因超快速冷却系统长度通常较短，为开发和实现更为灵活的冷却路径控制，必须与层流冷却系统实现有机结合。为满足现代化热连轧线生产过程的工艺自动化控制要求，必须开发出涵盖超快速冷却系统、层流冷却在内的新型数学模型，以满足热轧带钢生产过程的高精度控制需要。

2.3.2.2 装备技术开发难点及关键技术

开发出适合热连轧生产线的超快速冷却系统，主要包含两个主要技术难点：一是开发出流量分布合理、无限寿命的喷嘴结构及喷水系统；二是实现合理的喷嘴布置，开发出合理的设备结构，满足超快速冷却装备的使用要求。

A 高性能喷嘴的开发与研制

高强度均匀性冷却喷嘴是实现热轧钢板超快速冷却过程的关键。大型热轧带钢生产线相对中厚板其厚度规格较薄（最薄 1.2mm，最厚 25.4mm），对冷却均匀的敏感性大幅度提高，为此必须开发出流量分布合理的喷嘴结构及喷水系统。

由于热轧带钢冷却作用时间较短、生产线辊道间距较小，因此开发结构合理、能够很好地满足带钢上下表面对称性冷却需求的喷嘴结构是实际装备开发过程中一个突出的技术难题。东北大学RAL在相关流体理论研究、模拟及实验研究的基础上，开发出两类适用于热连轧带钢生产线的超快速冷却喷嘴结构：多重阻尼系统的整体狭缝式高性能射流喷嘴和多重阻尼系统长寿命周期的高密快冷喷嘴。开发的狭缝式喷嘴及出口流量分布情况如图2－28所示。

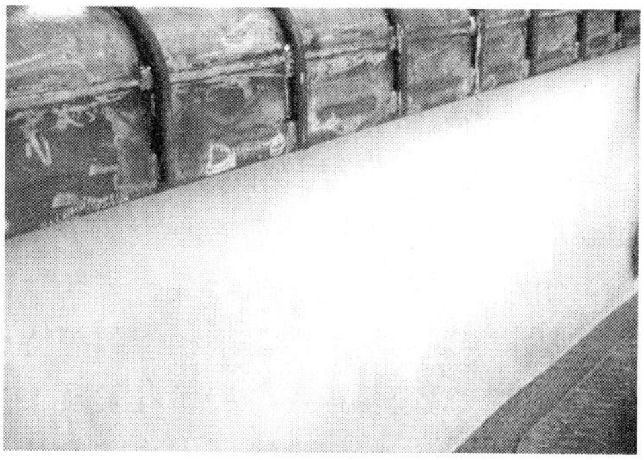

图2－28 热连轧线超快速冷却狭缝式喷嘴及出流情况

两类喷嘴因结构不同，形成合理的冷却强度搭配，通过沿轧线方向的合理布置，为保证高温板带钢冷却过程中宽向、纵向的冷却均匀性奠定了基础。

B 结构合理的超快速冷却设备开发

热轧带钢在轧后输送辊道上运行速度快，且带钢厚度较薄，当精轧出口板形不好时，易于出现板头翘曲问题，严重时甚至在轧后冷却区域产生堆钢等现象。满足带钢尤其是薄规格带钢超快速冷却过程的连续稳定生产是超快冷装备设计过程中必须考虑的实际需求。

超快速冷却区与常规层流冷却相比，水流密度较大。因此，实现超快速冷却过程中冷却水的有效排出、满足热轧带钢超快速冷却区后检测仪表的测量要求，是超快冷设备开发及实际应用过程中需要考虑的工程技术难题。

针对上述技术难题，根据射流冷却机理，在合理利用冷却过程的累积效应的基础上，通过对喷嘴的优化配置，开发出合理的冷却喷嘴布置形式及设备结构。同时，通过软水封技术，配合侧喷等手段，有效解决了超快速冷却过程中残留水的排出，避免了采用挡水辊等接触式手段可能引起的带钢堆钢、热头热尾长度控制精度差等问题，同时很好地满足了热轧带钢超快速冷却后表面温度的准确测量需要。

2.3.2.3 过程控制技术难点及关键技术

轧线新增超快速冷却系统后，由于超快速冷却系统冷却机理与传统层流冷却机理不同，基于层流冷却机理的原有板带钢冷却模型及控制系统已不能满足新型控制冷却系统的需要。在过程控制上，主要有如下一些技术难题。

A 超快冷控制系统与轧线原有控制系统的无缝衔接

热连轧线尤其是2250mm宽度级别的热轧带钢生产线，轧线控制系统很多均为国外引进，为此，必须实现超快冷控制系统与轧线原有控制系统的无缝衔接。

根据轧线系统配置情况，开发出合理的轧后冷却控制系统并行方案，新增超快冷过程机和原层流冷却过程机之间可灵活切换（图2－29）；新增超快冷过程机在与轧机通讯接口的设计上，充分利用原有系统接口数据，在冷却策略上和冷却工艺上与原层流冷却控制系统保持高度一致。以上措施很好地解决了新增超快冷系统与原有系统的衔接及调试期间可能存在的工艺适应性问题，避免了生产过程的工艺波动。

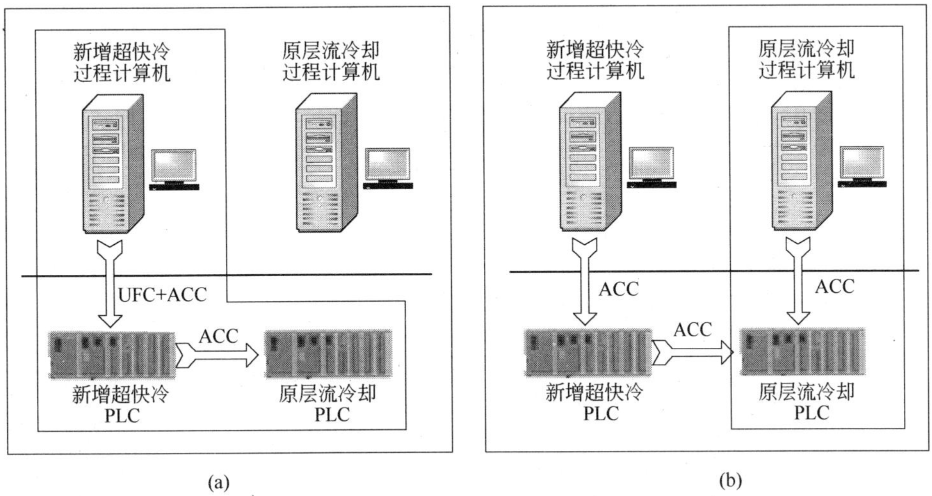

图 2－29 L2 级计算机控制系统并行方案
（a）超快冷设备投入；（b）超快冷设备不投入

B 轧后冷却多目标高精度控制

轧后增设超快冷设备后，轧后冷却控制系统的控制目标已经不仅仅是卷取温度，还包括超快冷出口温度及冷却速度等目标，控制目标增加，控制难度加大。超快速冷却采用射流冷却和核态沸腾冷却机理，与层流冷却相比，冷却强度很大，因此不仅超快冷本身温度控制难度大，而且势必对卷取温度控制精度产生很大的影响。

对于超快冷却，水压在一定范围内可调，区别于常规层流冷却，除需考虑带钢速度、带钢厚度、冷却水流量、水温等对带钢表面换热过程的影响外，还充分考虑了水压变化对换热过程的影响，建立了高精度的超快冷换热系数模型，从而有效保证了超快冷出口温度控制精度。同时控制系统增加卷取温度前馈控制功能，可根据前置式超快冷出口温度偏差，自动调节层流冷却组态，从而保证了超快冷条件下的卷取温度控制精度。

C 带钢升速轧制过程中的温度高精度控制

为提高轧制生产效率，大型热连轧线通常采用升速轧制工艺。为此，必须开发出基于超快冷原理的冷却工艺、面向升速轧制的新一代轧后控制冷却系统。此外，对于热轧带钢实际生产过程，厚规格带钢的卷取温度控制、低温卷取控温精度在一定程度上也时常制约相关产品及规格的生产。

为满足升速轧制条件下的高精度温度控制需要，控制系统在预计算时可根据精轧过程机数据，预测出带钢 TVD（时间－速度－距离）曲线，而在动态计算时还可以根据现场实际状态，对 TVD 曲线进行实时修正。TVD 曲线的计算与速度前馈控制相结合的方法，有效提高了升速轧制条件下的温度控制精度。带钢升速轧制过程的 TVD 曲线示意图如图 2－30所示。

D 满足多种产品需要的冷却策略

超快速冷却具有的大冷却强度为实现丰富多彩的轧后冷却路径控制提供有利条件，在原有层流冷却策略的基础上，具备了实现前段主冷、后段主冷两段冷却等多种策略的装备

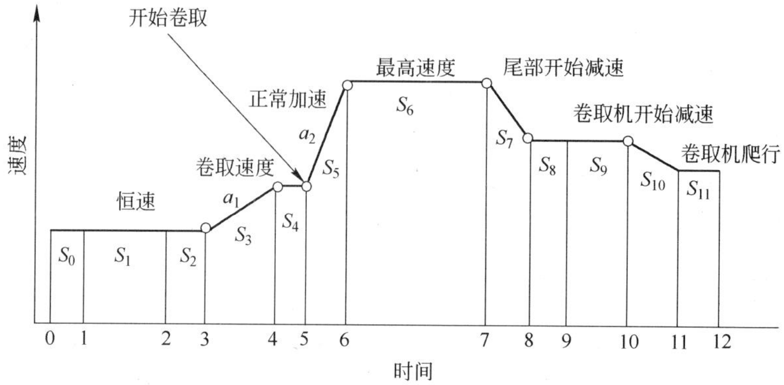

图 2－30　热连轧线升速轧制过程的 TVD 曲线示意图

条件，这就要求在控制系统上满足多种冷却策略工艺需要。如图 2－31 为基于超快速冷却的热轧带钢冷却路径控制示意图。

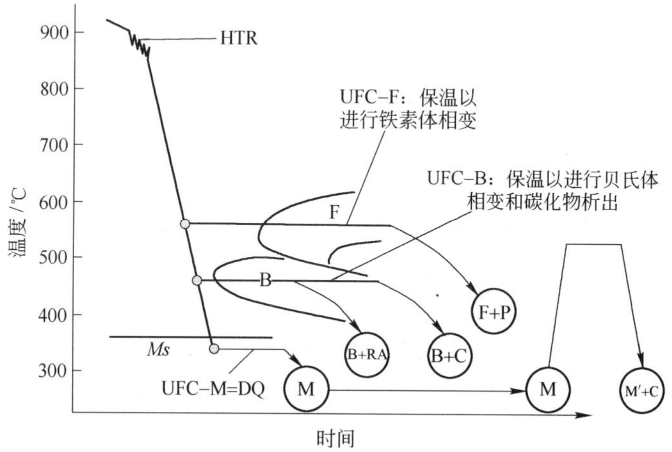

图 2－31　基于超快速冷却的冷却路径控制示意图

为此，开发出面向用户定制的冷却策略控制手段，用户通过配置数据库文件，即可实现任何需要的冷却策略。

2.3.2.4　工艺技术难点

随着当前资源和环境压力日趋增加、生产成本大幅度提高，在满足钢铁塑韧性和使用性能的前提下，降低合金含量使用成为系列板带钢产品品种开发生产的必然。与以往钢铁产品生产工艺相比，新一代 TMCP 工艺不再以添加合金元素为调控其力学性能的主要手段，而是更加注重通过生产工艺手段来调整和控制产品最终显微组织结构，从而使其性能达到甚至超过以往同类产品的标准。由于降低了钢中合金元素添加量，在减少资源、能源消耗的同时，也使得钢铁产品的可回收和再利用性能显著增强，从而实现钢铁材料的绿色制造。

与原有常规生产方式相比，新一代 TMCP 技术更强调通过促进微合金元素的铁素体相间析出和控制碳元素的相间再分配（re－partition）来实现钢材的强韧化。因此，在新一代热轧工艺中，钢材的相变进程、微合金元素的沉淀析出行为、碳化物尺寸与分布、M/A

等第二相结构甚至钢板表面氧化膜的结构与性质均发生较大的改变。

实际上，基于超快速冷却，热轧带钢新一代TMCP工艺综合利用细晶强化、析出强化、相变强化等强化机理，需要针对不同的钢种及规格，开发不同超快冷条件下的冷却工艺制度；系统开展不同的强化机制研究，实际上是需要再造一个成分工艺体系，也就是说需要从成分设计开始，及至冶炼、轧钢工序都要系统开展相关的工艺技术开发工作，实现整个流程工艺过程的再造。且由于热轧带钢生产线产品种类众多，范围广，从量大面广的普碳钢系列，及至工艺技术要求复杂的高强、管线等产品系列，要充分挖掘工艺潜力，涵盖热轧板带钢80%以上的系列品种及规格产品开发应用工作，实现热轧带钢产品的低成本减量化生产，很多工作仍需要开展更为深入细致的理论研究和应用技术研究，需要轧钢科技工作者长期的工作和努力才能实现，这实际上也是基于超快速冷却的新一代TMCP工艺的最大技术难点所在。

围绕热轧板带钢新一代TMCP工艺，主要技术难点为：

(1) 超快速冷却条件下钢铁材料强化机制的研究。针对超快冷和新一代TMCP的技术特点，研究超快速冷却条件下热轧板带钢材料的强化机制，包括细晶强化、析出强化、相变强化等。研究不同工艺条件下，各种强化机制对提高材料强度等性能的影响规律；

(2) 综合性能最优化的工艺制度制定。制定合理的工艺路线和优化的工艺制度，充分发挥各种强化机制的强化效果，并获得最优的综合性能，以最大限度挖掘钢铁材料的潜力，实现热轧板带钢材料的高性能化和高强度化，满足各种不同使用条件对钢材性能的要求；

(3) 新一代TMCP条件下系列化产品开发。根据新一代TMCP的优势和特征，针对热轧板带钢产品的使用需求，开发性能优良、绿色安全、可循环、节省资源和能源的系列减量化热轧板带钢产品，满足社会需求，并引领社会可持续发展；

(4) 新一代TMCP条件下的集约化轧制技术开发。基于新一代TMCP技术和已有的组织性能预测与优化平台，开发利用冷却作为手段的材料组织性能调控技术，进行钢材的逆向优化和精细调控，解决大规模生产和用户个性化需求之间的矛盾，实现集约化的钢材生产；

(5) 产品全生命周期评价技术开发。对原料-生产-用户使用等系列生产过程，在材料的全生命周期范围内，对材料生产、使用过程中涉及的能耗、成本、资源消耗、排放等进行综合评价，以判定材料对社会和环境的影响，以及生产工艺过程的优劣，促进材料生产过程的科学化。

2.3.3 热轧板带钢新一代TMCP装备及工艺技术开发历程及工业实践

2.3.3.1 超快速冷却技术装备的开发历程及推广应用

2008年，东北大学RAL在包钢CSP、攀钢1450mm轧后超快速冷却实验及中试装置开发基础上，依托湖南华菱涟钢产品质量提升技改工程2250mm轧后冷却系统项目，合作开发国产首套基于超快速冷却技术的热轧带钢新一代控制冷却系统。技术方案在制定过程中，一方面从产品定位和工艺需要出发，吸取国内外已投产同类轧线经验，自主创新配置高水平轧后冷却系统，以满足多品种开发需求；另一方面，RAL提出了一种倾斜喷射的超快速冷却系统设计理念，采用斜喷缝隙式喷嘴+高密管式喷嘴的混合布置。考虑到兼顾特殊品种如双相钢等后段强冷需求，后段层流冷却采用基于层冷机理的适度加密方案，提出热轧带钢新一代控制冷却技术方案：前置式超快冷 + 层冷粗冷段 + 加密冷却段 + 精冷段（专利），如图 2 -32 所示。

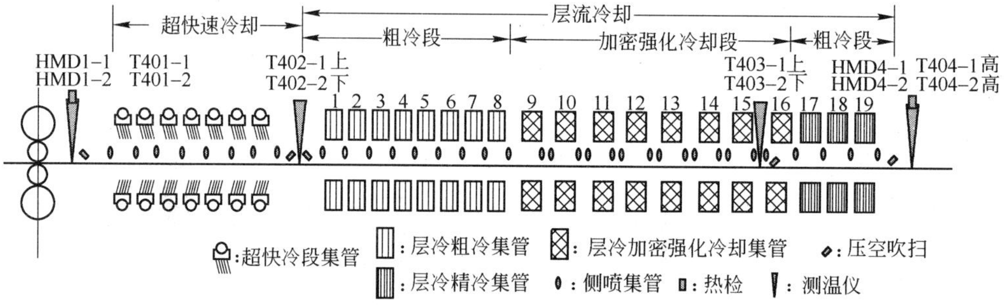

图 2 -32　热轧带钢新一代控制冷却系统配置方案

RAL 提出的基于倾斜喷射的超快速冷却系统设计理念，通过有效去除钢带表面残留水与钢板之间形成的汽膜，使钢板与冷却水完全接触，实现对钢板的射流冲击冷却和全面的核态沸腾换热，从而大大提高钢板和冷却水之间的热交换。此外，通过喷嘴结构的优化设计实现喷嘴出口流量沿带钢宽度方向的合理分布，实现带钢高强度冷却条件下的均匀冷却，避免了钢板由于冷却不均引起的翘曲。RAL 将该系统命名为 ADCOS - HSM（Advanced Cooling System - Hot Strip Mill）。

2009 年 9 月 6 日，华菱涟钢 2250mm 热轧线热负荷试车成功；2009 年 12 月，超快速冷却系统（图 2 -33）全面进入工程调试阶段；2010 年 3 月，减量化 Q345 首批次系列规格产品试制成功，产品力学性能稳定，焊接及成型性能优于常规产品，系统应用进入试生产及批量化阶段。基于超快冷技术的新一代 TMCP 工艺在提高产品性能、降低生产成本方面初显出独特的技术优势。同时，调试过程全面转入工程技术完善和产品新工艺技术开发阶段。双方在低级别产品及规格上稳步推进工艺和批量化生产的基础上，进一步推进高级别高等级钢种的新工艺开发、试制及批量化生产工作。基于超快冷工艺，2011 年 4 月，低成本高性能 600MPa、700MPa 热轧态高强钢完成产品试制及批量供货；2011 年 10 月，低成本高性能管线钢 X70 顺利完成产品大批量生产供货。新一代 TMCP 工艺技术优势得到进一步充分体现。截至目前，基于新一代 TMCP 工艺，累计生产 40 万吨以上，品种涵盖普碳钢、高强钢、管线钢、汽车结构钢等多个产品系列。

图 2 -33　华菱涟钢 2250mm 热轧带钢超快冷工业化原型装备

在华菱涟钢 2250mm 热轧超快冷系统的开发基础上，东北大学 RAL 再次优化喷嘴结构、设备布置等设计，形成了成熟完善的热轧带钢超快速冷却系统——ADCOS - HSM

(Advanced Cooling System - Hot Strip Mill)，如图 2-34 所示为开发的成熟完善的热轧带钢超快冷系统。

图 2-34 首钢迁钢公司 2160mm 热轧带钢超快速冷却系统

随着首钢迁钢公司 2160mm 超快冷系统高钢级管线钢等产品的大规模生产，热轧板带钢领域基于超快速冷却的新一代控轧控冷（TMCP）工艺技术已成熟完善，如图 2-34 所示。该 2160mm 生产线同时成为了国家科技部“十二五”科技支持计划项目“钢铁行业绿色生产工艺技术与应用示范”、“热轧板带钢新一代 TMCP 装备及工艺技术开发与应用”课题所依托实施的生产线。超快冷系统投产后，国内鞍钢、宝钢、攀钢西昌等国内多家热轧带钢生产企业相继到访参观交流，项目示范效应正逐步得到体现。

当前，基于超快冷工艺进一步扩大产品工艺覆盖面，开发和生产低成本高性能热轧带钢产品，为企业创造更大的生产效益，已成为企业及至双方进一步扩大和深化产学研合作的广泛共识。

作为一项我国钢铁工业轧制技术领域的原始性技术创新，其技术开发和工程实施过程历经喷嘴结构设计及优化开发、超快速冷却喷水系统的优化配置、满足连续稳定生产要求的超快速冷却工程技术开发与实现、高精度模型控制系统的开发与应用、系列品种及规格产品基于超快冷的新一代 TMCP 减量化工艺开发与实现等过程。在项目依托企业——湖南华菱涟钢的大力支持下，双方合作开展了卓有成效的理论研究和工程技术开发与研究工作，并取得重大突破和成果，完成了工艺理论到工程实践的实现及工业化大批量应用过程，开发和形成了涵盖装备技术、自动控制、冷却工艺、减量化产品工艺等在内的完善的热轧带钢新一代 TMCP 装备及工艺成套技术。

基于超快速冷却技术的新一代 TMCP 工艺在低成本高性能热轧带钢产品生产过程中体现出的技术优势和工艺潜力得到了钢铁企业、行业以及国家和政府部门的高度认可。2009 年，涟钢与东大合作在其 CSP 热轧生产线新增轧后超快速冷却系统，2009 年底系统投入运行。双方基于涟钢 CSP 薄规格产品轧制工艺优势，合作开发高等级薄规格产品及工艺。2011 年，在前期相关科研开发工作基础上，由东北大学联合国内钢铁企业、科研院所联合申报的“热轧板带钢新一代 TMCP 装备及工艺技术开发与应用”项目列入国家科技部“十二五”科技支撑计划项目“钢铁行业绿色制造关键技术集成应用示范”，标志着热轧带钢新一代 TMCP 装备及工艺技术获得政府高度认可，自主创新及技术攻关和项目实施工作得到了国家和政府部门的大力支持。2012 年 3 月，首钢迁钢与东北大学正式签订超快冷系统项目合同，项目涵盖 2160mm 热轧线新增超快速冷却系统的装备、自动化、模型以及新产品工艺开发等工作，全面实施基于超快速冷却的新一代 TMCP 装备及工艺技术。这是首钢总公司以及首钢迁钢各级领导和技术人员在综合考察分析国内外相关技术厂家实际技术水平和应用情况的基础上做出的慎重选择，尤其是在当前钢铁行业日趋严峻的形势下，充分体现了对东北大学 RAL 自主创新技术的高度认可和信任，也充分体现了东北大学 RAL 热轧带钢超快冷技术的先进性和可靠性。目前，RAL 开发的以超快速冷却为特征的热轧带钢新一代 TMCP 装备及工艺技术已在业界得到高度认可，真正体现了自主创新的新一代 TMCP 技术的生命力。

目前热轧带钢超快冷技术已推广应用至首钢京唐（曹妃甸）公司 2250mm 热轧带钢生产线、包钢 CSP 热轧线（原超快冷设备的升级改造）等多条产线。

2.3.3.2　装备及工艺技术特点

A　冷却强度大，均匀性良好

超快速冷却技术装备的冷却强度大，冷却均匀性良好，满足热轧带钢全系列规格产品的冷却工艺需求。

ADCOS - HSM 系统在冷却能力上，现场应用实践表明，对于 3mm 带钢，冷却速率可达到 300℃/s 以上；与常规层流冷却相比，全系列厚度规格（1.2 ~ 25.4mm）带钢冷却速率可达到常规层流冷却速率的 2 ~ 5 倍及至以上。同时，独特、先进的超快冷喷嘴集管结构设计具备水压和流量的大范围调节功能，可实现冷却能力的大范围无级调整，这就为特殊产品生产过程中超快速冷却系统实现层流冷却功能提供了应用条件。

在冷却均匀性上，实际应用过程中，开发的 ADCOS - HSM 系统曾用于生产最薄至 1.2mm 厚度的带钢超快速冷却工艺，冷却后板形良好，体现了良好的冷却均匀性，同时也为生产低残余应力或无残余应力板带钢奠定了良好工艺条件。

必须指出的是，热轧带钢轧后冷却过程的板形问题实际与热轧工艺过程的温度均匀性密切相关，如精轧过程机架间冷却均匀性、轧制辊印等都会对卷取前的板形产生影响。尤其是对于宽幅达到 1900mm 甚至 2000mm 以上超宽幅面的带钢冷却，因热轧带钢轧后冷却通常需要超快冷系统与后面的层冷进行接力式冷却，由于后续层冷区域带钢因幅面过宽造成带钢边部与冷却区域侧挡板之间间距过小，往往造成带钢表面残留水存积不能快速排出，残留水与带钢表面的不均匀热交换极易造成板形不良。因此对于宽幅面的带钢冷却过程，必须考虑在后续层冷区域具备有效的残留水去除手段，以确保板形良好，否则宽幅面带钢实际生产过程中即使仅仅采用层流冷却工艺也往往会产生瓢曲、浪形等板形问题。

迁钢 2160mm 热连轧线超快冷系统投产后的大批量工业化生产实践已表明，超快冷不仅没有恶化轧后板带钢的板形，在一定程度上还解决了此前层流冷却存在的冷却板形问题。尤其是在高级别管线钢的生产过程中，超快冷工艺的使用，在提高产品性能、降低合金元素使用量的同时，还显著改善了原层流冷却过程中存在的板形瓢曲问题，热轧带钢超快冷技术优势凸显。

B　工艺模型控制精度高

超快速冷却技术装备的工艺模型控制精度高，实现了超快速冷却条件下的温度多目标精确控制，满足新产品工艺的开发需求，采用的与现有控冷系统的并行控制系统方案确保了新增超快冷系统实施过程中的工艺及产品生产过渡稳定性。

热轧钢铁材料新一代 TMCP 工艺要求超快速冷却能够在工艺所需的动态相变点附近停止冷却，这就要求控制系统具备对带钢超快速冷却后的温度具备良好的控制精度。因此，考虑卷取温度、冷却速率等控制要求，实际上基于超快速冷却的新一代 TMCP 工艺是多温度目标的控制过程。开发的工艺模型通过采用 TVD 曲线计算与前馈控制相结合，有效提高了温度控制精度，满足了大型热连轧机生产线升速轧制的工艺要求。实际应用过程中，典型的热轧带钢温度控制情况如图 2－35 所示。

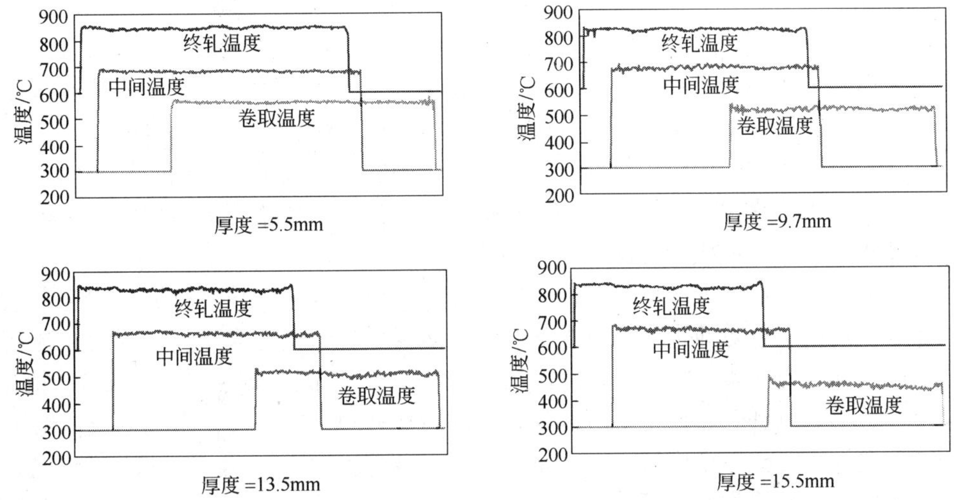

图 2－35　不同带钢厚度温度控制曲线

实际对比应用表明，在卷取温度控制上，东北大学 RAL 开发的热轧带钢控冷模型达到或优于国外引进的先进控冷模型，尤其在厚规格低温卷取工艺上，控温精度明显优于引进的国外先进系统实际控制水平，为厚规格产品的连续稳定生产和产品性能批次稳定性做出了重要贡献。

前已述及，热轧钢铁材料新一代 TMCP 工艺实际上是一项从成分设计开始，及至冶炼、轧钢工序都要系统开展相关的工艺技术开发工作，涉及整个流程工艺过程的再造。因此，在现有轧线基础上新增超快速冷却系统，必须确保产品工艺及生产过渡过程稳定性，消除对产品现有工艺及生产过程的影响，在此基础上稳步实现和扩大低成本高性能钢铁材料的新工艺开发与推广应用。东大 RAL 采用的与现有控冷系统的并行控制系统方案，确保了新增超快冷系统实施过程中的产品工艺及生产过渡稳定性，得到了企业的高度认可，为项目实施和产品生产的稳顺过渡提供了有效手段。

C　系统冷却工艺控制方式灵活

超快速冷却技术装备其系统冷却工艺控制方式灵活，为热轧带钢丰富多彩的冷却路径控制、热轧带钢产品组织调控以及低成本高性能带钢产品和新工艺的开发提供了有效手段。

热轧带钢生产工艺的重要突出特点在于注重冷却路径的控制。与热轧带钢生产线传统层流冷却系统相比，前置式超快速冷却系统的存在，强化了对热轧后带钢晶粒度、析出物控制以及组织相变的控制能力，同时与后续层流冷却的联合使用，大大丰富了热轧带钢轧后的冷却路径控制策略，在热轧带钢材料强化机制和冷却过程控制等组织调控手段和途径方面有了重大创新与突破。

在晶粒度控制方面，在奥氏体未再结晶区的较高温度范围内完成热轧过程，钢铁材料不能发生再结晶，仍然处于含有大量“缺陷”的高能状态。通过轧后的立即超快速冷却可以抑制奥氏体晶粒的长大，并将材料的“硬化”状态保持到终冷温度，即相变点附近。在随后的相变过程中，保存下来的大量“缺陷”为新相的生成提供更多的形核位置，从而可以得到与低温轧制相似的强化效果，在不添加或少添加Nb元素的低成本条件下实现对组织的细晶强化。

在析出物控制方面，传统控轧控冷条件下，析出物在奥氏体中析出，随后析出粒子发生长大，所以最终析出粒子尺寸达数十纳米，强化效果不佳。采用轧后的立即超快冷可以抑制碳氮化物在奥氏体中析出，迅速穿过通常的形变诱导析出温度范围区间，使得碳氮化物在铁素体或贝氏体相变区间内析出。其中铁素体中的析出又可分为相间析出以及在铁素体晶内大量、微细、弥散的过饱和析出，进而起到强化铁素体基体的作用，可大幅度提高材料的强度水平，从而低成本地增强析出强化效果。

在组织相变控制方面，其核心是冷却路径控制。将超快速冷却具有的冷却速率调整功能作为手段，可以更有效地进行相变强化控制，实现理想的相变强化。传统的控制相变强化的方法是添加合金元素，如为了实现贝氏体相变，往往添加Mo或B，使CCT曲线的铁素体相变区右移，以利于在传统层流冷却系统的较低冷却速率条件下得到贝氏体组织。但是，添加合金元素会提高生产成本，消耗资源。如果采用超快速冷却，情况会完全不同。如同样为了发生贝氏体相变，可以不添加合金元素，而是采用超快速冷却，抑制铁素体相变的发生，而使相变在更低的温度下进行。如果超快速冷却的终止温度位于贝氏体相变温度范围，则可以得到贝氏体组织；如果这一终止温度位于马氏体相变点以下，则得到马氏体组织，因此是一种减量化的相变强化方法。

在冷却路径控制方面，热轧带钢常规层流冷却系统的冷却策略主要有前段主冷策略、无反馈段优先开启的前段主冷策略、后段主冷策略以及稀疏冷却策略。采用超快速冷却，根据不同钢种、不同规格以及不同的性能要求，对超快冷出口温度、卷取温度和冷却速度提出要求，整个冷却系统有多种组合的冷却路径。在常规生产过程中常用的三种冷却路径控制策略为：UFC + LFC前段冷却、UFC + LFC后段冷却、UFC + LFC稀疏冷却模式，如图2－36所示。

作为调控组织结构并最终控制性能的主要手段，超快速冷却为实现热轧钢铁材料冷却路径和冷却速度的优化控制，使成分简单的钢铁材料能够具备满足多样化要求成为可能，为实现资源节约型高性能钢材的生产提供了工艺手段。

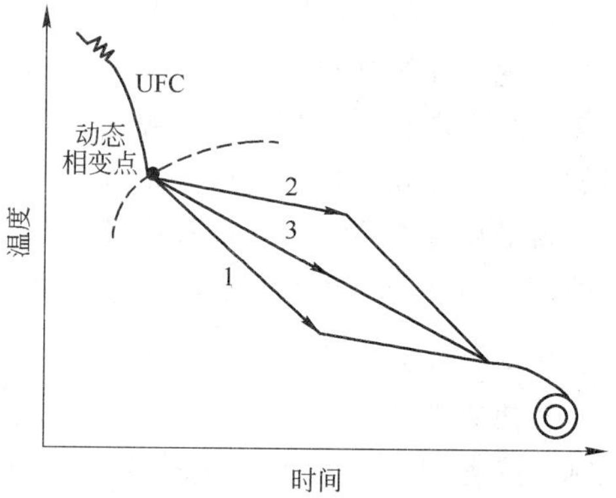

图2－36 基于超快冷的常用冷却策略
1—UFC + LFC前段冷却；2—UFC + LFC后段冷却；
3—UFC + LFC稀疏冷却

2.3.3.3 产品工艺开发及应用

在包钢、攀钢、涟钢、首钢迁钢公司等国

内钢铁企业的积极参与和努力下，自主创新的超快速冷却技术及装备迅速应用到工业化大批量产品生产中。目前，基于超快速冷却技术，围绕新一代TMCP工艺，对低合金钢、汽车用钢、高强钢（600/700MPa）、管线钢（X70、X80）等系列钢种开展了卓有成效的减量化工作，吨钢主要合金元素可节约用量15%～30%，节约成本约100～150元及以上。在低成本热轧双相钢开发领域，形成了理想的低成本经济型热轧双相钢（厚度不大于11mm）开发生产工艺，其低成本高性能钢铁材料开发工作效果显著。在当前钢铁行业严峻的市场竞争形势下，基于超快速冷却的新一代TMCP工艺技术在“资源节约型、工艺减量化”的热轧带钢生产工艺及产品技术开发与批量化生产应用过程中突显出良好的使用效果和巨大的工艺潜力。

A 前段式超快冷工艺技术开发实践及应用

超快冷系统布置在精轧机之后、层流冷却之前时，采用前段式超快速冷却配置，可充分发挥超快速冷却在细晶强化、析出强化等强化机制过程的重要作用，并结合层流冷却，实现量大、面广的普碳低合金、管线钢、高强钢等产品的成分减量化设计，同时，结合新增超快冷系统对于超快冷出口温度点的精确控制，提高产品生产过程的组织性能稳定性。

下面分别以低合金钢（Q345）及高级别管线钢为例，简要说明基于超快速冷却的新一代TMCP装备及工艺技术实际应用情况。具体的各种组织控制技术及机理将另文予以介绍。

a 低合金钢（Q345）

作为量大、面广的钢铁材料产品，低合金钢在企业热轧板带生产所占比例较大。以Q345B为例，在传统生产工艺条件下，为保证Q345热轧带钢的强韧性能，通常需要添加1.20%～1.60%的Mn，部分厂家由于设备条件限制，甚至尚需添加适量的Nb、V、Ti等微合金元素。此外传统Q345钢中的锰含量较高时，在连铸、轧制过程中还容易形成拉长的MnS塑性夹杂，导致纵、横向力学性能差大、带状组织严重，从而使其应用范围受到很大限制。在一定程度上，开发内在质量优良、焊接性能以及成型性能更优的低合金钢生产工艺及产品已成为钢铁生产企业和市场及用户的迫切需求。

基于超快速冷却的新一代TMCP工艺技术，充分发挥超快速冷却的细晶强化作用，开发出低成本高性能的Q345生产工艺。与传统生产工艺相比，Mn含量降低0.5%～0.8%左右，吨钢同比效益100元以上。金相组织检测表明，晶粒尺寸明显细化，由常规工艺生产下的10级提高至11.5级左右。典型厚度产品的力学性能如表2－4所示。

表2－4 厚度为9.7mm低成本Q345B部分产品力学性能

批 次	拉伸实验			冲击实验（－20℃）/J·cm^{-2}		
	屈服强度/MPa	抗拉强度/MPa	伸长率/%	A_{kv1}	A_{kv1}	A_{kv1}
0A03293500	390	510	30.0	84	78	64
0A03291800	390	510	29.0	66	72	80
0A03291900	395	515	29.5	66	72	80
0A03293600	390	510	30.0	84	78	64
0A03292400	395	510	30.0	68	76	82
0A03294500	395	505	32.0	67	84	70

续表2-4

批 次	拉伸实验			冲击实验（-20℃）/J·cm^{-2}		
	屈服强度/MPa	抗拉强度/MPa	伸长率/%	A_{kv1}	A_{kv1}	A_{kv1}
0A03292500	395	510	30.0	68	76	82
0A03295500	380	500	35.5	80	64	66
0A03291700	390	510	29.0	66	72	80
0A03297600	385	510	32.0	80	78	66

此外，降低Mn含量后生产的Q345产品，可以减轻带状组织程度，改善C-Mn偏析，减小纵横向性能差异；另一方面，通过减少合金元素用量，降低碳当量，可提高钢材韧性和焊接性能。用户的实际使用也充分证明，减量化的Q345B产品，在产品焊接性能、成型性能等方面明显优于常规工艺产品，得到了市场的充分认可和肯定。在通过系统的跟踪产品时效、焊接以及用户跟踪等系列使用性能评价工作的基础上，目前，低成本、高性能的Q345B热轧带钢产品已得到大规模工业化生产，为企业创造了显著经济效益。

b 管线钢（X70/X80）

管线钢产品在国民经济能源建设中意义重大，同时也是热轧带钢生产企业重要的高等级产品品种。随着国内众多热轧带钢生产企业相继开发出高钢级管线钢生产工艺，市场竞争极为激烈，开发低成本高性能的管线钢生产工艺已成为钢铁企业的迫切需求。

在管线钢生产过程中，为提高管线钢强度、韧性及焊接等综合性能，一般在未再结晶区实施控制轧制以细化奥氏体晶粒，得到以细小针状铁素体为主的显微组织。然而，这种生产工艺要求轧制变形主要发生在低温区域，造成轧机负荷问题，受轧机设备能力限制影响较大。此外，当成品厚度规格较大、级别高于X65时，还存在落锤冲击实验（DWTT）不合格的问题。传统生产工艺中通常添加0.1%~0.3%的Mo，我国稀有元素的资源现状是“缺Cr少Ni无Mo”，由于钼铁价格昂贵，造成管线钢成本大幅度提高。在当前市场竞争条件下，管线钢生产中的合金元素如Mo、Nb等成本已实实在在地影响到钢铁企业的实际效益。此外，热轧带钢生产线高钢级管线钢生产通常要求在比较低的卷取温度进行，如X70管线钢，热轧带钢生产线的卷取温度通常为430℃左右，甚至更低。而低温卷取易于造成几个方面问题，其一是卷取温度控制精度通常不高；其二是卷取过程中对卷取机冲击很大，易于造成卷取设备损耗增大，故障率提高；其三是随着国内能源管线敷设对管线钢厚度规格需求进一步增加，解决偏厚规格管线生产过程的冷却能力不足问题已逐渐被企业所重视。因此，一方面如何更好地稳顺管线钢轧制生产过程，另一方面如何低成本生产高性能管线钢产品，已成为国内钢铁企业生产管线钢产品急需解决的重要问题。

基于超快速冷却新一代TMCP工艺技术的提出，结合国内钢铁企业热轧带钢生产线管线钢实际生产需求，东北大学RAL科技工作者在王国栋院士的学术思想指导下，在实验室相继开展了系列高钢级管线钢的新工艺开发工作，取得了系列科研学术成果，并在此基础上用于指导实际生产。

基于超快速冷却工艺，高钢级管线钢产品生产优势在于：

（1）可有效降低合金元素用量，例如显著降低了Mo、Nb等合金元素的使用量；

（2）可有效提高管线钢综合性能及稳定性；

（3）可适当提高卷取温度，降低对卷取设备冲击，实现稳顺轧制及卷取过程；

（4）可很好地解决偏厚规格管线钢存在的冷却能力不足的问题。

实际生产实践也充分表明，采用低成本减量化合金成分设计的 X70 管线钢，力学性能及批次稳定性优异，制管性能良好，部分产品性能可达到 X80 相关综合性能要求。同时轧制生产过程中可在一定程度上提高卷取温度。吨钢成本同比降低可达到 200 元左右，经济效益和社会效益十分显著。

2012 年 3 月，首钢迁钢公司与东北大学 RAL 正式签订 2160mm 热轧生产线新增超快冷系统项目合同。在首钢迁钢公司、东北大学 RAL 共同努力下于 5 月完成设备设计审查工作，9 月完成超快冷设备及相关改造设备制造。10 月 31 日至 11 月 13 日，首钢迁钢公司 2160mm 热轧生产线正式开展 2012 年度中修工作，在首钢迁钢公司、东北大学 RAL 及相关施工单位的共同努力下，借此年度中修，如期完成了超快冷设备安装及自动化控制系统的上线工作，并顺利完成热负荷试车。首钢迁钢公司 2160mm 生产线成为国内第一条实现超快冷改造的宽幅常规热连轧生产线，开创性地同时设置低压层冷模式和高压超快冷模式，保障了项目上线后的正常生产。

在低成本普碳钢超快冷工艺技术实现正常稳定生产的基础上，加快开展高钢级管线钢提质增效和降低成本等工作。作为热连轧生产线重点产品的管线钢，随着用户对高牌号、厚规格管线的需求不断扩大，热连轧线原有层流冷却系统已不能满足生产工艺需求。因层流冷却能力较低，为满足性能要求，在厚规格及高牌号管线钢生产中通常需要添加较多的 Mo 等合金元素，一方面导致生产成本的提高，另一方面导致产品硬度较高以及后续焊接性能不良等问题，尤其是厚度规格较大、冷却能力不足将造成产品综合性能合格率较低，批次生产稳定性不高，制约了高级别管线钢以及厚规格产品的开发及稳定生产。2013 年 9 月，在厚规格（25.4mm）X70 的生产中，超快冷工艺彻底解决了层流冷却模式下存在的落锤性能不合格问题。超快冷工艺通过显著提高落锤性能，产品综合性能稳定，凸显超快冷工艺提质增效作用，助力首钢迁钢公司特厚规格管线钢顺利完成批量供货。在显著提高产品性能的同时，超快冷系统的高均匀性冷却效果很好地改善了管线钢的板形质量，确保了轧制过程的稳顺性。2013 年 10 月，随着首批次 8000 多吨 18.4mm 规格的超快冷低成本 X80 管线钢的顺利生产，标志着超快冷技术在首钢迁钢公司高等级管线钢降本增效工作中得到实际应用。超快冷攻关团队通过对前期 X80 的西门子速度机制优化、超快冷模型学习系数优化、带钢头部不冷长度优化及超快冷出口和卷取温度工艺制度的优化等，提高了模型温度控制精度、带钢头部不冷长度及性能稳定性，提高了 X80 综合性能合格率和成材率。此次 X80 批量订单生产采用低成本成分设计，生产过程稳定、温度命中率满足生产要求且性能稳定。高级别 X80 管线钢的批量生产为下一步首钢迁钢公司厚规格高级别管线产品开发，管线钢 X70/X80 等系列产品的减量化及公司降本增效工作奠定了良好基础。

当前，随着能源运输管线敷设范围的逐步扩大和要求的进一步提高，高等级厚规格管线钢需求日趋扩大，超快速冷却通过对轧后带钢晶粒度、析出物以及组织相变的有效控制，在提高厚规格管线钢落锤等综合力学性能方面体现出显著的工艺优势，为高级别管线钢的开发与生产提供了新的工艺路线和手段。

B 后段式超快冷却工艺技术开发实践及应用

超快冷系统布置在层流冷却之后和卷取机之前时，采用后段式超快速冷却配置，可充分发挥超快速冷却的相变强化作用，用于低成本经济型热轧双相钢的开发生产。

2004 年包钢与东北大学轧制技术及连轧自动化国家重点实验室合作在包钢 CSP 热轧带钢生产线开发了国内第一套用于热轧带钢生产线的超快冷实验装置，设备安装在层流冷却与 1 号卷取机之间。随着 CSP 生产线热轧双相钢产品开发与产量逐步提高以及用户对产品质量要求的进一步提高，原超快冷实验用简易装置限于当初技术水平，其冷却能力、稳定性、可控性等均已不能满足双相钢产品的开发生产需要。

随着东北大学轧制技术及连轧自动化国家重点实验室研发的热轧带钢超快速冷却系统技术的成熟与完善，为充分发挥包钢 CSP 热轧生产线的设备能力及热轧双相钢工艺及产品品牌、市场优势，实现全系列厚度（不大于 11mm 及最大 13mm）高品质双相钢产品的低成本高性能稳顺生产，增强企业产品市场竞争力，包钢正式启动 CSP 产线超快冷系统技术改造，并于 2013 年列为重要技改项目。

2013 年 8 月，双方正式签订项目合同。双方采用综合性科研技术开发模式，即通过涵盖热轧带钢超快冷成套技术装备、双相钢产品开发及至市场应用技术支持在内的系统完善的开发合作方案实施本项目，尽快达产达效。通过拆除 CSP 热轧线原超快冷实验装置，全新装备东北大学 RAL 开发成功具有国际一流水平、成熟完善的热轧带钢超快速冷却系统，合作开发系列热轧双相钢产品。

针对包钢 CSP 超快冷升级改造项目需求，RAL 热轧带钢超快冷课题组负责人袁国副教授基于冷却机理分析及热轧双相钢的工艺研究，同时结合多年来在涟钢 2250/CSP、迁钢 2160 等超快冷项目的开发实践，合理配置，为包钢 CSP 生产线全新装备了 RAL 热轧带钢超快冷技术科研团队开发的热轧带钢新一代超快冷装备及系统。

2013 年 11 月 29 日，包钢 CSP 热轧带钢生产线超快冷系统升级改造项目顺利完成热负荷试车，并实现 6mm 双相钢批量稳定生产。随后又开发出厚规格 11mm 热轧双相钢产品生产理想工艺。

6mm 规格 DP540 及 11mm 规格 DP590 热轧双相钢大批量生产实践表明，超快冷设备及系统具备的超强冷却能力可将厚度 11mm 带钢从 600 ~ 700℃ 快速冷却至 180℃ 以下，很好地满足了全系列厚度规格低成本热轧双相钢生产工艺需求。冷却后带钢板形良好，过程工艺参数控制精度高，大批量生产连续稳定，真正实现了装备一流、国际领先、工艺稳定的既定目标和要求，开发形成了理想的低成本经济型热轧双相钢生产装备及工艺技术：

（1）低成本成分设计：基于相变强化的 C - Mn 系钢；

（2）软硬两相比例合理，厚规格产品厚度方向的组织均一性良好，为 F + M 的双相组织；

（3）产品力学性能其强韧性匹配良好，且实现了窄性能范围控制：异板性能控制范围为 30MPa，同板宽向及长度方向性能控制范围为 20MPa；

（4）全系列范围覆盖：可生产 1.5mm ~ 11mm 产品，并具备 13mm 厚度生产能力；

（5）冷却均匀：板形及卷形良好；

（6）生产连续稳定：大批量生产工艺及产品性能稳定。

大批量生产热轧双相钢显微组织、力学性能以及板宽方向力学性能均匀性可参见图 2 - 37、图 2 - 38 及表 2 - 5 所示。

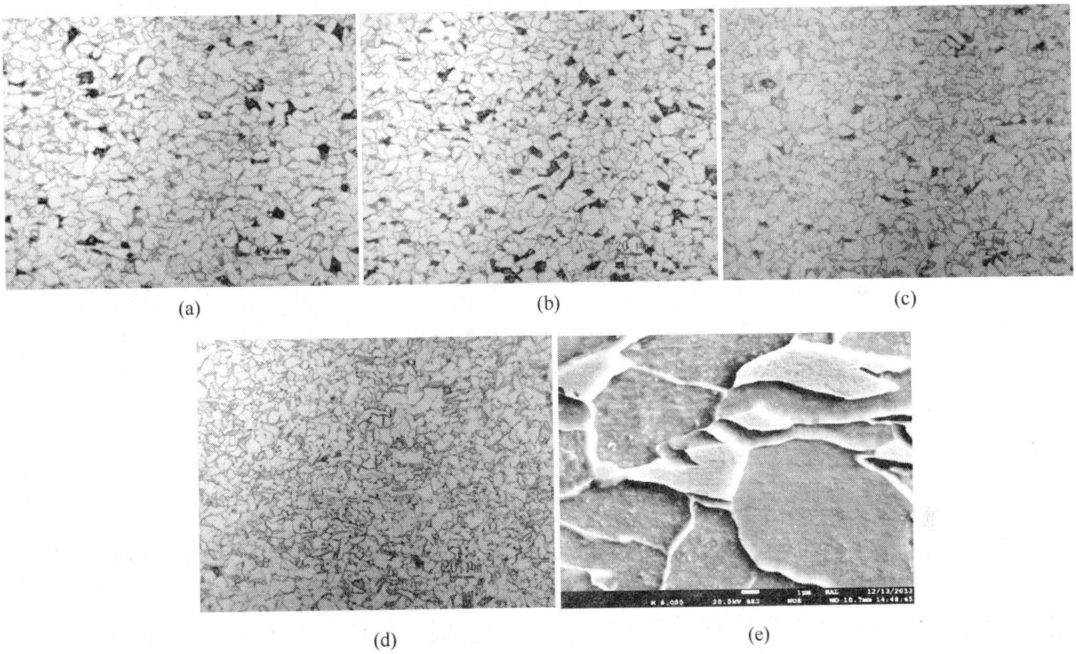

图 2-37 批量生产的热轧双相钢显微组织

（a）11.0mm 钢板，板厚 1/2 处；（b）11.0mm 钢板，板厚 1/4 处；

（c）11.0mm 钢板，表面附近处；（d）6.0mm 钢板；（e）6.0mm 钢板（SEM）

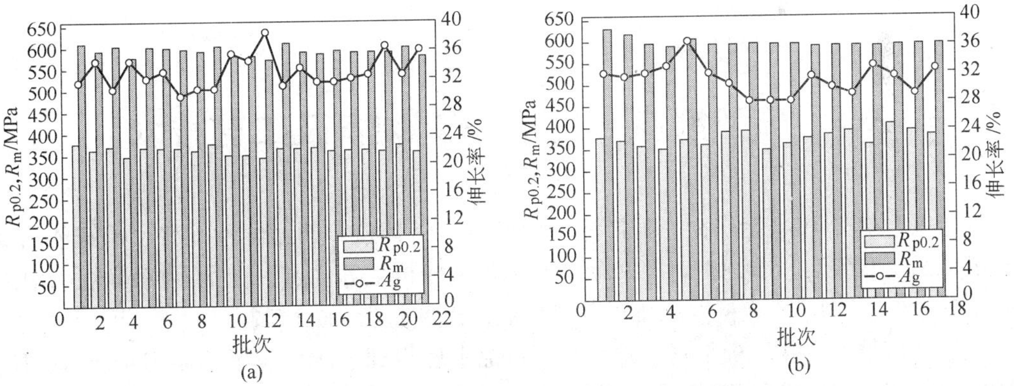

图 2-38 批量生产的热轧双相钢力学性能

（a）6.0mm；（b）11.0mm

表 2-5 板卷板宽方向力学性能均匀性

位 置	屈服强度/MPa	抗拉强度/MPa	屈强比	伸长率/%
板宽边部	377	578	0.65	35.0
板宽 1/4	383	577	0.66	33.5
板宽 1/2	373	588	0.63	33.5
板宽 3/4	384	588	0.66	35.5
板宽边部	380	591	0.64	33.5

热轧双相钢作为包钢 CSP 热轧线开发生产的高附加值特色产品，通过此次超快冷系统升级改造顺利完成，据包钢初步估算，提升了产品性能稳定性，减少了合金用量，吨钢可降低生产成本 100 元左右。同时，还全面推进产品规格和强度等级系列化、特色化，尤其是在高强度、厚规格等开发与生产方面进一步丰富和完善，对增强产品市场竞争力，做大做强包钢热轧带钢双相钢产品具有重要意义。

近 3 年来，以开发钢铁材料绿色制造技术为核心的热轧板带钢新一代 TMCP 装备及工艺技术，在湖南华菱涟钢、首钢迁钢、包钢等企业各级领导和技术人员的鼎力支持下，产品级别由普碳钢系列到高等级管线钢系列以及在低成本高品质热轧双相钢等方面，RAL 合作开展了卓有成效的开发工作，一方面为企业创造显著效益的同时，也为推动国内热轧带钢生产线工艺技术升级做出了非常重要的突出贡献。

展望未来，以开发钢铁材料绿色制造技术为核心的热轧板带钢新一代 TMCP 装备及工艺技术，大力发展节约型高性能产品并协助下游用户实现绿色制造的钢材品种，实现大幅度节约资源和能源，提高产品成材率，减少对合金元素的过度依赖和资源的过度消耗，是实现钢铁工业可持续发展的关键要素。同时，也将对突破制约我国钢铁产业升级的核心关键共性技术、推动钢铁产业从规模优势向技术优势转变起到持续支撑作用，而且对于在当前形式下提高钢铁行业生产效益，实现社会可持续发展，也具有非常重要的实际意义。

（致谢：包钢、攀钢、涟钢等钢铁企业对自主创新的热轧带钢超快速冷却技术给予了大力支持，特别是涟钢各级领导及广大技术人员为我国热轧带钢新一代 TMCP 装备及工艺技术开发与应用做出了突出贡献，特此表示真挚的谢意。）

2.4　H 型钢新一代 TMCP 装备及工艺技术

近年来，热轧 H 型钢作为一种经济断面型钢，以其独特的力学性能好、承载能力大、便于机械加工和安装、节约工时、造型美观、可回收再生等优点，在众多钢结构用钢中占据着主导地位，国内 H 型钢需求量正日益增加，市场前景十分广阔。

控制冷却技术在热轧板带材、棒线材等产品上已得到了成功应用，而相对而言，H 型钢的控制冷却技术发展则相对落后。目前，H 型钢热轧生产线还没有形成系统、成熟的控制冷却理论和工艺技术，已经成为 H 型钢工业生产的瓶颈环节。这主要是由于 H 型钢断面形状的复杂性，其在线控冷很容易出现腰部残留水和腹板、翼缘等不同厚度部分的冷却不均现象，这些都将影响轧件的断面形状和性能均匀性，产品易产生内并外扩变形及腹板浪、裂纹等缺陷。

近年来 H 型钢控制冷却技术的开发已引起国内外企业和科研院所的重视，在日本、德国、意大利等一些国家都有研究的报道。1990 年卢森堡阿贝德公司开发了 QST 技术，即 H 型钢轧后淬火加自回火控制冷却工艺。德国应用该工艺，在精轧机后设置冷却段，H 型钢出精轧机架后立即进行喷水冷却，表面发生淬火及随后的自回火过程。QST 技术可以提高 H 型钢的屈服强度和韧性，但该技术还不成熟，存在冷却不均匀和轧件变形等问题。我国的用户不易接受采用轧后淬火加自回火工艺强化的钢材，普遍认为淬火加自回火后形成的回火层降低钢材的使用性能。反映出来的主要问题有：钢材的屈强比高，焊接性能变差，钢材应力时效大，所以该技术在我国无法推广应用。

东北大学轧制及连轧自动化（RAL）开发了H型钢的新一代TMCP装备及工艺技术，其核心是超快速冷却技术。这是近年来发展的一种具有较高冷却速率的冷却方法，其特点是控制轧件在限定（通常极短）的时间内，快速降温至目标温度。超快速冷却的设备特点是：体积小，流体换热效率高，但是设计结构复杂。这种技术主要应用于钢材热加工工艺过程中的轧后快速冷却及中间坯快速冷却，可提高钢材综合力学性能、使用性能以及生产效率。因此开发具有较高冷却速率而又不淬火、并具有较强温度均匀性控制能力的热轧H型钢超快速冷却技术，以实现节约型的钢材成分设计和减量化的钢材生产，从而获得高附加值，实现H型钢企业的可持续发展。

2.4.1 超快速冷却系统的结构

2009年，东北大学轧制及连轧自动化国家重点实验室与马钢第三钢轧总厂合作，在马钢三钢轧总厂大H型钢分厂生产线的现有工艺条件下，开发出了H型钢轧后超快速冷却系统。该技术的成功应用为马钢开发H型钢新产品、降低生产成本提供了新的工艺手段。

根据生产现场的设备布置特点开发出的H超快速冷却设备如图2-39所示。该冷却装置安装在万能精轧机之后，沿轧制线方向分前后两段。供水系统通过主供水管向冷却装置供水，分水管依次连接装置的前段传动侧和操作侧供水管、后段传动侧和操作侧供水管、及上部与下部供水管。

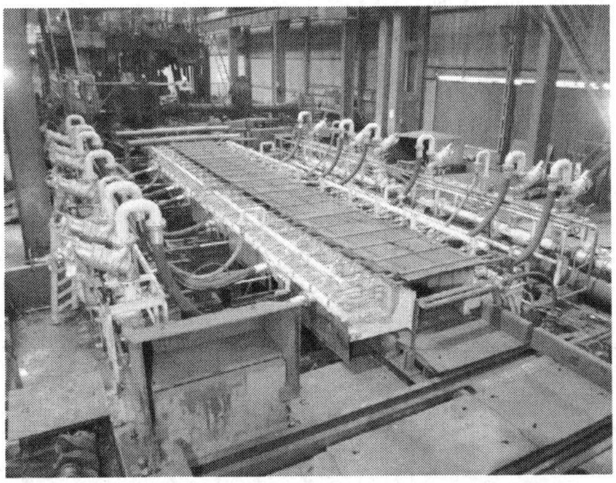

图2-39 大型H型钢分厂超快速冷却设备布置

2.4.1.1 总体构成

大H型钢分厂超快速冷却系统有以下几个部分组成：

（1）供水系统。通过水泵将冷却水压力提升到要求的指标；

（2）输水管路。将增压后的冷却水供给H型钢生产现场，并通过超快速冷却系统对H型钢进行超快速冷却；

（3）主水管和分水管。在超快速冷却系统的操作侧，为冷却系统各个部分的冷却喷嘴供水，各分水管上安装有流量计、压力传感器等仪表系统；

（4）冷却系统。冷却系统根据需要分为若干段，每段包括两侧喷水喷嘴及上、下喷水喷嘴，辊道两侧的侧挡板等；

（5）横移系统。超快速冷却系统各冷却段对翼缘的冷却分为操作侧和传动侧两部分喷嘴，根据轧制 H 型钢的不同规格分别由液压油缸控制其横向位置，保证两侧集管对轧制中心线对称布置，以达到两侧均匀的冷却效果；

（6）控制阀门。每一段冷却控制单元分别由气动开闭阀、手动球阀组成，用于对各冷却单元的控制，实现所要求的冷却温度；

（7）基础自动化。实现控制仪表与计算机系统的连接和通信，同时通过数据通信对水泵和电机的启停进行控制；

（8）过程自动化。控制冷却的组态、形式、界面显示及数据通信、结果处理等；

（9）数学模型开发。根据钢种开发及生产工艺的要求，对超快速冷却过程建立数学模型，实现温度控制过程的实施和分析。

2.4.1.2　设备的工艺性要求

大 H 型钢分厂超快冷却设备的工艺性要求包括：

（1）根据 H 型钢的结构特点，要求对超快速冷却系统的不同部位分别进行控制冷却，以保证 H 型钢断面不同位置上组织和性能的均匀性。

（2）为了对不同规格 H 型钢进行冷却，两侧翼缘的冷却喷嘴通过液压缸驱动相对于轧制中心线对称横移，侧向冷却和横移系统沿辊道方向分为两段，每段每侧各采用两个液压缸实现横移。

（3）在冷却系统的入口、中间和出口处的两侧分别设有导辊，用于 H 型钢在冷却过程中的导向，保证 H 型钢按要求正确进出冷却段。

（4）超快速冷却系统的上部为封闭式，在侧挡板最上部和中部设有冷却喷嘴，用于 H 型钢上部的 *R* 角处和翼缘的冷却；下部冷却喷嘴固定在输出辊道的下方，用于 H 型钢下部的 *R* 角部位和腹板下表面的冷却，每组下喷嘴可单独控制；图 2－40 为喷嘴布置及阀组系统控制原理，图中显示了上、下水管及侧喷嘴的安装位置。

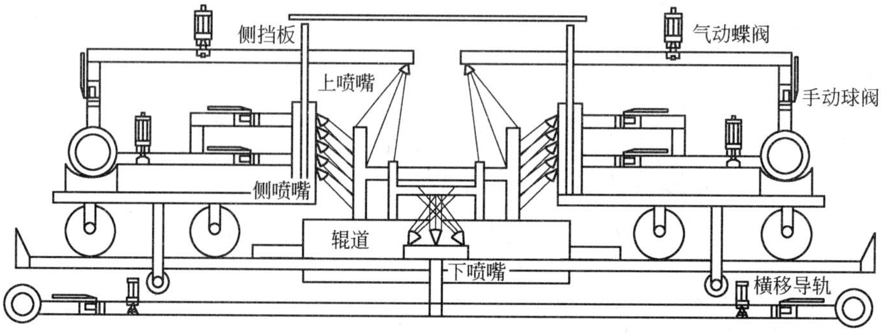

图 2－40　阀组系统控制原理图

（5）翼缘部分冷却时，两侧喷嘴相对应并成对控制。

（6）所有侧喷嘴采用气动开闭阀由计算机通过轧制规格和数学模型成对单独控制，每对上喷嘴和下喷嘴的控制也单独完成，并根据实测结果建立数学模型来实现。

(7) 分水管与横移系统之间采用金属软管连接。

(8) 在冷却系统的出口侧设置压缩空气吹扫系统，以清除H型钢上表面的冷却水。

(9) 主供水管置于传动侧，通过金属软管与分水管连接，所有阀门根据需要布置在轧制线两侧，并尽量减少水管在操作侧占用的空间。

2.4.1.3 工艺过程

H型钢超快速冷却系统在工作过程中，依次完成一系列的动作，实现H型钢的冷却：

(1) 水泵供水系统，在正常生产条件下，由于轧制节奏较快、间隙时间较短，对于需要超快速冷却的钢种，其水泵一直处于开启状态，供水系统的压力通过主水管的溢流阀和压力稳定阀进行调节，以保证系统的压力稳定；水泵供出的冷却水通过主供水管向冷却单元供水。

(2) 信号的触发，当H型钢到达UF轧机前某一设定位置时，通过HMD触发信号，并通过过程控制计算机PLC系统调用相关的设定模型。

(3) 过程机模型设定，HMD触发信号的同时，根据轧制产品的规格、钢种及要求，调用相应的超快速冷却规程，进行冷却系统设定计算，并将信号传给基础自动化执行相关的阀门和仪表操作。

(4) 阀门开启的时序，根据设定的数学模型，控制阀门按照控制时序依次开启，减少冷却水由于压力变化对水泵系统的冲击。

(5) H型钢冷却，对大型H型钢要求冷却温度偏差在允许的范围内，并且H型钢在冷却器中运行通畅、不卡钢，弯曲程度符合矫直要求。

(6) 温度检测，在超快速冷却系统的入口和出口指定位置设有四个高温计，量程为400~1100℃，分别检测H型钢翼缘与腹板结合部外侧及腹板中间部位的温度。

(7) 吹扫系统，在冷却系统的出口处设有压缩空气吹扫装置，用于清除H型钢上表面的残留水，防止残留水影响最终的产品温度控制精度。

(8) 出口处信号触发，当H型钢离开冷却系统后面的指定位置时，触发HMD信号，依次关闭所有的喷嘴阀门，完成冷却系统的工艺过程。

2.4.1.4 对H型钢超快速冷却系统的其他要求

(1) 预设定控制，根据数学模型和实测温度值对冷却系统的喷嘴开启状态进行预设定控制，使H型钢的温度达到目标值。

(2) 横移系统，采用液压缸进行推动，每一侧的两个液压缸由一个阀台控制；横移系统置于移动辊道上，保证调整方便、灵活；在每个油缸内部安装有位移检测元件，对油缸的行程进行监测和控制，同时完成横移的时间要满足生产要求。

(3) 超快速冷却系统具有足够的强度和刚度，保证在卡钢或其他生产事故状态下不产生明显的变形，强度不低于现有辊道侧挡板。

(4) 两侧的挡板具有良好的封闭性，冷却水没有大量的外溢，尤其在操作侧；在超快速冷却系统的入口也设有空气吹扫装置，防止冷却水向精轧机方向的大量流动。

2.4.2 H型钢超快速冷却控制系统

2.4.2.1 超快速冷却基础自动化系统

根据H型钢生产线超快速冷却的功能要求，拟在UF成品轧机的出口传动侧设置远程

I/O 柜 2 台，在电气室设置交流进线柜 1 台、PLC 控制柜 1 台；在操作室设有操作台 1 个、HMI 计算机 1 个及过程控制计算机控制柜 1 个，整个系统的控制总图如图 2-41 所示。

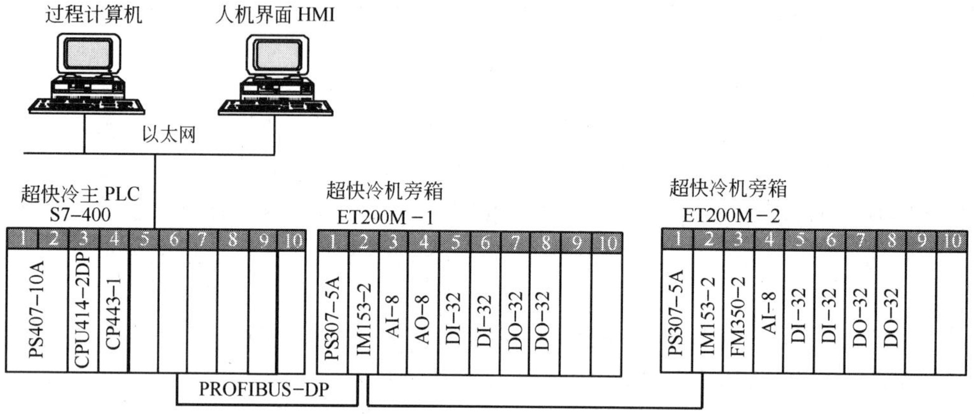

图 2-41 控制系统总图

2.4.2.2 超快冷过程控制系统

H 型钢的超快速冷却控制系统是保证冷却速率和均匀性的重要组成部分，超快冷控制系统原理如图 2-42 所示，包括原始数据条件，以及由超快速冷却过程控制计算机设定的冷却温度区间、冷却速度、过程机跟踪数据、设备操作条件、水温、H 型钢温度数据，而且包括适宜水冷区长度的计算（依据冷却速度、水温、冷却温度区间、终轧速度进行计算），根据上述计算结果给出开启阀门数量和喷嘴排列方式。控制阀组冷却后计算机将 H 型钢的实际测量结果反馈到系统中去，进行自学习。超快冷控制系统主要特点为：

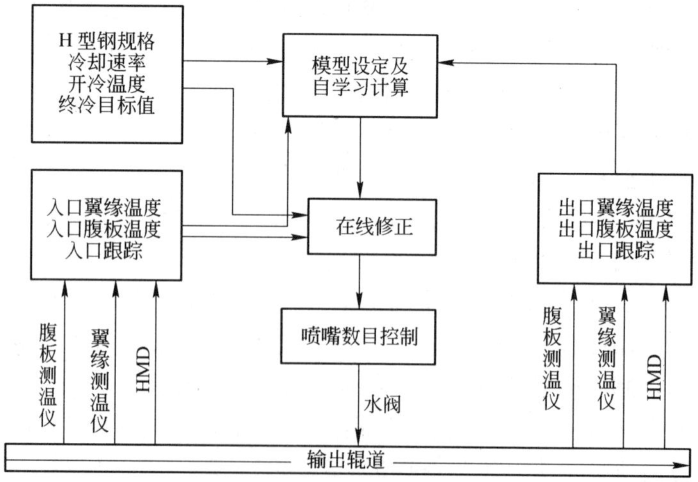

图 2-42 超快速冷却原理图

（1）控制系统主要由预设定模块、在线修正模块和自学习模块组成；

（2）超快冷将根据具体的工艺条件，即 H 型钢规格、冷却速率、开冷温度、终冷目标值，进行各模块的设定与计算；

（3）入口（热金属检测器）HMD 功能是触发模型计算，并对 H 型钢样本进行位置跟踪，根据样本位置在线修正并编辑相应的开启阀门组态；

（4）出口 HMD 功能是触发自学习计算，当检测到 H 型钢离开超快冷系统后关闭阀门；

（5）模型对腹板和翼缘的温度控制是相互独立的，腹板模型是通过上下水阀门进行成组控制，翼缘模型是对沿轧制线两侧阀门成对控制。

2.4.2.3 超快冷过程控制模型

A 空冷温降模型

空冷模型是根据斯蒂芬－玻耳兹曼定律，利用腹板或翼缘散失的热量应等于热焓值的变化这一热平衡关系推出。根据 H 型钢腹板或翼缘空冷前的温度，通过模型得到空冷后的温度，其基本关系为

$$T_2 = \left[(T_1 + 273)^{-3} + \frac{At}{h_F}\right]^{-\frac{1}{3}} - 273 \qquad (2-1)$$

$$A = 6\varepsilon\sigma 100^{-4}/(c_p\rho)$$

式中 T_2——空冷后的 H 型钢腹板或翼缘温度，℃；

A——模型参数；

ε——轧件的热辐射系数（或称为黑度），$\varepsilon < 1$。对于热轧件而言，要视其表面的氧化程度而取不同值，当表面氧化铁皮较多时一般取为 0.8，而刚轧出的平滑表面一般取为 0.55～0.65；

h_F——H 型钢腹板或翼缘厚度，m；

σ——斯蒂芬－玻耳兹曼常数；

c_p——H 型钢比热容，kJ/(kg · ℃)；

ρ——H 型钢密度，kg/m^3；

t——空冷时间，s；

T_1——空冷前 H 型钢腹板或翼缘温度，℃。

B 水冷温降模型

水冷温降模型是控制模型的核心，其中确定热流密度系数又是水冷模型的核心。热流密度系数是从影响水冷温降的大量因数中选出主要因数建立起来的模型。热流密度系数的关系式可表示为

$$K_0 = K_1[c_0 + c_1h_F + c_2W_F + c_3T_F + c_4T_C + c_5Q_W + c_6(T_F - T_C) + c_7v] \qquad (2-2)$$

式中 K_0——H 型钢热流密度系数，kJ/(m^2 · h)；

K_1——H 型钢腹板或翼缘基本热流密度学习系数；

$c_0 \sim c_7$——常数；

h_F——H 型钢腹板厚度或翼缘厚度，mm；

W_F——H 型钢腹板宽度或翼缘高度，mm；

T_F——H 型钢腹板或翼缘终轧温度，℃；

T_C——H 型钢腹板或翼缘终冷目标温度，℃；

Q_W——冷却水量，m^3；

v——H 型钢水冷时的速度，m/s。

在研究过程中采用有限元技术对超快速冷却过程的温度场进行了模拟计算，计算结果

发现，温度在较短的时间内降低后，内部返温现象使断面温度趋于均匀化，表面温度升高，在 2.5 ~ 3s 的时间内返温到最高点，腰部达到 607℃，*R* 角处和腰腿连接处的温度都达到了 670℃，而翼缘部的平均温度在 580℃左右，由于超快冷阶段冷却时间较长，造成返温过程温度梯度较大，需要较长时间的空冷过程才能使断面温度均匀。

2.4.2.4　侧喷嘴横移控制

超快速冷却控制系统根据所生产的 H 型钢规格（腹板高度）来设定两侧冷却喷嘴的开口度，当更换轧制规格时，每段两侧的两个液压缸将根据开口度设定值协同作业实现侧面冷却装置横移。通过 PLC 控制电磁阀和比例阀来调整两个液压缸开口度。PLC 根据置于液压缸中的位移磁尺数值，实现比例阀对电磁阀的跟踪功能，计算出比例阀控制的液压缸的移动速度，使其与电磁阀控制的液压缸移动速度保持一致，该系统可以将两个液压缸的位移差值精度控制在 2mm 内。具体控制过程包括：

（1）由人机界面（HMI）将开口度设定值传至 PLC；

（2）PLC 对开口度设定值和位移磁尺当前实际值进行比较后，向电磁阀发出方向“+/-”命令和速度值命令；

（3）电磁阀根据命令来控制节流阀，从而使液压缸 1 前进或后退；

（4）位移磁尺把液压缸 1 的具体位移值传至 PLC；

（5）PLC 对两个位移磁尺的数值进行比较后，向比例阀发出方向“+/-”命令和速度值命令，而比例阀的速度值收敛于电磁阀速度值；

（6）比例阀根据命令来控制节流阀，从而使液压缸 2 前进或后退；

（7）位移磁尺把液压缸 2 的具体位移值传至 PLC；

（8）PLC 把当前位移磁尺实际值传至 HMI 的同时，再次通过比较开口度设定值和位移磁尺当前实际值而决定是否循环执行步骤（2）~（8）。

2.4.3　大 H 型钢超快速冷却系统的应用

2.4.3.1　设备运行情况

大 H 型钢超快速冷却系统自投入运行以来，对该厂几乎所有的规格（H250 - 800mm、B250 - 410mm，翼缘厚度 $t \leqslant 35$mm）进行冷却超快速冷却的实验研究和正式生产，产量达到了数十万吨。整个冷却系统运行稳定，经过超快速冷却后，产品冷却均匀，冷却后没有产生严重的、无法矫正的形变。

产品的冷却强度和冷却速度可依据工艺要求通过计算机控制系统进行设定及调整，具有比较完善的冷却自动检测和控制系统，实现了对冷却过程进行自动控制、检测、显示、记录、数据整理和打印输出。

控制冷却系统采用基础自动化和过程控制二级计算机控制系统，冷却过程由 HP - DL580 计算机系统进行冷却过程的设定计算，基础自动化均采用 SIEMENS PLC 系统控制。

运行表明该系统具有对冷却过程进行可靠、精确控制的能力，为高强度新钢种的开发提供设备和技术条件。

2.4.3.2　超快速冷却后产品的组织性能

A　金相组织

对采用超快速冷却后的 H 型钢组织进行了检验，冷却后的 H 型钢金相组织为细晶粒的铁素体与珠光体和/或贝氏体。Q235 和 Q345 热轧 H 型钢晶粒度的平均等级分别为 9.5 及 10.5 级，均比未控冷钢材提高了 1 级。

B 力学性能

在化学成分一定的条件下，对 Q235、Q345、Q345（VN 微合金化）热轧 H 型钢进行了轧后超快速冷却，与未采用超快速冷却技术的 H 型钢对比分析，控冷钢材的屈服强度提高了 90MPa 以上，伸长率相当，如图 2-43 ~ 图 2-45 所示。

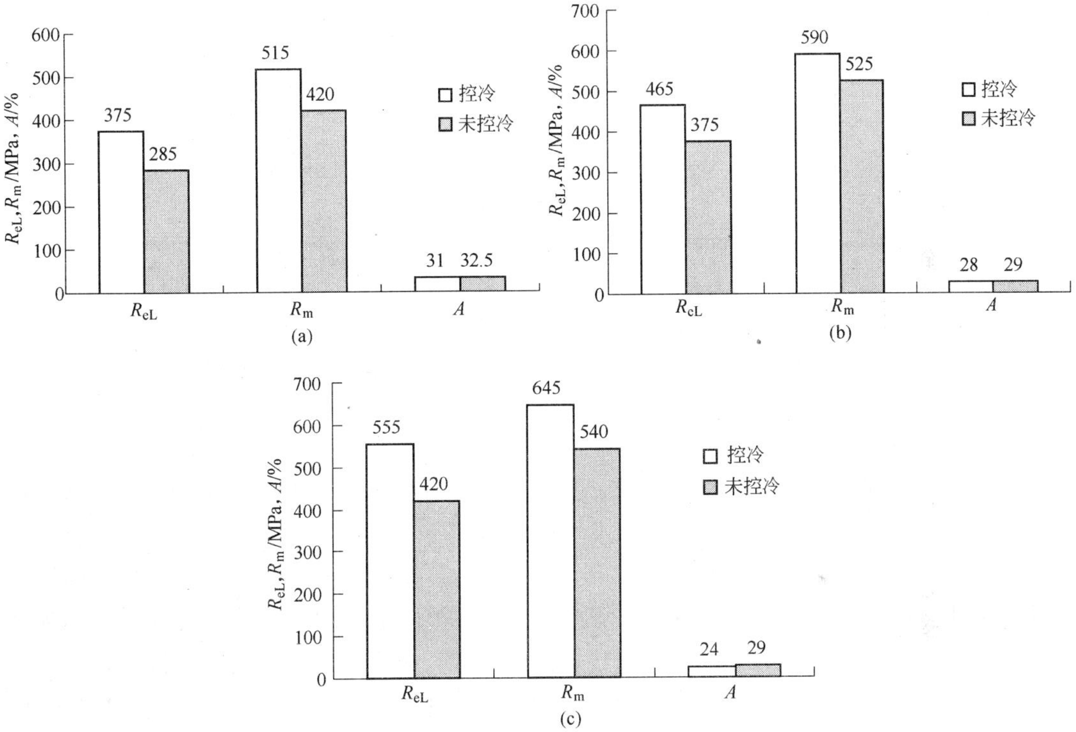

图 2-43 热轧 H 型钢控冷和未控冷性能比较

（a）Q235；（b）Q345；（c）Q345（VN 微合金化）

对采用超快速冷却后 H 型钢的实效性能进行了检验，结果表明用 Q235 钢坯采用控冷生产的热轧 H 型钢（规格为 H600mm × 300mm）性能均达到了 345MPa 级钢的性能水平。用 Q345 钢坯采用控冷生产的热轧 H 型钢（规格为 H600mm × 300mm）性能达到了 420MPa 级钢的性能水平。同时，人工时效和自然时效 25 天后 H 型钢的强度指标变化不大。

C 冷却均匀性

为了分析超快速冷却后热轧 H 型钢通条性能均匀性，在一根 8m 长的用 Q345 钢坯生产的 Q420 热轧 H 型钢（规格为 H600mm × 300mm）翼缘上，每隔 2m 取一块钢样，检验其表面和横截面 HV10。可以看出，产品性能基本保持均匀，通条维氏硬度 HV10 差不超过 11.0。

图 2-44 为国内某钢厂在生产规格为 H300mm × 300mm × 10mm × 15mm 的 H 型钢超快冷控制系统温度趋势图。腹板采温点位置为腹板中心线，翼缘采温点位置为翼缘 1/4 处。由图可以看出，经万能精轧机终轧后，H 型钢的腹板和翼缘温度差值最大可达到 80℃；由

于空冷作用，沿纵向温度逐渐降低，而且温度波动较大。但 H 型钢经过超快速冷却后，腹板和翼缘温度差值可以降至 30℃，而且沿纵向温度趋于均匀，温度波动降低，进而使 H 型钢断面和纵向温度趋于均匀，产品的组织性能均匀性得到进一步提高。

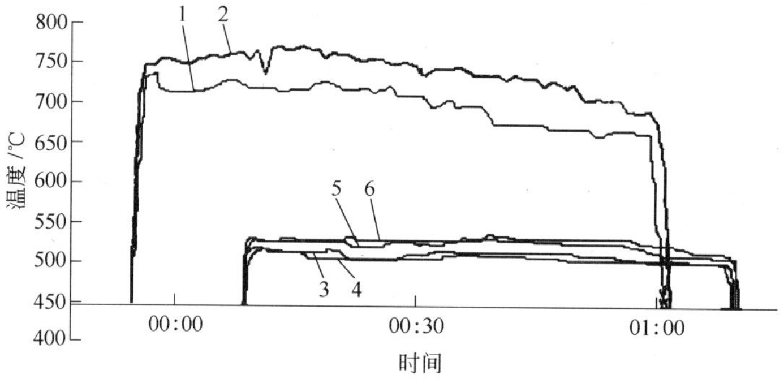

图 2-44　H 型钢超快速冷却温度曲线

1—终轧腹板温度（量程 500 ~ 1100℃）；2—终轧翼缘温度（量程 500 ~ 1100℃）；
3—冷后腹板温度（量程 500 ~ 1100℃）；4—冷后腹板温度（量程 250 ~ 800℃）；
5—冷后翼缘温度（量程 500 ~ 1100℃）；6—冷后翼缘温度（量程 250 ~ 800℃）

D　降低翼缘与腹板的温差，明显减轻 H 型钢切割开裂问题

H 型钢在切割使用时，易出现裂纹，甚至开裂，裂纹起始于腹板与翼缘的交界处。这是由于 H 型钢内部的轧制应力、热应力、相变应力等较大残余应力在切割部位集中释放导致。这属于滑开型（或称前剪切型）裂纹，即：剪切应力平行于裂纹面，裂纹滑开扩展。轧后空冷 H 型钢残余热应力分布复杂，轧制后轧件断面上纵向残余应力分布不均。腹板部位整体表现为压应力状态，翼缘与腹板连接部位表现为拉应力状态，翼缘端部表现为压应力状态。腹板及翼缘内侧易受残余压应力作用，翼缘外侧易受残余拉应力作用，腹板压应力的存在有时导致腹板屈曲甚至产生波浪缺陷。

解决上述问题的主要方法是减小冷却过程中腹板和翼缘的温度差，进而减小轧后纵向残余应力。采用超快冷技术合理设计断面不同部位的冷却强度，减小了腹板和翼缘冷却后的温差，从而较好的控制了开裂问题，开裂现象明显减轻。

2.4.4　结语

综上所述，在 H 型钢轧后冷却工艺实验室优化模拟研究的基础上，根据大型 H 型钢生产线的布置特点，在其万能轧机的出口设计了超快速冷却装置，在控轧后奥氏体向铁素体相变的温度区域对 H 型钢进行大冷却速率的超快冷，使相变组织比单纯轧制更加微细化，最终使 H 型钢具有良好的组织状态，大幅提高了 H 型钢的力学性能；同时减少了钢材表面的氧化铁皮生成量。

采用以超快速冷却系统为核心的 H 型钢新一代 TMCP 工艺技术可以大大降低对微合金和合金元素的依赖，在材料设计上实现低成本、减量化。这对于节省资源和能源，以及钢铁材料的再循环利用，提高钢铁行业生产效益，实现社会可持续发展，具有重要意义，也推动了我国 H 型钢生产的发展。

2.5 螺纹钢棒材新一代TMCP装备及工艺技术

棒线材广泛应用于建筑、结构等基础设施和工程建设以及机械零件制造，消费量大，与国民经济发展建设密切相关。仅以带肋钢筋产品为例，热轧带肋钢筋一直是我国钢铁材料中单个品种数量最大的钢材产品，2011年产量达到1.54亿吨，凸显了棒线材产品的用量之大。而我国目前正处在工业化中后期，正处于大规模基础设施和城镇化发展建设过程中，棒线材作为重要的建筑钢材，需求量将持续处于较高水平。2012年1月，针对我国大规模基础设施和城镇化建设过程中需要大量的带肋钢筋（俗称螺纹钢筋），住房和城乡建设部、工业和信息化部于联合出台了《关于加快应用高强度钢筋的指导意见》，对推广应用高强钢筋提出明确目标，要求在建筑工程中加速淘汰335MPa级钢筋，优先使用400MPa级钢筋，积极推广500MPa级钢筋。到2013年底，在建筑工程中淘汰335MPa螺纹钢筋。2015年底，高强钢筋产量占螺纹钢筋总产量的80%，在建筑工程中使用量达到建筑用钢筋总量的65%以上。同时考虑应具有良好的焊接性能，意味着性能要求进一步提高的棒线材产品将得到大批量开发生产与应用。

但由于我国铁矿石、合金等资源有限，钢材需求及产能又将长期处于巨量水平上，因此如何节约资源和能源，提高钢铁产品的性能和使用效率、降低生产成本，持续稳定地生产低成本高性能的钢铁产品，尤其是量大面广的螺纹钢棒线材产品，对钢铁行业的可持续发展和国民经济发展建设意义重大，也是钢铁工作者所面临的严峻而又艰巨的重大课题。

提高钢材产品强度的常用手段之一在于微合金化，如在热轧高强钢筋生产方面，微合金化主要是指通过在钢水中添加微量钒、铌、钛等合金化元素，通过这些微量元素的碳化物、氮化物在钢中的沉淀析出，达到细化晶粒强化和沉淀析出强化、改善钢筋性能的目的。如通常生产HRB335带肋钢筋（简称Ⅱ级钢筋），是在普碳钢成分基础上增加Si、Mn等元素；生产HRB400带肋钢筋的钢坯，在Ⅱ级钢筋成分基础上再添加V、Nb、Ti等微合金元素。但由于添加钒、铌、钛等合金元素，一方面将相应地会在一定程度上增加钢筋生产成本；而另外一方面，我国钢铁工业面临着的严峻挑战主要来自于资源自给能力、环境负荷能力与巨量需求之间的矛盾。如此巨量需求导致的钒、铌、钛等合金元素的大量消耗将成为制约行业可持续发展的重要因素。因此，在合金资源日趋紧缺、合金成本居高不下的形势下，我们要追求绿色生产发展理念，努力摆脱对合金元素的过度依赖，不用或者少用合金元素，实现高性能钢铁材料减量化生产，促进我国钢铁行业可持续的健康发展。

采用低温控轧技术生产减量化的棒线材可以细化晶粒，提高钢材强度。但是对于棒线材这样的大宗产品，长期低温轧制带来的轧制稳定性问题、设备强度问题、轧辊和导卫磨损等问题以及由此引起的堆钢、断辊等事故会成为严重的制约环节，影响轧制过程的顺畅进行。此外，在材料性能上低温轧制钢材强屈比过低，也会影响钢材的抗震性能。因此，现场技术人员并不倾向使用。

在棒线材领域，还可以利用余热淬火工艺提高钢材强度。余热淬火处理是利用轧后高温直接进行淬火，然后利用钢筋自身余热进行自回火，从而实现提高强度的目的。但余热淬火得到的组织在可焊性、机械连接性能和施工适用性能方面受限制。

提高钢材产品强度另外一个重要手段就是充分认识和挖掘“水是最廉价的合金元素”这一工艺理念，通过控轧控冷，充分发挥细晶强化、析出强化、相变强化等强化机制，通过对轧制制度与冷却路径的控制来改善钢材组织性能。但需要指出的是，这里的细晶强化是采用晶粒适度细化的思想和工艺路线，如对于棒线材产品，其晶粒尺寸由表层至芯部为 6 ~ 10μm 以上，从而可有效解决晶粒过细带来屈强比过高、塑性恶化以及焊接困难等问题。其重要工艺实现途径在于，利用棒线轧机高速连续大变形产生的应变积累，得到具有大量缺陷的奥氏体晶粒，在较高温度条件下实现控制轧制 - 轧后超快速冷却，在动态相变点附近停止冷却，抑制奥氏体晶粒长大，细小的奥氏体晶粒在适当的冷却条件下，转变为适度晶粒大小的铁素体和珠光体，从而在提高钢筋屈服强度和抗拉强度的同时，也提高了其强屈比。

在企业实际应用尤其是在热轧带肋钢筋生产过程中，利用超快速冷却的工艺理念易于与超细晶、余热淬火等工艺混淆在一起。因此，需要特别指出的是，基于超快速冷却的温度控制工艺要点是：一定在轧件的表面温度降到形成马氏体温度前终止冷却，而不是淬火冷却，轧件上冷床时的表面温度恢复到材料的再结晶温度，这是与余热淬火工艺的本质区别。得到的产品组织是晶粒适度细化的铁素体和珠光体组织，而不是所谓的超细晶组织，这是与超细晶粒钢材的重要区别。下面结合棒线材超快速冷却工艺技术予以介绍说明。

2.5.1 棒线材超快速冷却装备及工艺技术

2.5.1.1 棒线材超快速冷却的工艺理念

现代化的连轧机组轧制速度越来越快，道次间隔时间越来越短，这导致动态和静态再结晶的时间条件减弱或消失，因此应变速率和累积变形量成为影响奥氏体状态的重要因素。在精轧机组轧制过程中，随着轧制温度的下降（850 ~ 950℃）、应变速率的提高（60 ~ 1800/s）以及道次间隔时间的缩短，虽然有大量形变能转为热能，使轧件温度上升，但其轧制物理冶金机制仍以奥氏体未再结晶轧制为主，特别是最后 2 ~ 3 道次，产生显著的加工硬化现象，位错激剧增殖，形变奥氏体内产生亚晶，从而有利于奥氏体、樱花和相变后铁素体晶粒的充分细化，轧后产品综合性能可以进一步提高。

经过轧制强烈变形后的奥氏体晶粒，存在大量的位错和亚晶组织，实验证明：其位错密度由变形前 106 根/cm^2 增加到 1012 根/cm^2 以上。由于轧后钢温较高、变形晶粒内的畸变能很大，轧后奥氏体晶粒中的位错将发生迅速攀移、聚集（亚晶组织）、位错偶对消等现象，使位错密度迅速下降；同时，动态再结晶晶粒不必任何孕育期继续长大发生亚动态再结晶，都将使变形后的奥氏体晶粒细化效能下降、强化效果降低。超快速冷却的目的在于将上述细化和强化效果最大程度的保留于形变材料中，如图 2 - 45 所示。

轧后超快速冷却过程的控温要点在于使钢材表面的冷却曲线从 C 曲线左侧狭小的空隙穿过；停止快速冷后，过冷的钢筋表面温度在芯部热含量向外扩散过程中回升至 A_1 温度以上，然后进行空冷相变。因此，该工艺得到的组织与常规空冷所得到的组织一样，为珠光体 + 铁素体，只不过因从 A_3 以上温度冷却到 A_1 以上温度的冷却速率极高、奥氏体的过冷度大、形变增殖的位错及亚晶组织大量保留，使得新相形核迅速，从而得到较细的 F + P 组织，该工艺生产的产品综合性能优良。

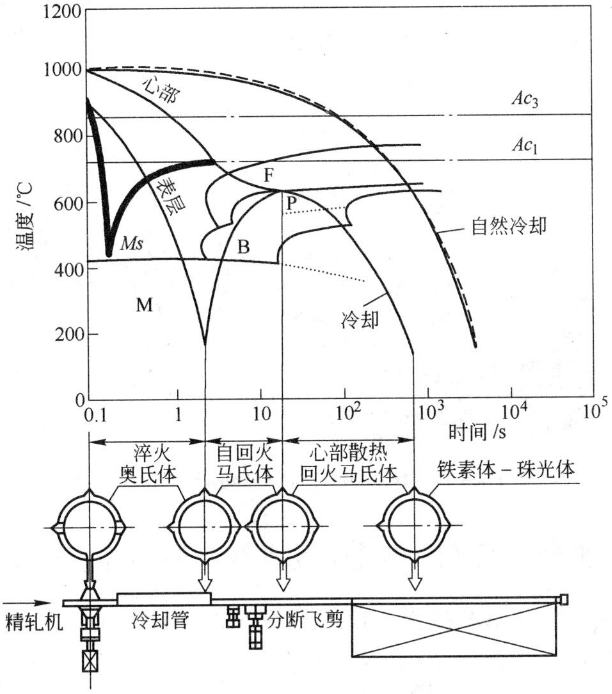

图 2-45 钢筋控冷过程组织演变示意图

通过在理论上提出利用棒线轧机高速连续大变形产生的应变积累，在较高温度条件下实现控制轧制的思想，获得较细和强烈硬化的形变奥氏体晶粒，突破了常规低温控制轧制的观念。

通过在实践中提出并实施钢筋轧后超快速冷却的工艺思想，通过超快速冷却抑制硬化奥氏体的再结晶，保持变形奥氏体的硬化状态，在后续冷却温度点控制上，通过控制最佳终冷温度范围，避免出现淬火组织，有效解决了传统余热淬火工艺生产的钢筋所遇到的塑性、韧性、焊接性能下降及应力时效严重等难题。

2.5.1.2 棒材超快速冷却装备的开发与应用

基于上述工艺应用理念，开发棒线超快速冷却设备和不同钢种、不同断面、不同速度条件下成品的冷却制度成为上述工艺方案实现的技术关键。棒材超快速冷却装备开发的难点在于冷却速率达不到工艺要求，且伴有断面及通条冷却不均、轧件弯曲、小规格材易堵钢等问题。在综合分析棒线材冷却机理的基础上，通过对各类冷却装置优缺点的分析，从着重解决制约冷却速率提高的汽膜滞冷问题出发，通过有效打破汽膜，一方面大幅提高冷却器水流的换热系数，同时全面解决上述问题。

自主研发的新型冷却器的冷却速率达到 800～1000℃/s、且钢筋断面和通条冷却均匀，不易发生各类堵钢事故，工艺参数调整灵活、快捷。在此基础上，研究开发制定了一整套完整的产品冷却控制工艺制度，保证了产品组织和性能稳定。

冷却强度大，冷却时间短，控制冷却线的总长度小于 13m，控制冷却设备的投资小；生产过程的控制条件比较宽松，生产过程稳定。该工艺不改造轧机，不降低产量，不进行低温轧制和余热淬火，但产品的表面质量得到了明显提高，同时提高冷床产量。

东北大学 RAL 开发的棒材超快速冷却设备，如图 2－46 所示，相继推广应用在螺纹钢筋、轴承钢棒材等生产线，在低成本高性能棒线材产品生产中取得显著成效。

图 2－46　RAL 开发的棒材超快速冷却设备

2.5.2　基于超快速冷却工艺的热轧带肋钢筋产品的性能检验

为了验证采用新一代 TMCP 技术生产的螺纹钢的使用性能，开展了详细的检验工作，检验项目主要有化学成分分析、金相组织分析、力学性能、焊接实验、机械连接实验、锈蚀程度比对、构件实验及工程应用实验等。

2.5.2.1　化学成分

HRB335 热轧带肋钢筋的国家标准规定值、实际参考值及产品实测值的对比见表 2－6，HRB400 热轧带肋钢筋的国家标准规定值、实际参考值及产品实测值的对比见表 2－7。

表 2－6　HRB335 热轧带肋钢筋国家标准规定值、实际参考值及产品实测值的对比　(%)

化学成分		C	Si	Mn	P	S	Ceq
国标规定值		≤0.25	≤0.80	≤1.60	≤0.045	≤0.045	≤0.52
实用参考值		0.17～0.25	0.40～0.80	1.20～1.60	≤0.045	≤0.045	
产品实测值							
规格/mm	6	0.19	0.41	0.63	0.030	0.030	0.30
	14	0.20	0.40	0.65	0.030	0.043	0.31
	25	0.20	0.42	0.57	0.031	0.033	0.30

表 2－7　HRB400 热轧带肋钢筋国家标准规定值、实际参考值及产品实测值的对比　(%)

化学成分		C	Si	Mn	P	S	V	Ti	Nb	Ceq
国标规定值		≤0.25	≤0.80	≤1.60	≤0.045	≤0.045				≤0.54
实用参考值		0.17～0.25	0.20～0.80	1.20～1.60	≤0.045	≤0.045	0.04～0.12	0.02～0.05	0.02～0.04	≤0.54
产品实测值										
规格/mm	6	0.22	0.52	1.30	0.040	0.038				0.44
	14	0.20	0.55	1.34	0.022	0.039				0.42
	16	0.20	0.56	1.42	0.021	0.039				0.44
	25	0.21	0.48	1.29	0.032	0.034				0.42

2.5.2.2 金相组织

采用超快速冷却工艺，通过合理的温度点控制，得到了适度细化的组织。不同规格钢筋表面均为细片状珠光体 + 铁素体，中心为铁素体 + 珠光体，平均晶粒尺寸为 7 ~ 13μm。

2.5.2.3 力学性能

生产的 HRB335 新型热轧带肋钢筋的力学性能实测值如表 2 - 8 所示，HRB400 新型热轧带肋钢筋的力学性能实测值见表 2 - 9。

表 2 - 8 HRB335 新型热轧带肋钢筋的力学性能实测值

检测报告序号	规格/mm	R_{eL}/MPa	R_m/MPa	A/%	R_m/R_{eL}
01	6	390	550	35.0	1.41
02	8	390	545	34.0	1.41
03	10	405	610	33.0	1.50
04	14	405	545	30.0	1.34
06	16	420	570	29.0	1.36
05	18	420	565	28.5	1.34
05	20	435	575	29.5	1.32
05	22	405	550	32.0	1.37
07	25	415	545	32.0	1.31
06	28	430	580	28.5	1.34
07	32	430	565	26.0	1.32

表 2 - 9 HRB400 新型热轧带肋钢筋的力学性能实测值

检测报告序号	规格/mm	R_{eL}/MPa	R_m/MPa	A/%	R_m/R_{eL}
08	6	480	680	29.5	1.42
09	8	445	680	29.5	1.53
010	10	450	635	29.0	1.41
011	12	460	625	29.0	1.35
012	14	435	625	28.5	1.44
014	16	465	605	29.0	1.29
013	18	450	585	28.0	1.31
013	20	465	610	27.5	1.31
014	22	440	580	26.0	1.32
013	25	480	625	27.0	1.31
014	28	435	590	26.5	1.35
015	32	460	610	27.5	1.34

从上表检测数据可知：该产品力学性能均符合国家标准的要求，且钢筋的伸长率比普通Ⅱ级钢和微合金Ⅲ级钢稍大一些，强屈比均大于 1.25，伸长率大，其抗震性能更好。

2.5.2.4 焊接性能

焊接性能是螺纹钢筋的重要使用性能。我国钢筋混凝土建筑施工的钢筋连接约 90% 是采用焊接，因此钢筋的焊接性能研究十分重要和关键，其中电渣压力焊和闪光对焊应用最为广泛，对钢筋母材的焊接性能要求最高。基于超快速冷却工艺，得到的适度细化的产品组织为实现良好的可焊性创造了条件。

按焊接规范进行钢筋闪光对焊，其接头的纵剖面宏观形貌如图 2 – 47 所示。接头中焊缝区宽度小于 0. 5mm 的白亮窄带，是由于闪光对焊过程中，碳向加热端面扩散并被强烈氧化，在接头周围生成 CO、CO_2 保护气体，顶锻焊合时熔化金属被挤出，半熔化区内含碳量低的贫碳层被保留，形成焊缝。热影响区宽度约为 17mm，可见焊接热输入较大。闪光对焊拉伸和弯曲件如图 2 – 48 所示。

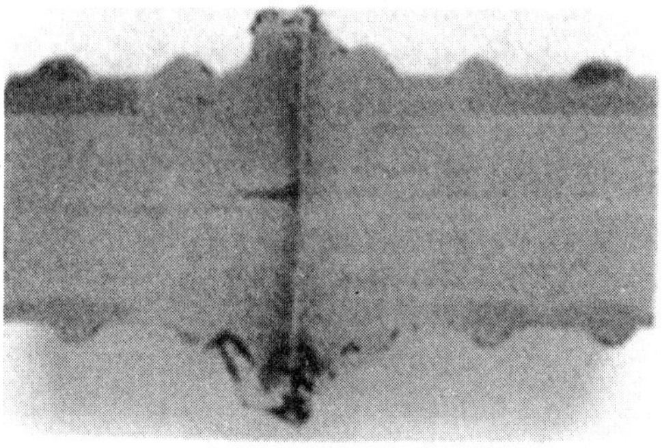

图 2 – 47　闪光对焊接头纵剖面宏观形貌图

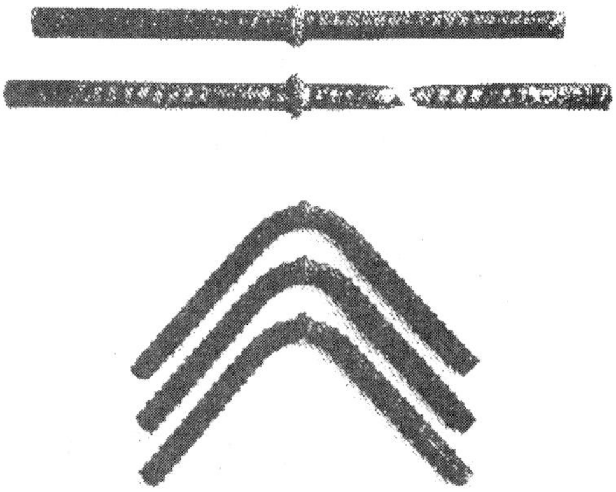

图 2 – 48　钢筋闪光对焊接头拉伸和弯曲件

电渣压力焊在顶压过程中，上钢筋端部压入金属熔池，使液态金属和熔渣从接头处挤压出去，熔渣形成渣壳，液态金属形成焊包，钢筋焊缝很窄。上部钢筋热影响区宽度约 19mm，下部钢筋热影响区宽度约 12mm。沿电渣压力焊接头纵剖面距母材表面 2mm 处和钢筋轴线处测试硬度分布，发现焊缝强度较高，热影响区硬度变化规律与闪光对焊时基本相同，不存在焊接软化问题。

2. 5. 2. 5　机械连接实验

新型热轧带肋钢筋的机械连接实验情况见表 2 – 10。

表 2 – 10　新型热轧带肋钢筋的机械连接实验情况

检测报告序号	连接方式	牌号	规格/mm	母材钢筋抗拉强度 f_{st}^{0}/MPa	接头试件抗拉强度 f_{mst}^{0}/MPa
036	直螺纹机械套筒连接	HRB335	20	545	545
037		HRB335	22	540	545
038		HRB335	25	535	540
038		HRB335	28	570	575
038		HRB335	32	555	560
039	锥螺纹机械套筒连接	HRB400	20	605	610
039		HRB400	22	595	600
040		HRB400	25	610	615
040		HRB400	28	605	610
040		HRB400	32	610	615

机械连接系用直螺纹机械套筒连接和锥螺纹套筒连接两种，检验结果表明：新型热轧带肋钢筋（直径20mm、22mm、25mm、28mm、32mm），试样拉伸后的断裂位置均发生在母材，即满足$f_{mst}^0 \geqslant f_{st}^0$要求，并有明显的缩颈，实验合格率达到100%。

2.5.2.6 锈蚀程度比对

热轧带肋钢筋露天置于屋顶进行近9个月时间的自然锈蚀实验。实验前钢筋状态为表面受到轻度的锈蚀，但比普通钢筋锈蚀更轻。

表2-11、表2-12分别是HRB335和HRB400热轧带肋钢筋经9个月自然锈蚀后的力学性能实测值。

表2-11 HRB335热轧带肋钢筋经9个月自然锈蚀后的力学性能实测值

检测报告序号	状 态	规格/mm	R_{eL}/MPa	R_m/MPa	A/%	R_m/R_{eL}
01	未锈蚀	6	390	550	35.0	1.41
041	锈蚀后	6	390	530	36.0	1.35
03	未锈蚀	10	405	610	33.0	1.50
042	锈蚀后	10	390	590	34.0	1.53
07	未锈蚀	25	415	545	32.0	1.31
042	锈蚀后	25	405	540	33.5	1.34

表2-12 HRB400热轧带肋钢筋经9个月自然锈蚀后的力学性能实测值

检测报告序号	状 态	规格/mm	R_{eL}/MPa	R_m/MPa	A/%	R_m/R_{eL}
08	未锈蚀	6	480	680	29.5	1.42
043	锈蚀后	6	425	645	33.0	1.51
010	未锈蚀	10	450	635	29.0	1.41
044	锈蚀后	10	440	615	31.0	1.40
013	未锈蚀	25	480	625	27.0	1.31
044	锈蚀后	25	470	615	28.5	1.31

从上表各组数据的比对情况可以看出：锈蚀后的热轧带肋钢筋抗拉强度无明显下降，强度值仍在标准范围内，比未锈蚀的钢筋略低10~20MPa，钢筋的直径越大，它的锈蚀强度损失越小，反之则会大些，强屈比均大于1.25，试样仍能满足使用要求。

2.5.2.7 简支梁受弯实验

以钢筋品种和强度为参数，设计制作4根梁，其中普通钢筋混凝土梁2根，新型热轧带肋钢筋混凝土梁2根，试件尺寸及配筋图和实验装置图如图2-49和图2-50所示。

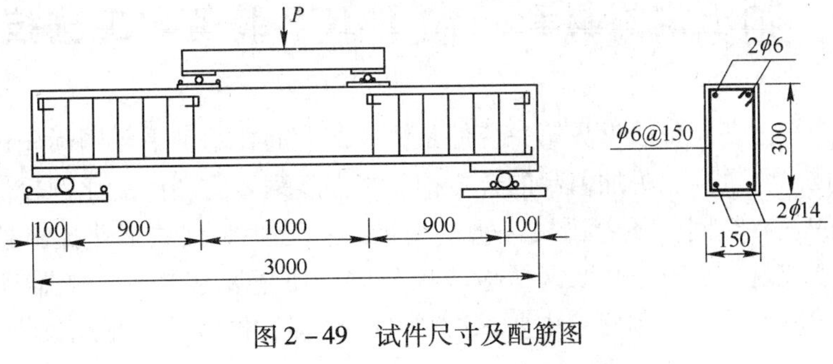

图2-49 试件尺寸及配筋图

图2－50　实验装置图

实验结果表明，该技术生产的热轧带肋钢筋混凝土梁和普通钢筋混凝土梁在竖向荷载作用下的受力过程都包括初裂阶段、屈服阶段、极限阶段和破坏阶段。破坏时，受压区边缘纤维的应变达到混凝土的受弯极限压应变，混凝土被压酥而导致试件破坏。在这方面，热轧带肋钢筋混凝土梁与普通钢筋混凝土梁的表现较为一致，都表现出了良好的延性。

2.5.3　超快速冷却热轧带肋钢筋生产工艺推广应用情况

东北大学RAL开发的热轧带肋钢筋超快速冷却技术相继在福建三明钢铁公司、江西萍乡钢铁公司、山东石横泰顺轧钢有限公司、山西宏阳钢铁公司、河南安阳钢铁公司、本溪北营钢铁公司、抚顺新钢铁集团有限公司、新疆八一钢厂、黑龙江建龙钢铁公司、武汉钢铁公司条钢总厂等十余家钢铁企业得到推广应用。

2.5.4　结语

采用新一代TMCP技术，突破低温轧制、余热淬火、合金化等工艺技术的限制，开发资源节约型的低成本高性能棒线材产品，通过对钢铁材料及生产工艺的合金成分、轧制工艺及冷却制度的优化，开发出符合标准要求的新一代资源节约型带肋钢筋生产工艺技术，使生产Ⅱ级钢筋的Si、Mn合金比传统工艺降低25%、生产Ⅲ级钢筋时少加或不加Nb、V、Ti等微合金元素，产品抗震性能、焊接性能良好，可有效降低生产成本，节约资源，符合钢铁产业可持续发展战略，有利于钢铁工业和国民经济的健康稳定发展。

2.6　轴承钢棒材新一代TMCP装备与工艺技术

我国钢铁产量已多年位居世界第一，但是钢铁产业的技术水平与国际先进水平相比还有较大差距，技术含量高、附加值高的合金钢、高强度钢等高端产品比例较低，我国钢铁行业尚有较大的发展空间。随着国民经济的发展，各行业对钢铁工业提出越来越高的要求。在合金钢领域内，GCr15轴承钢是检验项目多、质量要求严、生产难度大的钢种之一，用其制作的滚动轴承，在使用中要求抗压、耐磨损、抗疲劳、耐腐蚀和工作寿命长，除了制作滚动轴承外，目前它还广泛用于制造各类工具和耐磨零件。

轴承广泛应用到国民经济各个部门，每个国家轴承的需求量是与国民生产总值保持一定的关系。如日本、美国轴承的总需求量大约分别是国民生产总值的0.11%和0.13%，从某种程度上讲，轴承的产量和质量制约着国民经济、国防建设及科学技术现代化的速度和进程，而轴承钢的生产和进步直接影响到轴承工业发展。工业发达国家历来都十分重视轴承钢的生产、质量、科研及开发工作。随着科学技术的不断发展，轴承的应用范围越来越广泛，其应用环境也日趋恶劣，对轴承钢的要求也越来越高，提高轴承钢的内在质量和疲劳寿命是冶金及机械行业长期以来的目标，为此国内外钢铁行业工作者一直进行着不懈的努力。

近年来，通过炉外精炼、连铸连轧、钢锭扩散退火技术、控轧和轧后控冷技术、连续式炉球化退化等先进设备和技术的应用，我国的轴承钢的纯净度得到很大提高，氧含量和非金属夹杂物得到有效的控制，冶金行业正在为钢中氧含量接近（2~3）$\times 10^{-6}$这样的极限值的新目标而努力。轴承钢碳化物不均匀性也得到了一定程度的消除。但是目前国产轴承钢材实物质量还不稳定，集中表现在网状碳化物级别严重超标的问题上。按照常规的热轧工艺生产的轴承钢，由于轧制后在高温区域停留时间过长，冷却速度慢，会获得粗大的奥氏体再结晶晶粒，导致网状碳化物在某一区域快速析出，其芯部的网状碳化物级别普遍在2.5级以上，稍大规格的轴承钢甚至达到3.5~4级，严重影响了轴承钢的使用性能。这种冷却过程中形成的粗厚、封闭的网状碳化物，退火时很难消除。

高铬轴承钢中碳化物主要是合金渗碳体。碳化物的形状、大小和分布的均匀程度是决定轴承钢质量的另一个标准，按碳化物的组织特征，可分为液析碳化物、带状碳化物、网状碳化物及颗粒碳化物。控制碳化物的组织特征、数量、形状、大小和分布的均匀程度，对改善轴承钢的性能有重要意义。

2.6.1 网状碳化物对产品质量的影响

高碳铬轴承钢热轧后冷却过程中，由于碳在奥氏体中溶解度降低，过饱和的碳以碳化物的形态从奥氏体中沿奥氏体的晶界析出。这些网状碳化物是先共析二次碳化物，它在以后的成品淬火中，不能完全消除。保留在轴承钢中的网状碳化物，明显增加零件的脆性，降低承受冲击载荷的强度。在动载荷的作用下，零件易沿晶界破坏。网状碳化物也增加淬火开裂的倾向，因此，轴承钢中的网状碳化物必须小于3级。

网状碳化物的形成，与钢中原始碳化物偏析程度有密切关系，热加工的工艺制度对网状碳化物的厚薄也有直接关系。变形量小，终轧温度高，轧后冷却较慢均会使钢中碳化物网趋于连续和粗化。钢中原始碳化物偏析程度大，在碳化物密集的区域易出现网状碳化物。

轧前，将轴承钢坯加热到1050℃左右，钢中先共析碳化物几乎全部溶解。热轧时，由于变形诱导相变作用，使碳化物开始析出的温度提高至在890℃便开始析出，但数量不多。随着轧后钢材温度下降，先共析碳化物沿奥氏体晶界开始大量析出，尤其在700~850℃温度范围内，强烈析出。

近年来，为提高轴承钢的质量，对轴承钢采用控制轧制和控制冷却新工艺，能够为球化退火的预备组织提供不具有网状碳化物，而是细片状的退火索氏体组织的热轧材，为快速球化退火创造了有利条件。

要获得均匀细粒状碳化物（粒状珠光体），首先要求钢材成分均匀，其次是热轧后尽可能快冷到一定温度得到退火珠光体组织，最后要有合理的球化退火工艺。三者应互相配合，才能达到理想结果。

近年来我国钢铁工业取得了巨大的发展，轧机装备水平已经进入到世界先进行列，但工艺技术水平与工业发达国家相比还有很大的差距。我国的一些企业采用常规低温轧制工艺控制轴承钢网状碳化物，终轧温度甚至达到了750～800℃，此时轴承钢的强度明显提高，使轧制力过大导致电机超负荷；另一方面，在此温度下的轴承钢塑性明显变差，出现裂纹的可能性增加，给轴承钢的生产带来了困难。采用轧后超快速冷却工艺是在轴承钢出成品轧机后立刻对其进行冷却，在较短的时间内将轴承钢的温度降低到700℃以下，减少在碳化物析出强烈区域的停留时间，实现对轴承钢网状碳化物析出级别的控制。

2.6.2 轴承钢轧制工艺研究

热轧轴承钢的较理想组织状态，应是均匀细小的珠光体或索氏体，片层间距小，不形成或具有轻微的网状碳化物，碳化物弥散、均匀、细小。得到退火（或变态）珠光体或索氏体，对球化退火更有利。

高温再结晶控制轧制与轧后快速冷却工艺是将钢坯加热至1030～1200℃保温，使其温度均匀。在高温完全奥氏体再结晶区给予较大的变形量，缩短道次间的间隙时间，以获得均匀细小的奥氏体再结晶组织，终轧温度控制在980～1020℃。轧后立即对钢材进行快速冷却，以防止奥氏体晶粒长大和网状碳化物析出，增大过冷度，降低奥氏体向马氏体的转变温度。为防止钢材表面形成低温相变产物，即马氏体组织，轧后快冷的终止温度应控制在450～500℃左右，之后进行空冷。

采用该工艺所得到的GCr15轴承钢热轧钢材组织，是细片珠光体或索氏体与轻微、很薄的网状碳化物。当棒材直径小于32mm时，钢中基本不形成网状碳化物。其优点在于，缩短球化退火时间近1/2～1/3，提高轴承钢质量及接触疲劳寿命。该工艺很适合我国一些合金钢厂轧钢车间的设备和生产条件，很有发展前途。

该工艺的要求是必须具有较完善的超快速冷却设备，并开发全新的冷却路径控制技术来实现所要求的温度制度。

2.6.3 轴承钢超快速冷却组织性能研究

通过热力模拟实验对不同工艺参数对二次碳化物析出行为进行了研究，冷却速度对网状碳化物级别的影响如表2－13所示，不同冷却速度时的组织结构如图2－51所示，表明二次碳化物的厚度和分布形态与连续冷却速度有着密切的联系。GCr15轴承钢自奥氏体区连续冷却过程中，由于C含量较高，随着温度降低，将导致C从过饱和奥氏体中析出，形成富铬的碳化物，即首先从奥氏体中析出先共析二次碳化物。这种二次碳化物一般会优先在晶界上以仿晶界型网状形式排列形核长大。二次碳化物的析出主要取决于冷却速度，其析出的数量不仅与碳在奥氏体中的过饱和度有关，而且与碳化物形成元素在奥氏体中的扩散条件也具有一定的关系。

表2-13 不同冷却速度条件下网状碳化物级别

冷却速度/℃·s^{-1}	0.5	1	2	5	8	10
网状级别	5	5	4	3	2	1

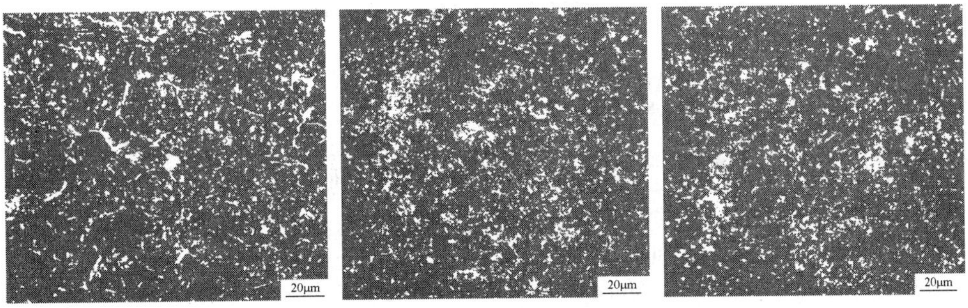

图2-51 不同冷却速度冷却到室温并淬回火后深腐蚀组织
(a) 2℃/s; (b) 8℃/s; (c) 10℃/s

随着变形温度降低，轴承钢在连续冷却过程中二次碳化物开始析出温度降低，晶界处二次碳化物形貌由连续网状转变为半连续网状，碳化物出现碎断现象，珠光体球团直径和片层间距呈现减小趋势。

轴承钢在连续冷却过程中，随着连续冷却速度增加，二次碳化物和珠光体开始析出温度降低，晶界处二次碳化物由紧密的网状分布转变为半网状、短条状，最后弥散析出；珠光体转变越来越少，珠光体球团直径和片层间距越小，显微硬度值增大。冷却速度增大到6℃/s，珠光体发生退化现象，退化珠光体形貌为不规则的近似片层结构。晶界处二次碳化物为（Fe·Cr）3C型碳化物，冷却速度缓慢条件下，晶界处Cr含量明显高于基体组织中含量，随着连续冷却速度增加，二次碳化物厚度减小，晶界处二次碳化物中C、Cr含量减小。

在连续冷却过程中，冷却速度小于2℃/s时，随着冷却速度的增加，二次碳化物析出温度缓慢降低，变形量变化对二次碳化物开始析出温度的影响占主导地位；冷却速度大于2℃/s时，变形量的变化对二次碳化物开始析出温度影响趋势变缓，二次碳化物开始析出温度随冷却速度的增加大幅度降低，在冷却速度较大前提条件下，冷却速度变化对二次碳化物析出的影响占主导地位。

2.6.4 超快速冷却过程的温度场分析

采用ANSYS有限元软件对ϕ30mm和ϕ60mm轴承钢超快速冷却过程的温度场进行了模拟计算，并考虑了单段冷却和多段了对温度控制的影响。如图2-52是ϕ30mm轴承钢棒材在1000℃保温后出炉，经过一段超快速冷却后进行缓慢冷却过程中，其横断面上不同位置的温度随时间变化曲线。

从图2-52中可以看出，在对ϕ30mm棒材进行超快速冷却时间4s+空气中缓冷工艺

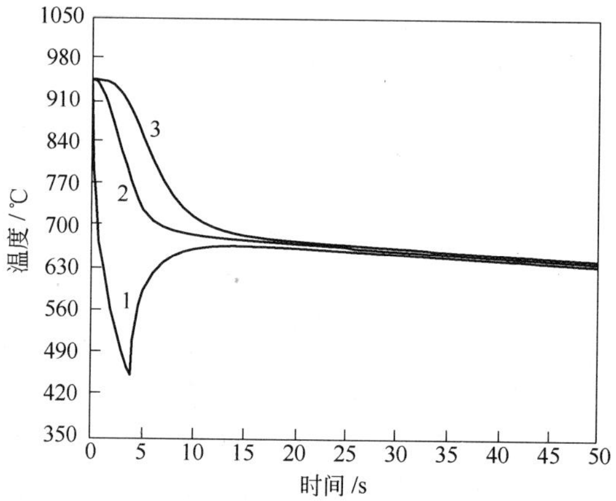

图 2-52 ϕ30mm 棒材超快速冷却过程温度-时间变化曲线

1—边部；2—1/4 处；3—心部

过程中，棒材表面在 950~680℃温度范围内平均冷却速度达到了 125℃/s，随后在珠光体转变区域以 1℃/s 冷却速度发生缓慢冷却；棒材四分之一位置在 950~715℃范围以 40℃/s 的冷却速度进行冷却，随后以 2℃/s 冷却速度缓慢通过珠光体转变区域；而棒材的心部冷却相对困难，以 33℃/s 冷却速度通过 950~720℃温度范围，随后以 8℃/s 冷却到 690℃，最后以 1.5℃/s 冷却速度缓慢通过珠光体转变区域。通过进行表面瞬时的超快速冷却，提高了棒材内外部的冷却速度，ϕ30mm 棒材断面的不同位置均达到了抑制网状碳化物析出、残余奥氏体完全发生珠光体转变的条件，达到了进行超快速冷却的目的。

随着棒材直径的增大，其心部冷却更加困难。针对规格为 ϕ60mm 的大断面轴承钢棒材，为了达到超快速冷却的目的，适当延长超快速冷却时间，并在实验中实行两种冷却工艺：一段超快速冷却和二段分段超快速冷却。

ϕ60mm 棒材在经过 8s 的一段超快速冷却后，其边部的瞬时冷却速度达到了 400℃/s 以上，可以得到抑制网状碳化物析出的细小珠光体组织。而由于棒材直径增大，内部冷却困难，棒材心部在冷却的前 8s 温度变化很小，然后才以 10℃/s 速度发生冷却，在 790~710℃温度范围内冷却速度仅为 4℃/s；但 740~710℃范围内冷却速度为 2.5℃/s，其后的缓冷过程中冷却速度小于 1℃/s，心部和四分之一处均没有达到抑制网状碳化物析出的冷却速度；因此随着轴承钢棒材直径的增大，在超快速冷却过程中其表面平均冷却速度降低，内部的冷却更加困难，内部冷却速度缓慢，高温保温后进行一段超快速冷却达不到预期的冷却要求，如图 2-53 所示。

为了提高大断面棒材心部的冷却速度，在棒材表面温度空冷到 700℃左右时候将其置于水箱内进行二段冷却，与一段超快速冷却相同，要求棒材超快速冷却后表面终冷温度要高于马氏体转变温度，如图 2-54 所示是 ϕ60mm 棒材二次超快速冷却 3s 后断面温度-时间曲线。通过分段式二次超快速冷却，在不延长超快速冷却总时间的前提下，解决了大断面棒材内部不易冷却的难题，提高了棒材内部的冷却速度，棒材断面各个不同位置冷却速度均可以达到抑制网状碳化物析出、残余奥氏体完全发生珠光体转变的冷却速度要求，达到了进行超快速冷却的目的。

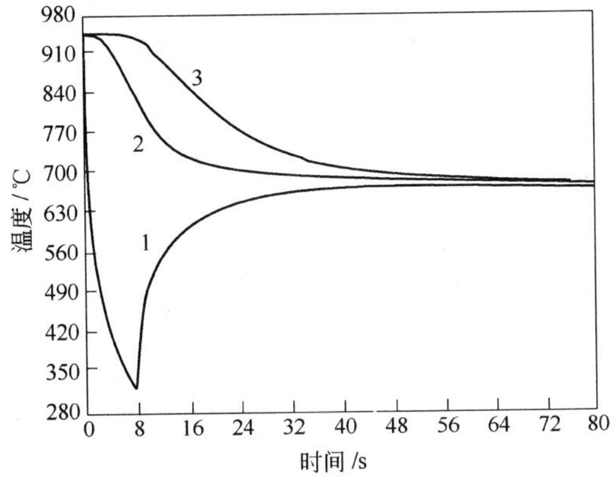

图 2 - 53　棒材一段冷却过程温度 - 时间曲线

1—边部；2—1/4 处；3—心部

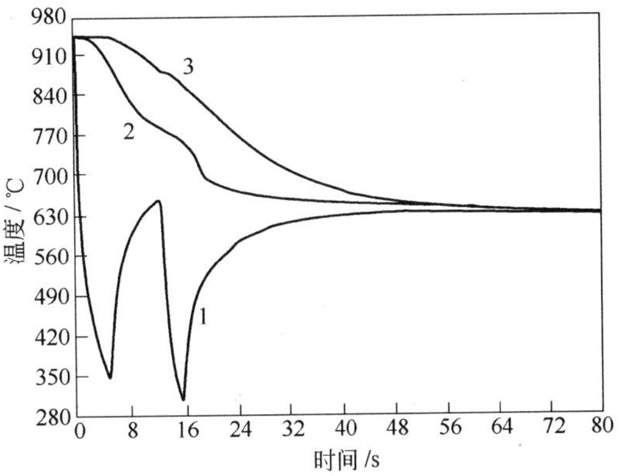

图 2 - 54　棒材二段冷却过程温度 - 时间曲线

1—边部；2—1/4 处；3—心部

2.6.5　轴承钢超快速冷却设备开发

东北大学与宝钢特钢分公司条钢厂进行技术合作，在该厂棒材线的倍尺剪后再加上 3 号 A、3 号 B 水箱。

（1）在条钢厂现有条件的基础上，在 4 号剪切机之后新增一套（两段）控制冷却试验装置，对该装置冷却水箱能力要求为：ϕ20 ~ 30mm 棒材到达冷床时最高轧件表面返红温度为 600 ~ 650℃；ϕ30 ~ 60mm 棒材，同现有水箱配合使用，达到冷床最高轧件表面返红温度为 600 ~ 650℃，且断面温度均匀。

（2）冷却器要确保所有产品根据不同的规格组距，能够顺利过钢，不发生追尾、堆钢等事故。

（3）在冷却器外侧安装有变频旁通辊道，不需控制冷却的棒材从旁通辊道运行，并保证棒材正常轧制。

（4）冷却器导管是此项技术的关键设备，必须高效、稳定，调控准确，操作方便。从经济效益和低投入考虑，冷却器导管的外部部件选用普通碳素钢制造，内部部件选用不锈钢。

（5）冷却系统分成两段，每段的长度不超过 5m，且之间留有 5m 的距离。超快速冷却系统的设备布置如图 2 - 55 所示。

(a)　　(b)

图 2 - 55　开发的具有自主知识产权的冷却设备

（a）冷却系统布置；（b）冷却器出口

研究开发的冷却系统控制灵活，操作简单，可实现对冷却温度的精细控制，满足不同规格轴承钢生产的需求。

2.6.6 快速冷却的应用

2.6.6.1 ϕ30mm 轴承钢棒材工业试验的组织性能

针对此规格的轧制速度较快为 4.5m/s，为了达到足够的超快速冷却时间，一段冷却器内部导管全部打开，超快速冷却总时间为 4s。当水压增加到 1.3MPa 时，其表面超快速冷却终冷温度和返红温度分别降低到 459℃、710℃。此时室温下的断面组织如图 2－56 所示，断面各个不同位置冷却速度均可以达到抑制网状碳化物析出、残余奥氏体完全发生珠光体转变的冷却速度要求，达到了进行超快速冷却的目的，此时网状碳化物级别为 1 级，达到国家标准要求。

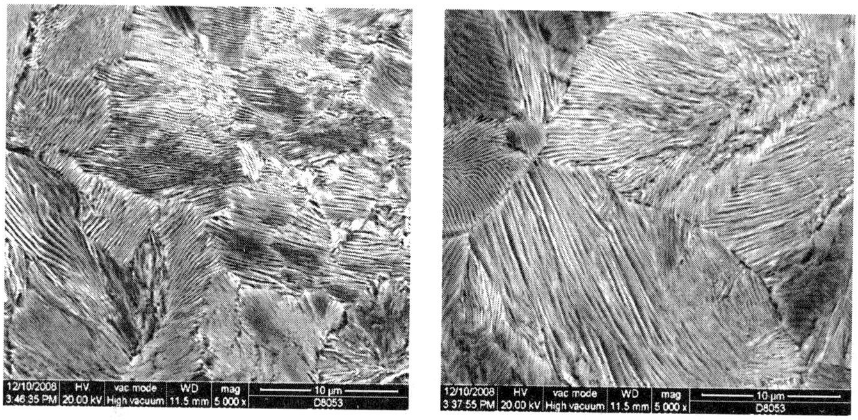

(a) (b)

图 2－56 超快速冷却条件下 ϕ30 轴承钢的显微组织

(a) 表面；(b) 心部

2.6.6.2 ϕ60mm 轴承钢棒材工业试验的组织性能

ϕ60mm 轴承钢棒材在 980℃左右高温终轧后进入超快速冷却器，超快速冷却器水压不变仍然为 1.3MPa，由于轧制速度相对减小为 1.5m/s，在超快速冷却过程中要进行分段超快速冷却，表面冷却最低温度要高于马氏体转变温度。两段超快速冷却过程中要有一定的返红时间，适当减小内外温差。在超快速冷却后要进行缓慢冷却，使得整个断面的温度趋于均匀，避免混晶组织生成，并使热应力得到一定程度缓解，避免裂纹产生。

图 2－57 所示是 ϕ60mm 轴承钢棒材经过超快速冷却到室温后断面金相显微组织照片，图 2－58 所示为与其相对应的扫描照片。对于 ϕ60 轴承钢进行批量生产后的网状碳化物级别分析，结果如表 2－14 所示。

表 2－14 ϕ 60mm 轴承钢棒材工业化生产网状碳化物级别

试 样	4－1	4－2	4－3
1	2.0	2.0	2.0
2	1.5	2.0	2.0

续表 2 - 14

试 样	4 - 1	4 - 2	4 - 3
3	1.5	1.5	2.0
4	2.0	2.5	1.5
5	2.0	2.0	2.0
平 均	1.8	2.0	1.9

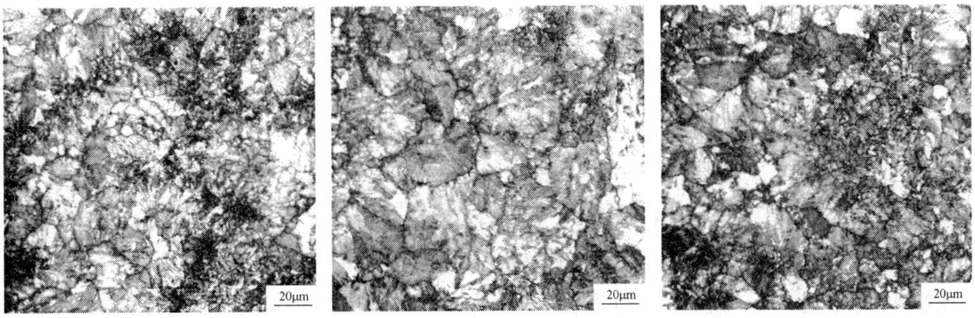

(a) (b) (c)

图 2 - 57 二段超快速冷却后金相组织照片

(a) 表面；(b) 1/4 处；(c) 心部

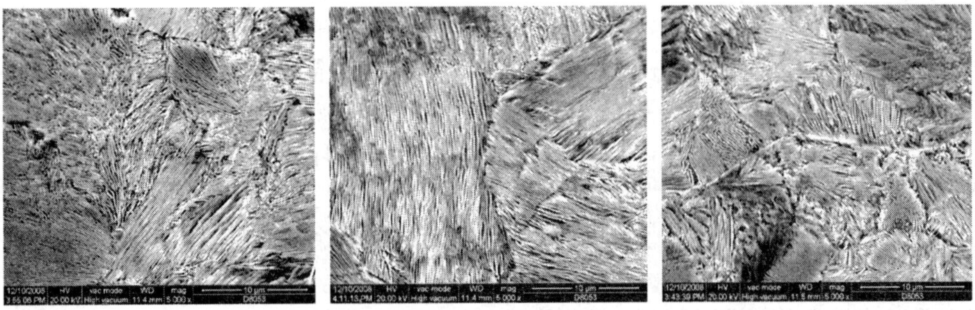

(a) (b) (c)

图 2 - 58 超快速冷却后扫描照片

(a) 表面；(b) 1/4 处；(c) 心部

从表 2 - 14 中可以看到，在 ϕ60mm 轴承钢棒材的三次批量化生产过程中，采用开分段式超快速冷却工艺，超快速冷却棒材表面终冷温度在 340℃左右，超快速冷却后其表面返红温度均低于 710℃，然后上冷床缓慢冷却，棒材断面各个不同位置冷却速度均达到了抑制网状碳化物析出、残余奥氏体完全发生珠光体转变的冷却速度要求，整个断面室温组织均为细小片层间距的索氏体组织 + 弥散分布的碳化物，其网状碳化物级别均≤2 级，达到轴承行业要求标准。

东北大学轧制技术及连轧自动化国家重点实验室正在与石家庄钢铁有限责任公司和江阴兴澄特殊钢铁有限公司合作，就轴承钢及合金钢棒材新一代 TMCP 装备与工艺技术开展研究工作。

2.6.7　结语

RAL 与企业合作，通过控制网状碳化物析出的冷却工艺和设备的开发，在国内首次将以超快速冷却技术为核心的新一代 TMCP 技术应用于合金钢棒材组织控制领域，全面实现了轴承钢网状碳化物的有效控制，为高级别轴承钢和其他高品质合金钢产品的生产奠定了基础。

2.7　采用新一代 TMCP 调控热轧钢材显微组织的机理

钢铁一直是经济建设中最重要的结构材料，也是使用量最多的功能材料，因此，世界上所有工业大国均把钢铁生产视为与粮食和能源具有同等重要地位的产业，这些国家的钢材 80% 以上来自自产。事实上，钢铁不仅是一种性价比最高的结构材料，更是一种温室气体排放较低的绿色环保材料，其排放强度远低于镁、铝金属及碳纤维材料（仅是铝的1/6、镁合金的 1/18）。而且钢铁的生产仅产生 CO_2，而镁、铝金属在提炼过程中除产生 CO_2 外，还会产生 CH_4、C_2H_6 和 SF_6 等对臭氧层具有根本性破坏作用的气体。在全世界工程材料用量中，钢铁仅次于水泥，是全世界用量第二大的工程材料，它的用量是所有其他非金属材料总和的 15 倍。

由于我国国民经济的持续高速发展，使得钢铁的需求量和生产量在本世纪初开始迅速上升，至 2010 年已接近世界粗钢产量的 1/2，而正是由于钢铁的巨大用量，造成其生产过程在工业排放总量中占了 15% 左右，成为名副其实的能耗和排放大户。我国钢铁产业的发展目前正面临资源匮乏（如铁矿石 60% 以上依赖进口）、环境和自然生态不堪重负等严重问题，“资源节约、环境友好、性能质量优良”即资源节约型高性能钢铁产品的开发是当前钢铁技术发展必须解决的一个主要问题。钢铁材料的一个重要特征是可以利用许多物理冶金学原理来量身打造其性能，从而满足多种多样的需求。因此，如何通过工艺技术、关键装备和生产流程的优化和创新，最大限度发挥轧制、轧后冷却和热处理等生产环节对钢铁材料强韧化机制和性能的调控作用，尽量减少对合金元素的依赖和资源的消耗，减轻环境负荷，使有限资源得到合理利用，达到提高产品性能、节约能源与资源的目的，是实现钢铁材料本身的节约化和“产品生产 - 使用 - 循环”全生命周期的减量化的基础。

控制轧制与控制冷却（TMCP）工艺是保证钢材强韧性的核心技术。它的基本冶金学原理是，在再结晶温度以下进行大压下量变形促进微合金元素的应变诱导析出并实现奥氏体晶粒的细化和加工硬化；轧后采用加速冷却，实现对处于加工硬化状态的奥氏体相变进程的控制，获得晶粒细小的最终组织。实现这种工艺的前提是提高钢中微合金元素含量或进一步提高轧机能力。然而，前者会造成钢材成本的提升和资源的消耗，后者则因现代化轧机能力已接近极限而无法轻易实现。另外，采用低温大压下易导致热轧钢板表面形成过多的红色氧化铁皮，对表面质量造成破坏，需要在后续加工过程中增加酸洗。再者，传统 TMCP 在提高热轧钢板强韧性的同时，会因低温轧制产生残余应力而带来板形不良和剪裁瓢曲等问题。最后，传统 TMCP 技术生产高强钢厚板时，除非提高钢中合金元素含量或进行轧后热处理，否则已无法突破强度和厚度规格的极限。热轧钢铁材料的相变主要在轧后冷却过程中完成，它是调控组织结构最终控制性能的主要手段。因此，为实现资源节约型高性能钢材的生产，必须对轧后冷却技术进行创新以实现冷却路径和冷却速率的优化控制，使成分简单的钢铁材料能够具备满足多样化要求的性能指标。

为弥补传统控制冷却技术的不足，在欧洲和日本相继开发出了热轧板带轧后超快速冷却技术和中厚板轧后超级在线加速冷却技术（Ultra Fast Cooling - UFC、CLC - 或 Super - OLAC）。它们的共同特点是，与传统层流冷却相比，可有效打破汽膜，实现对热轧钢板进行高效率、高均匀性的冷却（对于3mm厚钢板冷却速率可达400℃/s以上；50mm厚中厚板的平均冷却速率超过20℃/s），并可避免因冷却不均匀而产生的残余应力。这种技术在实际应用中带来让人意想不到的效果，使热轧钢板的性能指标与以往相比有了质的飞跃，而材料成本和生产过程中的各类消耗则大幅度降低。这种技术在生产中的初步应用已使人们认识到，它不仅仅可以丰富轧后冷却路径控制手段，而且会产生很多新的钢材强韧化机理。因此，开展超快速冷却条件下的热轧钢材各种物理冶金学规律的深入研究，将对钢材生产产生重大技术变革，采用传统TMCP来提高钢材性能的技术理念正在被应用轧后超快速冷却的新一代TMCP技术所取代。然而，由于国外轧钢领域对新技术一向采取严密封锁的政策，而国内这方面又缺乏必要的研究准备，导致在发挥新一代TMCP技术优势来调控钢材组织性能方面还没有相应的理论支撑，为实现轧后钢板的显微组织的精细控制带来了困难。因此，开展以超快速冷却为核心的新一代TMCP条件下钢材显微组织结构演变机理和精细控制的研究既有理论意义又有紧迫的现实意义。

2.7.1 基于新一代TMCP的细晶强化机理

晶粒细化是同时提高钢材强度与韧性的唯一手段。晶界是具有不同取向的相邻晶粒间的界面，当位错滑移至晶界处时，受到晶界的阻碍而产生位错塞积，并在相邻晶粒一侧产生应力集中，最终激发一个新位错源的开动。由此，屈服现象可以理解为位错源在不同晶粒间传播的一个过程。

影响钢材屈服强度最重要的一个因素是晶粒尺寸，以拉伸过程为例，在相同应变的条件下，对于具有小晶粒尺寸的试样，每个晶粒内部均匀分配的应变越小，则位错密度越小。因而，具有较小晶粒尺寸的试样达到屈服需要施加更大的应变，即屈服强度更大。晶粒尺寸与屈服强度的关系可以通过Hall - Petch公式定量表述，即

$$\sigma_s = \sigma_0 + k_y d^{-1/2}$$

式中 σ_s——屈服强度；

σ_0——位错在晶粒内运动为克服内摩擦力所需的应力；

k_y——与材料有关的常数，室温下的取值范围是14.0~23.4N/mm$^{3/2}$；

d——有效晶粒尺寸，对铁素体-珠光体钢，d为铁素体晶粒尺寸；对贝氏体和板条马氏体组织，系指板条束的尺寸。

晶粒细化在提高钢强度的同时还能提高韧性。当微裂纹由一个晶粒穿过晶界进入另一个晶粒时，由于晶粒取向的变化，位错的滑移方向和裂纹扩展方向均需要改变。因此，晶粒越细小，裂纹扩展路径中需要改变方向的次数越多，能量消耗越大，即材料的韧性越高。

轧后超快速冷却具有极强的冷却能力，在生产热轧C－Mn钢和微合金钢方面均可发挥细晶强化的效果，特别是在细化奥氏体晶粒，细化铁素体晶粒和珠光体片层等方面可表现出较大的优势，是通过细晶强化进而提高钢材强韧性的一种新的技术手段。针对其细化晶粒的原理及结果进行简要阐述如下。

2.7.1.1 细化奥氏体晶粒尺寸

基于超快冷的布置方式不同，前置式超快冷（超快冷＋层流冷却）是在奥氏体区施加变形后，立即进行快速冷却，使钢板快速进入相变区，尽可能保持变形后奥氏体组织的加工硬化状态，实现相变前奥氏体组织的细化。

在东北大学轧制技术及连轧自动化国家重点实验室通过热模拟实验研究了含Nb微合金化钢（C：0.09%；Mn：1.18%；Nb：0.04%）的动态相变曲线并确定了实验钢的动态相变温度。在此基础上，通过在相变前对热模拟试样进行淬火处理，研究了轧后冷却过程中的冷却速率对相变前奥氏体组织的影响规律，热模拟实验工艺图如图2－59所示。将实验完毕的试样制成金相试样，用苦味酸水溶液热侵蚀显示奥氏体晶界，并在金相显微镜下观察。图2－60示出的是相变前不同冷却速率条件下奥氏体显微组织的金相照片，表2－15示出了相变前奥氏体晶粒尺寸随相变前冷却速率的变化。

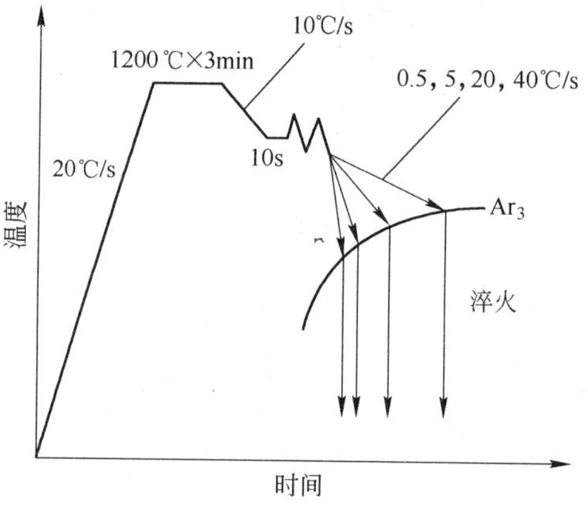

图2－59 热模拟实验工艺图
（真应变：0.4；应变速率：5/s；变形温度：910℃）

从图2－60中可以看出，当冷却速率为0.5℃/s时，奥氏体晶粒比较粗大，晶界比较规则，在低冷速条件下，冷却过程时间长，温度较高，给奥氏体晶粒的静态回复、再结晶和晶粒长大提供了温度和时间条件，从而造成奥氏体晶粒的粗化，不利于相变后的铁素体晶粒细化；当冷却速率增加至5℃/s时，奥氏体晶粒尺寸明显变小；随着变形后冷却速率的增加，冷却至相变前的时间缩短，奥氏体没有足够的时间长大，奥氏体晶粒逐渐减小。

由表2－15可以看出，奥氏体晶粒尺寸随相变前冷却速率增加而减小，当冷却速率大于一定值以后，随着奥氏体区冷却速率的增加，晶粒尺寸变化趋于不明显。同时，从奥氏体金相组织中还可以看出，变形后冷却速率较大时，组织中存在长条状的奥氏体晶粒。该结果表明，轧后钢材采用较大冷却速率（模拟超快冷）与较小冷速（冷却速率不大于20℃/s，模拟传统层流冷却）相比，可以细化奥氏体晶粒，进而增加了相变前奥氏体的有效晶界面积，即增加了铁素体相变的形核点，可以促进铁素体晶粒的细化，实现材料的高强韧性。

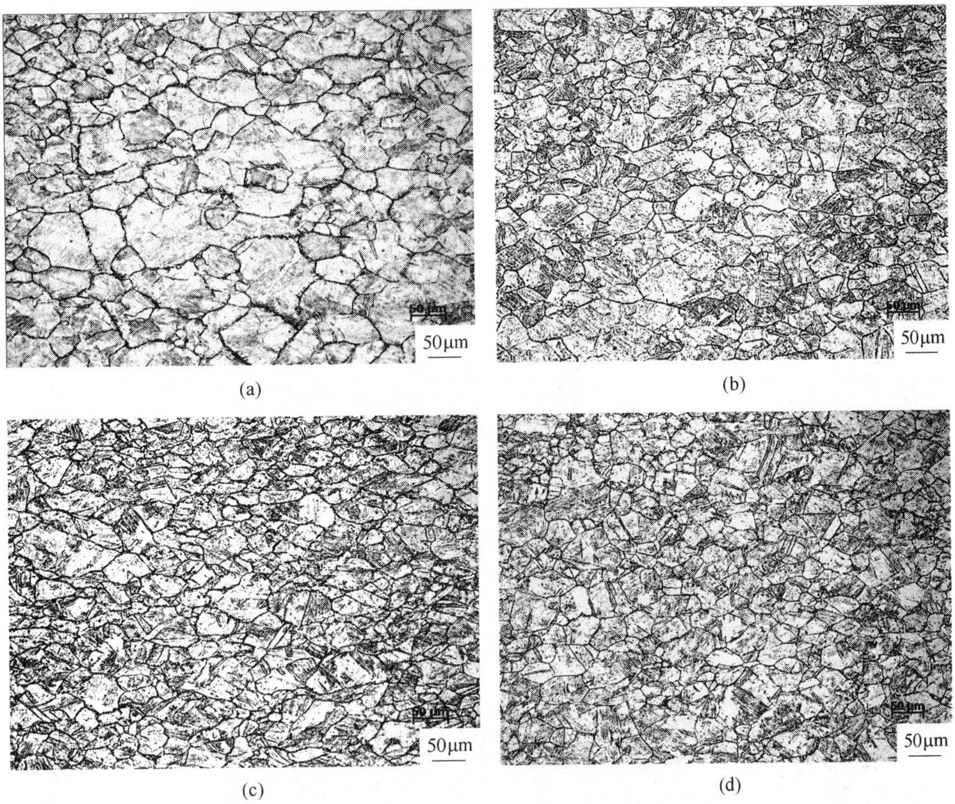

图2－60 变形后不同冷却速率下的奥氏体晶粒
（a）0.5℃/s；（b）5℃/s；（c）20℃/s；（d）40℃/s

表2－15 相变前奥氏体晶粒尺寸随冷却速率的变化

相变前冷速/℃·s^{-1}	0.5	5	20	40
相变前奥氏体晶粒尺寸/μm	88	61	42	38

2.7.1.2 细化铁素体晶粒尺寸

晶粒的大小主要取决于形核速率和长大速率，形核速率是指单位时间内在单位体积中产生的晶核数；长大速率是指单位时间内晶核长大的线速度。随着过冷度的增加，形核速率和长大速率均增加，但增加速度有所不同。当过冷度较小时，形核速率增加速度小于长大速率；过冷度较大时，形核速率增加速度大于长大速率。凡是能促进形核速率，抑制长大速率的因素，都能细化晶粒。因此，在奥氏体向铁素体相变过程中，增大过冷度可以细化F/P晶粒。连续冷却相变时，冷却速率的高低影响相变时过冷度的大小，冷却速率越大，过冷度越大，因此增加相变过程中的冷却速率，充分发挥超快冷在相变区域的作用有利于细化晶粒，进而提高钢材的强韧性。表2－16和图2－61给出了实验钢（化学成分为C：0.04%；Mn：0.33%）超快冷条件下，不同超快冷终冷温度对铁素体晶粒尺寸及力学性能的影响。实验钢的终轧温度为860℃，卷取温度为600℃。

从表2－16和图2－61可以看出，组织以铁素体为主，随着超快冷终冷温度的降低，实验钢的晶粒尺寸逐渐减小。实验钢强度也逐渐提高，这主要是超快冷细晶强化作用的结果。

表2-16 实验钢的工艺和性能

工艺编号	超快冷终冷温度/℃	晶粒尺寸/μm	屈服强度/MPa	抗拉强度/MPa	伸长率/%
1	775	10.5	275	365	38
2	750	8.2	290	377	39
3	733	6.7	300	385	34
4	710	6.5	305	390	36

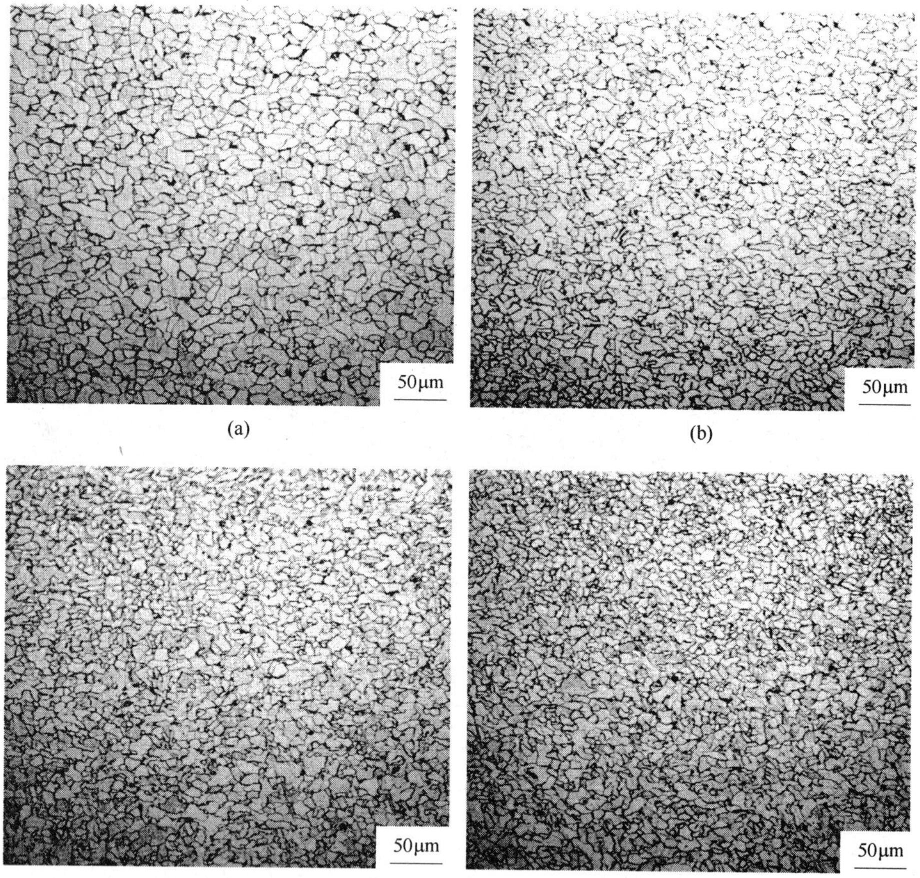

图2-61 不同冷却工艺的金相组织照片
(a) 超快冷终冷温度：775℃；(b) 超快冷终冷温度：750℃；
(c) 超快冷终冷温度：733℃；(d) 超快冷终冷温度：710℃

2.7.1.3 细化F+M双相钢组织

F+M双相钢由铁素体基体和≤40%的马氏体构成。通常铁素体晶粒尺寸在3~10μm，马氏体为1~3μm。塑性良好的多边形铁素体使双相钢具有良好的韧性，马氏体呈岛状弥散分布在铁素体基体上，起弥散强化作用。因此双相钢具高强度、低屈强比、高的初始加工硬化率、良好的强塑性匹配和撞击吸收功、良好的抗疲劳能力以及冲压性能。

由于上述特点，双相钢被广泛应用在汽车制造上，如低强度级别、薄规格的双相钢产品主要用于制作车身外部面板、车盖板、车顶内板、门外部面板、行李盖板等，以改善冲压成型性和压痕抗力；高强度级别产品用于撞击横梁、保险杠加强体、车轮的轮辐和轮盘、轮辋及各种安全零件。采用双相钢可使汽车减重约20%。汽车减重的需求与日俱增，因而迫切需要开发高强度双相钢。

传统双相钢生产工艺主要依赖“低温大压下”以达到细晶强化的目的，但“低温大压下”受到设备能力等条件的严格限制，其开发空间已经达到了极限。冷却工艺通常采用轧后两段式（前段空冷+后段水冷）冷却。这种工艺的缺点是：

（1）较低的终轧温度增大了轧机负荷，降低了生产效率；

（2）由于铁素体相变在相对较高的温度区间发生，导致晶粒粗大且相变速率慢，为得到足够的铁素体体积分数，需要较长的空冷时间，因此冷却线长度通常要求在70m以上；

（3）水冷阶段需要将温度降至马氏体相变点以下，对后段冷却能力提出了较高的要求。

随着冷却技术的进步，应用超快冷技术的三段式冷却成为生产双相钢的先进工艺，如图2-62所示。轧后快冷至铁素体相变点，随后进行3~5s空冷，再强冷至马氏体相变温度以下。在轧后采用超快冷技术，可以实现每秒上百度的冷却强度，使材料在极短的时间内迅速通过奥氏体相区，将硬化奥氏体“冻结”到动态相变点，从而使γ→α相变发生在低温区间，得到细化的铁素体晶粒。铁素体晶粒越细小，向奥氏体相排碳的区间越细小和弥散，产生细小的马氏体相。

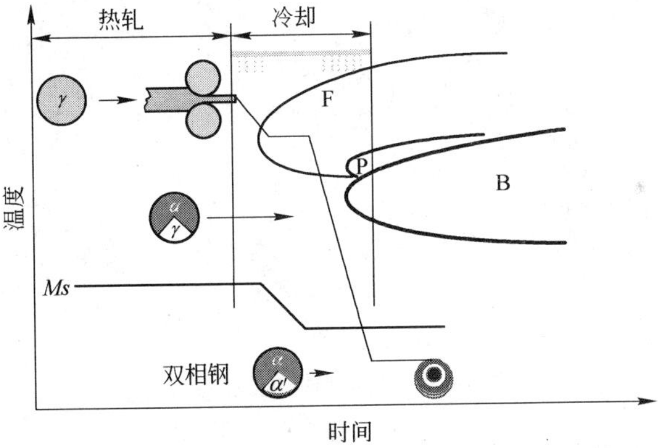

图2-62 双相钢冷却工艺示意图

图2-63和图2-64分别示出的是轧后超快冷终冷温度和冷却速度对F+M双相钢晶粒细化的影响。随着UFC后保温温度的降低铁素体晶粒尺寸明显减小，马氏体形态也由大块分布到细小弥散分布。随着冷却速率的增加，铁素体晶粒尺寸变小，马氏体的分布也更加弥散。表2-17示出的是采用轧后超快冷技术生产的热轧DP600双相钢的主要工艺参数和力学性能。

2.7.1.4 珠光体片层间距细化

前置式超快冷不仅可以细化铁素体晶粒，而且可以细化珠光体片层。对于中碳钢，由于组织以珠光体为主，因此采用超快冷是提高该组织类型钢材强度的一种有效方法。珠光体是奥氏体从高温缓慢冷却时发生共析转变所形成的，其立体形态为铁素体薄层和碳化物（包括渗碳体）薄层交替重叠的层状复相物。相变前奥氏体晶粒大小决定珠光体团的大小，但对片层间距无影响。影响珠光体片层间距的最主要因素是过冷度，片层间距的倒数与过冷度呈线性正相关关系。

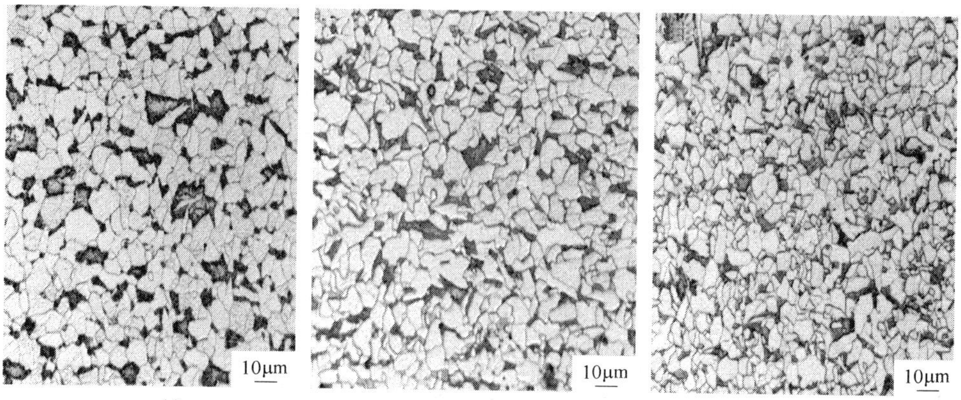

(a)　(b)　(c)

图2-63　UFC后温度对铁素体晶粒尺寸的影响

（a）720℃；（b）705℃；（c）680℃

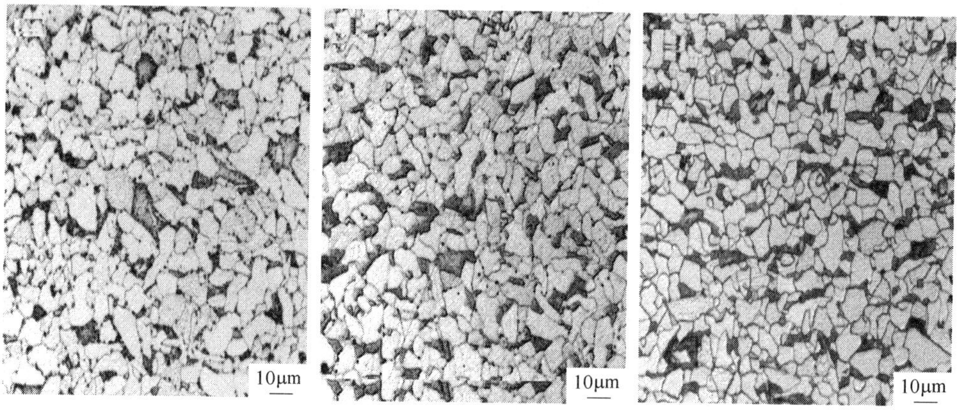

(a)　(b)　(c)

图2-64　冷却速率对铁素体晶粒尺寸的影响

（a）70℃/s；（b）80℃/s；（c）95℃/s

表2-17　超快冷工艺下F+M双相钢的力学性能

序号	厚度/mm	终轧温度/℃	超快冷终冷温度/℃	卷取温度/℃	屈服强度/MPa	抗拉强度/MPa	伸长率/%	屈强比
1	3.5	807	710	270	375	620	28.0	0.60
2	3.5	814	710	270	335	605	30.5	0.55
3	3.3	793	680	260	350	605	31.5	0.58
4	3.5	805	680	220	360	620	31.0	0.58
5	3.5	810	680	220	355	610	28.0	0.58
6	3.0	796	660	230	380	630	25.5	0.60
7	3.0	807	660	230	365	635	27.5	0.57

采用前置式超快冷可获得较大的过冷度，降低珠光体相变温度，因此可显著细化珠光体片层间距，进而提高珠光体钢的强度。表2-18示出的是实验钢（C：0.5%；Mn：

0.6%）超快冷终冷温度对珠光体片层间距的影响规律，图 2－65 示出的是部分超快冷终冷温度条件下的金相组织照片，图 2－66 示出的是超快冷终冷温度对实验钢力学性能的影响规律。采用常规冷却工艺实验钢珠光体的片层间距平均为 265nm；随着超快冷终冷温度的降低，实验钢的珠光体片层明显细化，超快冷终冷温度为 610℃时，片层间距变得极为细小，只有 130～170nm，实验钢的强度也得到了显著的提升。

表 2－18　不同超快冷终冷温度下珠光体片层

超快冷终冷温度/℃	880	750	715	680	660	610
珠光体片层间距/nm	265	234	224	212	199	164

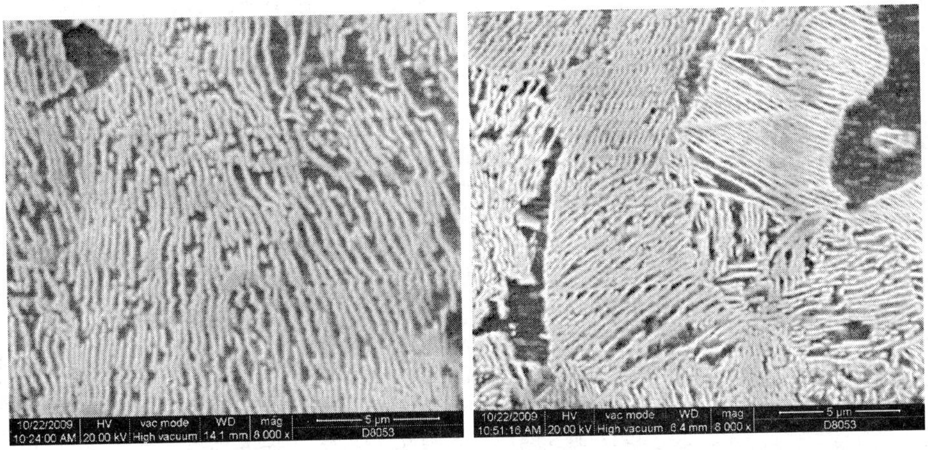

(a)　(b)

图 2－65　超快冷终冷温度的显微组织

（a）880℃；（b）750℃

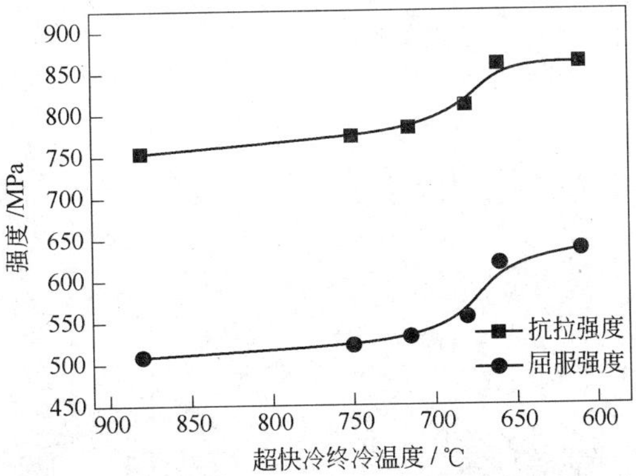

图 2－66　超快冷终冷温度对实验钢强度的影响

2.7.2　基于新一代 TMCP 的析出强化机理研究

2.7.2.1　Nb、Ti、V 的弥散析出

微合金元素 Nb 由于其强烈的固溶强化、细晶强化和析出强化效果，在钢中起着不可替代的作用。大量研究结果表明，Nb 在奥氏体区具有较快的应变诱导沉淀析出动力学。

超快冷开发Nb微合金钢的中心思想是利用大冷速抑制Nb在奥氏体区的沉淀析出，使得NbCN在温度相对较低的铁素体或贝氏体相变区以纳米级大量弥散析出，从而更好地发挥Nb的析出强化作用。通过热模拟实验，将实验钢（C：0.07%；Nb：0.032%）变形后立即进行超快冷，分别冷却至奥氏体区、铁素体区和贝氏体相变区保温30s后淬火。图2－67给出了不同相变区保温30s后的TEM照片和粒子尺寸分布图。

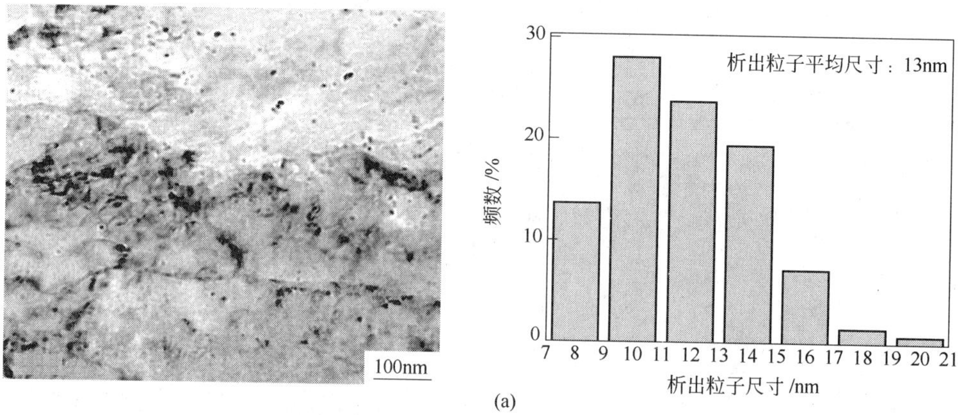

(a)

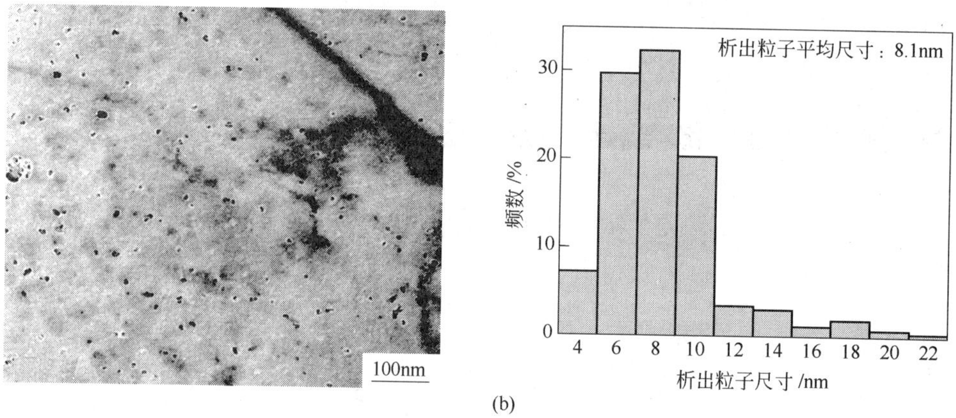

(b)

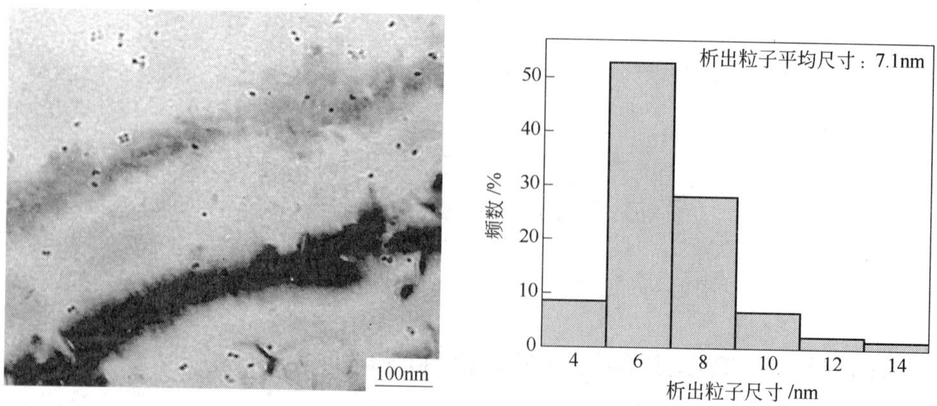

(c)

图2－67 不同相变区保温30s后的TEM照片和粒子尺寸分布规律

（a）奥氏体区保温30s；（b）铁素体区保温30s；（c）贝氏体区保温30s

可以看出，采用超快冷后，随着超快冷终止温度的降低，析出物粒子尺寸显著减小，可以更好地发挥析出强化的效果。该结果也得到了实验室和工业现场的验证。轧制相似成分 Nb 微合金钢的结果表明，终轧温度提升结合轧后超快冷工艺实验钢的力学性能可以达到甚至超过低温轧制结合传统层流冷却工艺所获得的力学性能。因此，超快冷为节约 Nb 含量，降低轧机负荷提供了一种可行的工艺手段。

为研究超快冷工艺对钛微合金钢析出物的影响规律，在东北大学轧制技术及连轧自动化国家重点实验室进行了热模拟实验，在超快冷工艺条件下，研究了冷却速率对 C－Mn－Ti 钢（C：0.04%；Mn：1.50%；Ti：0.11%）析出物演变规律的影响。采用透射电子显微镜对不同冷却速率下的碳复型试样进行观察，得到了冷却速率对含 Ti 析出粒子的影响规律。热模拟工艺图如图 2－68 所示，不同冷却速率下的析出物形态如图 2－69 所示。

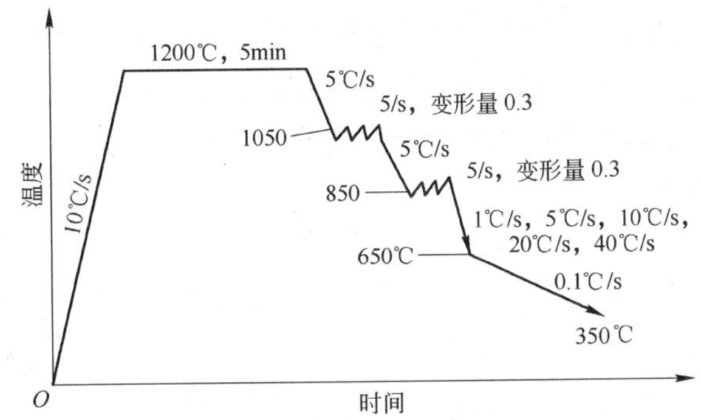

图 2－68 热模拟工艺示意图

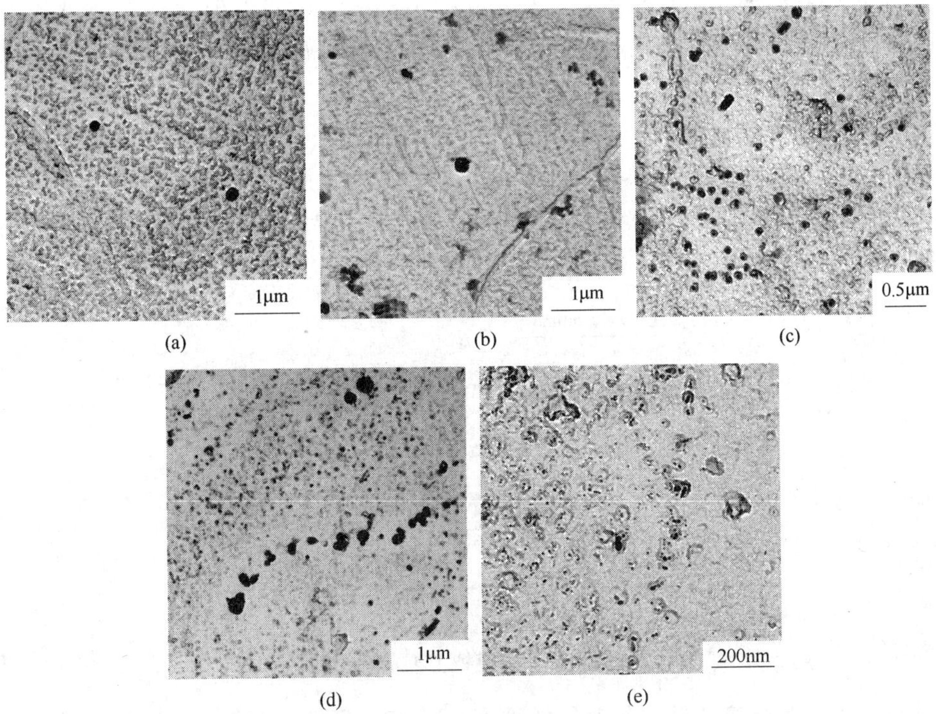

图 2－69 不同冷却速率下的析出物

(a) 1℃/s；(b) 5℃/s；(c) 10℃/s；(d) 20℃/s；(e) 40℃/s

从图2－69不同冷却速率下的复型照片中可以看出，在冷却速率较低时，基体的析出物主要是尺寸较大的粒子，随着冷却速率的增加，基体中细小的析出物增加，而且析出物的分布更加弥散。在热轧后采用较大的冷却速率，微合金元素在基体中的过饱和度增加，同时过冷度增大，析出物的形核率增加，因此析出物的尺寸更细小、分布更弥散。

钒是过渡族金属元素，是强的碳化物和氮化物形成元素，在钢中主要生成碳化钒、氮化钒和碳氮化钒。这些细小、弥散分布的沉淀析出物，阻碍了变形时位错的滑移，增加了晶粒内位错的摩擦阻力，从而起到了强化效果。增加钢中的含氮量，可使低温析出的V（C，N）数量增多、尺寸减小且使粒子粗化的趋势减小，显著提高钒的沉淀析出强化效果。碳含量的增加能够延迟了珠光体的形成、促进铁素体中富碳V（C，N）的析出，相应地产生更密集的沉淀析出。通常情况下，V（C，N）粒子尺寸小于10nm。

由于V（C，N）在奥氏体中的动力学过程缓慢，实际上对于低氮钒微合金钢在高于1000℃终轧时，几乎所有的钒都将在铁素体中析出。由于VC在奥氏体中的固溶度积较大，因而一般微合金钢中不会发生VC在奥氏体中的析出，VN或者V（C，N）在奥氏体中可能发生应变诱导沉淀析出。

钢中添加0.10%钒，可使钢的强度增加250MPa以上，特殊情况下甚至能达到300MPa。所以钒在提高钢板强度的同时改善了其韧性，使脆性转变温度降低。钒的这种效果，在轧材中显得尤为重要。

2.7.2.2 Ti微合金钢的相间析出

钢中的微合金元素不仅能够在相变为铁素体之后析出，而且还能够在奥氏体→铁素体相变过程中在相界面形成相间析出，这些相间析出的粒子尺寸更小。根据Orowan公式可以知道，析出强化作用的大小决定于析出物的尺寸和析出粒子间距，析出物尺寸和其间距越小，析出强化作用越大。

为研究超快冷工艺对Nb－Ti微合金钢相间析出行为，在东北大学轧制技术及连轧自动化国家重点实验室通过热模拟实验研究了C－Mn－Nb－Ti钢（C：0.07%；Mn：1.70%；Nb：0.04%；Ti：0.11%）在超快冷工艺下的相间析出行为，图2－70为热模拟工艺图。

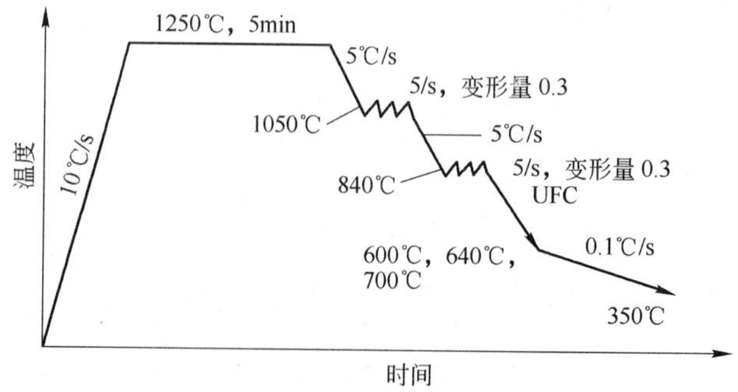

图2－70 热模拟工艺示意图

随着终冷温度的升高，铁素体基体的硬度先升高后降低，在640℃最大。图2－71是不同工艺下的典型透射照片。从图中可以看出，不同工艺下实验钢存在以下几种析出形式：弥散析出、相间析出（PIP 和 CIP）。随着终冷温度的升高，析出形式从弥散析出向相间析出转变；当终冷温度由 700℃降低至 640℃时，终冷温度越低，相间析出的粒子尺寸和面间距越小，析出强化量越大。结合纳米硬度和透射照片可知，640℃形成的相间析出尺寸更加细小，能够比弥散析出提供更高的析出强化量；同时，700℃高终冷温度的相间析出的粒子尺寸和面间距增大，纳米硬度降低，因此 700℃时产生的相间析出的强化量要小。

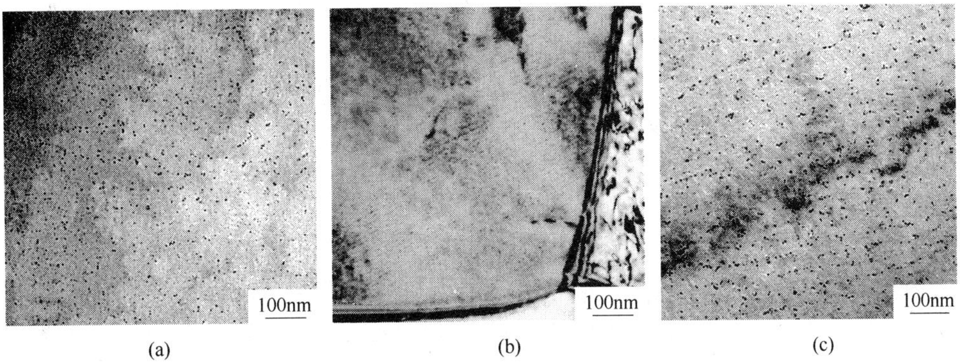

图 2－71 不同 UFC 终冷温度下的透射电镜照片

（a）600℃；（b）640℃；（c）700℃

2.7.2.3 V 微合金钢的相间析出

钒是一种既可以在奥氏体向铁素体转变过程中相间析出，又可以在铁素体中随机析出的元素。V（C，N）跟随着 γ/α 界面的移动在铁素体内随机沉淀，即为一般析出；或者随 $\gamma\rightarrow\alpha$ 相界前沿不断向奥氏体推进，V（C，N）质点在 γ/α 界面反复形核，最终以一定的间距形成片层状分布的相间析出，如图 2－72 所示。

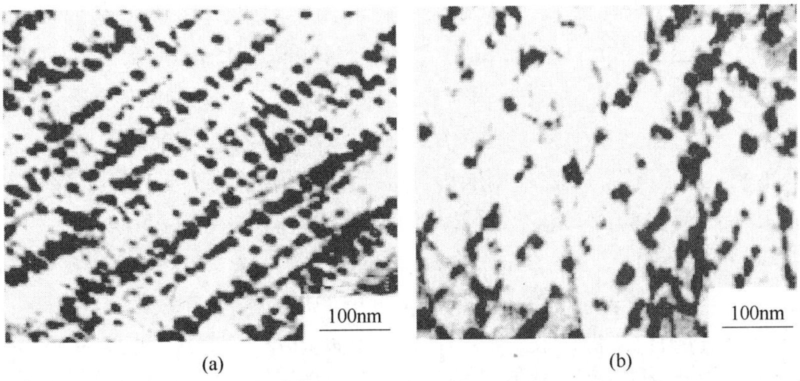

图 2－72 750℃等温 500s 时 $w(V)=0.12\%$ 钢种 V(C，N)相间析出的典型形貌

（a）$w(C)=0.10\%$、$w(N)=0.0257\%$；（b）$w(C)=0.10\%$、$w(N)=0.0082\%$

根据 Hillert 的准平衡理论，在正常情况下，碳的扩散促使 $\gamma\rightarrow\alpha$ 相变，产生局部平衡（C、V），从而使 V（C，N）在靠近相界的铁素体和奥氏体内的析出具有相同的化学驱动力。因此，相界前碳的富集导致的高碳奥氏体的狭窄区域，加上 γ/α 相界的快速移动是奥氏体不能成为析出相优先形核的理想位置。所以，相界处的非均匀形核成为最有利的

位置。

相间析出的特征是，随着温度降低，析出物变细小，层间间距也减小；同一层内的粒子间距比层间间距要小得多；而且在同一个试样中，甚至同一晶粒内，析出模式多种多样。钢中氮含量对层间间距也有很大影响，750℃时，钢中氮含量由0.005%提高至0.026%，析出相的层间间距缩小至原来的1/3。

相间析出质点的尺寸以及析出列间距主要受溶质原子的扩散和$\gamma\rightarrow\alpha$相变驱动力的控制，也即主要受到相变温度或冷却速度的控制。相变温度越低，$\gamma\rightarrow\alpha$相变驱动力越大。相界停止运动后，较短的一段时间内就将又一次阶跃。相界面停止运动的时间短，原子扩散的时间就短；而且温度低时，扩散距离短，因而析出颗粒小，析出列间距小。但当相变温度太低时，相间析出也会被抑制。

对于典型的结构钢，一般析出产生于较低温度区域，通常低于700℃，而相间析出在较高温度形成。

2.7.2.4 微合金元素在铁素体内析出

在铁素体温度区域沉淀析出的微合金碳氮化物通过强烈的沉淀强化而使微合金钢的强度成百兆帕的提高，使得沉淀强化成为微合金钢仅次于晶粒细化的一种最重要的强化方式。

由第二相强化的Orowan－Ashby理论可知，沉淀强化效果大致正比于第二相体积分数的1/2次方并大致反比于第二相的尺寸。因此要提高铁素体内的析出效果，就必须提高析出粒子的体积分数和细化析出质点尺寸。在NG－TMCP中，使用超快冷技术抑制了碳氮化物在高温奥氏体的沉淀析出，使更多的微合金元素保持固溶状态进入到铁素体区微细弥散析出，其尺寸在2～10nm，可以大幅度提高钢材的强韧性。

在RAL进行了HSLA钢的传统TMCP和NG－TMCP两种轧制试验，试验钢化学成分（质量分数/%）为：0.075C，0.28Si，1.78Mn，0.079Mo，0.060Ti，0.055Nb。实验钢的热轧实验在重点实验室ϕ450二辊可逆式轧机上进行，锻坯的加热温度为1200℃，保温1小时。实验压下分配为90mm、72mm、57mm、44mm、35mm、25mm、18mm、12mm、9mm、6mm，共10道次，终轧温度均为900℃。经不同的冷却路径进行冷却，终冷温度均为600～620℃，1号工艺（UFC）完全采用超快冷冷却工艺，2号工艺（UFC＋Acc）中超快冷后的终冷温度为750℃，而后采用层冷冷却至终冷温度，3号工艺（Acc）完全采用层冷冷却工艺，其中层流段的冷却速度为12℃/s，超快冷段的冷速65℃/s。

力学性能测试结果表明，经过Acc冷却至600℃后，微合金钢满足600MPa级高强钢的要求，采用UFC＋Acc冷却模式后，强度达到650MPa高强钢要求，完全采用UFC冷却模式后，强度达到700MPa高强钢要求，并且伸长率和冲击性能基本没有降低，即通过改变冷却模式由Acc到UFC，实验钢的性能等级由600MPa升级到700MPa。三种实验钢所得钢板在光学显微镜下的显微组织如图2－73所示。由金相组织可知，组织均为准多边形铁素体＋针状铁素体组织。随着超快冷出口温度的降低，晶粒平均尺寸由3.2μm逐渐细化至2.8μm、2.5μm，晶粒尺寸逐渐细化。

图2－74显示，由Acc冷却模式过渡到UFC冷却模式中，大角晶界（角度≥15°）的长度显著增加，小角晶界（≤15°）虽然也有所增加，但是增加幅度不大，大大增加了亚结构的强度。不同冷却模式下析出粒子的尺寸分布规律如图2－75所示。

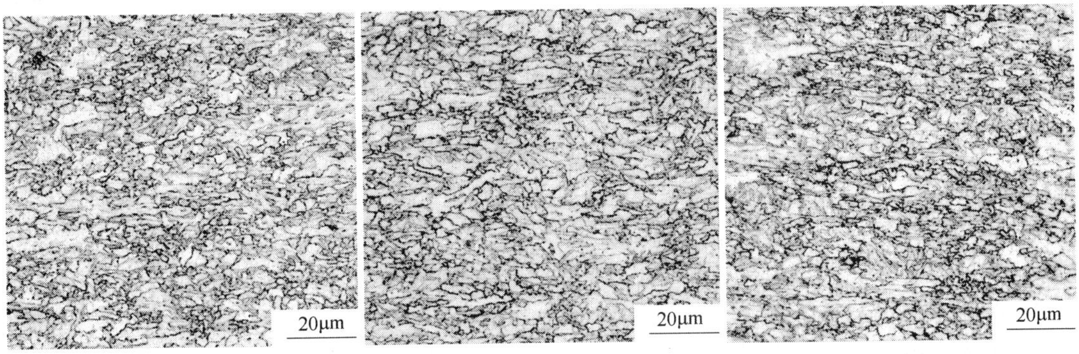

(a) (b) (c)

图 2－73 不同冷却模式下的显微组织

（a）Acc；（b）UFC＋Acc；（c）UFC

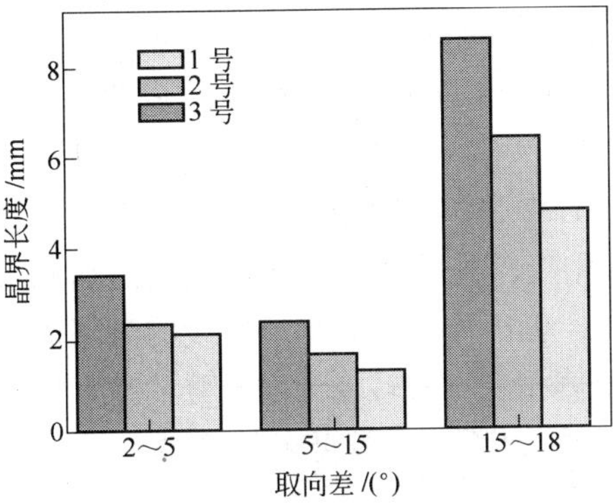

图 2－74 不同工艺下不同角度的晶界对比

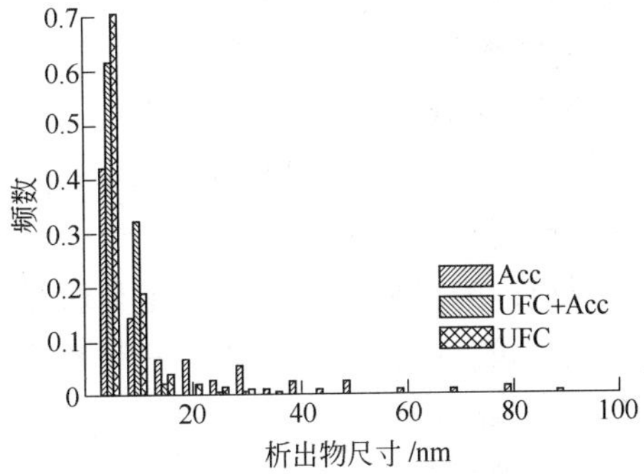

图 2－75 不同冷却模式下析出粒子尺寸分布

冷却速度的提高对铁素体晶粒细化有两个因素：首先，冷却速度的提高，使之在较低的温度下相变，增加相变驱动力，大大提高了铁素体的形核率；其次，较低温度区间的相变，界面迁移速率降低，抑制了铁素体晶粒的长大。

UFC 冷却试样中 5nm 左右的纳米级析出物数量高于 UFC＋Acc 和 Acc 冷却试样，但是 10nm 左右的纳米级析出物却低于 UFC＋Acc 冷却试样，原因主要是由于，高冷却速度降低了奥氏体向铁素体的相变温度，即铁素体中的析出物在更低的温度形核，一方面微合金元素过大的饱和度，提高了析出驱动力，同时高冷却速度增加铁素体中的位错密度，进而增加了纳米级析出物的形核率；另一方面，低温条件下，界面迁移动力学较低，因此 UFC 冷却试样中小尺寸的析出物明显高于 UFC＋Acc 和 ACC 冷却试样。对于 UFC＋Acc 冷却试样来说，前期的高冷却速度抑制了析出物在高温的形核，但是后期的冷却速度的降低，略微弱化了析出物的长大，因此在 10nm 左右的析出物比较多。

对比 Acc 和 UFC 冷却条件下的各项强化机制可得，采用 Acc、UFC＋Acc 和 UFC 三种冷却模式下的细晶强化增量与位错强化增量和析出强化增量之比分别为 3. 044/1. 176/1、2. 814/1. 341/1 和 2. 159/1. 041/1。超快冷后的 NG－TMCP 与常规 TMCP 相比，晶粒细化提高 36MPa，位错强化提高 34MPa，析出强化提高 54MPa，屈服强度共提高 124MPa，由此可见，析出强化增量是强度增量中最重要的部分。采用超快冷技术后，虽然细晶强化仍然是强化措施中最重要的部分，但是析出强化将起到越来越重要的作用。

2.7.2.5 中高碳钢的渗碳体强化

近年来，奥氏体相变过程中发生的渗碳体析出现象引起了广泛的关注。由于渗碳体是钢铁中最为经济和重要的第二相，中高碳钢中渗碳体的体积分数可以达到10%的数量级而无需增大生产成本，若能有效地使渗碳体细化到数十纳米的尺寸，将可以产生非常强烈的第二相强化效果。

根据第二相颗粒与滑移位错的交互作用机制，可以得到两种不同的强化机制：位错切过第二相的切过机制和位错绕过第二相颗粒并留下环绕颗粒位错环的 Orowan 机制。切过机制强化效果随第二相颗粒尺寸的增大而增大，而 Orowan 机制强化效果随第二相颗粒尺寸的增大而减小，因此存在临界转变尺寸 d_c，如下式所示，当第二相的颗粒尺寸为 d_c 时强化效果最佳。

$$d_c = 0.209\frac{Gb^2}{K\gamma}\ln\left(\frac{d_c}{2b}\right)$$

临界转变尺寸大致反比于第二相与基体的界面能 γ，界面能越低，临界转换尺寸越大。渗碳体与铁素体的界面能较小，平均比界面能在0.3～0.6J/m²，因此临界转换尺寸较大，约为4.7～10nm。

根据 Lacher，Fowler 和 Guggenheim 提出的 Fe－C 合金热力学模型，过冷奥氏体存在三种可能的相变机制，一是先共析转变，即由奥氏体中析出先共析铁素体，余下的是残余奥氏体，反应式为：$\gamma\rightarrow\alpha+\gamma_1$；二是类珠光体型转变，奥氏体分解为平衡浓度的渗碳体和铁素体，反应式为：$\gamma\rightarrow\alpha+Fe_3C$；三是奥氏体以马氏体相变方式转变为同成分的铁素体，然后，在过饱和的铁素体中析出渗碳体，自身成为过饱和碳含量较低的铁素体，反应式为 $\gamma\rightarrow\alpha'\rightarrow\alpha''+Fe_3C$。

根据平衡浓度计算，过冷奥氏体局部的碳摩尔分数可达到0.04～0.08甚至更高，远高于初始浓度，对这部分富碳区的过冷奥氏体相变驱动力的计算结果，如图2－76所示。这三种相变机制的驱动力数值相差明显，$\Delta G^{\gamma\rightarrow\alpha+Fe_3C}$ 的绝对值最大，表示这部分高浓度的奥氏体更倾向于分解为较稳定的铁素体和渗碳体。

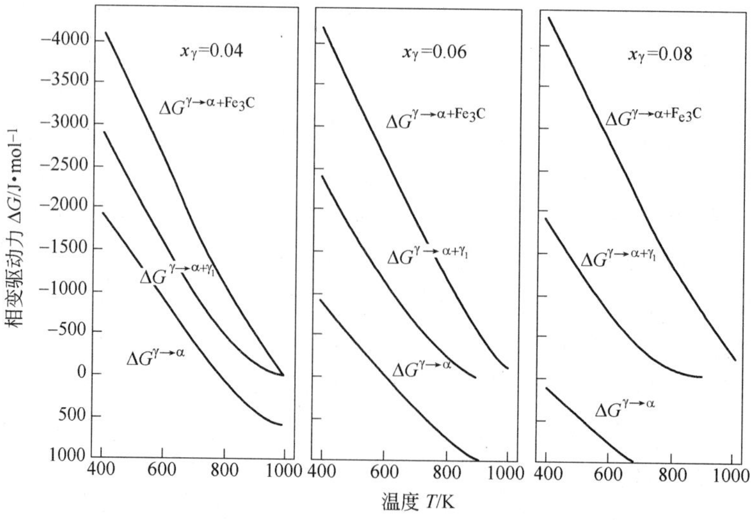

图2－76 由 LFG 模型计算的相变驱动力

在热力学模型计算提供理论依据的基础上，采用含碳量为 0.1% ~0.4% 的中高碳亚共析钢材料进行热轧实验。轧制实验在配有多种冷却装置的 ϕ450mm 轧机上进行，高温热轧后冷却装置了超快速冷却器。将坯料在 K010 箱式加热炉中升温到 1200℃保温 1h 后进行 9 道次热轧，总变形量超过 90%。实验钢开轧温度为 1100℃，终轧温度为 890℃，轧制结束后，在超快速冷却的条件下，在奥氏体状态快速通过两相区，在没有足够的时间析出先共析铁素体的情况下直接过冷到 700℃以下，贝氏体形成温度以上。由于超快速冷却具有短时快速控温的特点，碳原子扩散时间短，使得渗碳体无法充分长大成片层结构而直接形成弥散分布的纳米级颗粒，发生类珠光体转变。

图 2 -77 为热轧亚共析钢的显微组织图像，组织中存在有大量纳米级渗碳体弥散分布的区域，渗碳体的尺寸在十到几十个纳米的范围内，非常接近第二相强化的临界转变尺寸。在无微合金添加的条件下通过超快速冷却实现了组织中渗碳体的纳米级析出，材料的强度可以提高 80 ~100MPa，而且随着碳含量的增加，超快速冷却对材料强度提高的程度更大。

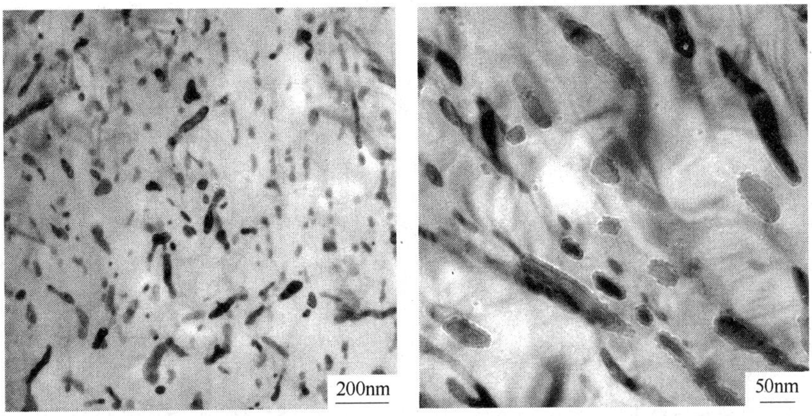

图 2 -77 中高碳钢热轧组织中的纳米级渗碳体析出

由于均匀细小的第二相颗粒提高屈服强度与提高抗拉强度的作用效果大致相当，而且在产生强化作用的同时并不损害钢材的均匀塑性。因此对于中高碳钢而言，在超快速冷却条件下，细化晶粒的同时实现渗碳体纳米析出的第二相强化是相当有效的强化方式。

2.7.2.6 微合金元素在贝氏体内析出

东北大学轧制技术及连轧自动化国家重点实验室通过热模拟实验研究了 C－Mn－Nb－B 低碳贝氏体钢（C：0.04%；Mn：1.68%；Nb：0.06%；B：0.0018%）在超快冷工艺的不同冷却速率对贝氏体内析出物的影响规律。通过对热模拟试样进行碳复型处理，在透射电镜下观察贝氏体中的析出物粒子。热模拟工艺图如图 2 -78 所示，不同冷却速率下的贝氏体中析出物如图 2 -79 所示，图 2 -80

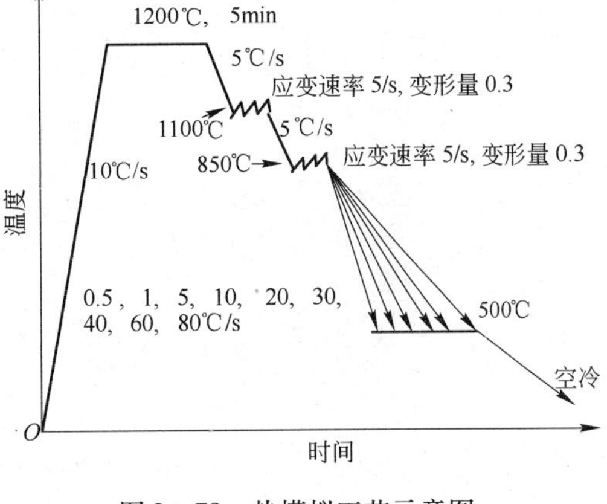

图 2 -78 热模拟工艺示意图

为不同冷却速率下贝氏体中析出粒子的统计分析结果。

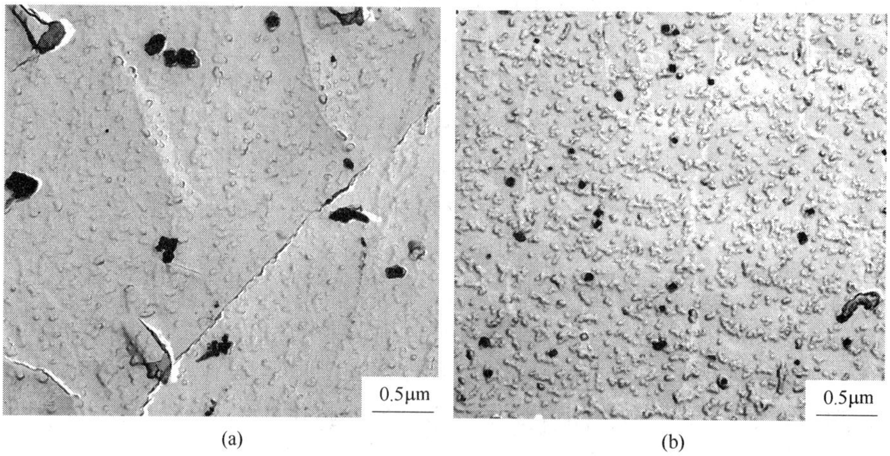

图 2-79　贝氏体中析出物形貌

(a) 0.5℃/s；(b) 10℃/s

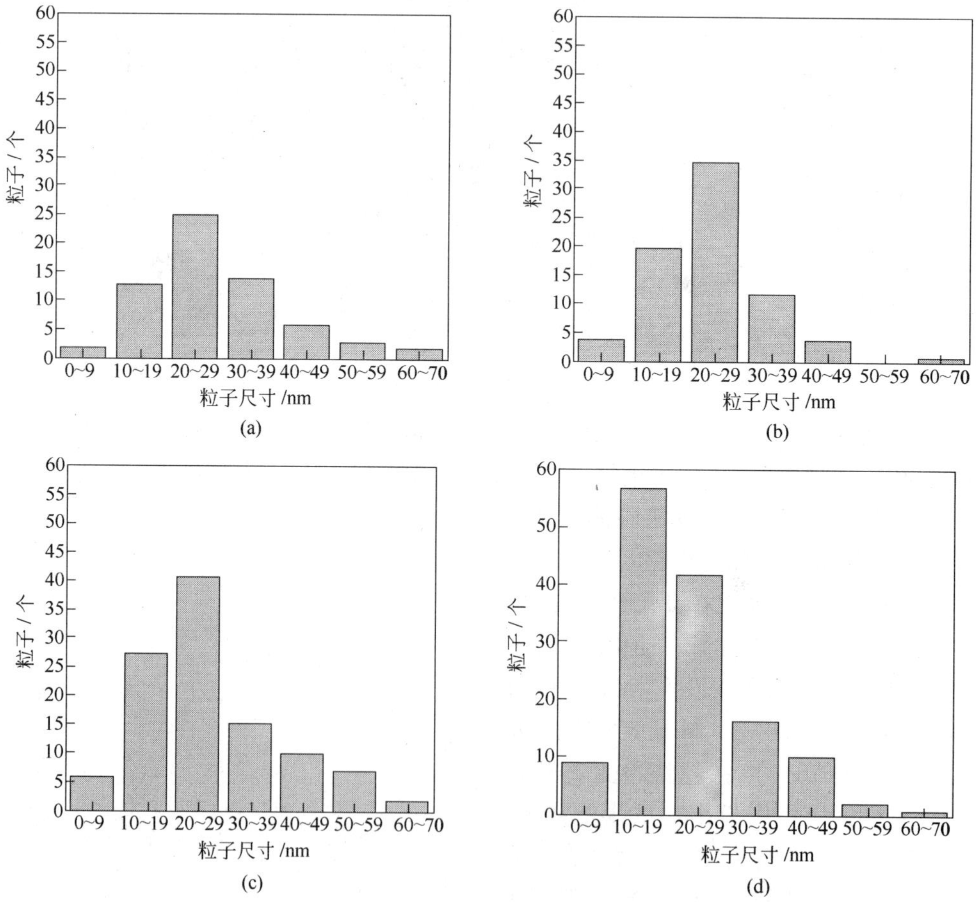

图 2-80　不同冷却速率下析出物的尺寸统计

(a) 0.5℃/s；(b) 10℃/s；(c) 20℃/s；(d) 40℃/s

2.7.3 基于新一代 TMCP 的相变强化机理研究

在钢的热处理过程中，随着温度的降低，钢中的相逐渐由平衡态（铁素体、珠光体）过渡至非平衡态（贝氏体、马氏体及残余奥氏体），热力学稳定性依次降低。但更为重要的是，晶体结构、形态和尺度上的差异赋予了各相独特的强度、塑性和韧性组合，为丰富钢的力学性能提供了充分的想象空间。因此，从本质上来说，相变强化是通过实现钢中相及其形态、尺度的控制，以达到提高钢的力学性能的目的。

2.7.3.1 贝氏体相变强化

低碳贝氏体钢中碳含量较低，钢材的强化不再单纯依靠钢中的碳含量，而主要通过组织细化、位错强化、亚结构强化以及微合金元素铌、钒和钛等的析出强化，进而获得良好的强度与韧性的匹配。

从低合金钢的发展过程来看，在低碳贝氏体钢出现以前，广泛应用的低合金钢组织为铁素体/珠光体，目前这类铁素体/珠光体钢的发展已经相当成熟，其成分－组织－性能关系已经基本确定，实际生产工艺控制过程也已明确。但这类钢的强度水平普遍偏低，满足不了各个行业对高性能钢材的需求。为了满足能源、交通、工程等工业领域对高强、高韧性钢材的需求，低碳贝氏体钢得到更多的关注。这类钢具有高强度，其抗拉强度在 600～1200MPa，并具有较高的低温韧性、良好的焊接性能、冷弯性能及良好的抗疲劳性能。为了降低生产成本，在满足钢材性能的基础上，尽量采用少添合金元素的原则，这给生产低成本高性能的低碳贝氏体钢提出了更高的要求，成为近年来钢铁行业的重要研究方向。

近年来，以超快冷技术为核心的新一代 TMCP 技术迅速在国内热连轧及中厚板的生产中得到推广应用。在工艺控制上，与常规层流冷却工艺相比，超快冷工艺下的相变可以控制在相对较低的温度区间，有利于产生细小的相变组织；同时，在轧后超快速冷却过程中发生微合金元素的析出量减少，导致微合金元素在低温区域沉淀析出，如图 2－81 所示。对低碳贝氏体钢来说，超快冷工艺可有效实现低温相变组织细化和析出强化来提高钢的强韧性，进而提升产品的综合性能。

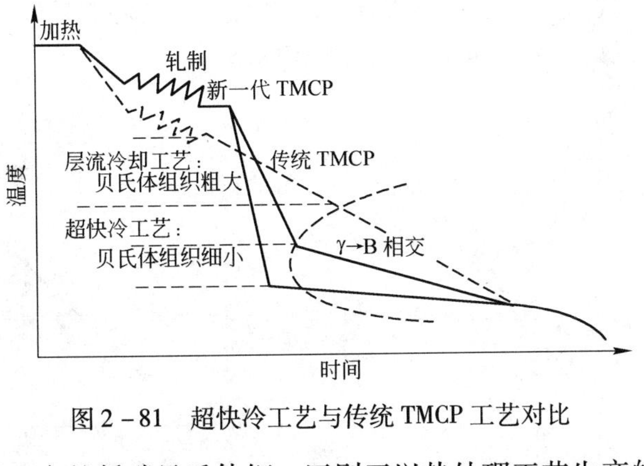

图 2－81 超快冷工艺与传统 TMCP 工艺对比

以控轧控冷工艺生产的低碳贝氏体钢，区别于以热处理工艺生产的高合金含量的贝氏体钢，其成分设计上采用适量添加 C、Mn、Si、Nb、Mo 和 B 等元素，通过控制轧制与控制冷却工艺实现贝氏体组织强韧化的控制。

低碳贝氏体钢的力学性能主要取决于贝氏体的组织形态，而贝氏体组织形态由贝氏体铁素体、碳化物、残留奥氏体、马氏体等多相组成，各相的相对量和分布状态不同，其组织形貌也各式各样，因而力学性能复杂多变、差别较大。图2－82示出的是典型的贝氏体组织形貌（刘宗昌．过冷奥氏体扩散型相变［M］．北京：科学出版社，2007：187～190）。一般来说，下贝氏体强度较高，韧性也好，而上贝氏体强度低，韧性差些。

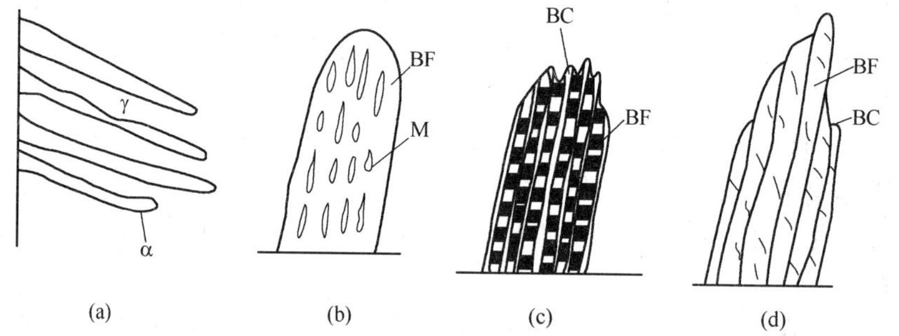

图2－82　典型的贝氏体组织形貌
（a）无碳贝氏体；（b）粒状贝氏体；（c）上贝氏体；（d）下贝氏体

针对采用TMCP工艺生产的贝氏体钢而言，强化贝氏体的因素主要包括亚结构强化如马奥岛、亚单元、亚片条以及微孪晶等的强化作用、因冷却速率增加和终冷温度降低而导致的位错强化、碳化物引起的弥散强化以及铁素体片条细化而产生的细晶强化，其中以细晶强化和弥散强化起到的强化作用最为显著。

贝氏体钢屈服强度与贝氏体铁素体片条的尺寸即铁素体片条尺寸之间遵从Hall－Petch关系式。片条长度与奥氏体晶粒尺寸有关，而片条宽度则随着相变温度的降低或随着冷却速率的增加而减小。贝氏体钢强度与贝氏体铁素体片条换算后的有效晶粒尺寸的关系如图2－83（a）所示。根据弥散强化理论，碳化物片层越细，或碳化物的颗粒直径越小，数量越多，强度越高，碳化物弥散度与强度的关系如图2－83（b）所示。上贝氏体中碳化物颗粒较为粗大，呈不连续的短棒状分布在贝氏体铁素体板条间，分布不均匀，而下贝氏体的碳化物颗粒细小，弥散分布在贝氏体铁素体板条内，因此下贝氏体具有更好的强度及韧性。贝氏体铁素体中的过饱和固溶碳含量的固溶强化作用，随着冷却速率的增加，相变温度降低，铁素体中的过饱和碳含量增加，强化作用增大。

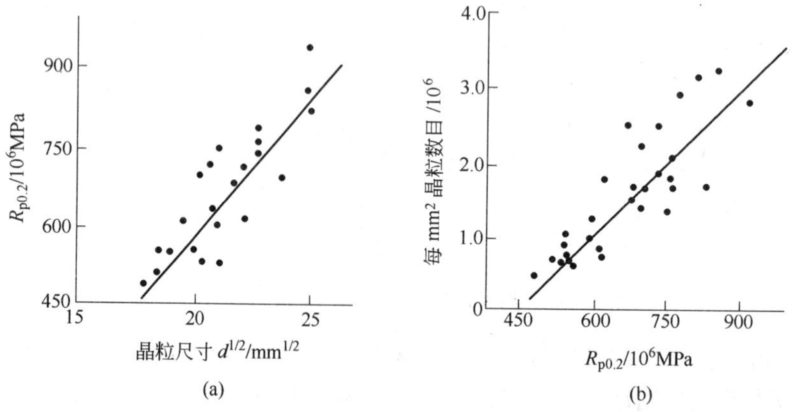

图2－83　贝氏体的强化机理
（a）贝氏体铁素体片条与强度关系；（b）碳化物弥散度与强度的关系

对于贝氏体钢的韧性而言，细化的贝氏体组织在提升强度的同时，能够有效地提高韧性，贝氏体组织即有效晶粒尺寸愈加细小，贝氏体钢强韧性的配合愈佳。与此同时，细化的贝氏体铁素体的边界处存在大量位错，根据位错的运动特点及其强化机制可知，高密度的位错不仅能保证贝氏体钢的高强度，而且能够有效改善韧性。对贝氏体钢中的碳化物来说，粗大碳化物或高碳马氏体区域容易产生微裂纹，形成超临界缺陷。一旦诱发解理裂纹，裂纹扩展难以被小角度的板条界面所阻止，裂纹将迅速传播和扩展；而碳化物较为细小后，不容易产生微裂纹，同时裂纹的传播会被许多碳化物阻止，或被位错所阻止，裂纹不容易扩展和传播。

因此，设计控轧控冷工艺生产的贝氏体钢时，需要仔细选择贝氏体的组织形貌，进而获得较好的强度和韧性。

近年来，以超快速冷却技术为核心的新一代 TMCP 技术凭借低成本减量化的工艺优势迅速在国内的热连轧机组和中厚板机组得到推广应用。图 2－84（a）、（b）分别示出的是低碳贝氏体钢（0.06% C－1.75% Mn－0.045% Nb－0.40% Cr－0.0018% B）在超快冷工艺下的贝氏体相变曲线、超快冷工艺示意图，图 2－85（a）、（b）分别为层流冷却和超快冷

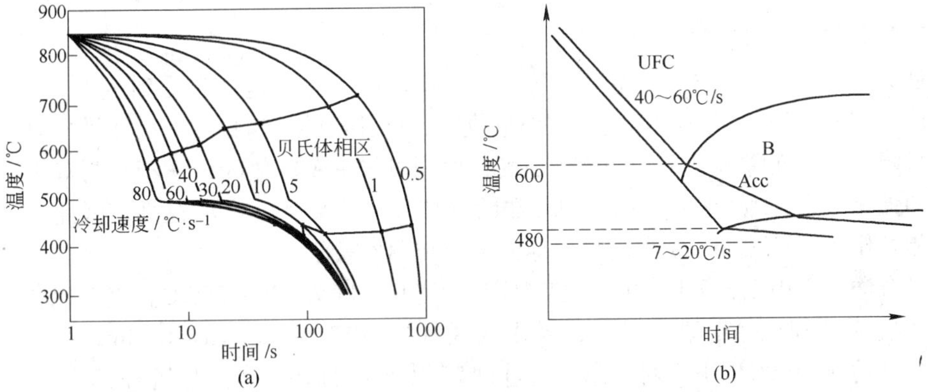

图 2－84　低碳贝氏体相变曲线及超快冷工艺示意图

（a）低碳贝氏体钢的相变曲线；（b）超快冷工艺示意图

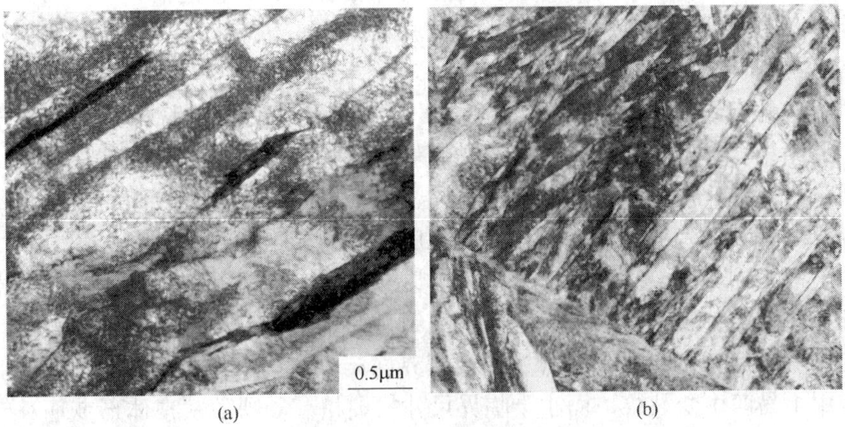

图 2－85　不同冷却工艺下的贝氏体组织透射照片

（a）层流冷却；（b）超快冷

工艺下典型贝氏体组织结构透射照片。通过观察分析，利用超快冷的冷却路径控制技术，低碳贝氏体钢在快速冷却工艺下获得了均匀细化的贝氏体组织，且贝氏体主要以板条状形式存在，交错排布的板条束相互截断，使板条束长度和宽度受到限制，贝氏体板条束的平均长度为6.0μm，平均宽度为0.18μm。力学性能检测结果显示，低碳贝氏体钢的屈服强度达到800MPa，抗拉强度达到900MPa，具有良好的性能指标，与同成分下常规控轧控冷工艺相比，强度提高了100MPa左右。通过形成交错的贝氏体结构有效提高了钢材强度的同时，细化的贝氏体组织具有良好的断后伸长率及低温冲击功，如表2-19所示。通过有效控制贝氏体的相变温度，依据不同形貌贝氏体的性能特征，选取合理的轧制与超快冷工艺参数，控制贝氏体组织及贝氏体组织亚结构，可以达到控制贝氏体钢强韧性的目的。因此，超快冷工艺通过细化贝氏体组织而有效提高了低碳贝氏体钢的强度及韧性。

表2-19 不同工艺下低碳贝氏体钢力学性能

工 艺	$R_{p0.2}$/MPa	R_m/MPa	$R_{p0.2}/R_m$	A/%	冲击功（-20℃）/J		
层流冷却工艺	720	860	0.84	18.0	214	212	216
超快冷工艺	850	930	0.91	19.0	218	211	213

2.7.3.2 M-A岛强韧性化控制

在低碳贝氏体钢中，M-A岛作为第二相对强韧性的影响越来越受到重视。M-A岛是在贝氏体相变过程中伴随着C的扩散而形成的，这种富碳小岛数量的增加将导致贝氏体中碳含量降低，从而降低贝氏体基体的强度；但同时M-A岛作为硬质相，与双相钢中的马氏体的强化效果类似，M-A岛体积分数的增加又可能导致强度的提高。因此，上述两种因素相互作用，导致M-A岛对贝氏体的强化作用比较复杂。

针对海洋工程用钢，采用两阶段控制轧制，终轧温度为830~850℃，然后以8℃/s的冷却速率层流冷却至Ar_3温度以上，采用在线快速冷却（Ultra Fast Cooling，UFC），以35℃/s冷速冷至300℃以下。对轧态钢板进行550℃回火处理，回火时间为1h。

轧态为下贝氏体和粒状贝氏体的混合组织，贝氏体铁素体（BF）形态多为针状和条状，富碳相的形态及分布可概括为如下两种情况（图2-86）：

（1）条状碳化物（banding carbides）连续分布于板条铁素体之间；

（2）岛状M-A复相组织（M-A islands），多分布于铁素体边界处，表面浮突，呈不规则岛状。

回火过程，轧态组织中的富碳硬相（主要为M-A组元）分解，“释放”出的碳原子，与合金元素结合形成富Nb碳化物，在铁素体内补充析出，弥散分布，这些细小析出物一方面通过析出强化作用强化了铁素体基体，另一方面，可以有效阻碍位错运动，延缓基体的回复，降低软化趋势，从而保证了回火后钢板的高强度。

由于冲击外力的作用，基体的显微组织（图2-87）中，较低屈服强度的铁素体首先发生塑性形变，均匀分布其上的未完全分解的M-A组元（remain M-A islands，硬而脆，变形能力差）与铁素体的形变不相容，在两相界面产生应力集中，大于临界尺寸的M-A组元在此作用下易萌生微裂纹，而小于临界尺寸的硬相粒子则随铁素体形变而移动，聚集成团，阻碍剪切裂纹扩展，使得裂纹以颈缩方式转向生长，增加了裂纹扩展功。分布于铁素体晶界附近的回火中未完全分解的M-A组元（下简称“粒子”），周围堆积有位错环，

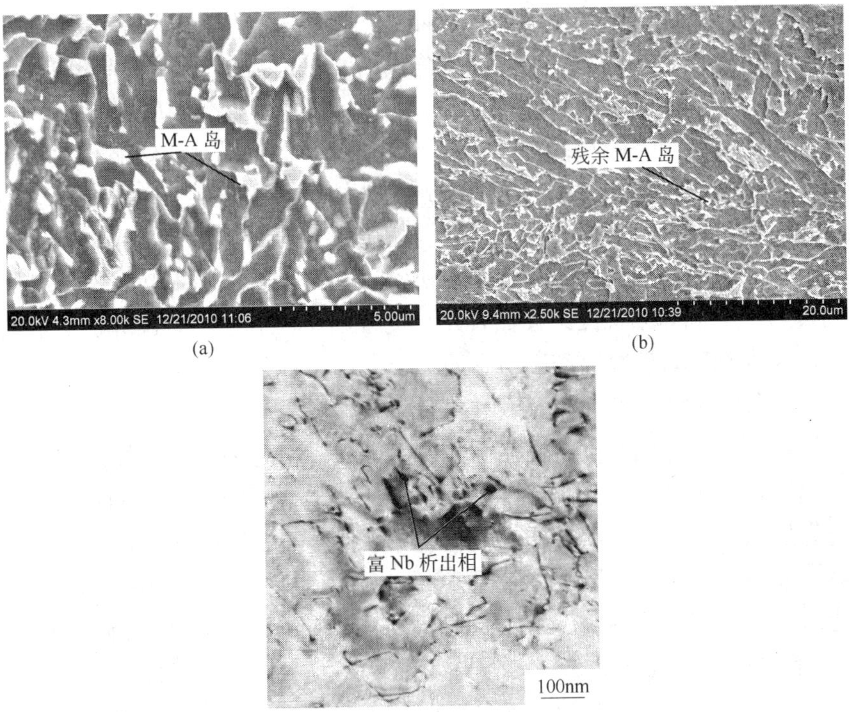

图 2－86 轧态及回火态实验钢的组织

（a）轧态 SEM；（b）回火态 SEM；（c）回火后的位错

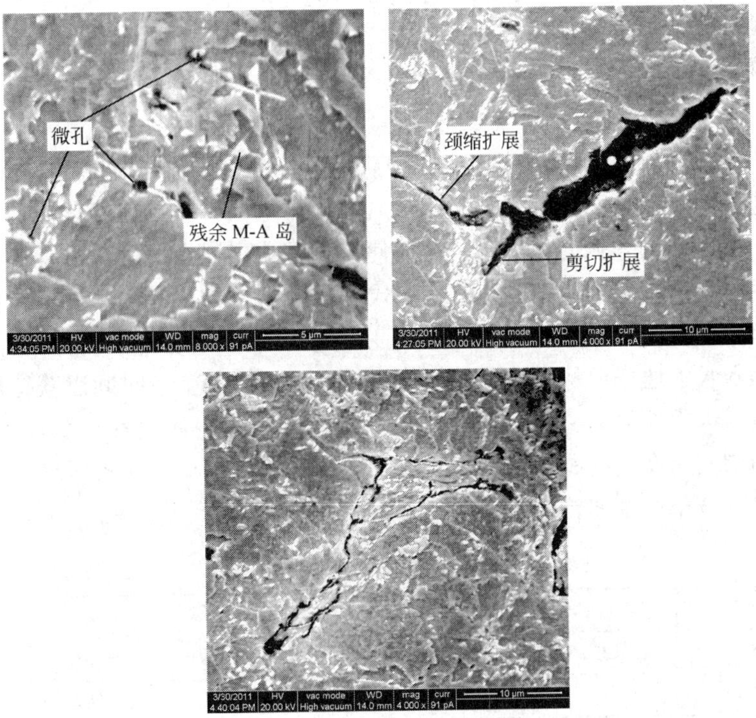

图 2－87 断口截面 SEM 像

位错环一方面受到粒子的排斥作用，另一方面又在堆积应力的作用下被“推向”粒子，两种作用在无外力时处于平衡状态。冲击外力作用时，平衡被打破，位错环向粒子与基体界面移动，形成微孔，同时原位错环后的位错源又重新激活，产生新的位错环向微孔移动，导致微孔迅速扩展。多个微孔在内颈缩作用下聚集合并，使得显微空洞长大，裂纹与附近显微空洞在各自颈缩作用下联结生长，形成颈缩裂纹（necking development）。钝化裂纹前沿显微空洞较少时，在峰值应力作用下裂纹剪切生长，形成剪切裂纹（shear extention）。

钢中同时存在颈缩和剪切两种裂纹扩展方式，由于部分M-A岛在变形过程中聚集，阻碍剪切裂纹的扩展，使得微孔聚合长大并与裂纹颈缩联结生长的颈缩扩展成为裂纹扩展的主要方式，宏观表现为韧性撕裂断口。

2.7.3.3 复相组织强韧化控制

相变组织强化是双相钢的主要强化方式，通过强化相与铁素体基体的相互作用，影响两相界面附近铁素体位错状态，降低屈服强度，提高抗拉强度，从而使得双相钢连续屈服，并具有低屈强比、高初始加工硬化率和良好的强度与塑性匹配。相变强化中的母相是软相铁素体，硬相是马氏体或贝氏体以及残余奥氏体。F+M双相钢的显微组织是20%～80%的多边形铁素体基体和10%～20%的马氏体岛组成。通常铁素体晶粒尺寸在3～10μm，马氏体岛1～3μm。塑性良好的多边形铁素体使双相钢具有良好的韧性，并且在铁素体中弥散分布的马氏体作为高硬度的第二相阻止了裂纹的扩展，更有助于提高双相钢的冲击韧性。马氏体相对性能的强化的作用表现为：

（1）弥散分布组织中，马氏体以粒状弥散分布在铁素体基体上，导致了异相界面显著增加，并使其周围晶格发生畸变，从而提高变形抗力，因而在这种情况下马氏体主要通过弥散强化使得热轧双相钢的强度提高；

（2）在高位错亚晶结构型组织（网状分布）中，马氏体起到强化晶界及细化晶粒的双重作用；

（3）在纤维状双相混合型组织中，这种双相混合组织具有对提高性能十分有利的位错亚晶结构，起到细化晶粒的作用。因而相变后的复相组织具有晶粒细化、晶界强化、第二相弥散强化、亚晶结构等强韧化机制，从而使双相钢达到较好的力学性能。

在工业生产上，利用超快冷工艺细化奥氏体晶粒的优势，对轧后处于硬化状态的奥氏体立即进行超快速冷却，控制铁素体开始转变温度在较低温度范围内，以提高铁素体形核率并降低其晶粒长大速率，从而细化铁素体组织。然后控制空冷时间以获得理想的铁素体份数；接着以最大冷速淬火实现马氏体相变。铁素体体积份数随着空冷时间延长而增加，其晶粒尺寸随中间温度提高而略有增大。双相钢抗拉强度随马氏体含量增加而增加，屈服强度随晶粒尺寸减小而增加，如图2-88和表2-20所示。

表2-20 双相钢的组织及力学性能

试样号	马氏体含量/%	屈服强度/MPa	抗拉强度/MPa	伸长率/%	n	屈强比
1	15	335	570	34	0.19	0.59
2	21	395	645	28	0.19	0.61
3	17	350	600	31	0.19	0.58

硝酸酒精腐蚀

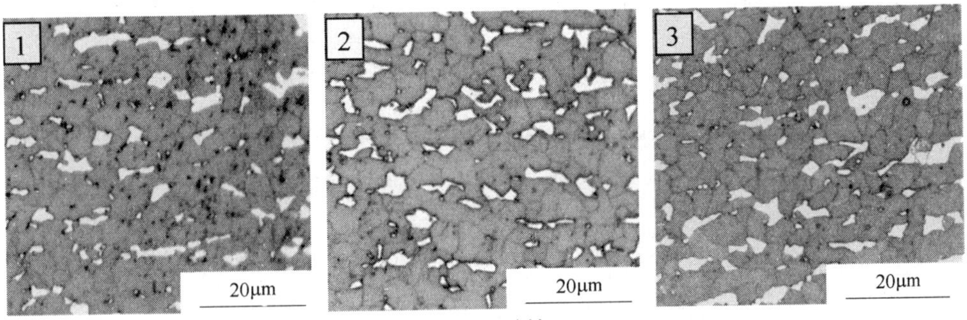

Lepera 腐蚀

图 2－88　F＋M 双相钢显微组织

2.7.4　结语

基于以超快速冷却装置为核心的新一代 TMCP 技术，目前已在首钢、鞍钢、涟钢、攀钢等企业成功应用，已经完成了低成本高等级管线钢 X65、X70、X80、高强工程机械钢 Q550D～Q690D 及 Q960、水电钢 SG610CFD（07MnCrMoVR）、耐磨钢 NM360 以及低成本 Q370q－Q460q 桥梁钢、低成本高强船板 A/D/E32、A/D/EH36、EH40 和低成本 F500 级海洋工程用钢等一系列产品的生产及供货。

第③篇

高性能、低成本、减量化钢材品种开发

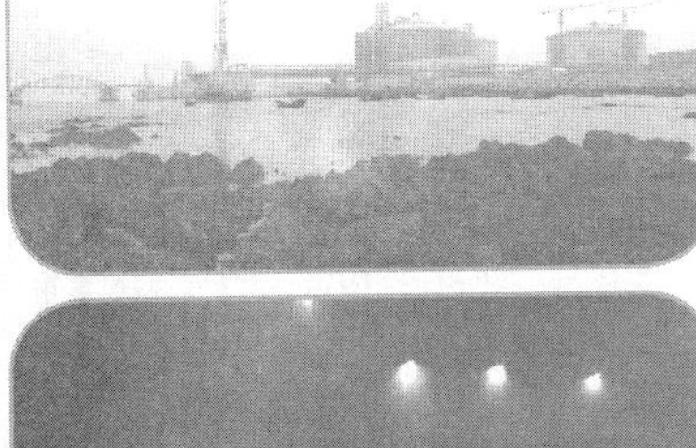

3.1 大热输入焊接用中厚钢板生产工艺技术

近年来，随着造船、海洋工程、超高层建筑、桥梁、管线、压力容器等制造业的迅速发展，中厚板大型构件焊接的生产规模急速扩大。而我国生产的常规中厚板，为了保证焊接区域的强度和韧性，只能采用小的热输入（≤50kJ/cm）进行多层多道次焊接，使得焊接生产效率很低，生产成本相对较高，已不能满足现代经济发展所要求的低成本、高效率和减量化制造的需求。为此中厚钢板的制造业以提高施工效率和降低成本为目的，逐步开始应用更为高效的多丝埋弧自动焊、多丝气体保护焊、气电立焊、电渣焊、窄间隙焊等大热输入焊接方法。

大热输入焊接方法由于焊接热影响区高温停留时间长，容易导致奥氏体晶粒显著粗化，且单道次焊接比多道次焊接时焊后冷速小，在随后的相变过程中焊接热影响区易形成侧板条铁素体、魏氏组织和上贝氏体等非正常组织，M－A 岛数量增加且粗大，造成焊接接头的强度和韧性严重恶化，并容易产生裂纹等缺陷，导致其不能满足服役要求，影响构件整体的安全使用。因此适应大热输入焊接中厚钢板生产工艺技术研究开发备受关注。

3.1.1 国外大热输入焊接用钢的发展

自 20 世纪 90 年代日本提出“氧化物冶金”新概念至今，大热输入焊接用钢的生产工艺技术已日趋成熟并广泛应用于多种制造领域，其中以新日铁、JFE、神户制钢等企业为代表，已能够生产出焊接热输入为 390～680kJ/cm 的造船用钢板，厚度为 100mm 的船板钢可实现单道次焊接，使日本的造船效率迅速提高达到我国的 4～7 倍。目前日本桥梁用钢的焊接热输入可达 350kJ/cm；海洋工程用高强度钢板的焊接热输入已经达到 200kJ/cm；超高层建筑用钢能够承受的热输入已经超过 1000kJ/cm；水电、核电、石油化工等领域使用的压力容器、管线钢等也均能够实现大热输入焊接。虽然日本的这几家钢铁企业生产大热输入焊接用钢的理念是基于“氧化物冶金”技术，但在实际生产中，这几大钢铁企业的工艺技术也各有不同。

新日铁采用的是自己研究开发的“HTUFF”技术（Super High HAZ Toughness Technology with Fine Microstructure Impacted by Fine Particles）；JFE 采用的是自己研发的“JFE EWEL”技术；神户制钢早期采用的是称为“神户超韧化技术”即“KST”技术（Kobe Super Toughness），并结合 TMCP 的精确控制来生产大热输入焊接用钢，而目前采用的是在原有技术基础上又引入新手段的“低碳多方位贝氏体”技术，生产的高强钢的焊接热输入达 400kJ/cm，抗拉强度达 780MPa 级别。

日本的大热输入焊接用钢的发展经历了从 TiN 到 Ti_2O_3 再到如今的 Ca、Mg 氧化物或硫化物的过程。虽然大批量供货给世界各国，但是其生产工艺技术多年来始终处于高度保密状态。即使知道钢板的化学成分，由于其工艺控制过程的关键点无法知晓，也不能使钢板实现大热输入焊接。这也是其他钢铁企业多年来一直没有掌握这一技术的关键原因。

3.1.2 国内大热输入焊接用钢的研究现状

目前，我国的大热输入焊接用钢板的工业生产与应用，仅局限于原油储罐与造船这两个领域，而且只能生产满足焊接热输入为 100～150kJ/cm 的钢板，与日本相比仍有很大差距，而其他众多领域所需的大热输入焊接用钢尚属空白。

3.1.2.1 原油储罐用钢的发展

在 2004 年前我国石化企业所建造的 10 万立方米石油储罐，主要采用日本钢铁企业生产 SPV490 系列钢板。随着我国石油消费的日益增加及 2003 年开始的国家战略石油储备建设的需要，强力推动了国产储油罐钢板的研究进程。目前国内已经有数家钢厂取得了生产资格认证，其认证时焊接热输入量为 100kJ/cm，但是其供货的钢板在实际石油储罐的气电立焊焊接中，仍然需要严格控制热输入在 80～90kJ/cm 范围内，用以保证罐体的焊接质量。其结果是 32mm 或 40mm 的钢板纵缝只能开 X 形坡口，正面背面各焊接一道次，而不能实现采用 V 形坡口的一道次气电立焊，其根源是钢板的大热输入焊接性能还不能够满足单道次焊接要求。我国原油储罐用钢的发展大致经历了以下五个阶段：

（1）第一代原油储罐用钢的研发，原油储罐钢板在开发之初，引用日本 SPV490 的成分体系和标准，通过消化吸收，设计并生产出适合我国钢铁企业自身特点的成分体系和生产工艺。

（2）第二代原油储罐用钢的研发，国内部分钢厂在总结工业生产中存在的问题后，对原有的化学成分体和生产工艺进行了优化，重点降碳，降钼，通过低碳微合金化以及稳定轧制和热处理工艺，在稳定产品实物性能的同时，降低产品的 P_{cm} 值，实现低焊接裂纹敏感性。

（3）第三代原油储罐用钢的研发，通过多元微合金化处理、钢液真空处理、夹杂物变性处理、连铸动态轻压下、TMCP 控制等多项新工艺、新技术，在保证钢板具有高纯净度、高强度、高韧性和低屈强比的基础上，使钢板的大热输入焊接性能达到 100kJ/cm 左右。

（4）第四代原油储罐用钢的研发，借鉴日本氧化物冶金技术，使钢中形成大量细小弥散的高熔点夹杂物，提高钢板焊接热影响区韧性，并将焊接热输入提高到 200kJ/cm 以上，可以实现罐壁厚钢板的单面单道次气电立焊焊接，代替现有的双面双道次焊接，并保证罐体的安全性能。

（5）第五代原油储罐用钢的研发，在钢板的焊接热输入达到 200kJ/cm 以上的基础上，实现钢板的 TMCP 及在线淬火新工艺，使钢铁企业及施工单位均能够实现节能降耗的减量化制造；同时使钢板具有良好的抗震性和抗腐蚀性能，推动 15 万立方米及以上原油储罐钢板的国产化进程。

我国目前建造的原油储罐用钢普遍使用第三代产品，加快后续的发展进程将更加有利于我国石油化工行业的快速发展。

3.1.2.2 造船用钢板的研究开发

目前，我国造船行业都采用多丝埋弧焊进行平直焊缝的焊接，如拼板等；或采用垂直气电立焊进行船体合拢缝的焊接及集装箱船舱口围板等的焊接。但现在国产船板钢的 TMCP 或正火材，多数只能承受 50kJ/cm 以下的焊接热输入，因此能够承受 50kJ/cm 以上热输入的大热输入焊接用钢研究开发与工业应用已引起国内各钢铁企业的广泛关注。许多企业已相继投入大量人力物力开始从事这项技术的研究开发。虽然船规中对热输入大于

50kJ/cm 及大于 200kJ/cm 的船板取样及检验已有特殊注明，但目前尚无工业生产和实际应用的业绩报道，国产大热输入焊接用船板钢的工艺控制技术有待于深入细致的研究开发，以期尽快获得突破并实现工业化生产。

3.1.2.3 国内大线能量焊接用钢的发展趋势

目前，国内企业开发大热输入焊接用钢时，通常采用传统的微细 TiN 钉扎作用机理，以避免焊接热影响区奥氏体晶粒的粗化。采用这种方法，在生产工艺合理的情况下，虽然钢板能够承受热输入达到 100kJ/cm 左右的要求。但是，在焊接热循环过程中，当温度达到 1350℃时 TiN 就会有 50% 发生溶解，当熔合线部位温度达到或超过 1400℃时，溶解的体积分数甚至能够达到 88%，造成钉扎作用的大幅度弱化。在实际大热输入焊接时，熔合线部位的温度可达 1400℃以上，所以靠近熔合线的母材一侧，TiN 会因溶解而弱化或失去钉扎作用，奥氏体晶粒将严重粗化。而且 Ti 的氧化物在钢中很容易粗化为凝聚体，若不能控制其形成微细弥散的 Ti 的氧化物，则会形成大尺寸夹杂物，反倒成为结构物破损的裂纹源。因此急待研究开发 TiN 以外的钉扎机制和细化热影响区晶粒组织的最新技术。

由于传统的 TMCP 工艺采用的细晶强化方式，随着钢板厚度的增大，强化效果显著减弱，所以，为了满足厚钢板的高强度，通常需要额外添加能够产生析出强化和固溶强化的元素，这其中的部分合金元素的添加都会不同程度地对焊接热影响区韧性产生不利影响。因此，利用高温稳定的氧化物粒子抑制 HAZ 区奥氏体晶粒粗化及细化焊后组织，并且活用 TMCP 来抑制脆化组织的钢材制造理念已被普遍认同。

既有的氧化物冶金研究结果表明，Ca、Mg、Zr 等与钢中的 O、S 具有极强的亲和力，能够形成高熔点的氧化物或硫化物及其复合化合物，CaO、MgO、CaS 等的熔点均超过 2500℃、热稳定性良好。这类高熔点且又弥散分布的微细第二相粒子，在高温下能够有效钉扎和阻止奥氏体晶粒长大，同时，这些微细的非金属夹杂物在焊后的冷却过程中还可以充当晶内铁素体的形核点，促进有利于韧性提高的细密针状铁素体或多位相的细小贝氏体组织形成，缩小焊接部位和基材性能的差异，大幅度提高焊接热影响区的综合性能。因此，有效利用钢中的微细夹杂物或第二相粒子抑制热影响区奥氏体组织粗化，并在其后的相变过程中促成针状铁素体大量形成的组织细化控制技术已成为近年国内竞相研究开发的热点课题。国内企业如果能够在短时间内掌握这些技术并研究开发出屈服强度达到 355 ~ 610MPa、焊接热输入大于 200kJ/cm、且适用于船舰、海洋工程、容器、桥梁、高层建筑或其他特殊领域的高强结构钢厚板，其经济效益和社会效益无疑会非常可观，同时还会对我国钢铁企业的品种结构调整和减耗增效产生积极影响。

3.1.3 大热输入焊接用钢技术开发的难点与工业实践

3.1.3.1 大热输入焊接用钢技术开发的难点与关键技术

大热输入焊接用钢的技术难点在于如何控制钢中形成一定类型的“有效”夹杂物或析出物，并利用这种夹杂物的特性，来抑制焊接热影响区奥氏体晶粒的粗化，同时细化晶内组织。钢中存在夹杂物是不可避免的，但并不是所有的夹杂物都能够产生这一作用，只有一定类型的夹杂物才能够提高焊接热影响区韧性，所以可称其为“有效”夹杂物。这类夹杂物的有效性还表现在其粒径适度、良好的热稳定性、合理的体积分率、能够在钢中均匀弥散分布等。一定类型的有效夹杂物需要同时具有合适的尺寸范围，不同尺寸的夹杂物或析出物对焊接热影响区的奥氏体晶粒尺寸、奥氏体晶界组织及晶内组织均有各自不同的作用；微细夹杂物的数量越多，分布越均匀，其效果越明显，这与现行的洁净钢概念稍有区别。研究结果表明：使钢中形成一定类型、尺寸、数量、分布均匀的夹杂物，才能够阻止奥氏体晶粒粗大并促进晶内针状铁素体生成或细化贝氏体组织。

控制钢中的夹杂物就需要控制钢液中的一次夹杂物和凝固过程形成的二次夹杂物，使之形成“有效”夹杂物，同时还要借助于轧制、热处理及大热输入焊接过程中部分元素的固溶与析出，以利于焊接热影响区性能的提高。如何通过各种工艺过程参数的有效控制来实现这一目的就成为大热输入焊接用钢生产的关键。

3.1.3.2 大热输入焊接用钢新工艺的工业生产实践

RAL人在王国栋院士的学术思想指导下，以原油储罐钢板和造船板为对象，系统研究分析了Ti、Ca、Zr、Mg等多种元素的添加量、添加方法、添加时机对微细粒子的数量、大小、化学组成和分布状态的影响，掌握了不同作用机制对结构钢大热输入焊接性能的影响规律，研究开发出不同生产工艺、不同用途和不同厚度规格钢板的产业化应用技术。主要的应用业绩及其技术成果如下所述。

A 原油储罐用钢板

应用RAL研究开发的新生产工艺，2010年与国内某企业合作，工业试制成功焊接热输入大于200kJ/cm的原油储罐钢板并实现批量供货。该钢板的常规力学性能如表3－1所示，强韧性能匹配合理，－40℃冲击功$A_{kv}\geqslant200$J，全厚度规格钢板的屈强比≤0.9；与国内同类钢种的大热输入焊接热模拟试验结果比较如表3－2所示，焊后热影响区的金相组织如图3－1所示。数据显示，该钢板在焊接热输入为400kJ/cm、峰值温度1400℃、保温3s的试验条件下，焊接接头的－15℃平均冲击功达到194J的较高水平，焊接热影响区具有典型的针状铁素体组织，针状铁素体的体积分数大于80%。实际气电立焊结果如表3－3所示。由于大热输入焊接性能的大幅度提高，将使15万立方米以上储油罐用钢板的国产化成为可能，而且有望将目前10万立方米罐体的双面两道焊接改为单面单道次焊接，提高施工效率，降低制造成本。此外，该钢板还具有较好的耐H_2S腐蚀性能（与国内同类钢板的对比数据参见表3－4），吨钢制造成本比国内企业现行的生产工艺降低约300元。目前该钢板的综合使用性能已被认为优于日本产的SPV490Q石油储罐钢板，具有很好的推广应用前景。

表3－1 某钢厂12MnNiVR石油储罐钢板的力学性能（40mm）

R_{eL}/MPa	R_m/MPa	R_{eL}/R_m	A/%	A_{kv}（－40℃）/J
560	645	0.87	25	302，322，323，(315)

表3－2 国内同类钢种大热输入焊接热模拟试验结果比较

钢种	热输入/kJ·cm^{-1}	峰值温度/℃	峰值温度停留时间/s	$t_{8/5}$/s	A_{kv}（－15℃）/J
A钢厂	120	1300	1	198	104，83，82，(90)
B钢厂	120	1300	1	200	101，79，86，(89)
试制钢	125	1300	1	215	217，218，190，(208)
	400	1400	3	326	205，231，145，(193)

注：A、B两钢厂的焊接热模拟试验数据为石油储罐认证部门提供。

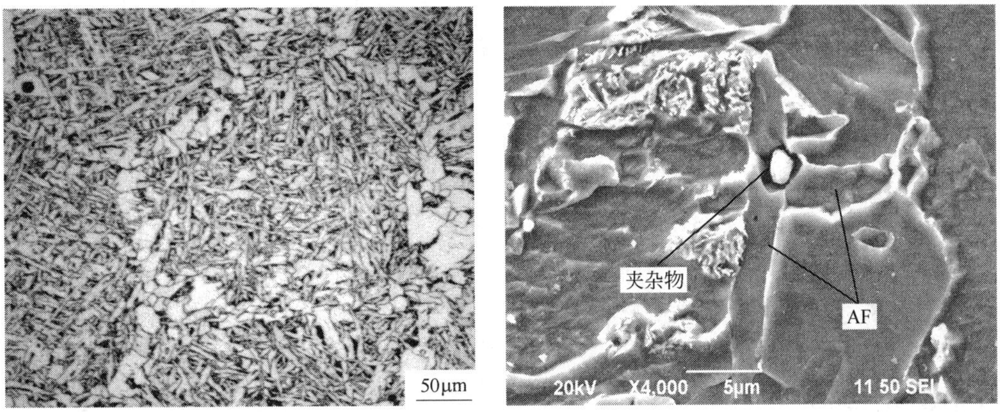

图 3－1 某钢厂工业生产石油储罐钢板的焊接热影响区典型组织与针状铁素体（AF）

Q＝400kJ/cm；峰值温度 1400℃、保温 3s；A_{kv}(－15℃)＝194J

表 3－3 某钢厂 12MnNiVR 石油储罐钢板的焊接结果（40mm）

坡口形式	焊接电流/A	焊接电压/V	焊接长度/cm	焊接时间/s	热输入/kJ·cm^{-1}	A_{kv}(－40℃)/J	
单 V	380～390	43～44	58	680	196～201	WM	118，120，125
						FL	100，90，101
						HAZ	130，89，99

表 3－4 同类钢种耐 H_2S 腐蚀性能比较

钢 种	编号	试样表面积/mm^2	腐蚀前质量/g	腐蚀后质量/g	腐蚀速率/mm·a^{-1}	
C 钢厂 12MnNiVR	1	2917.96	35.1412	34.9949	0.3352	0.3427
	2	3009.40	36.6197	36.4674	0.3383	
	3	2978.18	36.4562	36.2982	0.3547	
试制钢	1	2977.49	36.4501	36.3166	0.2997	0.3015
	2	2960.02	35.4629	35.3278	0.3051	
	3	2975.79	36.6080	36.4746	0.2997	

注：由中科院腐蚀所按 NACE TM0177—2005 和 JB/T7901—1999 标准检测的数据。

B 造船钢板

东北大学 RAL 国家重点实验室于 2010 年初，在国内试制成功大热输入焊接用 EH40 级造船钢板，该钢板在热输入 Q＝800kJ/cm，峰值温度为 1400℃、保温 30s 的条件下，焊接模拟热影响区的冲击韧性稳定，冲击功单值 A_{kv}（－20℃）≥150J，焊接热影响区的针状铁素体（AF）含量≥80%，其组织如图 3－2 所示。

其后又于 2012 年初同国内某企业合作，工业试制成功焊接热输入能够稳定达到 300kJ/cm 的 EH40 和 EH36 造船钢板，且热影响区的冲击功值有较高的富余量，现在正在进行 400kJ/cm 的气电立焊焊接工艺评定。工业试制船板的常规力学性能如表 3－5 和表 3－6所示；40mm 钢板的大热输入焊接热模拟试验结果如表 3－7 所示，模拟焊接热输入量可稳定达到 500kJ/cm；按照中国船级社《材料与焊接规范》，选用日本神户制钢的 DW－

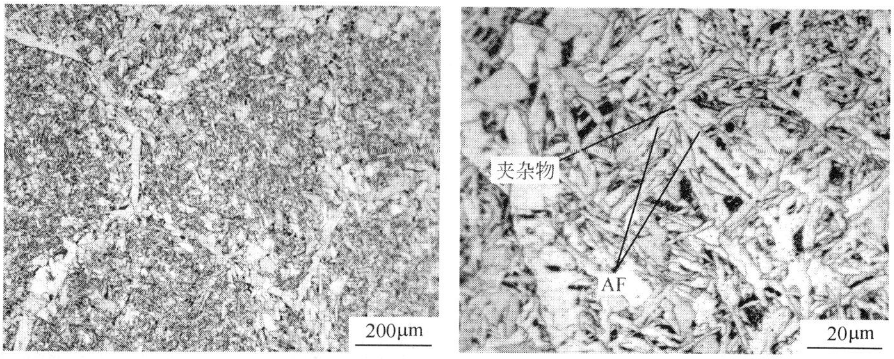

图3－2 实验室试制船板钢的热影响区典型组织与针状铁素体（AF）
Q=800kJ/cm；峰值温度1400℃、保温30s；A_{kv}（－20℃）＝188J

S1LG药芯焊丝，在表3－8所示焊接工艺条件下，采用气电立焊进行实物单面单道大热输入焊接的试验结果如表3－9所示（焊接试板的拉伸与冷弯试样全部合格），其焊接熔合线部位的金相组织如图3－3所示。

表3－5 国内某钢厂工业生产40mm船板钢的常规力学性能

供货状态	R_{eL} /MPa	R_m /MPa	A_{50}/%	A_{kv}(－40℃)/J						Z向拉伸		
				钢板表面		钢板1/4处		钢板1/2处				
				横向	纵向	横向	纵向	横向	纵向			
TMCP	458	535	25.4	279	272	275	279	273	278	81.6	83.17	79.4
	467	528	25.3	270	283	268	275	267	273	81.4	84.01	82.9

表3－6 国内某钢厂工业生产70mm船板钢的常规力学性能

供货状态	R_{eL} /MPa	R_m /MPa	A_{50}/%	A_{kv}(－40℃)/J 横向			Z向拉伸			应变时效(－40℃)/J		
				表面	1/4	1/2						
TMCP	431	528	31.2	263	294	268	68.5	71.7	72.9	251	294	246
	437	524	32.1	256	300	338	68.6	69.3	68.3	278	238	274

表3－7 国内某钢厂工业生产40mm船板钢焊接热模拟试验结果

焊接热输入/kJ·cm^{-1}	峰值温度/℃	停温时间/s	$t_{8/5}$/s	A_{kv}(－20℃)/J
100	1400	1	138	287，225，174
200	1400	1	215	267，168，226
300	1400	3	309	262，119，259
400	1400	3	325	231，232，243
500	1400	5	550	196，207，209
800	1400	30	730	217，45，198

表3－8 国内某钢厂工业生产40mm船板的实物焊接工艺参数

坡口形式	焊接电流/A	焊接电压/V	试板长度/cm	焊接时间/s	焊接热输入/kJ·cm^{-1}
单V	520	54	55	580	296

表 3-9 国内某厂工业生产 40mm 船板的气电立焊结果

取样位置		A_{kv}（-40℃）/J
上表面	焊缝	57，44，54
	熔合线	79，86，145
	熔合线外 2mm	256，299，261
	熔合线外 5mm	303，265，257
	熔合线外 7mm	259，245，255
下表面	焊缝	54，52，46
	熔合线	125，81，68
	熔合线外 2mm	291，245，262

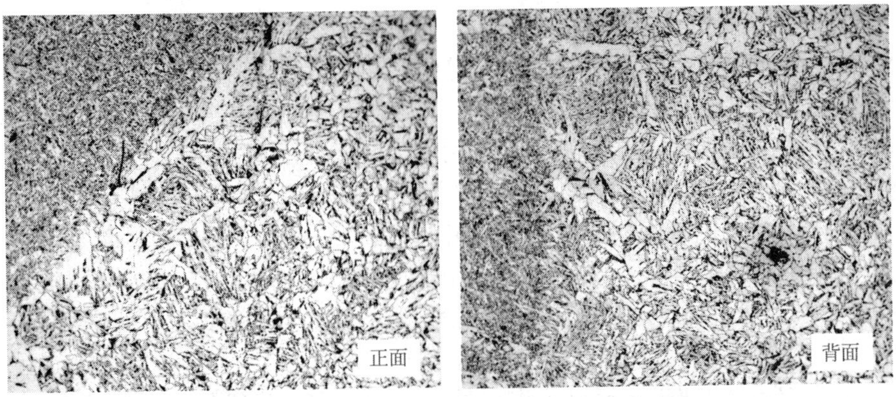

图 3-3 国内某厂 40mm 船板气电立焊熔合线部位的金相组织（200×）

从这些数据可以看出，国内工业试制成功的 EH40 船板各项力学性能满足船规要求，且具有不低于日本现有造船钢板的大热输入焊接性能，具有良好的市场应用前景。由于目前国产的焊接材料只能够满足船舶焊接的一般需求，对于大热输入焊接用焊丝仍然依赖进口，因此在国产大线能量焊接用钢的推广应用过程中，期待国内同行互通信息、鼎力合作，尽快解决含大热输入焊接专用焊材的国产化在内的各种相关配套技术。

展望未来，生产大热输入焊接用钢的这种共性应用技术，还有望拓展延伸到锻造材料及铸件等众多大型构件的制造领域。研究开发大热输入焊接用钢铁材料，并协助下游用户实现绿色制造的钢材品种，实现大幅度节约资源和能源，减少对合金元素的过度依赖和资源的过度消耗，这对于提高钢铁行业的生产效益，实现减量化制造和推进国民经济的可持续发展，均具有非常重要的实际意义。

3.2 9Ni 钢研发及工业化规模生产

我国是能源消耗大国，随着我国经济社会的发展，能源领域的供求矛盾日益突出，我国已从石油出口国转为石油进口国，能源安全已成为影响我国经济社会发展的重大战略问题。长期以来以煤为主的能源结构导致我国大气污染严重，随着近年来中国石油的短缺和环境保护力度的加大，天然气作为一种清洁能源越来越受到重视。

未来15年我国天然气需求年平均增速将达10.8%，到2020年中国的天然气消费量将达到2000亿立方米，而那时我国天然气生产量仅1200亿立方米，天然气消费量的40%依赖进口液化天然气（LNG）填补。天然气的储运已是解决我国能源需求、保障能源安全和环境保护的关键工程，已成为我国能源结构调整的核心任务之一。

为了方便海上运输和储存，一般将天然气采用先进的制冷工艺技术，在常压－162℃的低温条件下使其液化成LNG，可使其体积缩小约625倍。由于LNG的可燃性和超低温性，对LNG储罐的性能要求很高。为了保证储罐具有高的安全性，对处于超低温（－100℃以下）环境下使用的内胆结构材料的低温性能要求极高，不仅要具备较高的强度，还要保证焊后在低温条件下不会发生脆裂，即要求超低温条件下具有一定的塑性和抗裂能力。针对这种超低温应用环境下的性能需求，美国INCO公司在20世纪40年代首先发明了9Ni钢，并于1952年建造了全球第一座LNG储罐。相对于奥氏体不锈钢和奥氏体铁－镍合金，9Ni钢成本更低且强度更高；相对于铝合金，9Ni钢具有更好的综合力学性能。因此，LNG储存和运输设备的内胆结构材料国际上普遍选用9Ni钢。

未来几年我国将在沿海城市建造十余个LNG接收基地，包括几十座大型LNG储罐，约30艘LNG船及相应的一些配套设施。一座16万立方米的LNG储罐需要2000余吨不同厚度规格的9Ni钢钢板，因此，未来10年我国对9Ni钢的需求量在10万吨以上。

2006年东北大学轧制技术及连轧自动化国家重点实验室开始进行9Ni钢的基础研究和工艺试验，为实现9Ni钢的工业化生产奠定了基础。2008年结合南钢炉卷轧机生产线进行了工业化试制，产品于2009年通过了容标委认证，在进一步优化工艺基础上实现了9Ni钢的工业化规模生产。是继太钢之后国内第二家供货单位，产品获得了英国TD公司的高度评价。

3.2.1 9Ni钢成分设计

9Ni钢中的合金元素种类不多，除了钢中基本成分Fe、C外，主要的合金元素有Ni、Si、Mn，如表3－10所示。在《低温压力容器用9% Ni钢板》(GB 24510—2009）中还允许存在少量的Mo、V、Cr、Cu等合金元素以提高强度等。

表3－10 9Ni钢化学成分 （%）

C	Si	Mn	S	P	Ni
≤0.06	0.1～0.3	0.4～0.8	≤0.005	≤0.005	8.5～9.6

Ni元素的作用主要有以下几点：

（1）Ni是非碳化物形成元素，可以与Fe形成α和γ相固溶体，在γ相中可以无限固溶，在α相中的溶解度约10%，它能扩大γ相区，是奥氏体形成和稳定元素；

（2）Ni能使螺型位错不易分解，保证交叉滑移的发生，提高材料塑变性能，同时Ni能降低位错与杂质间交互作用的能量，这意味着马氏体板条内可存在更多的可动螺型位错，从而改善塑性，降低解理断裂倾向；

（3）Ni为奥氏体稳定元素，尤其是对稳定逆转奥氏体非常重要，富Ni和其他奥氏体稳定元素的逆转奥氏体在极低温度下稳定，在变形过程中，逆转奥氏体作为组织中的软相，能吸收部分应变能，当变形达到一定程度后，还能通过形变诱导相变转化为α′相，是增韧的机制之一；

（4）Ni 降低韧－脆转变温度的能力仅次于 N，是金属元素中最好的降低韧－脆转变温度的元素；

（5）Ni 同时有利于提高淬透性，并通过固溶强化提高强度。

Mn 是奥氏体稳定元素，富集于奥氏体中有利于逆转奥氏体的稳定；Mn 也是基体强化元素，可以通过固溶强化和沉淀强化（形成细小 MnS 颗粒）来提高强度；Mn 对淬透性也有强烈影响，显著提高材料的淬透性。Mn 含量过低则强度达不到要求，过高则容易形成大尺寸的 MnS 夹杂物恶化韧性，最优选择为0.6%。Mn、Si 以一定比例存在于钢中，还有利于抑制 Si 偏聚。

Si 在炼钢过程中是脱氧元素，对降低 9Ni 钢中有害元素 O 含量非常重要；Si 同时可以提高强度；Si 除了和 Mn 按一定比例存在于钢中可抑制 Mn 偏聚外，Si 还可以抑制 P 在晶界偏聚；Si 含量过高则不利于焊接性能，降低 Si 含量可使母材及焊接热影响区（HAZ）的低温韧性得到改善。

C 是钢的强化元素，也是奥氏体稳定元素，逆转奥氏体富集 C 后会显著降低 Ms 点，提高其稳定性；但 C 含量过高会导致韧－脆转变温度升高，对 HAZ 的低温韧性有害。因此，在保证强度的前提下，C 应该越低越好，一般控制在0.05%以内。

S 易与金属元素 Mn 形成析出物 MnS，降低低温韧性。P 容易在晶界偏聚，与铁形成 Fe_3P 使 Fe 原子与周围 Fe 原子结合力变弱，降低晶界抗裂纹扩展能力，恶化低温韧性。因此 S、P 都是对低温韧性有害的元素，客户一般对 S、P 含量要求控制在 50×10^{-6}以下。

O、N 与 Al 容易形成高熔点析出物 Al_2O_3 和 AlN，而且析出物直径较大，能达到几微米，在析出物附近容易造成应力集中而成为裂纹源，严重影响基体的低温韧性，应尽量减少这几种元素含量。

3.2.2 9Ni 钢的组织演变

相对于炼钢、热轧等工序，9Ni 钢的热处理是其具有高强韧性能的关键工序，直接决定了钢板的组织结构和力学性能。对于 30mm 以下厚度规格钢板，采用淬火＋回火（QT）工艺即能保证具有理想的力学性能，因此，实际工业化生产 9Ni 钢通常只采用 QT 工艺进行热处理。

对 QT 热处理过程中淬火态试样采用饱和苦味酸溶液、4% Nital 溶液和 Lepera 试剂进行侵蚀显示原奥氏体晶界、微观组织和逆转奥氏体，并在金相显微镜和扫描电镜下采用 OM 和 SEM 的进行了观察。图 3－4 示出的是不同热处理阶段 9Ni 钢的显微组织。轧态 4% Nital 溶液腐蚀后组织的金相照片如图 3－4（a）所示，可以看到，室温下的组织为马氏体，这是因为 9Ni 钢中含 Ni 量高，奥氏体稳定，需要大的过冷度才会转变，且 Ni 有利于提高淬透性；马氏体组织呈粗、细带状分布，这是原奥氏体晶粒尺寸和合金元素沿厚度方向分布不均导致的。原奥氏体晶粒呈压扁状如图 3－4（b）所示，统计了 220 个晶粒，平均晶粒尺寸为 28.71μm，晶粒尺寸均匀性很差，最大的晶粒等效直径能达到 90μm，在大尺寸晶粒晶界及晶界交汇处，还存在少量尺寸在 10μm 以下的小尺寸等轴晶粒。图 3－4

（c）所示为800℃保温1h后的奥氏体晶粒组织，其尺寸较轧态的细化了约10μm，且晶粒以等轴晶为主，晶粒尺寸均匀，可见奥氏体化工艺参数对原奥氏体晶粒形貌和均匀性等具有决定性的影响，而原奥氏体晶粒特征直接影响淬火马氏体组织的均匀性和马氏体领域、板条束和亚板条束等结构的尺寸，从而影响力学性能。

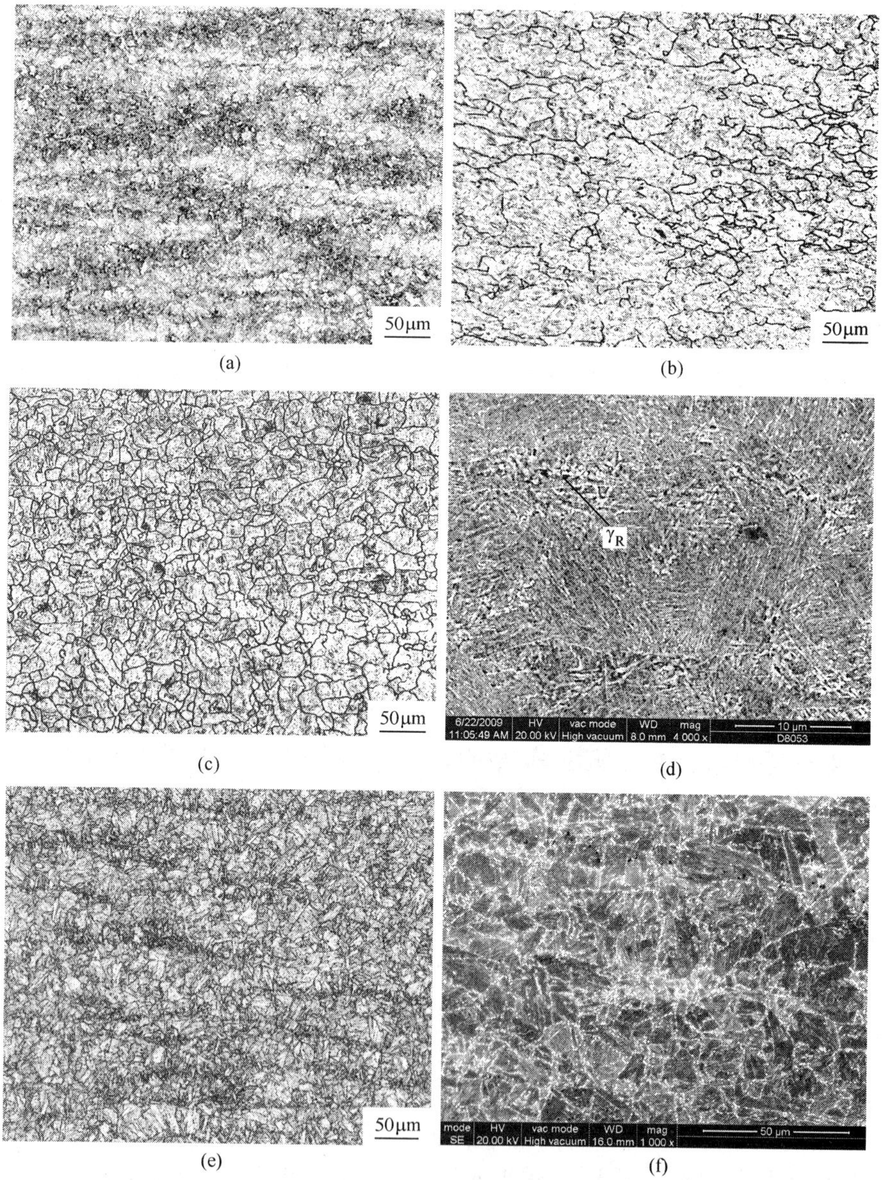

图3－4　QT热处理的组织演变

（a）轧态组织的金相照片；（b）轧态原奥氏体晶粒；（c）淬火态原奥氏体晶粒；（d）残余奥氏体；（e）回火态组织的金相照片；（f）逆转奥氏体

图3－4（d）所示为钢板奥氏体化、淬火后的组织为板条马氏体，由于9Ni钢具有好的淬透性，水淬后富C的残余奥氏体量极少，主要呈细小粒状颗粒分布在原奥氏体晶界上，极少量呈条状分布在原奥氏体晶内的大角度晶界上。

在略高于 A1 线温度回火时，在逆转奥氏体形核和长大过程中，合金元素重新配分。马氏体中的 C 等间隙原子和奥氏体稳定元素 Ni、Mn 等会向逆转奥氏体中迁移，马氏体基体强度会降低，塑性得到改善。经元素重新配分后的组织如图 3－4（e）所示，其中深色区域为奥氏体稳定元素浓度较高的区域，组织较细小，逆转奥氏体量较多，而在其余区域，组织较粗大。如图 3－4（f）所示，逆转奥氏体主要分布在原奥氏体晶界和大角度晶界上，这利用净化大角度晶界和周围基体中 C 等有害于韧性的元素，提高材料塑性和大角度晶界抗裂纹扩展的能力。

图 3－5 示出了淬火态和 580℃ 回火 1h 试样中的合金元素分布情况。从图 3－5（a）中可以观察到，在衬度较亮的残余奥氏体处富集了 C 和 Si 元素，Ni 和 Mn 的含量甚至略低于平均水平，说明淬火过程不会发生 Ni 和 Mn 元素的配分，但 C 会向残余奥氏体中富集。回火 1h 后，如图 3－5（b）所示，在原奥氏体晶粒内部的凸起组织中只有 C 和 Si 富集，但在原奥氏体晶界上的凸起组织中 C、Si、Mn 和 Ni 均富集，说明原奥氏体晶界附近更有利于合金元素的扩散。

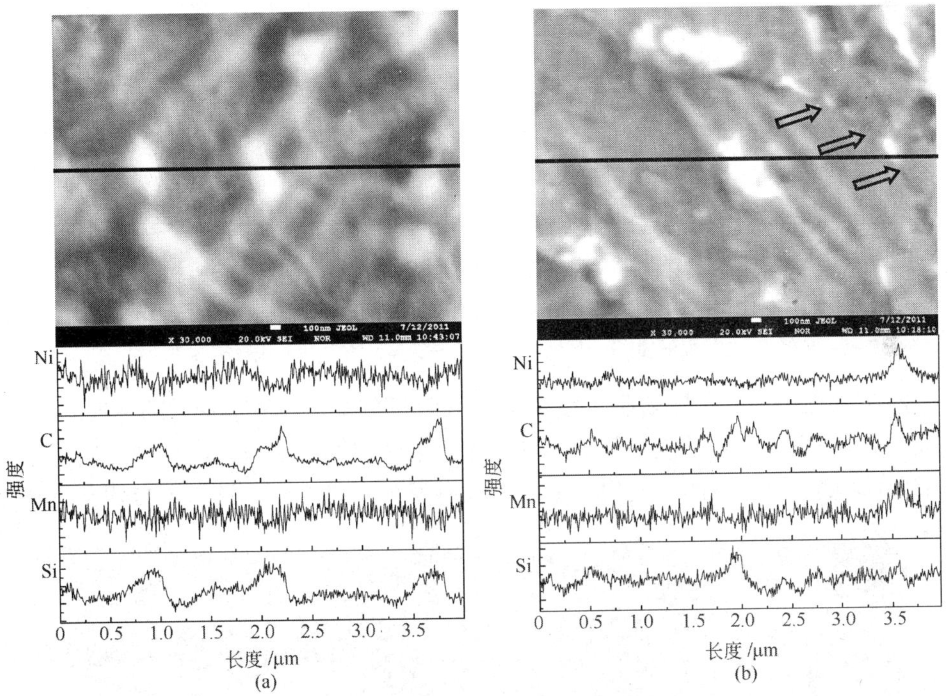

图 3－5　回火过程中合金元素配分

（a）淬火态；（b）580℃ 回火 1h

通过对 9Ni 钢 QT 热处理过程中组织演变的分析可以看出，组织细化主要取决于奥氏体化参数的优化；逆转奥氏体的量和尺寸主要由元素的扩散控制，逆转奥氏体量和分布决定了基体的净化程度，进而影响基体的塑性形变能力和材料韧性。

3.2.3　9Ni 钢韧化因素分析

3.2.3.1　9Ni 钢断裂过程分析

在冲击载荷作用下，试样的断裂大致经历弹性变形、塑性变形、裂纹稳定扩展和裂纹失稳扩展等过程。与此对应，冲击试样断裂所吸收的总能量（A_K）可以分为解为弹性变形能 E_e、塑性变形能 E_s、裂纹稳定扩展能 E_{p1} 和裂纹失稳扩展能 E_{p2}，并依次由各段曲线所覆盖的面积来表示。也可以把冲击功分为裂纹形成功 A_i（包括 E_e 和 E_s 两部分）和裂纹扩展功 A_p（包括 E_{p1} 和 E_{p2} 两部分）。

韧性断裂过程中 9Ni 钢典型的载荷、能量 - 时间曲线示意图如图 3 - 6 所示。从多次冲击试验结果的统计来看，QT 热处理后钢板的 A_p 值占 CVN 值的 70% 以上，因此，提高钢板低温冲击性能的关键在于提高材料抗裂纹扩展能力。A_p 又分为两个部分，其中 E_{P1} 占主要部分，这对应于裂纹周围的塑性形变，如果塑性形变量大，则稳态扩展功高；另一部分 E_{P2} 主要反应材料抗裂纹失稳扩展的能力，即组织对扩展过程中裂纹的钝化或使裂纹发生转向的能力。

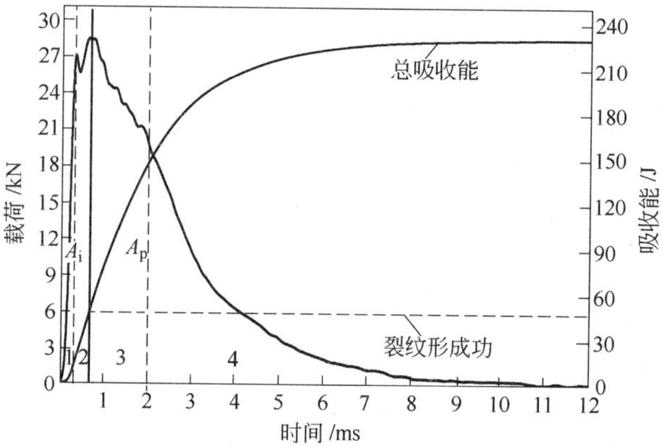

图 3 - 6 9Ni 钢韧性断裂冲击过程中载荷、能量 - 时间曲线

1—弹性变形能；2—塑性变形能；3—稳态扩展功；4—失稳扩展功

图 3 - 7 示出了钢板韧性断裂时裂纹扩展区附近的显微组织。从图 3 - 7（a）中可以观察到，回火马氏体被拉长或者扭转，马氏体板条被拉得几乎与裂纹扩展方向平行，发生了大的塑性形变。颗粒状的突起组织形态上没有发生明显变化，这可能是由于其固溶了 C

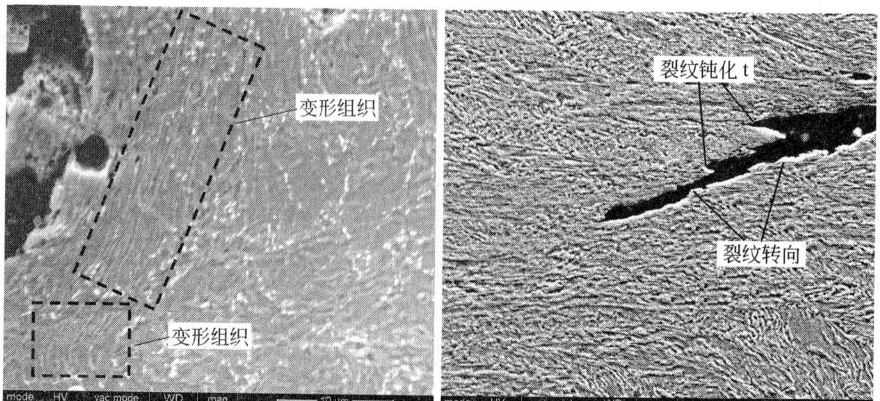

(a) (b)

图 3 - 7 断口表面附近组织

（a）断裂过程中的塑性形变；（b）裂纹扩展过程中的钝化和转向

等奥氏体元素后得到强化，相变后的马氏体也具有更高的强度所致。图 3－7（b）所示为塑性形变区裂纹的扩展过程，当裂纹遇到大角度晶界时可能被钝化，也可能发生转向从而增加扩展路径。

从钢板的断裂行为分析可以看出，提高 9Ni 钢钢板的韧性关键在于提高超低温条件下马氏体基体的塑性形变能力和抗裂纹扩展能力。

3.2.3.2　马氏体基体对韧性的影响

细晶韧化是唯一一种既提高韧性又利于强化的韧化机制。随着晶界尺寸减小，晶界前累积的位错数减少，有利于降低应力集中；晶界总面积增加，使晶界上杂质浓度减少，避免产生沿晶脆性断裂；大角度晶界还能有效钝化裂纹或改变裂纹扩展方向。

在东北大学轧制技术及连轧自动化国家重点实验室对 9Ni 钢钢板进行奥氏体化，奥氏体化温度区间为 800～850℃以获得不同尺寸原奥氏体晶粒。相同工艺回火后采用 EBSD 检测并按不同取向差角度划分了晶粒尺寸，如图 3－8 所示，基体组织晶粒尺寸随原奥氏体晶粒尺寸增加而增加，这与其他低碳板条马氏体钢中组织尺寸的变化规律是一致的。采用了相同的回火工艺，这几种条件下逆转奥氏体量和分布无显著差异，不同晶粒尺寸条件下的力学性能见表 3－11，可以看到，原奥氏体晶粒尺寸对拉伸性能无明显影响规律，但随原奥氏体晶粒尺寸的减小，冲击功单调增加。这是由于原奥氏体晶粒尺寸越小，淬火后得到的大角度晶界密度越高，细化了晶粒，单个晶粒内塞积的位错量少，应力集中度降低，提高了材料的塑性形变能力。另一方面，裂纹在扩展过程中遇到大角度晶界的概率增加，材料钝化裂纹或使裂纹发生偏转的作用强化，从而有利于增加裂纹扩展功。因此，可以通过细化原奥氏体晶粒实现韧化。

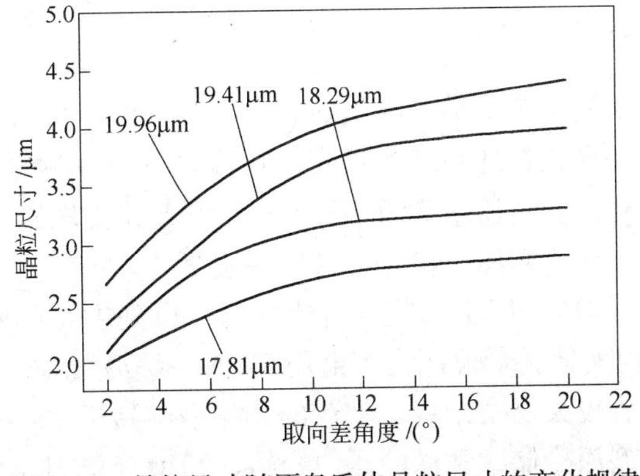

图 3－8　晶粒尺寸随原奥氏体晶粒尺寸的变化规律

表 3－11　不同原奥氏体晶粒尺寸条件下的力学性能

原奥氏体晶粒尺寸/μm	冲击功（－196℃）/J	屈服强度/MPa	抗拉强度/MPa	伸长率/%
17.81	202	685	720	23.9
18.29	196	670	700	23.6
19.41	190	675	715	23.7
19.96	169	680	715	23.7

3.2.3.3　逆转奥氏体对韧性的影响

一定量稳定的逆转奥氏体是 9Ni 高韧性的关键，其韧化机理主要有：

（1）逆转奥氏体是马氏体硬相附近塑性相对较好的软相，能强化微区塑性并使正在扩展的裂纹尖端钝化，阻止裂纹继续扩展，从而提高钢的韧性；

（2）逆转奥氏体可以净化晶界附近和基体中C等有害的元素，提高材料的塑性形变能力；

（3）在裂纹前端能发生TRIP效应，能消耗一部分形变量，转变后的新马氏体变体与周围马氏体取向不同，能有效地细化有效晶粒尺寸，从而改善低温韧性。

当获得的逆转奥氏体在超低温条件下具有很好的稳定性，即深冷到-196℃不发生马氏体转变时，如图3-9所示，9Ni钢低温冲击功随逆转奥氏体量增加而增加，但逆转奥氏体量大于6%后，低温韧性增幅减小。这是由于随着逆转奥氏体量增加，奥氏体稳定元素C、Mn和Ni等（尤其是C元素）向奥氏体中富集，净化了晶界和基体，提高了晶界和基体的塑性形变能力，从而增加裂纹前端的塑性形变区，增加稳态扩展功；另一方面，逆转奥氏体量尺寸如果过大，稳定性会降低，深冷过程中易转变为马氏体，新马氏体与周围组织的共格性较差，在两相界面处容易形成微裂纹而成为裂纹源或裂纹扩展通道。因此，在利用逆转奥氏体韧化的同时，应控制逆转奥氏体量和尺寸在一个合理范围内。

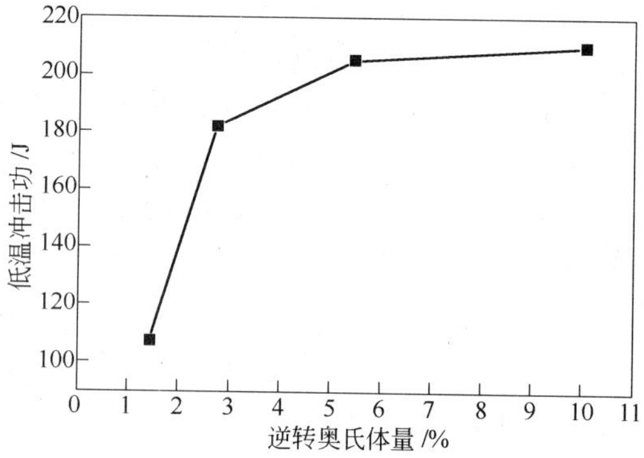

图3-9 逆转奥氏体量对低温冲击功的影响

3.2.4 9Ni工业化生产

在实验室基础理论研究基础上结合南钢炉卷轧机生产线，进行了9Ni钢的工业化试生产。具体工艺流程为：铁水预处理→150t顶底复吹转炉→LF炉精炼→RH真空脱气处理→板坯连铸→步进梁式加热炉→高压水除鳞→3500mm炉卷轧机轧制→矫直→探伤→离线淬火→回火→矫直→喷号标识→消磁→检验→入库→发货。

对所有厚度规格钢板均采用QT工艺进行热处理，得到主要厚度规格产品的力学性能见表3-12，各项性能均满足《低温压力容器用9%Ni钢板》（GB 24510—2009）的要求，且低温冲击功和强度还有较大的富余量。生产的9Ni钢产品于2009年12月通过了容标委的认证，可用于建造大型深冷储罐和深冷压力容器，2010年通过了江苏省新产品新技术鉴定验收，认为产品各项指标均符合LNG储罐建造使用要求，产品性能稳定，实物质量达到国际领先水平。

表3-12 现场生产钢板的力学性能

规格/mm	$R_{p0.2}$/MPa	R_m/MPa	A/%	K_{V2}（横向）/J
10	700	740	21.0	257
20	665	710	23.5	224
30	645	695	24.0	239

9Ni钢产品已于2011年开始为中石油等LNG储罐建造企业供货。到2012年上半年，

9Ni 钢产品已累计实现供货 8000 余吨。图 3－10（a）和（b）分别为 9Ni 钢产品建造的 LNG 储罐内部结构和外景图。

(a) (b)

图 3－10 9Ni 加工及应用情况
（a）LNG 储罐内部结构；（b）LNG 储罐外景图

3.2.5 结语

综上所述，通过对 9Ni 钢合金元素设计、QT 热处理过程中组织演变规律和 QT 工艺中低温韧性主要影响因素的研究和分析，结合南钢炉卷轧机生产线工艺布局特点，采用 QT 工艺进行了 9Ni 钢试生产，产品通过了容标委认证。通过优化工艺参数后产品性能指标已经达到国际先进水平，甚至部分指标优于国际先进水平，实现了 9Ni 钢的规模化生产和供货。

3.3 减酸洗钢和免酸洗钢研发及工业化生产

随着钢铁生产技术的进步，我国钢铁工业在设备条件、钢材尺寸精度和性能质量已经基本达到国际水平。然而，长期以来我国对量大面广的普碳钢热轧钢材表面质量缺乏系统研究，加之一些节能技术的不当使用（高温热装和短时加热等），造成一些热轧带钢表面质量问题，如氧化铁皮不易去除、带钢表面出现红锈、氧化铁皮压入及酸洗缺陷等问题。这些问题严重阻碍了我国热轧钢材产品档次的提升。为能在国际市场占据一席之地，必须提高我国热轧钢材的表面质量。

进入 21 世纪，“资源、能源和环境”已成为我国钢铁工业发展的优先主题，是支撑可持续发展的关键。随着我国“科技中长期发展纲要”的实施，国家工业生产中各生产流程提出了节能减排的严格要求，明确提出“将单位国内生产总值能源消耗降低 20%，主要污染物排放总量减少 10% 的目标值”的约束性指标，同时对废酸排放的惩治力度空前加大，对钢铁材料后续加工的能耗要求进一步提高。在当代钢铁生产流程中，酸洗主要用于改善产品表面质量，但产生的废酸却严重破坏了生态环境。面对国家宏观政策的调整，为适应我国节能减排的基本方针，下游生产企业迫切需要氧化铁皮能适应“减酸洗”甚至

"免酸洗"的钢材产品，以缓解乃至消除废酸排放对生态环境造成的根本性破坏。

热轧钢材表面氧化铁皮一般由三层铁的氧化物组成，最外层是较致密的 Fe_2O_3，呈红色；中间层是致密而无裂纹的 Fe_3O_4，呈黑色；最内层靠近基体的部分是疏松多孔、易被破坏的 FeO，呈蓝灰色。在酸洗过程中，FeO 最容易被分解，Fe_3O_4 次之，Fe_2O_3 最难分解。因此，控制热轧钢材的氧化铁皮结构是减少酸洗用酸量、提高酸洗效率的重要途径。考虑到 Fe_3O_4 具有较好的黏附性，因此在随后的深加工过程中不会因弯曲而发生脱皮和破裂，这样，对于汽车结构用钢可以简化甚至完全取消热轧后的酸洗过程，同时有助于提高镀漆层的附着力。目前，日本、欧美等发达国家已开发出可带氧化铁皮进行深加工的"黑皮钢"，这种钢表面氧化铁皮主要由 Fe_3O_4 组成，具有较高的塑性、较薄的厚度及与基体紧密的结合力，这种热轧板在深加工过程中氧化铁皮可随基体发生变形，因此不需要通过酸洗去除氧化铁皮。由此可见，合理控制氧化铁皮组织结构是提高热轧钢材表面质量、满足用户不同使用要求、达到"减酸洗"或"免酸洗"的关键技术。然而，由于国外轧钢领域对氧化铁皮控制技术一向采取严密封锁的政策，而国内对热轧过程中氧化铁皮结构和厚度演变基本机理方面又缺乏系统的研究，导致了在热轧生产中如何根据用户需求来调控氧化铁皮结构和厚度方面还没有相应的理论支撑，为实现热轧钢材氧化铁皮的精细化控制，针对热轧钢板氧化铁皮结构和厚度的调控方法进行系统研究，开发出具有自主知识产权的氧化铁皮控制技术既有理论意义又有紧迫的现实意义。

3.3.1 氧化铁皮控制技术开发难点与关键技术

3.3.1.1 消除热轧板带表面红色氧化铁皮技术

热轧带钢表面红色铁皮（Fe_2O_3）不仅影响产品的外观，而且经常伴随出现压入铁皮等缺陷，特别是对于供冷轧料而言，表面红色铁皮意味着热轧板酸洗时间增长、酸洗效率降低。因此，如何消除红色氧化铁皮是实现氧化铁皮结构控制必须解决的第一个问题。

针对 Si 含量较高的钢种，在加热过程中易形成 Fe_2SiO_4 尖晶石相。在1173℃以上，液态 Fe_2SiO_4 将 FeO 晶粒包围住，形成 FeO/Fe_2SiO_4 的共析产物。凝固后，形成锚状形貌，将 FeO 层钉扎住，造成除鳞不净，残余 FeO 继续氧化生成 Fe_2O_3。而低 Si 钢形成红色氧化铁皮的主要原因是在后续的轧制过程中，由于轧制温度过低造成了 FeO 层的破碎，暴露的基体金属容易快速氧化形成粉末状的 Fe_2O_3。因此，优化钢中 Si 含量、优化除鳞工艺和优化热轧温度制度以防止 FeO 的破碎是消除带钢表面形成红色铁皮的关键。

3.3.1.2 热轧板带过程中氧化铁皮厚度演变的"软测量"技术

在热轧生产过程中，实现表面氧化铁皮厚度变化过程的跟踪是实现氧化铁皮结构控制的基础。然而，由于热轧过程中表面温度变化复杂、轧制线取样点有限，因此对热轧过程氧化铁皮演变进程实现跟踪是困难的。针对这一技术难题，东北大学 RAL 开发了模拟热轧过程中氧化铁皮厚度演变的数学模型和计算机程序，实现了氧化铁皮厚度演变的"软测量"。

氧化铁皮厚度变化同温度和轧制道次间隔时间等因素有着密切的关系。在热轧过程中，钢板表面温度发生复杂的非线性变化，因此针对简单线性变温条件下的 Markworth 氧化动力学模型已不再适用。为解决这一理论问题，基于 Scheil 可加性原理，以 Wagner 氧化动力学方程为基础，开发出了可应用于复杂变温条件下的氧化动力学数值计算方法，实现了热轧板带氧化铁皮厚度变化的计算机模拟，可用于分析热连轧过程中工艺参数对氧化铁皮厚度演变行为的影响规律，也可以用于监测热连轧过程中氧化铁皮厚度的变化行为。结合氧化铁皮厚度“软测量”技术，通过提高轧制节奏、缩短道次间隔，使精轧出口带钢表面氧化铁皮厚度降低至8μm左右，有利于提高氧化铁皮与基体的附着力，并能够更有效地消除产品表面红色铁皮及实现轧后氧化铁皮结构控制。热轧板带表面温度和氧化铁皮厚度演变的模拟计算结果如图3－11所示。

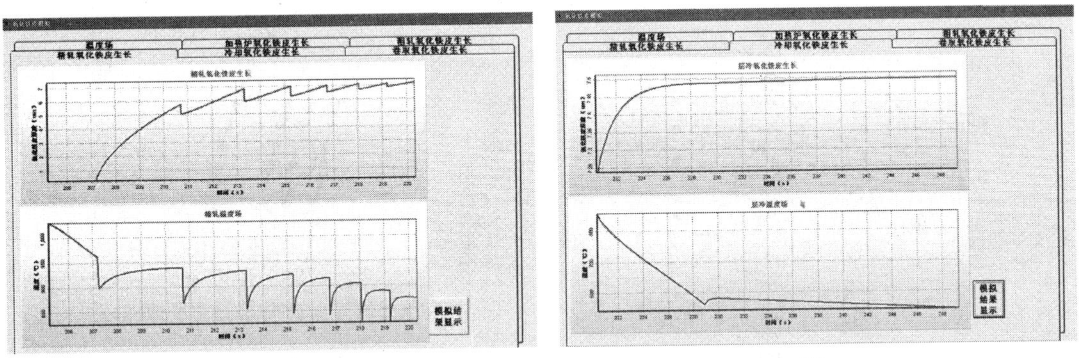

(a) (b)

图3－11 热轧板带表面温度和氧化铁皮厚度演变的模拟计算结果

(a) 精轧过程；(b) 卷取过程

3.3.1.3 热轧过程中氧化铁皮结构控制技术

热轧氧化铁皮结构控制的目标在于实现 Fe_3O_4 和 FeO 的含量和比例的控制。热轧板带产品表面氧化铁皮结构控制的关键在于对热轧过程中形成的 FeO 共析转变行为的合理控制。到目前为止，关于热轧带钢表面 FeO 在不同温度、冷却速率条件下的转变行为的系统研究较少，基于氧化铁皮结构控制工艺中关于卷取温度的控制策略无明确的理论依据。因此，掌握不同工艺条件下 FeO 的共析转变行为，是制定以氧化铁皮结构控制为目标的热轧工艺的关键环节之一。

图3－12 (a) 和 (b) 分别示出的是典型的 FeO 共析转变“C”曲线，通过对氧化铁皮结构的观察发现，在先共析 Fe_3O_4 周围一般会形成一个相对贫氧区，在较远处则形成一个相对富氧区。当温度下降到570℃以下时，在贫氧区形成了单质 Fe 晶核，同时在富氧区出现了 Fe_3O_4 的形核，二者共同形成了一个共析反应产物的晶核。共析反应产物的晶核形成后继续长大，最后形成了片层状的 Fe_3O_4/Fe 共析转变产物。根据 FeO 转变曲线可以看出，在连续冷却转变曲线中400～500℃为 FeO 的“鼻温”范围，在这个温度段内，以较小的冷却速率冷到室温后就可以得到共析组织 Fe_3O_4 和 Fe，而在较高的卷取温度如650℃以上，以较大的冷却速率冷却到室温可以获得先共析 Fe_3O_4 和残余 FeO 的组织，无共析组织产生。连续冷却的过程可以看成是无数个微小的等温过程，连续冷却转变就是在这些微小的等温过程中孕育和长大的。因此，连续冷却转变既具有等温转变的特点，但又有其自身的特点。在连续冷却转变过程中 FeO 层的转变和等温转变相同，FeO 的转变速率也与形核率和生长速率有关，而形核率和生长速率又取决于过冷度。随着过冷度增大，转变温度

降低，Fe_3O_4 和 FeO 自由能差增大，转变速率应当加快。但 FeO 的分解是一个扩散的过程，随着过冷度的增大，温度降低，FeO 层中离子扩散速度显著减小，形核率和生长速率减小，所以过冷度增大又会使转变速度减慢。因此，这两个因素综合作用的结果，导致在“鼻温”以上随着过冷度增大，转变速度增大，转变过程受新、旧两相相变自由能差所控制；在“鼻温”以下，随着过冷度增大，转变速度减慢，转变要受低温下离子扩散速度所控制，所以在“鼻温”附近，转变速度达到一个极大值。因此，设定合理的卷取温度和冷却速率是控制共析反应进程，实现氧化铁皮结构控制的关键。

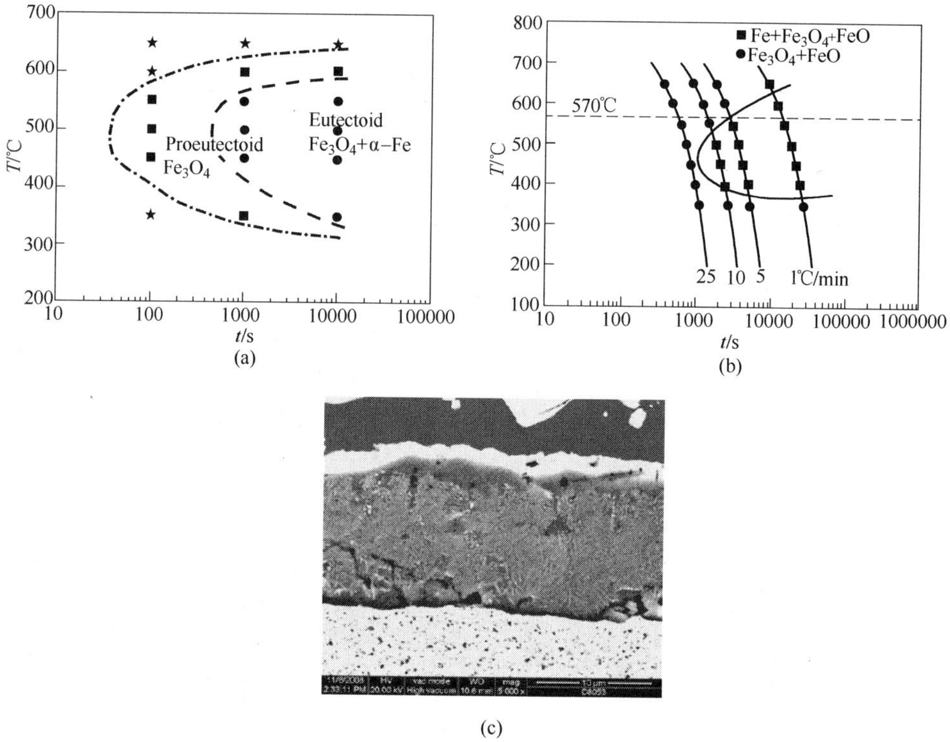

图3－12 典型的 FeO 共析转变曲线和共析反应组织

(a) FeO 恒温过程中的共析转变曲线；(b) FeO 连续冷却过程中的共析转变曲线；(c) 典型的共析反应组织

3.3.1.4 高强钢氧化铁皮控制技术

2006 年东北大学等单位率先突破了免酸洗钢生产技术难题，实现了免酸洗，受到了汽车等制造企业的大力欢迎，迅速成为行业“节能减排”的一项示范性技术。目前，免酸洗钢已成为汽车企业清洁生产的基本要求。但是，免酸洗钢的发展目前面临着严重瓶颈。首先，汽车企业为实现减重以达到节能减排要求而大量使用高强钢，但目前的免酸洗钢的生产仅限于 550MPa 以下，在“高强化”与“免酸洗”之间产生了突出的矛盾。对于高强度、厚规格钢种，需要采用控轧控冷才能保证性能，如何在此基础上生产免酸洗钢，成了一道国际国内尚未研发成功的难题。这一矛盾如果不能很好解决，势必会影响汽车行业节能减排的效用。第二个主要技术瓶颈是，结构件的深加工工艺往往不同，要求黑皮钢必须具有不同的铁皮结构和性能，如何实现柔性化氧化铁皮控制以适应不同的加工工艺，这一点也一直没有得到解决。

钢的微合金元素对铁皮结构的影响尚不清楚。为此，进行了铁皮结构转变的系统实验研究。结果发现，高强钢的共析反应曲线发生较大偏移，如图3-13所示，传统黑皮钢工艺不再适用。因此，必须开发出新的工艺技术，才能实现高强黑皮钢的生产。对变形过程中铁皮的剥落行为进行了系统研究。发现了氧化亚铁和四氧化三铁的比例可决定铁皮变形过程中的剥落形态。为结合共析反应进程实现氧化铁皮结构“柔性化”控制，以满足不同用户需要奠定了基础。

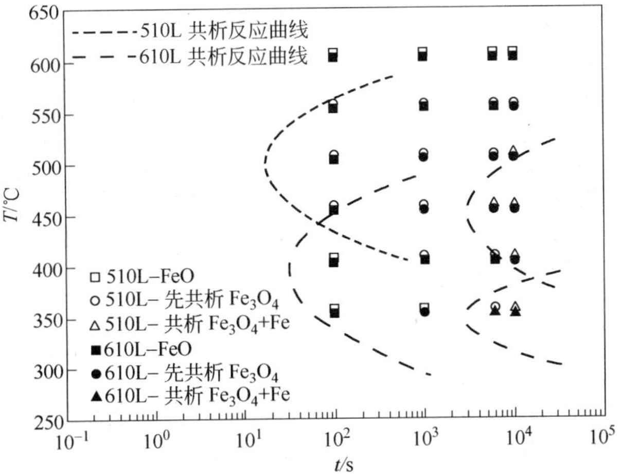

图3-13 510L和610L热轧氧化铁皮结构转变的温度-时间关系

轧后冷却控制是免酸洗钢开发的关键技术，通过合理控制冷速和卷取温度实现氧化铁皮结构精确控制。针对后续有涂油工序的加工工艺，在加工过程中氧化铁皮细粉末脱落，形成油泥，润滑冲压模具，其氧化铁皮结构以 Fe_3O_4 + 单质 Fe 为主，通过适当提高冷却速率，将卷取温度设定在共析反应鼻温区间，保证 FeO 共析反应充分发生，提高了共析组织的含量。针对后续无涂油工序的加工工艺，避免矫直、冲压过程中氧化铁皮大量脱落，要求氧化铁皮结构以 Fe_3O_4 + 弥散分布的 FeO，通过适当降低冷却速率，提高卷取温度，抑制共析反应充分发生，达到控制氧化铁皮结构中 Fe_3O_4 含量的目的。

3.3.2 氧化铁皮控制技术的推广与应用

从2005年开始，东北大学RAL与鞍钢合作，在中薄板坯连铸连轧（ASP）生产线上，通过大量的实验研究，根据热轧过程中氧化铁皮的演变特点，掌握了抑制 Fe_2O_3 生成的轧制、冷却和卷取等关键工艺和技术，完成了“控制钢板表面氧化铁皮结构、组分以及厚度”的自主知识产权的专有技术，使氧化铁皮的结构改善、可塑性增强、厚度减少，从而提高了热轧带钢的表面质量，解决了后续加工冲压时起粉和脱落等问题，满足了后续加工对钢材性能和环保的要求。该技术属于国内首创，其理论水平及应用效果达到国际先进水平，获得2008年冶金科学技术一等奖。所开发的减酸洗钢、免酸洗钢填补了国内空白，成功用于汽车等行业，社会效益巨大。

3.3.2.1 减酸洗钢的应用效果

自2005年5月以来，鞍钢冷轧厂采用经氧化铁皮控制的SPCC等原料生产高级表面用深冲用钢。据冷轧厂酸洗线统计，自采用氧化铁皮控制技术以后，SPCC等来料的氧化铁皮厚度由 8~10μm 降低至 3~8μm，氧化铁皮结构由以前边部经常出现红色铁皮（Fe_2O_3）改进为整卷表面为深蓝色氧化铁皮（$FeO + Fe_3O_4$），如图 3-14 所示。改进后的 SPCC 等热轧卷板的酸洗速度由以前的160m/min 提高到200m/min，酸洗效率提高了20%，吨钢用酸量下降 15%，使供冷轧料的吨钢成本平均降低了 120 元以上。

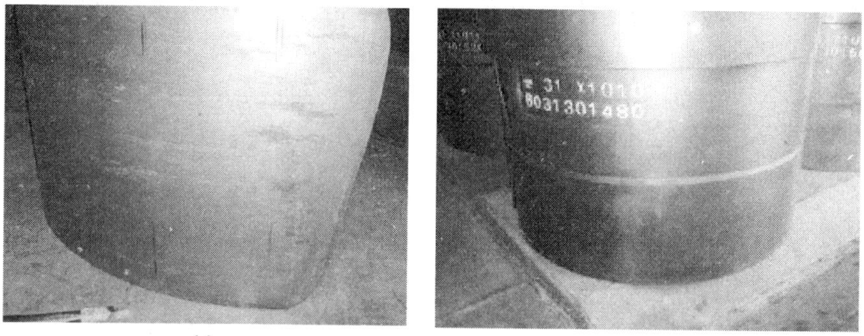

(a) (b)

图 3-14 传统工艺与减酸洗钢生产新工艺

（a）传统工艺 SPCC 的红色铁皮；（b）采用氧化铁皮控制技术后 SPCC 热轧带卷（厚度为 3.1mm）

减酸洗钢生产工艺在邯钢开发应用后，使热轧过程中氧化铁皮微观结构得到了很好的控制，大大提高了热轧带卷、冷轧带卷的表面质量和劳动生产率，后续酸洗速度提高 10%，降低吨钢酸耗量 7.5%；酸洗后与传统工艺生产的 SPHC 对比，改进工艺后的钢材表面质量明显提高，板面颜色均匀，不存在条纹缺陷和色差缺陷（图 3-15）。

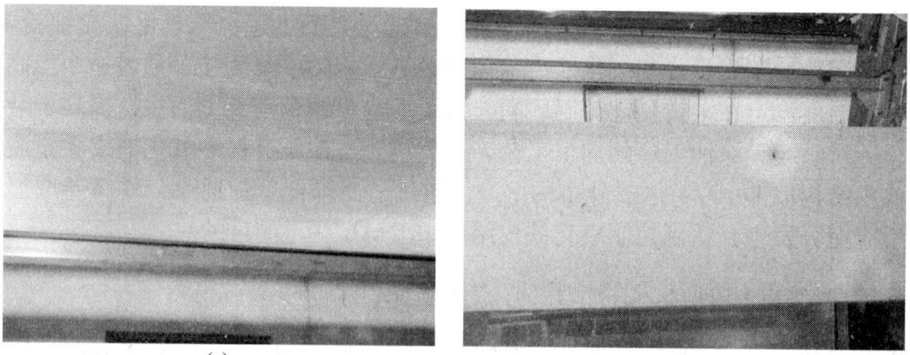

(a) (b)

图 3-15 酸洗效果对比图

（a）普通工艺 SPHC 板酸洗后表面；（b）减酸洗工艺 SPHC 钢酸洗后表面

3.3.2.2 免酸洗钢的应用效果

自 2005 年 6 月至 2009 年底，一汽解放汽车有限公司开始使用鞍钢开发研制氧化铁皮控制技术生产的 FAS 免酸洗结构钢。与之前供货的同类产品相比，表面红色氧化铁皮基本去除，代之以表面油黑、致密的氧化层。该产品力学性能完全满足一汽解放汽车有限公司使用要求，产品实物质量优良，达到免酸洗效果。冲压成型后，FAS 系列免酸洗汽车结构钢表面质量比以前有大幅度提高。较传统大梁板由于氧化铁皮结构不均匀，经酸洗后出现“斑秃”现象，从而不利于涂漆的均匀性，“免酸洗钢”表面致密的氧化层能够满足无酸洗冲压的要求，冲压后，表面均匀一致，涂漆后的盐雾腐蚀实验表明，使用寿命远超过日本标准（200h），两者的对比如图 3－16 所示。免酸洗钢的开发为一汽解放汽车有限公司取消酸洗工艺、创建环保型企业做出了贡献，开辟了汽车工业环保型生产的先例。采用“免酸洗”系列产品后，不仅平均吨钢成本降低了 110 元，而且带来了根除用酸排放污染环境这一可观的社会效益。

(a) (b)

图 3－16 “免酸洗钢”与传统 510L 冲压后表面质量的对比

（a）传统汽车梁；（b）黑皮钢

3.3.2.3 高强钢氧化铁皮控制效果

2009 年，东北大学 RAL 与太钢合作进行厚规格的高强钢免酸洗工艺的开发，依托于太钢 2250mm 热轧生产线，通过优化成分消除了锚状氧化物，优化轧制工艺实现了氧化铁皮厚度控制，开发出冷却路径控制策略实现了共析反应进程的精确控制，可根据下游生产企业的加工工艺特点和要求进行氧化铁皮柔性化控制，实现 Fe_3O_4 和 FeO 的比例以及 FeO 在氧化铁皮中的分布及形态控制。通过用户对高强黑皮钢涂漆后进行耐盐雾腐蚀测试，耐腐蚀时间超过 747h，远超标准要求，表明本技术生产的黑皮钢完全可以满足耐腐蚀性能的要求。

该技术已稳定地应用于太钢二钢厂和热连轧生产线，到目前为止已经批量生产 46 万吨，产品力学性能完全满足用户使用要求，为太钢和汽车企业赢得了巨大经济效益。本技术 2011 年通过山西省科技厅组织的鉴定，评价为“国际领先”，同年获得了山西省科技进步二等奖。

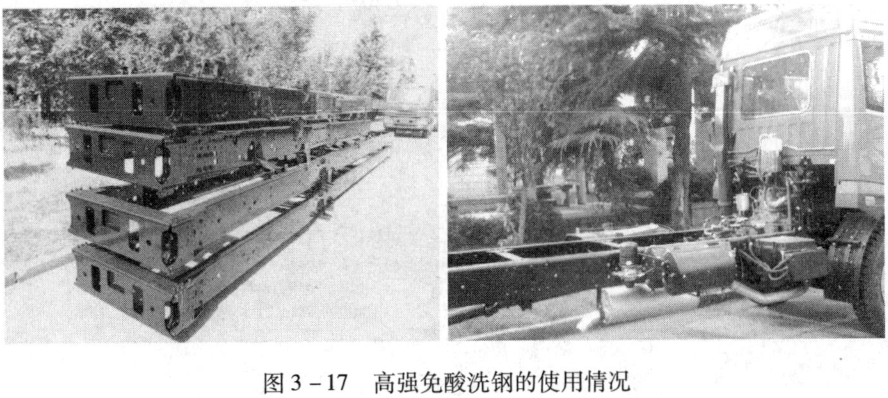

图 3－17 高强免酸洗钢的使用情况

3.3.2.4 与国外同类技术水平的对比

目前我国自主研发的氧化铁皮控制技术与日本等国家同类技术相比，在氧化铁皮厚度控制方面，结构钢表面氧化铁皮厚度完全可以达到6～12μm的水平；在氧化铁皮结构控制方面，可根据后续的使用对氧化铁皮结构进行柔性化控制，实现Fe_3O_4和FeO的比例以及FeO的在氧化铁皮中的分布形式和分布状态的精确控制，而上述指标是在未进行设备改造和额外添加其他合金元素的条件下达到的。同时，所针对的目标钢种包括高强度（抗拉强度≥550MPa）、厚规格（厚度≥8.0mm）汽车结构钢，这是国外氧化铁皮控制技术还未有报道的。

表3-13 我国自主研发的氧化铁皮控制技术与国外同类技术水平的对比

对比项目		国外技术水平	我国氧化铁皮控制技术水平
应用钢种	品种	低碳钢，低级别结构钢	低碳钢，低级别结构钢，高级别结构钢
	规格/mm	<8.0	可用于≥8.0
厚度与组成	厚度/μm	<12	6～12
	Fe_3O_4所占比例/%	≥75	根据要求可实现氧化铁皮结构的柔性化控制
成分设计	是否添加贵重合金	有时添加Mo和Cr等	标准范围内微调（C、Si、Al等）
生产工艺	是否改造设备	提高除鳞压力至30～40MPa、$Ar+N_2$冷却至350℃以下	关键温度制度和轧后冷却等工艺参数控制
冷却能力	是否改造设备	≥500 kcal/(m²·h·℃)	现有冷却线能力

为解决热轧板带表面质量和氧化铁皮结构控制这一冶金行业的共性问题，氧化铁皮控制技术已经在国内钢铁企业进行了大面积推广，先后在济钢1700mm、攀钢1450mm、太钢2250mm、邯钢2250mm、梅钢1422mm、迁钢2160mm、涟钢的1780mm（CSP）等热轧产线及南钢炉卷轧机的中厚板生产上取得了成功，如图3-18所示。

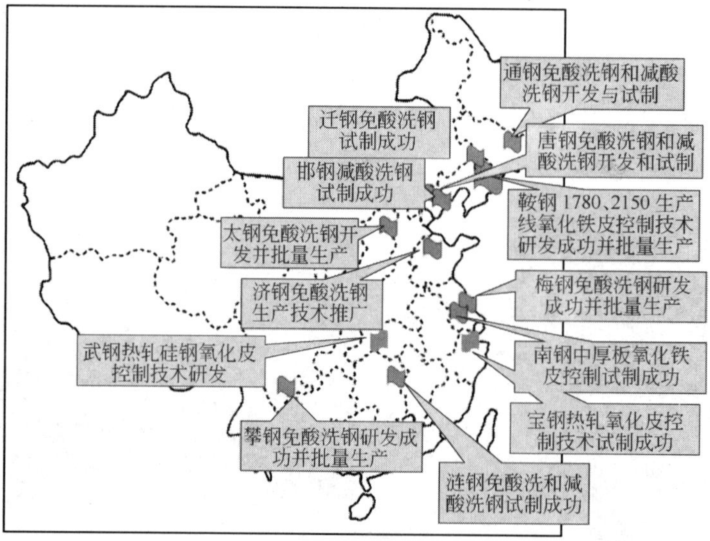

图3-18 氧化铁皮控制技术推广情况

3.3.3 结语

在自主研究热轧氧化铁皮控制技术的基础上，RAL与企业合作，正在开发绿色环保的无酸洗冷轧技术，从根本上消除了冶金和汽车制造等企业的用酸量大和因废酸排放造成的环境破坏，大力促进了钢铁产品下游用户由高污染向清洁生产和绿色制造的转变，实现了钢铁企业的高效环保生产；为保护自然资源和生态环境起到了示范性作用。

（致谢：对鞍钢、太钢、邯钢、梅钢、攀钢等钢铁企业在RAL自主创新的热轧钢材氧化铁皮控制技术给予的大力支持，表示真挚的谢意。）

3.4 节约型不锈钢制备技术创新

我国不锈钢的消费和生产与整个钢铁工业一样都发展十分迅速，对不锈钢的需求达到了一个很高的水平，但不锈钢昂贵的价格，也使其在我国的应用受到了一定的限制。随着近几年国民经济的快速发展，不锈钢除在航空、核能、舰船、石化等工业领域广泛应用外，已向交通运输（汽车、火车）、厨房用具、家用电器、建筑装饰等民用领域发展，自2001年我国已成为世界上不锈钢第一消费大国，产量从1998年的20万吨增加到2004年的236.4万吨，六年间翻了近12倍，到2010年达到了1000万吨左右。一直以来，我国不锈钢的结构始终以含镍奥氏体不锈钢为主。然而，我国是一个镍资源贫乏的国家，这种不锈钢产品结构造成了我国每年面临的镍资源短缺近8万吨。到2007年，我国不锈钢粗钢年产量达到884万吨，如按现有的产品结构，每年需要镍资源60万吨。严重的镍资源紧缺将成为影响钢铁工业发展的重大问题，这不仅仅是一个经济问题，还有可能危及不锈钢产业链的安全和完整。在世界不锈钢生产中，奥氏体不锈钢平均比例为75%，而在工业发达国家中，美国的奥氏体钢使用比例小于60%，日本在60%左右。因此，为保证不锈钢产业持续、良性发展，我国不锈钢产品结构急需做出调整，要使不锈钢的成本达到用户接受的程度，须大力推广使用节镍型不锈钢。

3.4.1 高韧性铁素体不锈钢中厚板研制开发

与奥氏体不锈钢相比，铁素体不锈钢的韧脆转变温度（DBTT）高且室温韧性低、对缺口敏感，且具有非常明显的厚度效应，即成品板的规格越厚，DBTT越低，难以作为结构材料广泛应用。通过优化轧制工艺，控制成品板组织，铁素体不锈钢中厚板的韧性得到显著改善，有助于在化工、交通运输及建筑等行业代替价格高昂的304奥氏体不锈钢中厚板，从而降低吨钢成本近万元。

研究结果表明，采用适用于铁素体不锈钢的控制轧制与控制冷却技术后，成品板组织明显细化，如图3－19为传统工艺及细晶工艺条件下成品板的组织观察。与传统工艺的相比，采用细晶工艺后铁素体不锈钢的DBTT下降40℃。

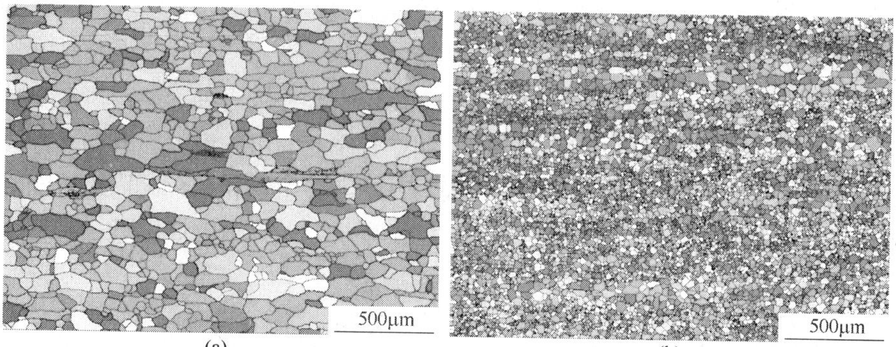

(a) (b)

图3-19 传统工艺（a）及细晶工艺（b）条件下成品板的组织

3.4.2 消除表面吕德斯带

超纯铁素体不锈钢在拉伸过程中仍能观察到较为明显的吕德斯应变，导致冲压成型件表面容易形成吕德斯带，恶化表面质量。通过研究超纯铁素体不锈钢的屈服行为、沉淀析出相及加工工艺间的关系，采用以超快冷为核心技术的柔性化退火工艺（专利号 ZL 200910011743.8），可消除吕德斯应变，从而改善冲压件的表面质量，降低工业生产中较大的平整压下率，减小精整工序负荷。

图3-20示出的是采用传统工艺及柔性化退火工艺生产的冷轧退火板的应力-应变曲线。结果表明，采用传统工艺生产，成品板在拉伸过程中存在大约2%的吕德斯应变。相反，采用柔性化退火工艺后，成品板具有连续屈服行为，且可以降低成品板的屈强比从而改善成型性能。进一步的研究发现，铁素体不锈钢中形成的Laves相会导致细小NbC周围出现Nb的贫化，从而导致NbC的溶解、间隙碳原子的释放及柯氏气团的形成。

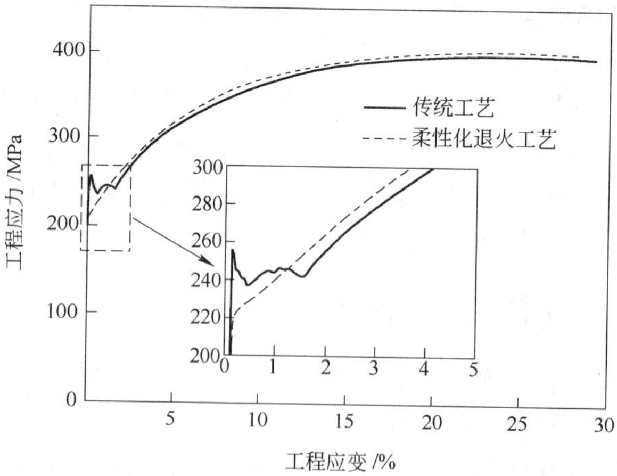

图3-20 传统工艺及柔性化退火工艺的冷轧退火板的应力-应变曲线

3.4.3 提高铁素体不锈钢成型性能的轧制技术开发

目前，铁素体不锈钢面临冷成型过程中发生严重的表面起皱及成型性能与奥氏体不锈钢仍有一定差距等主要问题。针对这些问题，开展了新工艺条件下铁素体不锈钢组织、织构和性能演变规律的研究，为热轧工艺的进一步优化提供了理论依据。提出了一种采用“高温粗轧 + 中间坯快速冷却 + 低温精轧”工艺思想（专利号：ZL 200910220459.1）。图3－21示出的是超纯铁素体不锈钢热轧工艺改进示意图，在此基础上，开发出综合改善中、高铬铁素体不锈钢成型性能和表面质量的工艺制度，为高品质铁素体不锈钢生产探索出了新的技术路线。图3－22和图3－23分别示出的是不同工艺下的冷轧退火板 *r* 值及实验钢拉伸变形15%后的表面形貌。结果表明，新的工艺对提高成型性能和抗表面起皱性能均具有明显的促进作用。

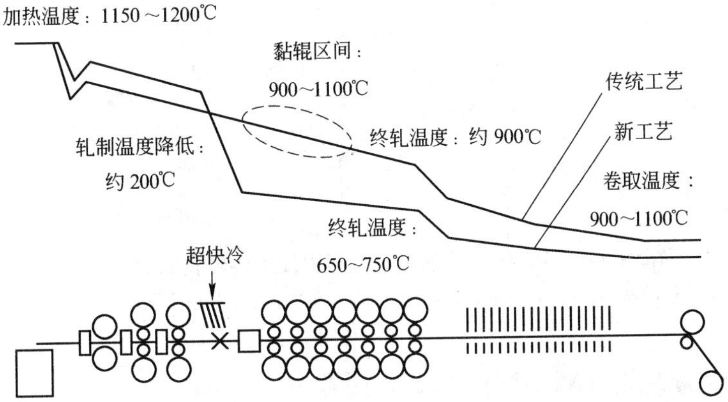

图3－21 超纯21% Cr铁素体不锈钢热轧工艺改进示意图

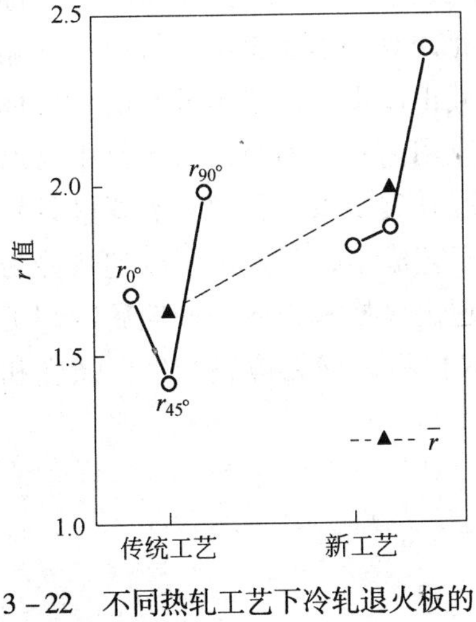

图3－22 不同热轧工艺下冷轧退火板的 *r* 值

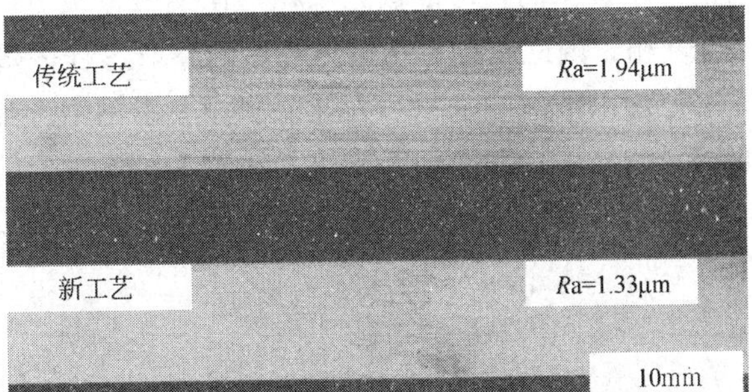

图3－23 实验钢拉伸15%后的表面形貌

3.4.4 铁素体不锈钢热轧黏辊机理研究及消除技术

铁素体不锈钢在热轧过程中容易发生热轧黏辊，严重影响带钢表面质量。针对现有研究热轧黏辊实验手段存在的缺陷，开发了新的模拟铁素体不锈钢热轧黏辊的实验方法（专利号200910011680.6），阐明了铁素体不锈钢热轧黏辊的形成机理，揭示了工艺参数对超纯铁素体不锈钢热轧黏辊的影响规律，为后续开发改善表面质量的热轧工艺找到解决方向。

研究发现，随着超纯化和高铬量，铁素体不锈钢的高温抗氧化能力提高。明确了轧辊表面循环疲劳微裂纹是热轧黏辊的形核源，铁素体不锈钢由于高温流变应力小，容易发生局部塑性失稳，造成部分带钢由表面撕裂并黏附在带有裂纹的轧辊表面，形成热轧黏辊。图3－24示出的是铁素体不锈钢热轧过程中发生热轧黏辊的机理图。减弱超纯铁素体不锈钢热轧黏辊的手段有：促进带钢表面氧化、降低热轧温度、降低轧辊表面粗糙度、增加变形速率和采用高温耐磨性能优异的高速钢辊代替高铬轧辊，其中前两种方法最为有效。

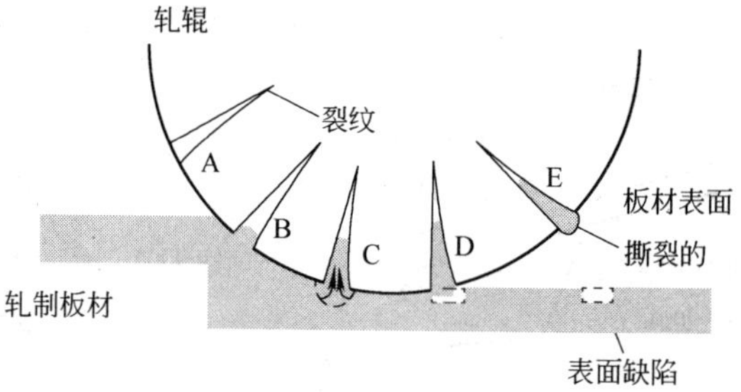

图3－24　铁素体不锈钢热轧过程中发生热轧黏辊的示意图

A—初始状态；B，C—局部塑形变形；D—塑性失稳；E—黏附有碎片的裂纹

3.4.5　双相不锈钢的TMCP生产技术开发

双相不锈钢抵抗氯化物诱发的应力腐蚀断裂（SCC）和穿晶腐蚀的能力很强，可以使产品厚度减薄，降低下游客户的使用成本。此外，由于其优异的耐点腐蚀和应力腐蚀性能，双相不锈钢的使用寿命明显高于奥氏体不锈钢。因此，双相不锈钢中厚板已经在船舶工业、航天航空、电力及冶炼工业和海洋工程等诸多领域正逐步替代成本较高的奥氏体不锈钢中厚板，而且可以预见双相不锈钢中厚板更广泛的应用前景。但是，由于钢中易产生σ脆性相，因此双相不锈钢热轧后的卷取过程中极易出现开裂现象，且通常需要进行轧后固溶处理以消除脆性相。为降低双相不锈钢生产难度及工艺成本，开发出了以超快冷为核心的新的轧后控制冷却工艺技术。图3－25示出的是以超快冷技术为核心的轧后冷却工艺示意图。采用这种新的TMCP生产工艺，热连轧2205双相不锈钢无边裂产生，强度和伸

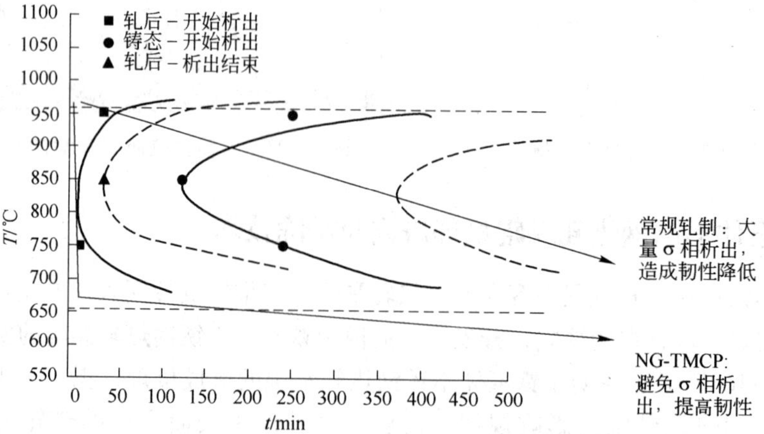

图3－25　以超快冷技术为核心的双相不锈钢轧后冷却工艺示意图

长率均超过常规热轧工艺生产的热轧态品种，与离线热处理状态相当，且零摄氏度条件下的平均冲击功可达到260J。

3.4.6　结语

RAL在自主研究的基础上，开发出生产高品质节镍型不锈钢的新工艺，并从根本上解决了其在生产和使用中主要面临：铁素体不锈钢中厚板韧脆转变温度高，室温韧性差；薄板冲压成型件表面易于形成吕德斯带及严重皱折；薄板成型性能有待进一步提高；铁素体不锈钢热轧过程中发生黏辊；双相不锈钢热轧后卷取过程中极易出现开裂现象等5大问题。

3.5　低合金耐磨钢的开发

低合金耐磨钢合金含量低、综合性能良好、生产灵活方便，被广泛应用于工作条件恶劣、要求强度高、耐磨性好的工程、采矿、建筑、农业、水泥、港口、电力以及冶金等机械产品上，如推土机、装载机、挖掘机、自卸车、球磨机及各种矿山机械、抓斗、堆取料机、输料弯曲结构等。据统计，在工业发达国家，每年机械装备及其零件的磨损造成的经济损失达到国民经济总产值4%左右，而我国每年因磨损造成的损失高达GDP的4.5%左右，超过10000亿元人民币。因此，解决磨损和延长机械设备及其部件的使用寿命一直是工业界人士在设计、制造和使用各种机械设备所需要考虑的首要问题。2012年，科技部高品质特殊钢科技发展“十二五”专项规划中明确将工程机械用耐磨钢作为高品质特殊钢七大关键材料开发之一，足以体现了我国对耐磨钢铁材料的重视。

RAL从2007年起开始研发低合金耐磨钢，并在2009年在首钢率先得到部分推广应用，截至目前为止，已经从当初研究的NM360发展到现在的NM600，从当初的单纯提高硬度和韧性来提高耐磨性，发展到通过组织协同控制和微合金析出物控制来增强耐磨性能。目前RAL研发的高级别低合金耐磨钢NM550已经在国内南钢率先进行批量化生产，同时研发的低合金耐磨钢类型根据工况条件的需要涵括了低成本型、高韧性型和高耐磨性等各种类型。

3.5.1　合金与组织设计

对于切屑磨损，根据拉宾诺维奇公式可知，磨损率为：

$$W = K\frac{P}{H}$$

式中　W——磨损率；

P——外加载荷；

H——材料硬度；

K——与材料相关的磨损系数。

在外在载荷一定的情况下，材料的耐磨性 $W^{-1} = K_1 H$，因而硬度是直接决定抵抗切削磨损耐磨性的因素。提高材料的切屑磨损可以直接用增加材料的硬度来实现，而硬度除了和合金元素有关外，还与组织的类型有关。相同的组织情况下，在各种合金元素中，碳含量对硬度的影响最大，而在各类常规组织中，马氏体组织的硬度最大。因此可以通过增加碳的含量和提高马氏体的体积分数来增加材料的硬度，从而达到提高切屑磨损耐磨性的目的。对于疲劳磨损，磨损率可表示为：

$$W_f = K(H \times \varepsilon_f)^{1/c} \times F_N$$

式中 K——常数；

ε_f——断裂韧性；

H——硬度；

F_N——外加载荷。

从式中可以看出，钢铁材料的疲劳磨损除了与硬度有关外，还与断裂韧性关系密切，增加断裂韧性能够增加其耐磨性能。而提高材料断裂韧性最常用的方法是控制材料组织的类型及其比例和大小，已达到控制其最小韧塑性单元的目的。此外，腐蚀磨损也是金属材料磨损失效的一个重要方面。腐蚀磨损是指摩擦副对偶表面在相对滑动过程中，表面材料与周围介质发生化学或电化学反应，并伴随机械作用而引起的材料损失现象，腐蚀会加速磨损，磨损也会促进腐蚀。在合金和组织的设计过程中应引起关注。在腐蚀严重的耐磨件上，成分设计时应适当添加一些如 Mo、Cr、Ni 等合金元素，以提高其抗腐蚀能力。

而现实机械零部件在使用过程中，常常同时伴随着切屑磨损、疲劳磨损和腐蚀磨损，各种磨损机制相互交错在一起，非常复杂。因此，在合金和组织设计时应该根据该部件的主要使用工况来综合考虑，以达到最大限度的提高耐磨件使用寿命的目的。

3.5.2 低成本耐磨钢的研究与开发

在目前国内钢铁产能过剩的情况下，成本控制对于企业发展来说尤为重要，如何控制好成本，直接关乎企业产品在市场上的竞争力。

对于部分磨损工件来说，在遭受磨损时遇到的冲击力极小或几乎不受冲击作用。根据前面分析可知，决定硬度的主要因素是合金设计中碳的含量和最终组织中马氏体的体积分数，而碳含量的增加势必会严重影响到焊接性能。因此，我们在低合金耐磨钢的硬度提高上，常常采用在组织为全马氏体条件下来增加碳的含量，以达到在最大化的增加硬度的同时尽量减少焊接的损失的目的。表 3-14 为 RAL 与国内某钢厂合作开发的低成本耐磨钢 NM400 工业生产的力学性能情况，该钢在合金设计上仅在普碳钢 Q345 基础上添加极少量的 Cr 和 B 元素，并加以控制轧制和控制热处理工序。从表中可以看出，所生产钢板的力学性能良好，性能指标达到了国标中 NM450 的要求，在厚度规格上最厚能够做到 50mm。目前，该类低成本耐磨钢在该厂已经生产至 NM500 级别。

表 3-14 国内某钢厂生产的低成本 NM400 力学性能

批 号	厚度规格 /mm	屈服强度 $R_{p0.2}$/MPa	抗拉强度 R_m/MPa	伸长率 A_{50}/%	布氏硬度 HBW			冲击功（-20℃）/J			90°冷弯
D203521100	46	1070	1350	13.5	438	445	451	33	43	34	合格
D203531100	46	1085	1320	15.5	448	454	457	35	35	33	合格
D203551100	36	1150	1360	17.5	432	441	445	45	41	49	合格
D203541100	36	1060	1410	17.0	445	454	448	46	45	43	合格

图3－26为该类低成本耐磨钢的典型金相组织和冷弯照片，从组织图上可以看出，该钢得到的组织为全马氏体组织，马氏体板条间交叉排列且比较细小；冷弯满足90°冷弯不开裂的要求。

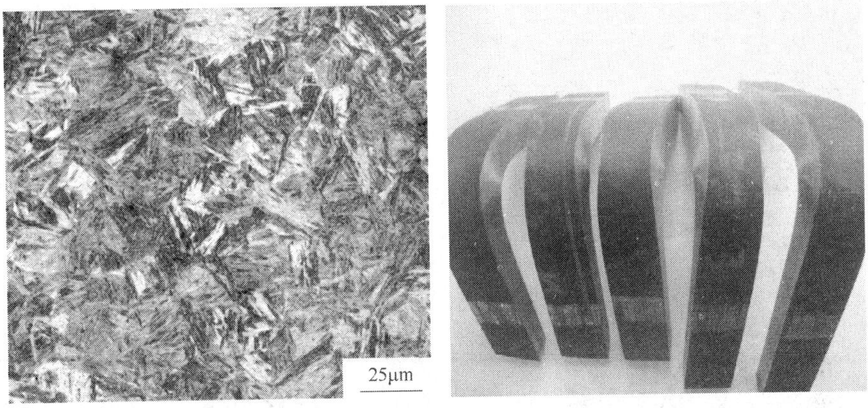

图3－26 某钢厂生产的低成本耐磨钢的典型组织及90°冷弯情况

低成本耐磨钢的开发，能够在最大限度的提高硬度的同时损失较小的焊接性能，为部分工况条件为冲击力不大、腐蚀不严重工况下的零部件使用提供了便利。该类钢的开发，不但节约了合金资源，而且在低冲击磨损性能和焊接性的提高上具有较大的优势，是一种很有前途的钢种。

3.5.3 高韧性型耐磨钢的研究与开发

对于部分严寒地带或需要较大弯曲的耐磨部件来说，良好韧塑性与耐磨性同样重要，也直接影响到机械设备的使用寿命。此外，由上述低合金耐磨钢的合金设计原理可知，在硬度相当条件下提高钢材的韧塑性还有利于提高其耐磨性能，因此，高的韧塑性对于低合金耐磨钢来说尤为重要。然而，在低合金耐磨钢钢铁材料中，为了保证足够的耐磨性能，常常需要极高的硬度（HBW≥330）和强度（$R_m \geqslant 1000$MPa），从而使得韧塑性很难同时得到保证。目前，提高强硬度的同时增加韧性的最常用办法是细化晶粒，对于低合金耐磨钢来说，由于大部分是通过离线热处理得到，因此，控制其原始奥氏体晶粒尺寸对于提高韧性来说尤为重要。

RAL在多年的研究中发现，一定量的微合金成分设计，结合控制轧制和轧后快速冷却方式，并加以适当的控制热处理工艺能够较好的细化原始奥氏体晶粒尺寸，达到细化最小韧性控制单元的目的。图3－27为RAL开发的常规低合金耐磨钢原始奥氏体晶粒分布与高韧性耐磨钢原始奥氏体晶粒分布情况对比，从图上可以看出，常规耐磨钢的平均原始奥氏体晶粒尺寸在18μm左右，而高韧性耐磨钢的平均原始奥氏体晶粒尺寸达到了10μm大小。

图3－28为裂纹在不同的原始奥氏体晶粒中的扩展示意图，从图上可以看出，随着晶粒的细化，材料在断裂时所产生的裂纹穿过的晶界越多，遇到晶界间的阻力也就更大，这也是晶粒细化能够增加韧性的原因。而材料在遭遇磨损的过程中，同样会遇到裂纹的萌生及其扩展的过程，裂纹在扩展过程中遇到晶界时，晶界处位错密度较高，能够吸收更多的能量，从而能够阻碍或减缓裂纹的扩展，达到增加耐磨性的目的。

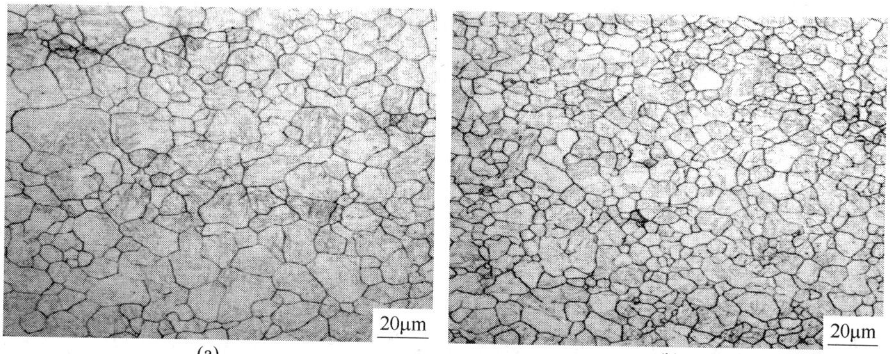

(a) (b)

图 3－27 原始奥氏体晶粒大小

（a）常规耐磨钢；（b）高韧性耐磨钢

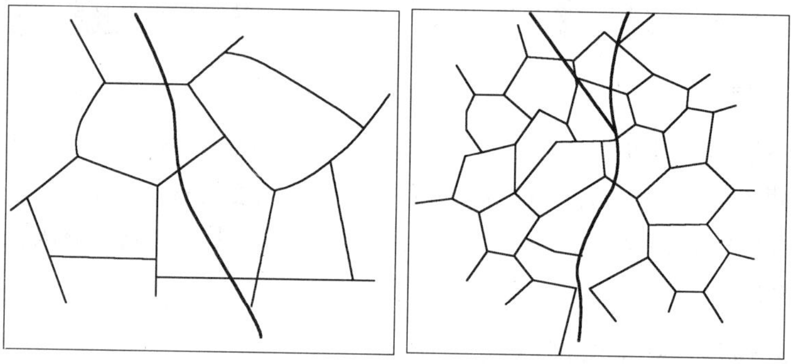

图 3－28 裂纹在不同奥氏体晶粒大小中的扩展示意图

高韧性耐磨钢的开发，为严寒地带及要求高冷弯的耐磨零部件的使用提供了便利，为我国北部及部分特许要求的耐磨零部件使用创造了条件。

3.5.4 高耐磨性耐磨钢的研究与开发

高的耐磨性能对于部分磨损件来说能够直接延长整台设备的使用寿命。目前，提高耐磨性最常用的方法是增加强硬度和提高韧塑性。然而，在增加强硬度的同时不可避免会损失部分韧塑性。如何在提高耐磨性的同时尽量减少材料韧塑性的损失，一直是从事耐磨钢研究的难题。

近年来，RAL 通过研究发现，在材料的基体上分布大量的纳米级析出粒子能够在提高耐磨性的同时且对韧塑性的损失较少。图 3－29 为 RAL 开发的 Ti－Mo 中碳微合金化耐磨钢中纳米级碳化物分布及其在普通石英砂、冲击功为 2J 的磨损工况条件下的相对耐磨性与常规不同级别耐磨的耐磨性对比情况。从图上可以看出，大量尺寸小于 10nm 的 Ti－Mo 微合金析出物与纳米级的铁碳化合物共存，并较为均匀地分布在基体上；在相对耐磨性上，高耐磨性耐磨钢相对同级别的 NM500 提高了 30%，达到了 NM360 的将近 3 倍，表现出极佳的耐磨性能。

目前，高耐磨性的低合金耐磨钢还在实验室进一步研究中，在析出物的控制及其分布上还有进一步优化和提高的空间，下一步拟与实验室王国栋院士研制的超快速冷却装备及控制思想相结合，进一步细化析出物的尺寸并增加析出物的体积分数，从而达到最大限度的控制析出效果，进一步来提高耐磨性能的目的。

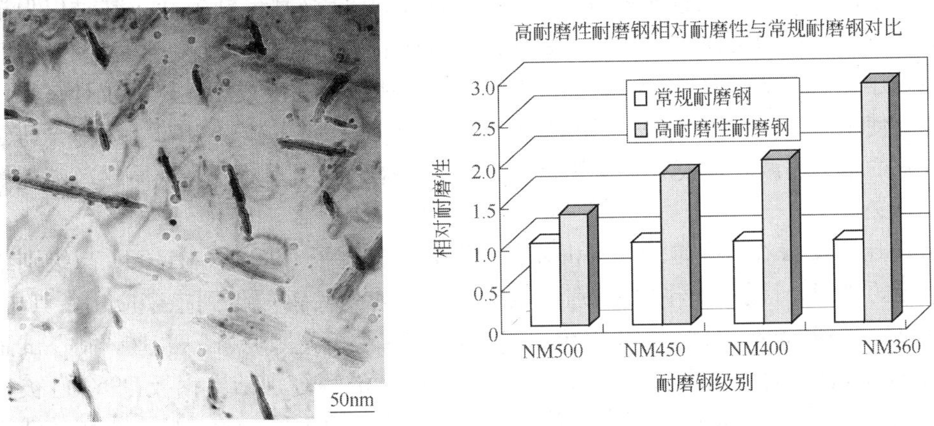

图 3－29　Ti－Mo 微合金化耐磨钢析出物分布情况及与各种常规耐磨钢耐磨性的对比

3.5.5　结束语

RAL 经过多年的低合金耐磨钢的研究，并与课题组研发的离线热处理装备——中厚板辊式淬火机的调试相结合，目前已研制出适应不同工况条件的低合金耐磨钢产品：

（1）在级别上目前已涵盖了从低到高（NM360～NM600）的各类级别；

（2）在厚度规格上，目前 RAL 研制的厚度规格涵盖了从薄到厚（最薄能够做到 5mm）的各类规格；

（3）在成本控制上，目前研发的低成本 NM400 在合金设计上仅比普碳钢 Q345 多添加极少量的 Cr 和 B 元素，该类系列钢种已开发到 NM500 级别；

（4）在韧塑性的提高上，目前实验室已经工业化生产的产品满足 －40℃ 冲击功的要求，同时在冷弯上部分级别能够满足 180°冷弯的要求；

（5）在高耐磨性的前沿性研发上，目前，研制的微合金化析出性低合金耐磨钢在同等工况条件下的相对耐磨性为同级别的 1.3 倍左右。

目前，RAL 研制的低合金耐磨钢已在国内多家钢厂得到了推广应用。与相关钢厂合作生产的产品被成功出口到欧美等十余个国家和地区，并在 2011 年获得国家重点新产品和江苏省高新技术产品的称号，同时还荣获了 2010 年的中国质量协会优秀六西格玛项目奖和 2011 年的江苏省科技进步一等奖。

（致谢：对首钢、南钢、太钢、涟钢等钢铁企业在低合金耐磨钢工业化推广应用做出的突出贡献，表示真挚的谢意。）

3.6　高级别结构用调质钢板 Q960/Q1100 的研制与开发

随着我国国民经济的迅速发展，工程结构日益向高参数、大型化方向发展，高级别的结构用调质钢板受到科技界和工程界的高度重视，应用越来越广泛，对钢材的强度以及高强度条件下的韧性要求也越来越高。由于该类钢的强度极高，韧塑性尤其难以保证，同时，该类钢板制造的结构件大部分以焊接的方式连接，且需要承受复杂多变的周期载荷，因此钢材还要求具良好的焊接性能、较高疲劳极限和一定的冷成型性。据统计，采用液压支架单台使用高强度结构钢 Q960 比 Q690 节约钢材 15t，重量减轻 20%。因此，研制与开发高级别的结构用调质钢板对于相关装备的减重及提高使用寿命、降低原材料消耗等均具有重要意义。

2007 年，RAL 在研发辊式淬火机装备的同时，进行了 Q960E、Q1100E 高级别结构用调质钢板的研制。目前，该两种级别的钢板均在国内相关钢厂得到推广应用，其中 Q960 最薄能够生产到 4mm，最厚达到 60mm；Q1100 进行了相关薄规格的工业试制，试制性能完全满足要求，且有一定富余。与相关钢厂合作生产的高级别结构钢板 Q960 已被批量化应用于三一重工、中联重科、郑煤机及振华重工等企业的工程机械、矿山机械及港口机械等设备制造。

3.6.1 成分和组织设计

成分是一个钢种的基础，直接关乎后续在一定条件下得到的组织和性能。对于高级别结构用调质钢来说，成分设计时不但要考虑其淬透性来达到一定的力学性能，还应该充分考虑后续焊接、疲劳及成型性等使用性能，因此在合金元素的添加选择上尤为重要。在这里仅对高强度结构用调质钢中几种重要的成分作叙述。

碳（C）是钢中最有效的强化元素之一。固溶于基体的 C 能起到显著的固溶强化作用，但是会造成塑韧性能的明显下降。C 能提高钢的淬透性，有利于形成高强度的显微组织，起到组织强化的作用。另外重要的是 C 与钢中强碳化物形成元素如 Nb、V、Ti、Mo 相结合，在回火过程中析出起到抗回火性和析出强化的重要作用。C 含量过低起不到上述有利的作用，过高则严重损害塑韧性能，特别是可焊接性变差。

锰（Mn）是钢中最常见合金元素，是常用的脱氧剂和脱硫剂。Mn 能显著提高钢的淬透性，在一定含量时并能够改善组织的韧性，但含量高时将损害塑韧性和焊接性能。一定量 Mn 的存在能避免 S 造成的热脆，改善硫化物夹杂的性能，但 Mn 含量高容易产生轴线偏析及带状组织。且随着级别的增加，适当降低 Mn 元素的含量还有利于提高其延迟断裂性能。

钼（Mo）能显著增加材料的淬透性，尤其和 Nb、B 共同使用时效果更佳。另外重要的是 Mo 在钢材回火期间能形成细小的碳化物 Mo_2C，产生析出强化的效果。但是 Mo 含量过多会损害材料的韧性及焊接性，并导致成本的增加。

硼（B）是最廉价的提高钢材淬透性的合金元素，极少量添加即能起到明显的效果，但是 B 量过多时其提高淬透性效果消失并在晶界形成脆性相有损材料的塑韧性。

此外，在高强度结构用调质钢的成分设计过程中还添加了少量的 Nb、V、Ti 微合金元素，以达到最大限度的细化晶粒提高韧性的效果。同时，RAL 在研究开发高级别结构用调质钢时，针对薄规格（10mm 以内）和厚规格（60mm 以上）采用差别式的成分设计，以达到淬透性好、内应力小、焊接性能良好三者同时满足的目的。在组织选择上，高强度结构用调质钢板 Q960 级别采用回火索氏体作为最终产品的组织，Q1100 则采用回火马氏体作为最终组织。

3.6.2 成品的典型组织及性能

开发的钢板成品的典型组织及析出物分布情况如图 3－30 所示（以 Q960 为例），可以看出该类钢为回火索氏体组织，从隐约的原始奥氏体晶界可以看出，晶粒尺寸在 10μm 左右，而基体上分布着大量的微小析出物，从 TEM 照片各异看出，析出物粒子大部分在 10nm 以内，且分布比较均匀。

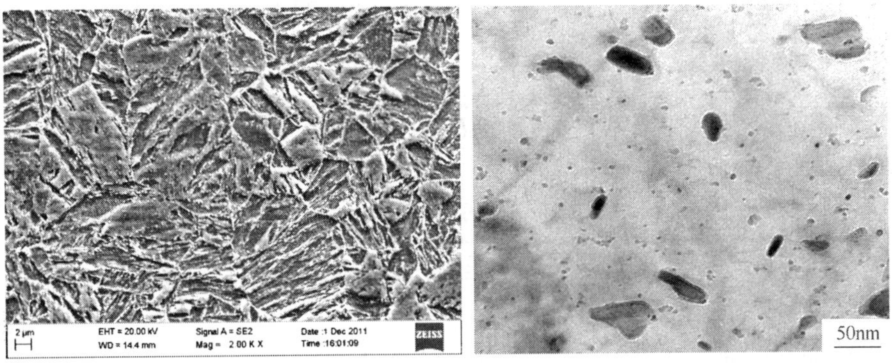

图 3－30　与某钢厂合作开发的 Q960E 组织及析出物

从表 3－15 中的力学性能可以看出，各种规格钢板的力学性能良好，其中 Q960 的屈服强度均在 1000MPa 左右，抗拉强度则在 1030～1060MPa 之间，伸长率在 16% 左右，低温冲击良好，达到了 100J 以上；而 Q1100 的屈服强度在 1150MPa 左右，抗拉强度达到了 1300MPa 以上，伸长率在 10% 左右，低温冲击达到了 50J。

表 3－15　在某钢厂推广生产的力学性能

钢　种	规格/mm	屈服强度 $R_{p0.5}$ /MPa	抗拉强度 R_m /MPa	伸长率 A_5 /%	冲击功(－40℃)/J		
Q960	4	1000	1040	16.0	—	—	—
	6	995	1030	16.0	62	65	70
	40	1010	1050	17.0	124	132	134
Q1100	5	1157	1348	10.5	—	—	—
	8	1163	1352	10.0	50	45	48

3.6.3 薄规格板形及性能的控制

薄规格高强度钢结构用调质钢板是 RAL 结合自身研制的淬火机装备量身打造开发出来的一系列特色产品，该系列产品在成分设计阶段除了需要考虑合金元素对力学性能和使用性能的影响外，还考虑后续淬火板形及内应力等问题。在合金设计时适当减少部分淬透性元素的添加，以达到满足钢板完全淬透的同时尽量减少内应力和节约合金成本的目的。在淬火工艺制定时，除考虑充分奥氏体化外，还应当防止薄规格钢板淬火前因散热过快而到达铁素体相变温度以下出现双相组织。图 3－32 为课题组开发的高级别薄规格 Q960E 和 Q1100E 淬火后的板形照片及成品的冷弯性能照片。从工业生产的实物质量来看，板形不平度≤4mm/m，冷弯180°不开裂，表现出良好的板形和成型性能。与相关钢厂合作生产的系列薄规格Q960E钢板已被国内知名工程机械制造企业如中联、三一等应用于200t起重机吊臂及高级别泵车的制造。

图3-31 东北大学淬火机装备及生产4mm的Q960E和6mm的Q1100E照片

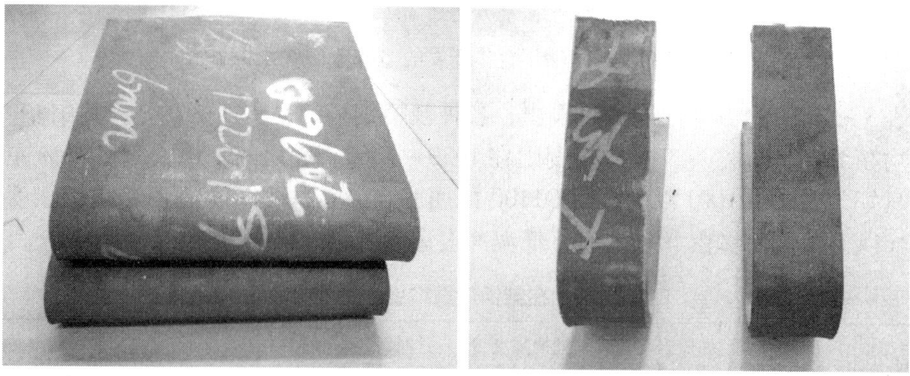

图3-32 与某钢厂合作开发的薄规格Q960E及Q1100E冷弯照片（180°）

薄规格系列高强度结构用调质钢的开发，打破了国外知名公司在国内长达十余年的长期垄断局面，对加快部分大型设备制造国产化进程具有重要意义。

3.6.4 焊接性能

高强度结构钢大部分的使用状态均是以焊接的方式连接的，所面临要解决的问题一是防止冷热裂纹的产生；二是在保证满足高强度要求的同时，提高焊缝金属及焊接热影响区的冲击韧性。因此，在该类钢的成分、组织及工艺设计时应当充分考虑其焊接性能。表3-16、表3-17为RAL与某钢厂合作生产的30mm规格Q960E在不同预热温度下焊接接头剖口的裂纹出现情况及焊后热处理得到的性能。

表3-16 研发的Q960E不同预热温度下的焊接剖口裂纹情况

编号	板厚/mm	预热温度/℃	组装间隙/mm	表面裂纹率/%	断面裂纹率/%
1	30	100	2.0~2.05	5.7	17.5
2	30		1.9~2.0	0	0

续表 3 - 16

编号	板厚/mm	预热温度/℃	组装间隙/mm	表面裂纹率/%	断面裂纹率/%
3	30	125	1.84 ~ 1.96	0	0
4	30		1.90 ~ 1.98	0	10
5	30	150	1.92 ~ 1.96	0	0
6	30		1.96 ~ 2.00	0	0

表 3 - 17 研发的 Q960E 焊后热处理的性能

编号	PWHT	焊缝拉伸性能		弯曲性能	焊接接头 A_{kv}(-40℃)/J		
		R_m/MPa	断裂位置	($D=4a$, 180°)	焊缝中心	熔合区	热影响区
1	480℃ ×2h	1050	母材	完好	48, 37, 43	20, 36, 40	51, 78, 37
2	550℃ ×2h	1040	母材	完好	44, 35, 34	27, 39, 19	66, 38, 99

从表中可以看出，研发的 30mm 规格 Q960E 呈现出良好的焊接性能，采用 100℃ 预热时，钢板间的组装间隙超过 2mm 会出现少量的表面裂纹，而低于此组装间隙及高于 100℃ 的预热温度钢板均无裂纹出现。焊后热处理结果表明，焊接接头焊缝金属的强度有所上升，弯曲性能良好，无开裂现象出现；焊后热处理对焊缝金属、熔合区、热影响区的低温韧性都有一定影响，采用 550℃ 较高温度进行消氢处理时，熔合区韧性略有下降。

3.6.5 疲劳性能

疲劳通常是指材料在受到变动载荷和应变长期作用下，因累积损伤而引起的断裂现象。高级别的结构用调质钢主要被应用于工程机械、矿山机械及港口机械的关键受力部位，长期在变动载荷状态下工作，疲劳性能是其重要的考察指标，也影响着其整套设备的使用寿命。因此，对该类高级别钢的疲劳性能的研究具有重要意义。

RAL 在研究该类高级别结构钢时发现，该类钢板在淬火阶段得到的组织中，在马氏体的板条间保留少量的残余奥氏体薄膜能够有效增加抗疲劳性能。因此，在合金设计和工艺制定时，均采用有意识的控制，以提高其残余奥氏体的量，达到改善疲劳性能的目的。图 3 - 33 为 RAL 研发的高级别结构用调质钢板 Q960E 组织中残余奥氏体薄膜及 $\sigma-N$ 疲劳曲

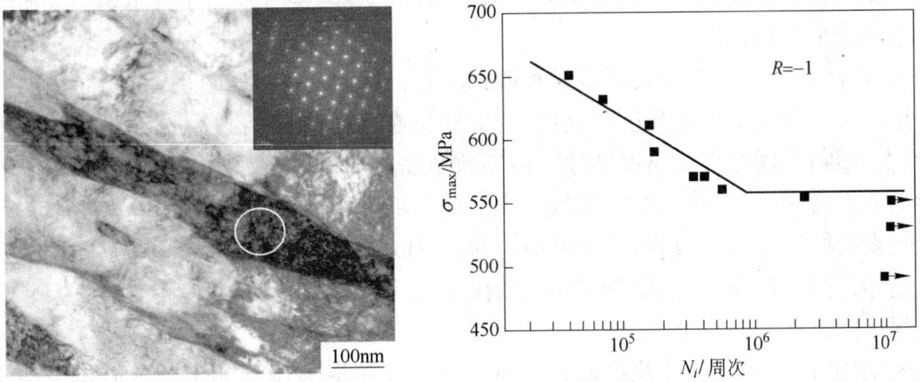

图 3 - 33 与某钢厂合作开发的 Q960E 组织中残余奥氏体薄膜及 $\sigma-N$ 疲劳曲线

线照片。从图上可以看出，该级别钢板的疲劳性能良好，当 $R=-1$ 时，疲劳极限约为555MPa；对其裂纹产生机理进行分析发现，裂纹源主要来自试样的表面。

目前，工业生产的更高级别 Q1100E 的疲劳性能也在实验室进一步研究中。

3.6.6 结束语

RAL 结合自身研制的中厚板辊式淬火机装备，进行了相关配套的系列高强度调质钢板 Q960/Q1100 的开发。目前，研发的高级别结构用调质钢板 Q960/Q1100 均已实现工业化生产，其中 Q960E 产品经江苏省鉴定为国际先进水平。同时，与相关企业合作生产的该类钢板已被应用于国内重点工程机械、矿山机械和港口机械如三一重工、中联重科、郑煤机等企业产品的制造，在薄规格系列产品和高级别 Q960E/Q1100E 的批量化生产上，填补了国内空白，为相关装备制造的国产化做出了重要贡献。

3.7 高性能低硅含磷 TRIP 钢的开发

3.7.1 概述

“十二五”期间，我国钢铁工业将步入转变发展方式的关键阶段，既面临结构调整、转型升级的发展机遇，又面临资源价格高涨、需求增速趋缓、环境压力增大的严峻挑战。对于汽车用钢而言，轻量化、节能环保和低成本高性能将是未来相当长一段时间内的主要发展方向。因此开发高强度、高塑性和高成型性钢铁材料是汽车业和钢铁界为应对这一发展趋势所采取的必然选择。相变诱发塑性钢（TRIP 钢）不但具有高的强度，而且还具有高的断后伸长率，它的研制成功为解决强度和塑性的矛盾提供了方向，成为最具潜力的新一代汽车用材之一。

传统的 TRIP 钢成分设计中，元素 Si 的含量一般为 1.5% ~2.0%。Si 是一种固溶强化元素，不溶于渗碳体，能强烈阻碍渗碳体的析出和提高铁素体的强度。但是 TRIP 钢中硅含量较高，热轧时钢材表面很容易形成一层氧化层，这些氧化层即使通过除鳞处理，也很难将其彻底除去，导致钢材表面质量的降低。因此，各国学者致力于降低硅含量和用其他元素来部分或全部替代硅。

使用 Al 代 Si，可以解决表面质量和镀锌问题，然而由于 Al 不能提供与 Si 相同的固溶强化作用，从而降低了抗拉强度；其次，高 Al 钢在冶炼和连铸过程会产生大量不利的粗大夹杂物，影响凝固过程金属流动性，而导致结晶器水口堵塞等问题；此外，Al 含量的增加还会显著提高 Ms 点，这又会降低残余奥氏体的稳定性。

近年来人们还通过将 C 含量增加到 0.4% 或 Mn 含量提高至 20% 来提高 TRIP 钢的强度和塑性指标，但如此高的 C 和 Mn 含量使冶炼、连铸和轧制过程变得困难，并且严重影响材料的焊接性能和综合质量。

传统 TRIP 钢主要以冷轧及热处理为主，由于连续退火设备和工艺的限制，退火过程加热速率慢、流程长、能耗大、参数可控范围窄，使得 TRIP 钢的生产过分依赖成分控制，大大限制了生产效率的提高和性能潜力的挖掘。另外，热轧TRIP钢鲜有研究和生产的报道，这可能与传统热轧薄板坯生产线后冷却设备能力有限导致热轧TRIP钢生产稳定性和均匀性差，以及人们对较厚规格TRIP钢的使用和应用缺乏深刻的认识等因素有关。

与传统汽车用钢，如低碳高强钢、双相钢等相比，以TRIP钢为代表的新一代汽车用钢更加强调高强度和高塑性的统一，因此，在成分和工艺设计上更加追求保证最终组织中残余奥氏体的稳定性、抑制渗碳体的析出，而提高C含量，大量添加Si、Mn和Al等合金方法也给现有的钢铁生产流程与工艺带来很大的挑战，产生了诸如涂镀、综合质量和焊接性能等制约TRIP钢大规模生产和应用的瓶颈问题。另外，合金元素的添加及复杂工艺控制大大提高了传统TRIP钢的制造成本，这也在一定程度上限制了TRIP钢在汽车结构件中的使用。因此，如何从成分设计和工艺优化两方面解决TRIP钢生产中的关键问题，进一步拓宽其使用及应用范围，对钢铁企业、汽车工业及其相关行业的发展具有深远的意义。

作为铁素体形成元素的磷与硅相似，也能固溶强化铁素体和奥氏体，在钢中适度提高磷含量能有效阻止渗碳体的析出，有利于稳定残余奥氏体，以及能弥补降低硅含量所引起的强度损失，并且不增加任何成本。随着薄板坯连铸连轧技术的发展，热连轧可以生产2mm甚至以下厚度的薄钢板，相关尺寸精度控制技术为部分产品“以热代冷”提供了便利条件。同时以超快速冷却为核心的复杂冷却路径控制的装备与工艺技术近年来也得到了长足的发展，这些为热轧TRIP钢的开发提供了装备、工艺与技术的保障。此外，随着感应加热宽规格板带钢技术的重大突破，新一代超快速退火的装备与工艺迎来了前所未有的发展机遇。该技术通过高速加热和冷却，在短短几秒钟之内完成退火过程，为开发具有优异组织与性能的新一代TRIP钢提供了途径。

东北大学轧制技术及连轧自动化国家重点实验室（RAL）近年来一直致力于以低成本减量化为特征的新一代汽车钢的研究与开发，采用低硅含磷及微合金化的成分体系成功研制出分别适用于热轧、冷轧退火以及热镀锌用600～1200MPa级新型TRIP钢，探索了新成分体系下热轧、冷轧及快速热处理过程材料再结晶、析出及相变行为的交互作用和微观机理，为新型高强度TRIP钢的研究及工业应用提供了重要的基础。

3.7.2 新颖的成分设计

众所周知，TRIP钢起源于20世纪60年代的高镍高铬钢，近二十年来，TRIP效应的研究主要集中在高强度低合金钢，主要成分（%）为，C：0.1～0.4，Si：1.0～2.0，Mn：1.0～2.0。正如前文所提到的，高Si的添加对于传统TRIP钢是非常重要的，它对于贝氏体等温区阻止渗碳体析出，保证残余奥氏体的稳定性具有独特的效果。但是，Si含量高导致钢板表面形成稳定氧化物将阻碍镀锌过程锌液与钢板表面的反应，使钢板涂镀性能变差。另外一个不利影响是，Si含量增加大大减小了贝氏体转变动力学，使得贝氏体区等温时间变长。

如何合理利用各合金元素特点，配合正确的工艺开发更适合现有生产线的高性能TRIP钢，是人们一直探索的课题。而其他成分体系，例如高Al、高Mn等，尽管各有特色，但均未突破现有生产设备与条件的制约，至少在目前条件下大规模批量化推广与应用是不现实的。那么，到底有没有与现有冶金设备与工艺条件相匹配的成分体系，在不增加成本、不提高工艺难度的前提下，使汽车钢具有明显的TRIP效应而大幅提高其强度与塑性指标，是冶金工作者梦寐以求的目标。新型低硅含磷系 TRIP 钢的开发或许给我们提供了一个令人满意的答案。

新型 TRIP 钢在传统 C－Si－Mn 成分体系基础上，通过大幅度降低 Si 含量，适度提高 P 含量，或添加少量 Nb、V、Ti 等合金化方法而得到，充分体现了实用性、低成本和减量化的合金设计理念。如果合金元素 P 的确能够起到替代 Si、Al 的作用，那么这将意味着在现有生产条件下，不增加任何冶炼、连铸和轧制过程的成本，也没有涂镀性能差等传统 TRIP 钢致命的缺点，至少在目前看来，应该是非常实用化的一种 TRIP 钢合金化的思路。

传统观点认为 P 在钢中属于有害元素，不利于钢的冲击韧性以及焊接性能等。直到 20 世纪 70 年代，随着含磷钢在汽车上的应用，人们才开始重新认识 P 对钢铁材料组织和性能的影响行为。作为铁素体形成元素的 P，其原子半径与 Fe 原子相近，因此能够取代铁原子形成置换固溶体。P 对铁素体和奥氏体的固溶强化能力十分突出，远胜于常见的固溶强化元素 Si 和 Mn。根据 Thermal－Calc 热力学软件计算可知，添加 0.08% P 可使 $\alpha \to \gamma$ 相变结束温度提高 20℃左右，$\alpha \to \gamma$ 相变驱动力减小 15～20J，（$\alpha+\gamma$）两相区范围明显扩大，这可以扩大冷轧 TRIP 钢退火工艺窗口，同时也有利于薄板坯热轧 TRIP 钢在终轧后和进入水冷前的短暂时间得到理想比例的铁素体，强化残余奥氏体初次富碳的效果。热力学计算结果也进一步验证了这一现象，在相同的温度条件下，随着 P 含量的增加，奥氏体中的 C 浓度增加，这有利于阻止渗碳体的析出，保留更多的亚稳态奥氏体。但是磷加入过多又会使得钢中形成磷化物 Fe_3P，这对 TRIP 钢韧塑性是不利的，仍然需要合理控制钢中磷的含量。

与低合金高强钢类似，为了进一步提高 TRIP 钢的强度，近年来人们开始在 TRIP 钢中添加 Nb、Mo、V 和 Ti 等微合金元素。微合金元素 Nb 主要通过影响再结晶细化奥氏体晶粒尺寸，从而促进先共析铁素体生成，使残余奥氏体富碳，延迟贝氏体转变动力学。通常与 Mo 复合添加效果更佳，Mo 可以起到促进针状铁素体形成，进一步抑制碳化物的生成，降低贝氏体转变温度等作用，综合提高 TRIP 钢的强度和韧塑性。Ti 是一种强碳化物形成元素。TiN 在奥氏体中固溶度最小，TiC 在铁素体中固溶度最小。由于大量 Ti 在热轧过程析出，因此利用 Ti 对冷轧 TRIP 钢强化较为困难，而在热轧 TRIP 钢中 TiC 可以起到明显析出强化的效果。微合金元素 V 在钢中主要以微量固溶于铁素体或形成碳氮化钒第二相这两种形式存在，也就是说钒的碳氮化物在奥氏体中基本不析出，在铁素体中溶解度较低而迅速析出，钒在铁素体中的弥散析出对基体强度的提高具有重要的作用。因此，在冷轧热处理过程，退火工艺的控制要尽量避免 V 的固溶量增加和析出物粗化而减小 V 的析出强化作用。

此外新开发 TRIP 钢中 C 通常在 0.1%～0.2%之间，采用相对较低的碳含量兼顾 TRIP 效应的同时大大改善了材料的焊接性能。Si 的含量大致在 0.4%以下，钢中其他成分的含量大致和传统 C－Si－Mn 系热轧 TRIP 钢成分相同。

3.7.3 热轧 TRIP 钢

高性能热轧 TRIP 钢的获得除了严格的冶炼、连铸控制外，更重要的是依赖于合理的形变热处理轧制技术（Thermal－mechanical controlled process，TMCP）。在 TMCP 过程中，热轧后的钢板随冷却和卷取过程发生快速的相变，可以获得包含铁素体、贝氏体和残余奥氏体的多相显微组织。热轧 TRIP 钢无需再进行热处理，成本低，力学性能优良，具有广阔的应用前景。

热轧 TRIP 钢组织演变主要发生在以下几个关键阶段：

（1）再加热；

（2）粗轧和精轧；

（3）冷却和卷取。

为了保证获得理想的显微组织和力学性能，有必要在以下几个方面进行严格的控制。

3.7.3.1　再加热

将厚度大于或等于 60mm 的板坯加热到 1100～1250℃，保温 1～4h。这里板坯再加热过程主要目的包括充分奥氏体化和将 Nb、Ti 等微合金完全固溶。需要注意的是，添加微量 Ti 正是为了在再加热过程析出适量细小的 TiN，起到抑制奥氏体晶粒过分长大的目的。因此，合理的奥氏体化温度和在炉时间是保证 Ti 微合金碳氮化物析出并发挥作用的关键，过高温度或过长均热时间都可能引起析出物聚集粗化而不能够起到细化奥氏体晶粒的作用。

3.7.3.2　粗轧和精轧

采用两阶段控制轧制，再结晶区压下率不小于 60%，未再结晶区压下率不小于 70%；再结晶区开轧温度为 1100～1150℃，未再结晶区开轧温度为 950～1050℃，终轧温度为 800～900℃。再结晶区大压下率轧制指的是总压下率在 60% 以上，而单道次压下率则达到 25% 以上，主要通过动态和道次间充分的静态再结晶大幅度细化奥氏体晶粒。

未再结晶区累积大变形是新开发热轧 TRIP 钢 TMCP 工艺的主要特色之一。精轧开轧温度应在未再结晶温度（T_{nr}）附近，而本开发钢种的未再结晶温度通常在约 950℃左右，所以这里将根据热轧线实际情况尽量降低精轧温度，开轧温度为 950～1050℃，终轧温度为 800～900℃，而且应保证精轧阶段若干道次温度控制得较低。未再结晶区精轧总压下率控制在 70% 以上，最优在 80% 左右。通过优化轧制工艺，结合各道次微合金析出行为的控制，抑制道次间部分再结晶，促进多道次精轧阶段的亚动态再结晶和应变累积，以期获得超细而均匀的奥氏体晶粒。在此基础上通过奥氏体亚稳区累积大变形，促进奥氏体薄饼化和晶内高密位错、变形带和畸变区的产生，大大提高了 $\gamma \rightarrow \alpha$ 相变动力学并为大幅度细化组织创造了条件。这种再结晶综合控制方法在前期预研工作中取得良好效果，平均奥氏体晶粒可被细化到 10μm 以下。这种强烈的奥氏体细晶化和薄饼化效应，可以使奥氏体在 1～2s 甚至更短时间内迅速转变多边形铁素体。在本实验条件下，铁素体体积分数均大于 50%，而固溶碳原子的快速扩散使未转变的奥氏体中进一步含碳，从而增加其稳定性，推迟了珠光体转变，有利于更多的残余奥氏体保留到室温。值得一提的是，这里由于晶粒细小的多边形铁素体均匀快速生成，未转变的奥氏体被迅速分割成更多弥散细小的局部单元，某些微细单元内奥氏体富碳明显，这有利于卷取过程粒状贝氏体内岛状残奥的形成。此外，适度降低并严格控制精轧温度范围，能够避免累积应变量沿板卷长度方向分布不均，辅之以超强的冷却能力，可以保证新钢级具有优异的性能均匀性。

3.7.3.3　冷却和卷取

根据奥氏体控轧效果，在冷却段可以采用分段冷却和连续冷却路径模式以保证显微组织中铁素体、贝氏体和残奥的体积比例。在足够比例的铁素体生成后立即采用层流冷却或超快速冷却到合理的卷取温度，以便形成一定体积分数的贝氏体。此外，未相变的奥氏体通过在铁素体形成过程中的一次富碳和贝氏体等温过程中的二次富碳，从而获得了较高的稳定性而保留至室温，实际残奥体积分数可以控制在8%～18%范围内。新开发TRIP钢在卷取之前冷却速率至少在25℃/s以上。我们知道在冷轧退火TRIP钢为了保证贝氏体的生成和二次富碳效果，过时效温度必须严格控制在400℃左右。而与此不同的是，对于新开发热轧TRIP钢，具有卷取温度范围宽、工艺窗口适应性强的特点，从350～600℃均能得到力学性能较理想的热轧TRIP钢带，只是显微组织中各相精细形貌、微观结构和体积分数略有差别。由此可见，新合金成分和先进TMCP工艺可使TRIP钢即使在较高温度下卷取，碳化物的析出和珠光体生成也能够被有效的抑制，这就使得生产工艺对卷取的依赖性大幅度降低，工艺窗口更加灵活、组织性能的均匀性和稳定可以得到明显提高。

新开发高强度TRIP钢板所具有的组织如下：多边形铁素体、粒状或板条贝氏体和少量残余奥氏体，其中：铁素体含量为55%～75%，晶粒尺寸2～6μm，铁素体基体中存在着大量的位错，细小的碳化物和氮化物在铁素体基体上弥散析出；低碳贝氏体体积分数为10%～35%；残余奥氏体体积分数为8%～18%，大多以颗粒或岛状形式均匀弥散地分布在组织中。

实验室热轧TRIP钢厚度规格2～6mm，普通低硅含磷系钢板的抗拉强度750～1020MPa，屈服强度450～560MPa，伸长率19%～24%，屈强比0.5～0.7，加工硬化值约0.25，各向异性指数约0.9，强塑积18000～22000MPa·%。新开发钢种可成功实现TRIP600、TRIP800和TRIP1000所要求的力学性能指标。与国内外1～2mm同成分体系冷轧退火板相比，其强度指标有很大富余量，塑性和深冲性能基本持平。特别是微合金化TRIP1000热轧钢板抗拉强度可达到1000MPa以上，并具有较好的伸长率和n、r值。

新开发热轧TRIP钢有如此优异的性能，主要由于以下几方面的原因：

（1）P、Nb、V、Ti等微合金元素的添加，拓宽了铁素体区，缩小了珠光体区，抑制了渗碳体的析出，促进了热轧条件下残奥的稳定化、无碳/低碳贝氏体的生成；

（2）采用现代TMCP技术可实现TRIP钢的晶粒细化、位错强化和析出强化，其中铁素体平均晶粒尺寸在2～6μm范围内，远高于冷轧－退火板的10～15μm平均水平。铁素体基体中大量位错和亚结构，这是造成强度升高且综合性能较好的重要原因之一。10nm以下弥散规则分布的碳氮化物析出，在不损失塑性的前提下，提高强度约200～300MPa。

综上所述，新开发热轧TRIP钢轧制及冷却工艺窗口灵活，适应性更强，非常适合工业化“以热代冷”产品的生产开发，具有广阔的应用前景。

3.7.4 冷轧TRIP钢

传统TRIP钢的冷轧热处理工艺，主要由临界区退火和贝氏体等温处理两个阶段组成。第一个阶段是临界区退火。钢的组织处于（$\alpha+\gamma$）两相区，退火温度的选择主要是控制室温时TRIP钢中的铁素体含量，通常随着退火温度的升高，奥氏体含量增加、铁素体含量减少，这将引起过时效段贝氏体转变量的增加，屈服和抗拉强度显著增加。例如实验钢退火温度波动在50℃左右，可引起抗拉强度变化约100～200MPa，而屈服强度变化约200～300MPa。而室温下残余奥氏体含量、断后伸长率和强塑积的变化则比较复杂，存在一个最优的临界退火温度区间。在两相区退火过程中，铁素体的含量将直接影响奥氏体中一次富碳的效果，因此与室温残余奥氏体含量、成分和形貌等密切相关，为使残余奥氏体发挥较好的TRIP效应需要在这一阶段优化铁素体含量，以便获得尽可能稳定的残留奥氏体。

此外，近年来为了进一步提高TRIP钢的强度，研究者逐渐青睐于采用完全奥氏体化温度退火，结合贝氏体区过时效处理，获得贝氏体（可能含有部分马氏体）+残余奥氏体TRIP钢，这类钢被称作贝氏体铁素体基体TRIP钢，也即BF－TRIP钢。与多边形铁素体（PF－TRIP）钢相比，抗拉强度往往大幅提高，如本实验中BF钢的抗拉强度可达1100MPa以上，但断后伸长率、残奥含量以及强塑积指标也有所下降。但是这类钢除了较高的强度以外，还表现出优良的凸缘成型性能以及高的抗疲劳强度和高的碰撞吸收能。

第二个阶段是贝氏体相变区等温。在这一温度区间将形成一定量的贝氏体或马氏体，并通过碳的第二次富集，使残余奥氏体的稳定性大大提高，并在随后的冷却过程中尽可能保留下来。因此，贝氏体等温温度和时间的选择将通过影响贝氏体（或马氏体）和残余奥氏体微观形貌特征、体积分数比例以及残奥的稳定性等组织参数进而改变其力学性能。例如，在新开发的BF－TRIP钢中发现，随着贝氏体等温时间延长，贝氏体（包含部分马氏体）的总量减少，残余奥氏体含量增加且形貌改变，抗拉强度明显降低，断后伸长率增加，强塑积指标呈上升趋势。在传统的C－Si－Mn系TRIP钢中，连续退火过程贝氏体区等温温度通常在约400℃，变化范围很窄或基本不变。如果等温温度太高，碳原子扩散加剧，贝氏体中碳的固溶度降低，板条边界消失或板条合并转为粗大的贝氏体组织，材料强度大幅度下降；相反如果等温温度太低，则碳原子扩散减缓，残余奥氏体数量大幅减少，而组织中贝氏体均为具有过饱和碳、高密度位错的非平衡组织，甚至马氏体数量急剧增加，这将导致材料断后伸长率明显下降。因此可以说传统TRIP钢在热镀锌方面的局限，不仅体现在Si含量高带来的表面质量问题，更重要的一点是镀锌过程锌锅温度在约460℃，镀锌时间也有严格限制，这对于高Si钢来说是具有一定挑战性的。首先温度太高会带来强度的损失，另外如前所述，Si大大减小贝氏体转变动力学，因此高硅钢生产需要较长时间的贝氏体等温，这对于镀锌过程而言是不太可能实现的。而新开发钢种由于成分体系的特点，在连续退火热镀锌方面具有独特的优势。例如，在本实验中60mm厚的钢板经7个道次热轧至4.7mm，然后冷轧至约0.8mm，冷轧压下量达到约83%，试样以10℃/s的速率加热到810℃临界区等温90s后，快速冷却到约460℃贝氏体温度区进行20s等温处理，其抗拉强度达到1030MPa，断后伸长率为24.5%，强塑积接近25000MPa·%，n值约0.27，r值约1.2，表现出十分优异的综合性能。

正如我们所知，目前采用辐射管加热的商业化退火方法，流程长、加热速率慢、工艺可控范围窄，能耗大，难以实现对柔性化调控，大大限制了生产效率的提高和性能潜力的挖掘。随着横向电流感应加热宽规格板带材技术的全面突破，以高速加热和冷却为特色的超快速热处理技术近年来飞速发展，如Arcelor开发的中试生产线适用宽规格带钢的加热，如带钢宽度约1500mm及以上，厚度0.1～1.5mm，可达1000℃/s高加热速率，温度均匀性小于±3%。超快速热处理技术的发展带来的不仅是工艺流程缩短、节能降耗和提高产品质量和生产效率等利益，更重要的是为开发具有优异组织性能的新材料提供了途径。

RAL采用实验室自主开发的带钢连续退火模拟实验机，首次成功开发了超快速退火低硅含磷系微合金TRIP钢的原型钢。研究发现超快速加热通过抑制铁素体的回复和再结晶过程，可以使再结晶和相变在更高温度和更大的变形储能下进行，这使得TRIP钢中铁素体、贝氏体特别是残余奥氏体的体积分数、形貌特征及其晶粒尺寸发生了明显的改变，综合力学性能显著提高。加热速率为 80～300℃/s 时，低碳含磷系 TRIP 钢临界温度为 880℃ 时，强度和塑性同步增加，强塑积稳定在 23000MPa·% 以上，最高可达 27240MPa·%，远优于普通退火速率的 20000MPa·% 左右水平。值得一提的是，80℃/s 加热 460℃ 过时效温度下，新开发钢种抗拉强度达到 1450MPa，断后伸长率 18.5%，强塑积 26825MPa·%，达到甚至超过了高碳高合金化的淬火再配分钢（Q&P），其合金成本、成型及焊接性能具有明显的优势。该钢种优异的力学性能与超快速加热导致组织和析出粒子的超细化有密切关系，铁素体平均晶粒 1～3μm，贝氏体板条宽度 10～30nm，薄膜状或颗粒状残奥尺寸大幅度下降，析出粒子尺寸大部分在 10nm 以下，分布弥散均匀。

3.7.5 结论

在社会倡导低碳节能环保的大背景下，现代汽车工业就要在保证安全性能的前提下尽可能轻量化，以降低油耗和排放。汽车轻量化的首选材料就是具有高强度和高塑性的 TRIP 钢。近二十年来，尽管 TRIP 钢的研究非常活跃，但由于传统 C－Si－Mn 系 TRIP 钢存在表面质量和镀锌的问题，而其他成分体系也面临着冶炼、连铸等工艺方面的各种难题，极大限制了 TRIP 钢的工业化推广和应用，因此只有选择与当前工业化条件相适应的成分和工艺路线，开发具有针对性、实用性和低成本减量化的高性能 TRIP 才是唯一的出路。

东北大学 RAL 采用低硅含磷以及微合金化的成分设计思路，对 TRIP 钢热轧、冷轧及热处理条件下，成分、工艺、组织及力学性能之间物理冶金关系进行了深入系统的研究，成功开发了低成本、高性能和适合工业化生产的系列化热轧及冷轧 TRIP 钢新品种，热轧牌号涵盖 TRIP600、TRIP800 和 TRIP1000；冷轧牌号包括 TRIP800、TRIP1000、TRIP1200 和 TRIP1400。新开发钢种克服了传统 TRIP 钢的表面质量和镀锌工艺等应用瓶颈，提出一种具有经济型合金设计和优异综合性能的新型（超）高强低硅含磷 TRIP 钢的制造理论与技术，这不仅促进了 TRIP 钢的相关基础研究，而且对 TRIP 钢工业化应用将起到重要的推动作用，具有重要的科学意义和广阔的应用前景。

新型低硅含磷系 TRIP 钢不仅有优异的强度、延展性和成型性的匹配，而且还具有良好的热镀锌效果，更重要的是其经济、实用和稳定性好的特点，可广泛适用于汽车结构件、安全件和加强件等部位，用作座椅结构件、横梁、纵梁、中后强化件、挡板和镀锌基板等，并不断拓宽其使用范围，提高 TRIP 钢在轻量化汽车中的应用比例，大大推动 TRIP 钢大规模批量化生产和应用，这对钢铁企业、汽车工业及其相关行业的发展具有深远的意义。

3.8 高级别管线钢研发及工业化生产

管道输送具有高效、安全、可靠、经济、连续、环保等诸多优点，是长距离输送石油、天然气的重要运输方式。目前，全世界石油、天然气管道总长度已经超过 260 万公里。随着对石油、天然气需求的日益增加，其开发和开采正逐渐向沙漠、极地、冰川和海洋等偏远地区延伸。石油、天然气输送用钢将面临更为严酷的高寒、高压和腐蚀等恶劣环境的挑战。随管道输送经济性和安全性的要求，输送管道向大管径、高压力、厚壁化、耐腐蚀和抗大变形的方向发展，这种发展趋势对管线钢提出了更高的要求，不仅要求管线钢具有高的强度，而且要求具有良好的低温韧性、抗疲劳性能、抗断裂特性、焊接性能和耐腐蚀性能。

随着实际输送压力、输送介质以及自然环境不断变化，管线钢的使用钢级也随之不断提高。图 3 - 34 为国内外管线钢级别发展历程，由图可见，在国外，管线钢的强度级别每十年提升一次。20 世纪 50 ~ 60 年代使用的管线钢通常为 X52，70 ~ 80 年代使用的管线钢通常为 X60 ~ X70，90 年代使用的管线钢通常为 X70 ~ X80，进入 21 世纪，X100 和 X120 成为研究和开发的热点，欧洲钢管公司及日本的 NKK、住友金属、新日铁、川崎等公司相继开展了 X100 和 X120 工业试制。2004 年 2 月在加拿大阿尔波特北部用新日铁生产的外径 914mm、壁厚 16mm 的 X120 钢管建设了世界首条 1.6km 的 X120 管线示范段。

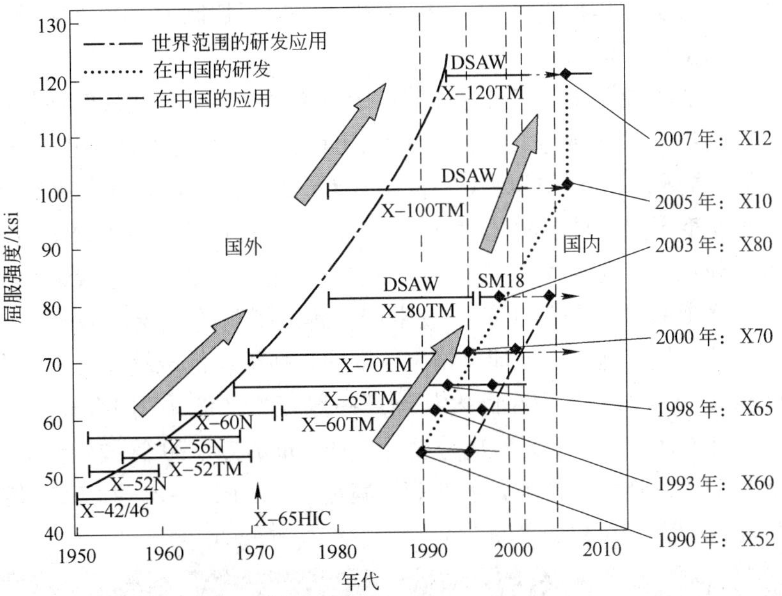

图 3 - 34 管线钢级别发展历程

我国在管线钢管开发与应用中起步较晚，但进展速度很快。1995 年 X60 管线钢首次应用于陕京管线；2000 年 X70 即在涩 - 宁 - 兰管线上建成试验段，短短五年内中国管线钢的钢级从 X60 迅速提高到 X70，并已在西气东输一线、二线等重大管线工程中获得大批量应用。2005 年 3 月，X80 螺旋焊管和直缝焊管被首次成功铺设于河北省景县境内的管线工程，作为冀宁管线联络线的一部分。其后，X80 管线钢在西气东输二线干线工程中得到大量应用。在 10 年的时间里，我国天然气长输管道钢级从 X60 发展到 X80，赶上了国际先进水平。从 2005 年起，我国已进行了超高强度（X100 和 X120 级）管线钢管的实物开发，并取得一定研究成果，大大缩小了我国在此领域与西方先进国家的差距。

随着高钢级管线钢的应用和管道输送压力的提高，对管道用钢的可靠性要求也越来越高，高钢级管线钢中的成分设计、纯净钢冶炼技术、强韧性匹配、落锤撕裂性能控制、低温韧性控制、抗大变形性能、耐 HIC 性、抗 H_2S 腐蚀机理及产生断裂的细微观力学原因越来越受到人们重视。东北大学轧制技术及连轧自动化国家重点实验室开展了系列高级别管线钢（X80、X100、X120）的研发，并对管线钢研究和生产过程中的难点和关键技术进行了系统研究，掌握了其关键技术，为高钢级管线钢的开发与应用奠定了基础，并成功应用于工业实践。

3.8.1 管线钢落锤撕裂（DWTT）性能控制技术

为了保证长距离管道运行安全，不仅要求材料的启裂功要高，还要求裂纹出现后不会迅速扩展，即阻止裂纹扩展或延缓裂纹的扩展速度。DWTT 断口剪切面积与管线实物气爆裂纹扩展速率有密切的关系，可真实评价材料韧性和抗撕裂性能，是评价管线钢重要性能指标。落锤性能不合一度成为生产企业管线钢生产的瓶颈。本室通过对落锤性能影响因素系统研究，确定了带状组织、M - A、夹杂物、有效晶粒尺寸和大角度晶界是影响 DWTT 性能的关键因素，揭示了其影响机理，在此基础上提出了控制 DWTT 性能关键技术，为高钢级管线钢的生产提供了依据。

为了达到优良的止裂性能，需要保证钢坯的高纯净度，从而实现管线钢材料微观层面晶粒的均匀性。提出了优化连铸工艺，采用轻压下技术，改善连铸坯中心偏析；降低 P、S、O 和 N 元素的含量，提高钢的纯净度；充分 Ca 处理，球化和细化夹杂物；增大压缩比、增加粗轧道次变形量，控制粗轧后再结晶奥氏体的晶粒尺寸；控制冷却速率和终冷温度，减小有效晶粒尺寸，提高大角度晶界的比例等措施，有效提高管线钢 DWTT 性能。该技术成功应用于 X70 ~ X120 管线钢的工业生产，解决了制约管线钢 DWTT 合格率低的难题，有效提高了管线钢落锤撕裂性能合格率。即使在薄板坯低压缩比恶劣情况下，也具有优良的 DWTT 性能，表 3 - 18 为在国内某钢厂中厚板生产线采用 150mm 连铸坯，低碳，添加少量（不多于 0.15%）Mo 元素成分设计生产 16mm 厚 X80 管线钢性能，DWTT 性能良好，具有优异的止裂性能，其他各项性能均满足要求。图 3 - 35 为其典型管线钢显微组织，主要为针状 F、粒状 B 和少量 M - A。

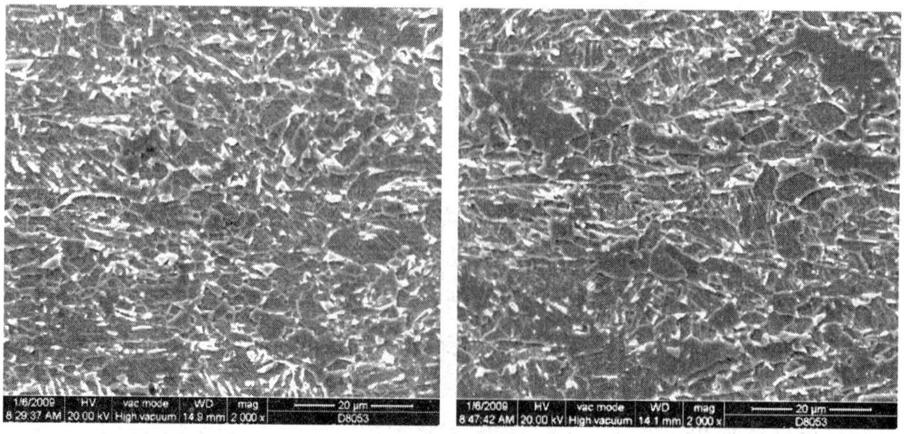

图 3 - 35　X80 管线钢的显微组织

表 3-18 X80 管线钢力学性能

炉号或标准	拉伸性能			夏氏冲击功(-20℃)/J				屈强比	DWTT 剪切面积(-15℃)/%		
	R_{eL}/MPa	R_m/MPa	A/%	1	2	3	平均	≤0.93	1	2	均值
GB/T 21237	555~690	528~625	≥18	≥150				≤0.92	≥85%		
1	595	665	37.5	238	248	248	245	0.89	100	84	92.0
2	600	660	39.0	303	309	290	301	0.91	87	100	93.5
3	575	640	40.0	252	268	262	261	0.90	100	100	100.0
4	615	715	39.0	313	293	227	278	0.86	97	99	98.0

3.8.2 抗 HIC 管线钢研制开发

人类对能源的渴望还使得油气管道面临着严酷的腐蚀环境，在含硫天然气输送过程中，往往会遇到硫化氢、二氧化碳和氯离子等腐蚀介质，这些腐蚀介质往往会造成地面管线的严重腐蚀——管线穿孔和破裂等现象。其中 H_2S 是石油和天然气最具腐蚀作用的有害介质之一，严重地影响着油气输送管线的使用寿命，制约着油气输送管线钢材料的发展。管线钢暴露在含 H_2S 油气环境中吸收氢原子，其表面就会发生 H_2S 开裂现象，导致恶性事故的发生，因腐蚀造成重大的经济损失。硫化氢腐蚀主要有：氢致开裂 HIC 和应力腐蚀开裂 SCC。本实验室对管线钢 HIC 产生原因以及影响因素进行分析，成功开发了抗 HIC X70 和 X80 管线钢。

管线钢在含 H_2S 水溶液的腐蚀环境中因吸氢形成的 HIC 裂纹，包括试样内形成阶梯形裂纹和表面形成氢鼓泡。HIC 裂纹敏感性的高低决定于该钢材在规定环境中产生裂纹的数量、长度和形状。图 3-36 是氢致裂纹扩展趋势图，鼓泡点下是相应的氢致裂纹，裂纹逐渐向试样内部延伸，裂纹不断扩展、连接，最后形成台阶状氢致裂纹，主要是沿晶开裂，即管线钢的抗 HIC 性能与组织类型有关。针状铁素体内有高密度的位错和钉扎位错的细小析出物，能阻碍裂纹的扩展。同时，由于针状铁素体具有互锁的结构，裂纹在扩展过程中不断受到彼此咬合、交错分布的针片状条束的阻碍，因此针状铁素体是提高管线钢抗 HIC 性能的最理想组织。

对裂纹尖端处进行高倍数 SEM 观察如图 3-37 所示，裂纹尖端存在不同形状的夹杂物。经过 EDS 能谱分析，为 Ca 和 Al 的氧化物。金属中存在大量的缺陷，平衡时氢容易富集在这些位置，为氢陷阱。在酸性饱和 H_2S 中，管线钢首先发生电化学腐蚀，钢上吸附的表面活性的 HS- 和 S_2- 阴离子是有效的毒化剂，加速水合氢离子放电，同时减缓氢原子重组氢分子的过程，在钢的表面聚集并且渗入钢内，富集在缺陷和应力集中处，当夹杂尖端的分子氢压升高到大于临界值时，就会产生裂纹。随着氢压的增大，这些裂纹能向前扩展或互相连接。HIC 扩展速率由原子氢的扩展过程所控制，材料强度越高其抵抗氢致裂纹扩展能力越小。

采用低 C、低 Mn、超低 S、高 Nb、添加 Cu、Ni、Mo 元素，成功开发抗 HIC X80 钢，各项力学性能符合标准要求，用 NACE TM0284—2003 规定的 A 溶液进行腐蚀实验，抗 HIC 性能良好，满足欧洲腐蚀协会 EFC-16 所规定的 CSR≤1.5%、CLR≤15%、CTR≤3%的技术要求。提出了降低 C 含量，控制 Mn 含量，减少 S 含量，添加 Cu、Ni，控制夹

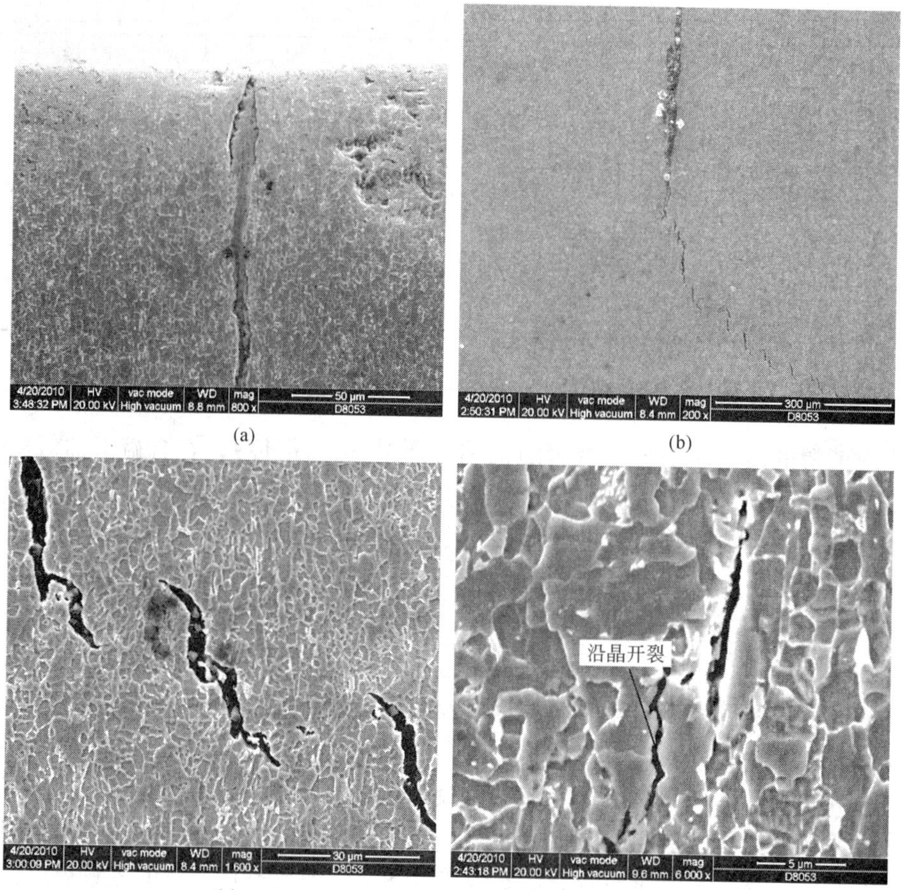

图 3-36 氢致裂纹扩展趋势图

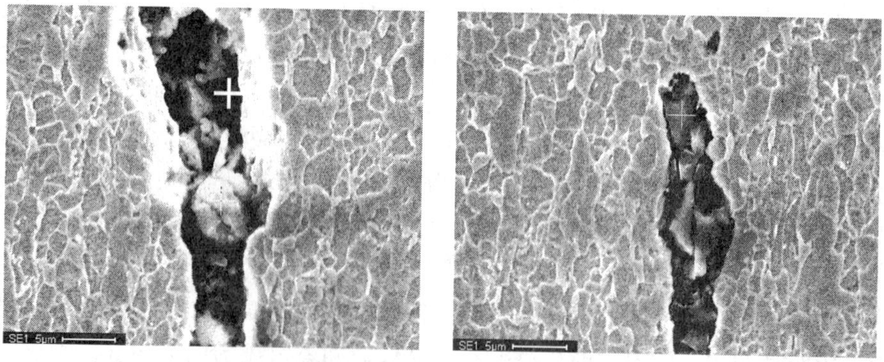

图 3-37 裂纹尖端处的夹杂物及其成分分析

杂物形态，提高钢的纯净度和铸坯质量，利用控轧控冷技术，细化晶粒，提高组织均匀性等措施，提高管线钢抗 HIC 性能。

3.8.3 抗大变形管线钢研发

随着对石油天然气需求的日益增加，其开发和开采向沙漠、极地和海洋等偏远地区延伸，而长距离管线必然要经过山川、河流、沙漠、城市，在管线的运行过程中可能受到地震、山体滑坡、土壤结构变化、海底冲刷作用等地质灾害因素的影响，使得管线位置发生移动，甚至在局部发生很大程度的变形，所以要求石油钢管能适应高寒、深海、沙漠、地震和地质灾害等恶劣环境。传统的管道设计是基于应力的设计，然而由于管道运行环境复杂多变，管道的失效不再由应力控制，而是由应变控制。只考虑管线钢的强度级别，已不能满足管道运输的安全要求，管线除了高强度高韧性外，还要求良好的抗大变形能力和应变强化能力，因而抗大变形管线钢的开发和应用具有非常重要的意义。

相比于普通管线钢，抗大变形管线钢必须具备无屈服平台的应力－应变曲线，较高的应变强化指数，较大的均匀伸长率，较低的屈强比。本实验室采用低碳的经济型成分设计，利用两阶段轧制和控制冷却技术，通过开冷温度、终冷温度及冷却路径控制，控制奥氏体相变过程和相转变量，从而调整管线钢中针状铁素体、贝氏体和 MA 的比例、分布及显微组织形态，获得低温韧性好、低屈强比的管线钢，具有良好抵抗大变形能力，图 3－38 为终冷温度随屈强比的变化关系。表 3－19 为实验室研发的抗大变形管线钢 HD X80 的力学性能，图 3－39 为抗大变形管线钢 HD X80 显微组织。

表 3－19 抗大变形管线钢 HD X80 力学性能

$R_{t0.5}$/MPa	抗拉强度/MPa	n 值	均匀伸长率/%	屈强比
570	690	0.12	12.5	0.82
575	695	0.14	12.0	0.82
575	710	0.12	13.0	0.81

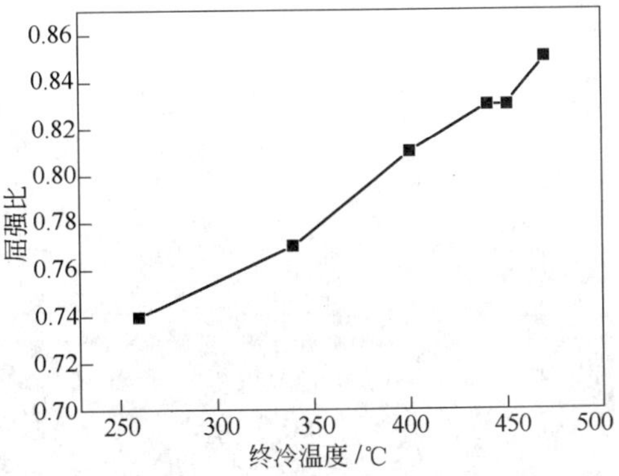

图 3－38 终冷温度与屈强比的变化关系

图 3－39 抗大变形管线钢的显微组织

3.8.4 超高强管线钢的研发

实现大口径、高压输送的目标可以通过增加管道壁厚和钢管强度来实现。一般情况下，钢管投资占整个管道工程投资的 25%～30%，管线钢每提高一个钢级可使管道造价降低 5%～15%。例如 X80 代替 X70，可降低成本 7%；采用 X100 代替 X70，则可降低成本 30%。超高强钢生产过程中，由于存在冷却强度大、内应力大、板形控制难、力学性能均匀性和微观组织难于调控等问题，高钢级管线钢的工业化生产难度很大，同时产品厚度越大，其轧制难度越大。作为战略储备用钢，X100 管线钢我国有望在西气东输的西四线、西五线大量应用。东北大学在实验室开发 X100 管线钢基础上，在国内某宽厚板生产线上工业试制成功。

高钢级管线钢通过细晶强化、固溶强化、位错强化、组织强化和第二相强化来实现高强韧性，通过针状铁素体、板条贝氏体等非等轴组织的晶界和晶内结构以及第二相的精细化控制来保证高止裂能力。为此对冶炼、轧制工艺要求苛刻，钢水纯净、组织均匀，轧制工艺过程控制精度高。表 3 - 20 为在国内某中厚板生产线上利用 250mm 坯料，轧制成品厚度为 20mm X100 管线钢的力学性能。化学成分低碳、添加 Mo、Cu、Cr、Ni、Nb、低 S，组织为 LB + AF + GB + QF，如图 3 - 40 所示。图 3 - 41 为钢板不同厚度位置组织中 M - A 岛的分布情况，由图可以看出，在钢板全厚度方向上，M - A 岛弥散分布，呈球状，且尺寸在 1μm 以下，提高钢板强度和韧性。钢中的 M - A 数量、形态及分布对其性能具有重要影响。M - A 岛为硬相组元，可以提高材料的抗拉强度。如果 M - A 数量过多，尺寸过大，会降低材料的韧性。综上，工业试制的 X100 管线钢综合性能优良，通过成分、轧制工艺调整，成功地解决了强度提高后带来的板形控制难等一系列问题，能够在生产线上实现工业化生产，工业生产适应性强。

表 3 - 20 X100 管线钢力学性能检测结果

编号	厚度/mm	$R_{t0.5}$/MPa	R_m/MPa	$R_{t0.5}/R_m$	A_{50}/%	A_{kv}(0℃)/J				DWTT(0℃)/%		
						1	2	3	平均	1	2	平均
1	20	743	823	0.92	34.5	236	188	330	251	88	86	87
2	20	805	915	0.88	33.5	246	271	217	245	90	92	91
API 5L—2009		690 ~ 840	760 ~ 990	≤0.97	≥17	≥30			≥40	≥70		≥85

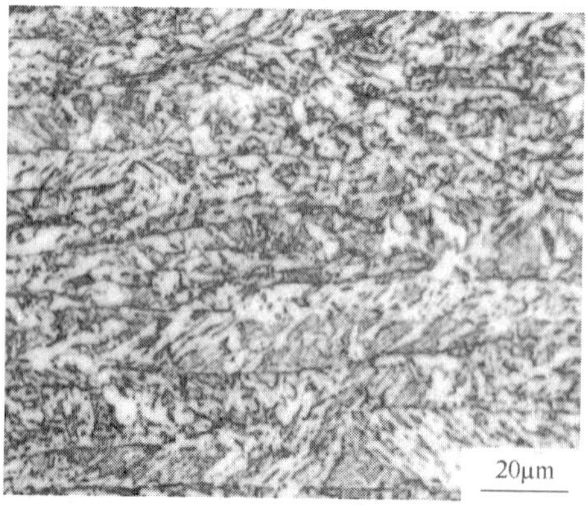

图 3 - 40 管线钢金相组织

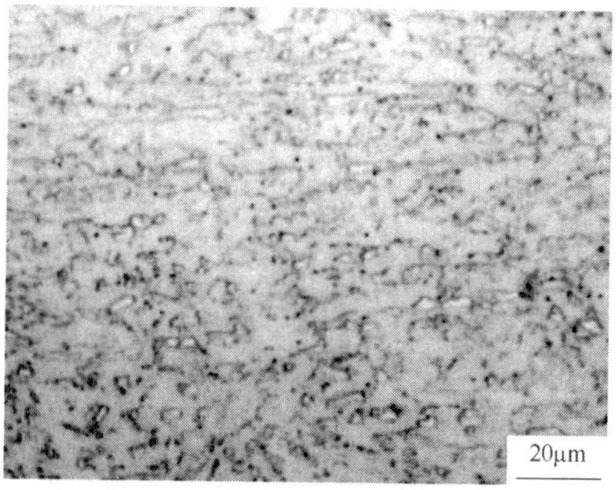

图 3 - 41 钢板全厚度 M - A 岛

3.8.5 结语

RAL 在自主研究基础上开发出了高级别管线钢轧制工艺，在工业生产线上得到成功应用。掌握了冶金因素对管线钢的强韧性、屈强比、DWTT、焊接性能、抗氢致裂纹等冶金质量的控制规律；应用了固溶强化、细晶强化、第二相强化等强化机制；开发的管线钢具有低屈强比、较大的均匀伸长率、良好的 DWTT 性能、抗 HIC 性能、抗大变形性能，产品实物质量达到国内外同类产品先进水平。

3.9 低成本系列热轧高强汽车板的研究开发及应用

汽车工业的高速发展所带来的能源消耗和环境污染问题已经向世界敲响了警钟。如今中国已成为世界汽车产销量第一大国，但超过55%的对外石油依赖度和日渐恶化的城市环境让我国汽车工业的压力无比沉重。因而，汽车节能减排已经成为汽车产业发展中的一项关键性研究课题，新能源汽车技术和轻量化技术是解决汽车节能减排的主要举措。目前，新能源汽车技术在乘用车上已经取得一定的应用进展，但受到电池技术的束缚，电动汽车的性能与传统汽车相比还有一定的差距。国内外专家认为，新能源汽车真正成为替代石油汽车的主力军至少还需十年、二十年。相比之下，新能源汽车技术在重载汽车上的应用更是困难重重。研究表明，汽车自重减少10%，可降低油耗6% ~8%，降低 CO_2 排放13%，因此，在保证汽车强度和安全性的前提下，轻量化是目前重载汽车节能减排最快速有效的技术措施。

国内重载汽车产量占汽车总产量30%，其车身70%材料为钢铁，车厢用钢和大梁用钢的主要材料为 Q345 和 510L，车轮用钢的主要材料为 Q235 和 490CL 等，钢板强度低，车身自重大，采用超高强度薄钢板替代低强度厚钢板，可在减少钢材用量同时提高有效负载能力和运输效率，从而达到节能减排的目的，对国民经济的健康可持续发展具有重要的意义。国外已逐步将屈服强度为700MPa 级钢板广泛应用在重载汽车生产制造上，如瑞典 SSAB 公司的 Domex 系列、日本 JFE 的 NANOHITEN 等。而国内700MPa 级以上汽车板产品种类相对较少，合金用量相对较高，产品综合性能与国外同级别产品存在一定的差距。因此，降低生产成本、提高产品使用性能及解决产品开发过程中的技术难题备受关注。

3.9.1 国外热轧超高强汽车板的成分设计及工艺路线

国外超高强汽车板的研制开发工作起步较早，产品综合性能优良，已广泛应用于重载汽车零部件制造。几种国外典型热轧超高强汽车板的化学成分列于表3－21，表3－22为其相应的显微组织类型、力学性能及应用。瑞典 SSAB 公司的 Domex 系列以低碳高锰复合添加微合金元素 Nb、V、Ti 为成分设计思路，通过控制轧制和控制冷却工艺，使得钢板的屈服强度达到 650MPa 和 700MPa，主要应用于卡车底盘。Takahiro Kashima 等以 0.05% C－0.5% Si－1.5% Mn－0.13% Ti 为基本成分，通过控制热轧工艺参数获得具有双相组织的高翻边性能热轧板，主要应用在汽车支撑臂等悬挂部件上。R. D. K. Misra 等以 0.05% C－1.5% Mn 为成分基础，添加微合金元素 Nb、Ti、Mo 和 B，Mo 有效抑制铁素体从奥氏体中析出，降低贝氏体转变开始温度，细化贝氏体组织，Mn 和 Nb 提高贝氏体淬透性，避免在冷却过程中发生的铁素体相变。

表3-21 国外典型超高强汽车板的化学成分 (%)

种类	C	Si	Mn	Mo	Nb	V	Ti	B
Domex 650MC	≤0.12	≤0.10	≤2.0	—	≤0.09	≤0.20	≤0.15	—
Domex 700MC	≤0.12	≤0.10	≤2.10	—	≤0.09	≤0.20	≤0.15	—
Kashima等	0.03	1.0	1.40	—	—	—	0.13	—
R. D. K. Misra等	0.06	√	1.50	0.1~0.2	0.07~0.09	—	0.065~0.085	0.0005~0.001
Kikuchi等	0.08	<0.10	1.47	—	√	—	√	—
	0.07	<0.10	1.46	—	√	—	√	—
NANOHITEN	0.047	0.22	1.59	0.2	—	—	0.082	—
JFE 980	0.15	0.01	1.35	0.32	—	0.31	0.16	—

符号说明：— 表示未添加，√ 表示添加该元素，但无具体含量数据。

表3-22 国外典型超高强汽车板的显微组织类型、力学性能及应用

种类	显微组织类型	R_{eL}/MPa	R_m/MPa	A/%	应用
Domex 650MC	铁素体+贝氏体+珠光体	650	700~880	>14	卡车底盘
Domex 700MC		700	750~950	>12	
Kashima等	贝氏体+铁素体	710	790	21	悬挂部件
R. D. K. Misra等	铁素体+贝氏体	798±12	882±8	16±3	汽车零部件
Kikuchi等	贝氏体	—	690	—	车轮
		—	780	—	
NANOHITEN Steel	铁素体	734	807	24	车轮、悬挂部件
JFE 980	铁素体	—	1178	18	汽车零部件

Hirohisa Kikuchi 等以0.09%C-0.06%Si-1.5%Mn为成分基础，在实验室研制了不同Ti和Nb含量的热轧薄板钢，当Ti和Nb含量分别为0.1%和0.04%时，钢板抗拉强度超过700MPa，性能可满足车轮用钢要求。Yoshimasa Funakawa 等提出了超低碳铁素体析出强化型高延伸凸缘性能（扩孔性能）钢板，以0.047%C-1.59%Mn为成分基础，利用Mo提高TiC析出粒子的稳定性，通过控制纳米析出粒子（Ti，Mo）C的相间析出行为获得780MPa级热轧超高强度钢（NANOHITEN Steel），析出强化对屈服强度的贡献量可达300MPa以上，产品主要用于汽车悬挂件和车轮轮辐等行走部件的制造。继而JFE又开发出980MPa级热轧超高强Ti-Mo-V合金化钢板，通过提高C、Mo及Ti含量，并添加V，大幅提高钢板强度，且获得了铁素体组织，保证了较高的断后伸长率。

3.9.2 国内热轧超高强汽车板的成分设计及工艺路线

与国外相比，我国热轧超高强汽车板的开发起步较晚。近年来，超高强度汽车用钢开发逐步得到重视并已成为国内钢铁企业、科研单位及汽车制造厂的研发热点，企业与科研单位合作开发进程不断加快。

表3-23示出的是几种国内典型热轧超高强汽车大梁用钢板的化学成分，表3-24为其相应的显微组织类型、力学性能及应用。宝钢以低碳高锰复合使用微合金元素Nb、Ti、

Mo为成分体系，研制出屈服强度为700MPa级超高强钢。结果表明，添加0.1%Ti可以带来200MPa以上的强度贡献；Mo的添加可以有效抑制多边形铁素体形成，可在较高温度获得非多边形铁素体，有利于析出强化效果的发挥；产品已广泛用于汽车零部件制造。武钢采用低碳高锰添加多种微合金元素Cu、Mo、Ni等的成分设计思路，通过弛豫工艺(TMCP工艺+回火工艺)，获得了抗拉强度为685MPa级低碳贝氏体钢，但其工艺路线相对复杂，影响现场生产节奏。而其屈服强度600MPa级、700MPa级易折弯超高强钢则采用低碳高锰高钛的成分设计思路，安阳钢铁厂采用低碳高锰复合添加较多的合金元素Ti、Cr、Mo，获得细小的贝氏体组织，但生产成本相对较高；珠钢以低碳高锰为基本成分，但以添加微合金元素Ti和Cr为成分路线，通过控制卷取温度使得TiC颗粒在准多边形铁素体中低温析出，钢板屈服强度达到700MPa；莱钢以低碳高锰为成分基础，添加微合金元素Nb、Ti以形成碳氮化物粒子析出，获得抗拉强度700MPa级汽车大梁用钢。可见国内的汽车大梁用钢的强度级别已接近国外先进水平，但仍存在工艺复杂问题，且强度的提高大多依靠添加大量昂贵的合金元素Mo、Cr、Ni及Cu等，造成生产成本大幅提高。

在国内车轮用钢发展的几十年里，钢材品种有所变化，原来仅局限于从传统的适合车轮加工的钢材中选择，如SPHC、08AL、SS330、Q235、SS400等。近几年，钢厂和车轮专业厂家关注起车轮专用钢材的开发，逐步开发出各种系列的专用钢，如宝钢和本钢的330CL、380CL、420CL、490CL等车轮专用钢，强度不断地升级。2007年12月，宝钢车轮公司成功开发出DP600双相钢车轮，重量可减轻10%～20%。由于国内车轮用钢强度级别低、品种少、成型合格率低等问题，原有生产乘用车车轮的材料已无法满足新加工工艺、高安全性、低燃料消耗的发展要求，车轮生产技术大大落后于整车的快速发展需要，导致国内乘用车车轮的供应出现巨大缺口。所以开发工艺简单、成本低廉、强度与韧性良好配合及具有优良的焊接性能的新钢种必定是未来车轮用钢的发展方向，也是实现节能减排、汽车轻量化的重要途径。

表3-23 国内典型热轧超高汽车板的化学成分 (%)

种 类	C	Si	Mn	V	Nb	Ti	Mo	Cr
宝钢BS700MC	≤0.10	≤0.10	≤2.10	≤0.20	≤0.09	≤0.15	≤0.50	—
武钢DB685R	≤0.08	≤0.50	≤1.80		Cu+Ni+Mo+Nb+B=0.95			
武钢WS600/700	≤0.12	≤0.60	≤2.10	—	≤0.09	≤0.22	—	—
安钢AH70DB	≤0.09	≤0.45	≤1.80	—	≤0.08	≤0.03	≤0.30	≤0.30
珠钢ZJ700MC	≤0.07	≤0.20	≤2.00	—	—	≤0.14	—	≤0.7
莱钢LG700L	≤0.12	≤0.50	≤2.00	—	√	√	—	—

表3-24 国内典型超高强汽车板的显微组织类型、力学性能及应用

种 类	显微组织类型	R_{eL}/MPa	R_m/MPa	A/%	应 用
宝钢BS700MC	铁素体+贝氏体+珠光体	745	820	20	汽车零部件
武钢DB685R	贝氏体	≥590	≥685	16	汽车大梁、车架
武钢WS700	—	≥700	750～950	≥12	汽车大梁、车架
安阳AH70DB	粒状贝氏体	590	690	18	汽车零部件
珠钢ZJ700MC	准多边形铁素体	720	810	21	汽车零部件
莱钢LG700L	铁素体+珠光体	650	730	22	汽车大梁

3.9.3　新一代低成本热轧汽车板的组织性能控制技术及工业实践

为了响应国家对于钢铁行业节能减排的号召，东北大学轧制技术及连轧自动化国家重点实验室（简称 RAL）的科技工作者在王国栋院士的学术思想指导下，以低成本的成分设计思路，系统的研究了不同轧制工艺与冷却制度对显微组织与力学性能的影响规律，在实验室内开发出不同成分体系、不同强度级别的新一代低成本热轧汽车大梁及车轮用钢，部分钢种已成功完成工业试制，并已大量供货，为企业创造了很高的经济效益。

3.9.3.1　抗拉强度 700 ~ 780MPa 级 Nb – Ti 铁素体 – 贝氏体大梁用钢

固溶的 Nb 原子对奥氏体晶界产生拖曳作用，且轧制过程中 Nb 微合金碳氮化物会形变诱导析出，析出物对奥氏体晶界及位错有钉扎作用，显著阻碍形变奥氏体的动态再结晶的进行，从而扩大未再结晶区范围，实现两阶段轧制。含 Ti 低 S 微合金钢中，所形成的常见析出物为 TiN 和 TiC，Ti 与 N 之间有着十分强烈的化学亲和力，在炼钢和连铸过程中，TiN 已经开始析出。由于 TiN 属于高温析出物，故其尺寸粗大，尺寸多在 50 ~ 500nm 之间，部分颗粒达到微米级，一般呈方形或长方形，大多在晶界上形核析出，对钢板强度无贡献量。但适宜尺寸的 TiN 颗粒可在再加热或焊接热循环过程中抑制奥氏体晶粒粗化，起到提高韧性的作用。TiC 的析出峰值温度在 500 ~ 600℃左右，多为球形，且尺寸一般为纳米级，细小的 TiC 析出粒子对钢板具有极强的析出强化作用。

利用 Nb – Ti 微合金化技术，结合优化的控轧控冷工艺成功开发出低成本抗拉强度 700 ~ 780MPa级 Nb – Ti 大梁用钢，并在国内两家钢铁企业完成工艺试制，并实现批量供货。780MPa 级 Nb – Ti 大梁钢显微组织形貌如图 3 – 42 所示，主要由晶粒尺寸为 3 ~ 5μm 铁素体与粒状贝氏体组成，粒状贝氏体由板条束及细小弥散的 M – A 岛组成，板条束内的亚半条宽度为 200 ~ 500nm。在铁素体和贝氏体铁素体基体上分布着 5nm 高体积分数的（Nb，Ti）C 析出粒子，计算表明析出强化对屈服强度的贡献量达 300MPa 以上。780MPa 级 Nb – Ti 大梁用钢冲击断口形貌如图 3 – 43 所示，常温冲击断口为大且深的等轴韧窝，–40℃冲击断口的韧窝尺寸有所减小，但仍为典型的韧性断裂断口形貌。表 3 – 25 展示了 780MPa 级 Nb – Ti 大梁钢与国内外同强度级别超高强钢的冲击功对比，在测试温度范围内达到或高于同级别产品冲击性能。

表 3 – 25　780MPa 级 Nb – Ti 大梁钢与国内外同强度级别超高强钢的冲击功对比

种　类	试样厚度/mm	A_{kv}(0℃)/J	A_{kv}(–20℃)/J	A_{kv}(–40℃)/J
Domex 700MC	2.5	21.3	19.6	17.2
BS700MC		18.7	18.3	16.9
780MPa 级大梁钢		19.3	18.4	18.3

3.9.3.2　抗拉强度 540MPa 级微 Nb 细晶铁素体 – 珠光体 – 贝氏体车轮用钢

540MPa 级低成本车轮钢以 Q235 碳素钢为基本成分，通过降低碳含量来保证车轮钢较高的韧塑性及良好焊接性能，适当提高 Mn 含量继而降低奥氏体向铁素体转变的开始温度 Ar_3，扩大奥氏体区，利于在未再结晶区进行控制轧制，细化铁素体晶粒，同时利用 Mn 在钢中的固溶强化作用。在此基础上添加 0.015Nb，微量 Nb 原子以固溶形式存在于奥氏体内，其固溶拖曳作用可以有效阻止奥氏体晶粒长大和抑制奥氏体静态再结晶，Nb 也增大

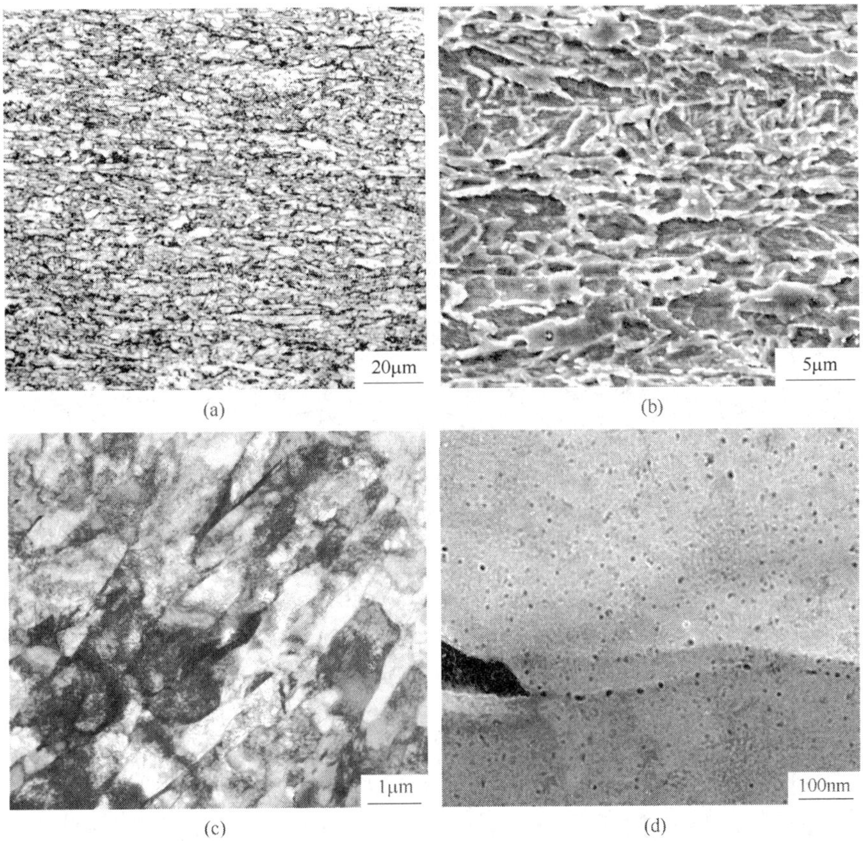

图 3－42 780MPa 级 Nb－Ti 大梁钢显微组织形貌
(a) OM; (b) SEM; (c) TEM 组织形貌; (d) TEM 析出物形貌

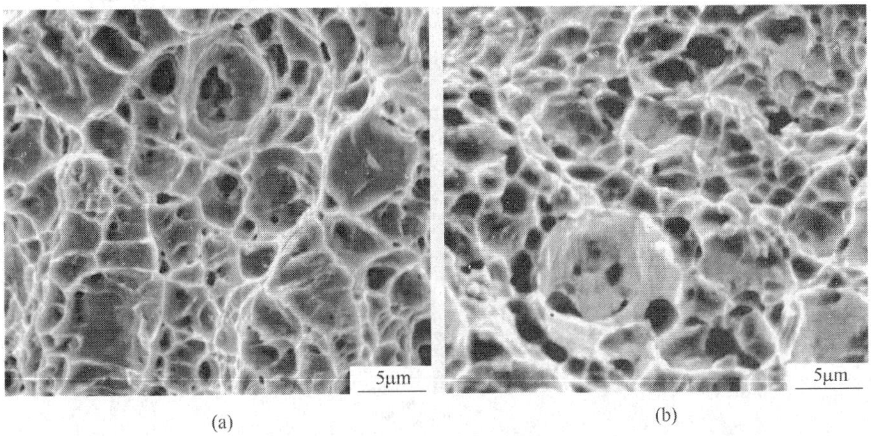

图 3－43 780MPa 级 Nb－Ti 大梁钢冲击断口形貌
(a) 20℃; (b) －40℃

奥氏体稳定性，降低其相变温度，对铁素体晶粒具有明显的细化作用。抗拉强度 540MPa 级车轮钢和 B380CL 参考钢显微组织如图 3－44 所示，B380CL 的铁素体晶粒尺寸为 10～25μm，通过 Nb－Mn 微合金化及优化控轧控冷工艺，540MPa 级车轮钢的晶粒尺寸细化至

5～10μm。晶粒细化在提高钢材强度的同时，改善了冲击、扩孔及疲劳性能，综合力学性能及与其他钢种对比如图3－45所示。SW540车轮钢在国内某钢厂成功工业试制，并已大量供货，大幅提高了产品的附加值。

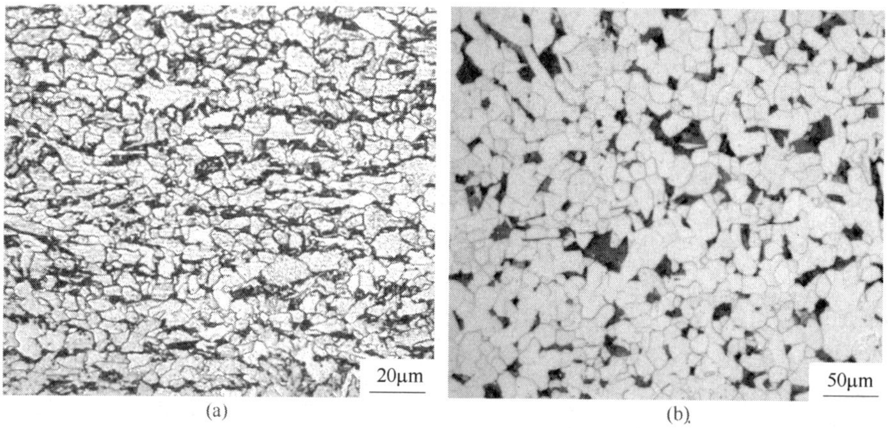

图3－44 抗拉强度540MPa级车轮钢和B380CL参考钢金相组织

（a）SW540；（b）B380CL

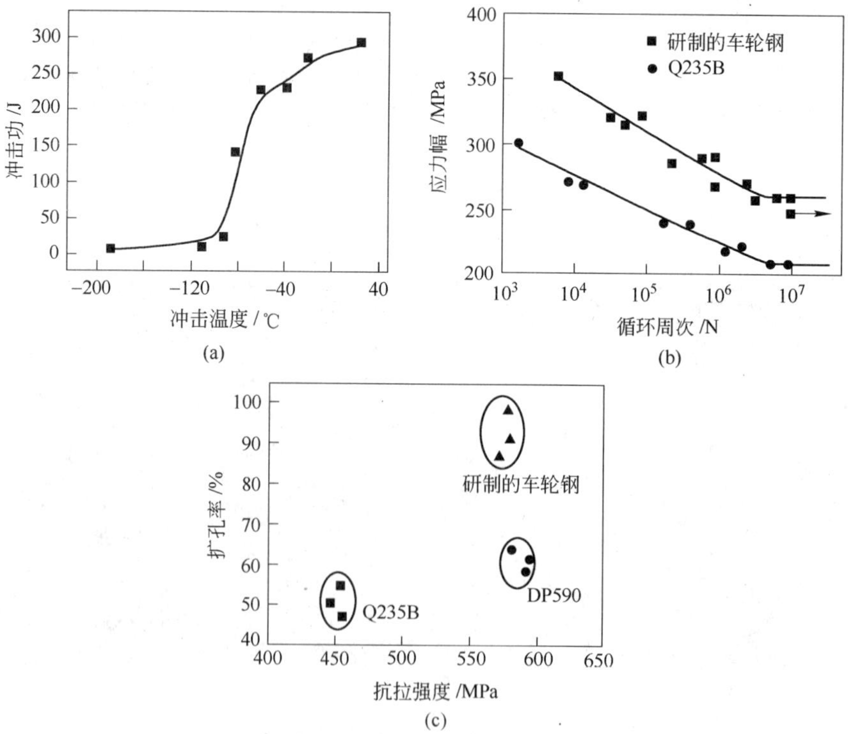

图3－45 抗拉强度540MPa级车轮钢和Q235B及DP590钢力学性能对比

（a）冲击；（b）疲劳；（c）扩孔

3.9.3.3 抗拉强度590MPa级V－N铁素体－珠光体－贝氏体车轮用钢

Nb矿大多依靠进口，而攀枝花V矿储量丰富，利用V取代Nb可以减小对国外矿产原料的依赖。V的微合金化机理与Nb不同，由于V在奥氏体内溶解度很高，所以在高温很难析出，且固溶V原子对于奥氏体晶界的拖曳作用很小，因此V对抑制奥氏体的再结晶作用很弱。V的控制轧制温度较高，通过奥氏体反复的再结晶细化晶粒。中温卷取时析出的纳米级V(C，N)粒子具有很强析出强化作用，且析出速率随N含量增加而显著提高。实验室与国内某家钢材合作开发抗拉强度590MPa级V－N车轮用钢，显微组织主要为细晶铁素体、珠光体及少量贝氏体，抗拉强度590MPa级V－N车轮用钢显微组织如图3－46所示。590MPa级V－N车轮钢扩孔冷弯试样形貌如图3－47所示，试验钢的扩孔率达到95%，且具有良好的冷弯性能，冷弯试样表面无肉眼可见裂纹。

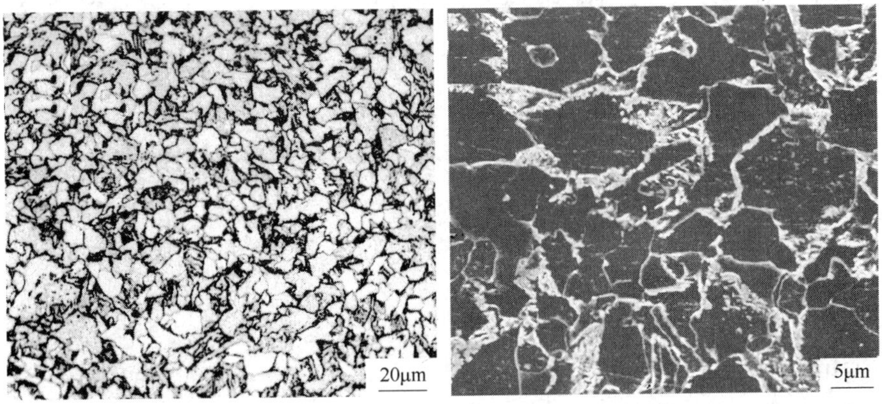

(a) (b)

图3－46 590MPa级V－N车轮钢显微组织
(a) OM；(b) SEM

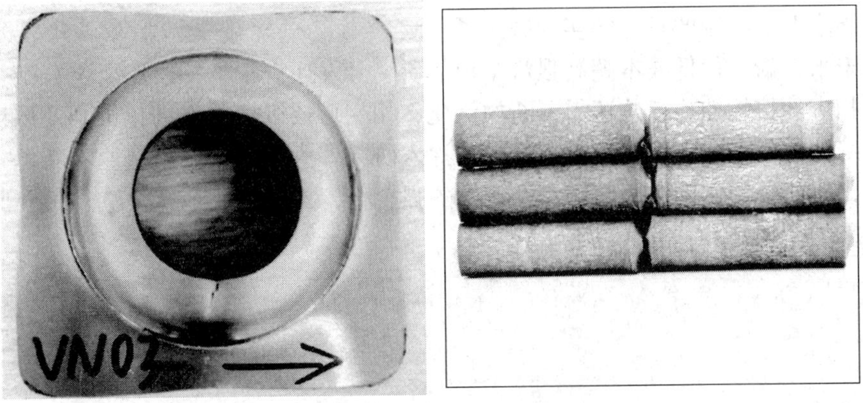

图3－47 590MPa级V－N车轮钢扩孔冷弯试样形貌

3.9.3.4 抗拉强度700～780MPa级超低碳Ti－V与V－N铁素体高延伸凸缘性车轮用钢

钢中的马氏体、珠光体及M－A岛为C含量较高的硬脆相组织，在外加载荷的作用下，易由于应力集中而成为裂纹源，从而降低材料的韧塑性。超低碳的成分设计思路避免了富碳相的形成，铁素体组织具有均匀的局部变形性能，因此可以获得很高的延伸凸缘性。碳含量的降低及组织强化作用的缺失是发展高强度铁素体钢的瓶颈，为了提高钢材的屈服强度，通过添加成本较低合金元素 Ti－V 或 V－N，利用细晶强化与析出强化作用大幅提高钢材的屈服强度，抗拉强度 700～780MPa 级超低碳 Ti－V 铁素体车轮用钢显微组织如图3－48所示。

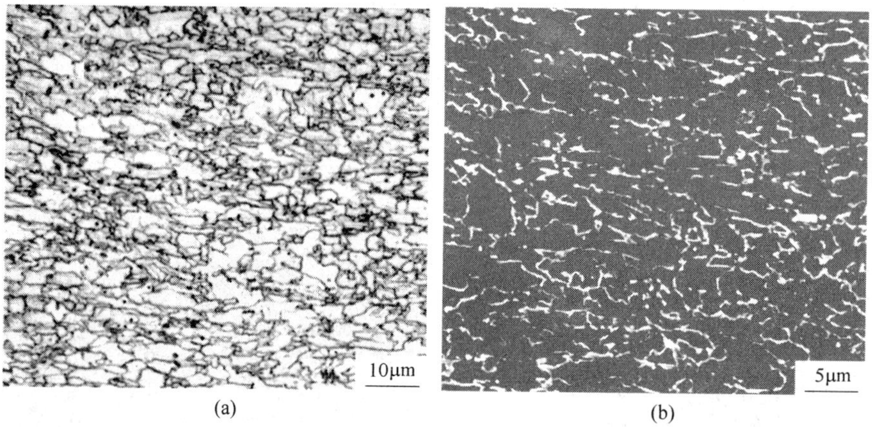

图 3－48 抗拉强度 700～780MPa 级超低碳 Ti－V 铁素体车轮用钢显微组织
（a）OM；（b）SEM

3.9.4 结语

综上所述，在低成本成分设计及高效能轧制工艺的思想指导下，通过在 RAL 前期理论探讨及工艺优化，后期与多家知名钢铁企业合作，研究开发出不同成分体系、不同强度级别的大梁用钢、车轮用钢。工业试制产品通过了相关国家及行业标准认证，产品性能达到或优于国际先进水平，部分钢种已批量交付下游客户使用，为企业创造了很高的经济效益，并对国家节能减排的目标的实现做出了贡献。

展望未来，新一代低成本超高强汽车板的研究开发还有很长一段路要走，微合金元素的匹配及相应的控轧控冷工艺还需不断的优化，相变形核机理、强韧化机制及焊接热循环参数对组织性能的影响等问题还有待进一步深入研究。为了应对汽车企业不断提高的钢板性能要求，科研单位、钢铁厂与汽车企业应加强合作，更好更快地解决汽车板在服役过程中涌现出来的新问题。

第④篇

先进工艺技术

4.1 薄带连铸工艺装备及凝固组织控制

双辊薄带连铸技术作为当今世界上薄带生产的前沿技术，可不经连铸、加热和热轧等生产工序，由液态钢水直接生产出厚度为 1～5mm 的薄带坯，其特点是金属凝固与轧制变形同时进行，在短时间内完成从液态金属到固态薄带的全部过程。同传统的薄带生产工艺相比，降低设备投资约 80%，降低生产成本 30%～40%，能源消耗仅为传统流程的 1/8，工艺十分环保，CO_2 排放仅为传统流程的 20%。另外，连铸状态下的亚快速凝固过程在获得特殊性能方面具有独特优势，为实现高性能钢材的减量化生产提供了重要途径。因此，结合我国科技发展的“节能、高效、促进循环经济发展”的总体战略目标，集中开展薄带连铸技术基础研究是极为必要的。

薄带连铸技术在国际上已取得突破，其逐步工业化正在给钢铁界带来一场革命。为适应国际钢铁界出现的这一全新的格局与方向，东北大学 RAL 迎难而上，把薄带连铸技术作为前瞻性、储备性和战略性课题来研究。从 1958 年起，东北大学 RAL 针对薄带连铸过程中存在的关键冶金学基础问题展开系统研究，开发具有自主知识产权的创新技术和工艺，引领新一代薄带生产技术发展，为我国在这一新领域中跻身国际前沿做出贡献。

4.1.1 薄带连铸的产品定位

考虑到双辊薄带连铸技术特有的优点，且该技术代表了今后钢铁工业的发展方向，国外许多大型钢铁公司将目光投向双辊连铸薄带的生产之中，以 CASTRIP、EUROSTRIP、POSTRIP、BAOSTRIP 为代表的大型薄带连铸工业化项目正逐步解决连铸生产流程中单体技术难题，目前已经实现工业规模发展。然而，在薄带连铸产业化进程中，其工艺流程一直以来被定位于一种具有短流程优势，能获得同传统热轧板尺寸、板形、性能相当的替代产品并能节能降耗、减少生产成本的生产技术，却忽略了其亚快速凝固特性和近终形成型过程在开发特殊钢种上的优势和潜力，这种观念严重制约了薄带连铸产业化进程。双辊薄带连铸亚快速凝固使得薄带的织构特征与传统热轧板带显著不同，这一优势也决定了薄带连铸技术产业化应该定位在生产高附加值、小批量、常规生产工艺无法驾驭的材料，在品种方面找出适合薄带连铸技术之路，是薄带连铸技术走向产业化的基点。目前，以 Nucor 的 CASTRIP 为例，其产品定位在普碳钢生产上，其单条产线的最大生产能力在 50 万吨左右，对于普碳钢这类附加值低的产品，其产量是决定效益的关键因素，从成本、产量等方面综合考虑，薄带连铸产线都难与常规生产流程抗衡。对于 EUROSTRIP、POSTRIP、BAOSTRIP 其研究重点放在优化碳钢和不锈钢连铸工艺方面，通过薄带连铸工艺生产优化，其产品与采用传统工艺相比力学性能相当，但考虑到薄带连铸过程仍然是一个连铸的过程，其表面质量较常规流程还存在差距，然而不锈钢产品对表面要求十分苛刻，这也意味着将薄带连铸产品定位为不锈钢是利用薄带连铸的短处进行生产，其产品表面质量也很难满足要求。最近几年的实验室基础研究表明，双辊连铸技术在生产硅钢等特殊性能钢材上日益表现出某些常规生产工艺无法比拟的优势，并引发了许多新的冶金学现象。目前，我国在硅钢生产方面面临的主要问题是，低端产品产能过剩、产品利润较低，高端产品如Hi－B取向硅钢的常规生产技术难度太大，产品合格率最多在50%左右。由于薄带连铸具有快速凝固和塑性变形的双重作用，薄带连铸工艺流程可以在凝固过程中即开始对原始组织和各种抑制剂进行控制，结合连铸产线的冷却和在线热轧设备，在铸带中可以容易地获得在常规产线上必须通过高温加热才能得到的抑制剂类型和分布，从而大大降低取向硅钢的生产难度，同时通过浇注温度和开浇速度的控制，可以容易获得对于取向和无取向硅钢的理想凝固组织和原始织构组分，提高这类产品的磁性能并降低其铁损值。

因此，利用薄带连铸生产高品质硅钢是一个极具潜力的发展方向，东北大学RAL围绕硅钢薄带连铸的各类关键问题，提出基于双辊薄带连铸的高品质硅钢短流程、高效率、低成本工业化制造技术，并完成整套流程的集成创新，形成具有我国自主知识产权的新一代硅钢先进制造技术，既符合我国科技发展的"节能、高效、促进循环经济发展"的总体战略目标，又能在国际硅钢生产领域占领制高点。

4.1.2 薄带连铸的工艺流程和关键设备

4.1.2.1 薄带连铸的工艺流程

炼钢车间生产的合格钢水运输到双辊薄带连铸机的钢包座上，经浇注、连铸、冷却、热轧、轧后冷却、剪切和卷取，生产出合格的钢卷，其流程如图4－1所示。

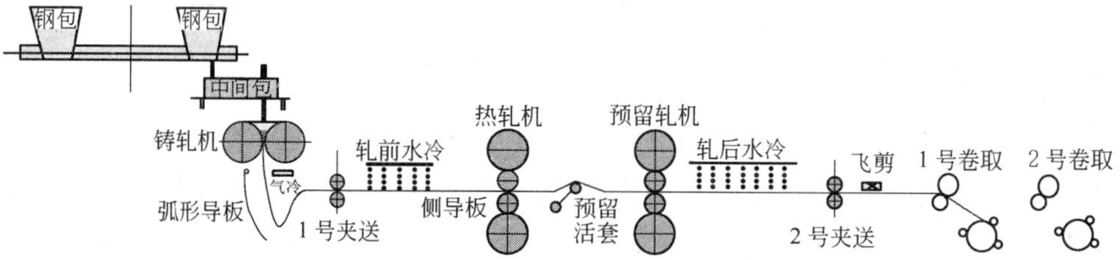

图4－1 工艺设备布置示意图

A 钢水吊运及浇铸

炼钢车间生产的合格钢水经过过跨小车运送到连铸车间，用天车吊运到双辊薄带连铸机的钢包回转台的钢包座上，预热好的中间包从预热位通过中间包车运送到工作位置，然后预热好的布流水口用自动机械手从水口预热炉取出，快速安放在布流水口托架上，中间包下降，钢包滑动水口打开，钢水经过钢包滑动长水口流入中间包，待中间包钢液达到工作液位高度，控制塞棒抬起，钢水经布流水口的布流，均匀流入铸辊与侧封构成的熔池内。

B 连铸

钢水由布流水口注入两个逆向旋转的水冷辊与两耐火材料侧封板组成的熔池区，钢液接触水冷结晶辊后部分首先成为半凝固层，然后在双辊的逆向转动下进入吻合点。经过轻微轧制和复杂的热传导过程最终成为薄带。在开浇阶段，根据不同钢种要求采用不同的开浇策略。当结晶器内熔池液位高度到达设定值后，熔池液位自动控制系统投入，实现液位自动控制。另外，开浇策略切换到凝固终点位置控制模式，以保证铸带的组织结构。开浇完成后弧形导板上升到指定位置，辅助铸带进入夹送辊，调整夹送辊辊速与连铸机辊速匹配形成一定套量。整个浇铸过程在惰性气体保护条件下完成，以防止铸带过度氧化。

C 机前冷却

为保证铸轧带坯满足热轧机工艺所需的轧制温度要求，在夹送辊和轧机之间布置有机前冷却装置，根据热轧温度要求可进行多种冷却方式自动控制。

D 热轧

热轧过程采用全液压式高刚度轧机，液压 AGC 进行板厚控制；上、下工作辊单独驱动，具有异步轧制功能。另外，工作辊周期往返轴向移动，可以均匀轧辊磨损，减小热凸度，增加轧制长度。板形控制方面采用正负强力弯辊和特殊技术手段，以得到厚度、板形满足交货要求的带钢产品。

E 轧后冷却

为保证轧后带钢的组织及力学性能，轧后冷却装置冷却采用水冷、气冷或汽雾冷却的多种冷却方式相结合以得到满足带钢工艺要求的冷却速度以及卷取温度要求。

F 剪切及卷取

飞剪可根据不同钢种卷取工艺要求进行剪切分卷。剪切过程中，剪刃的运行速度与铸带运行速度相匹配，卷取设备是用来把热轧后轧出的带钢卷取成钢卷。卷取区设置 2 台卷取机交替进行卷取，以保证全连续生产。

4.1.2.2 薄带连铸过程关键技术

A 浇铸水口结构优化

浇铸方式对实现稳定的连铸过程和保证连铸带质量具有十分重要的作用，考虑到钢水的流动特性以及不均匀的散热与随之产生的凝固过程密切相关。由于熔池体积相对较小，因此金属的凝固对液流的变化以及温度的分布十分敏感。钢水均匀布流，是避免产生滞流区域或熔池、侧封板表面发生不必要凝固的关键。布流水口设计应考虑以下三个方面：

（1）减缓钢水下流速度，减轻钢水对熔池液面冲击，保证液面的稳定；

（2）获得钢液在熔池内的合理稳定流场；

（3）防止钢水二次氧化。

基于上述原则，东北大学 RAL 提出了优化的浇铸水口，该水口采用倒 T 形式浸入式水口，包括多个倾斜的下注管，考虑到熔池区域的限制，横向布流器为水滴形，根据铸辊的长度，水口两侧壁对称开有若干布流作用的小孔，小孔开口方向与水平方向上向成倾角，可根据铸辊辊径和熔池高度要求，对倾角进行优化设计。在浇铸时有气体保护装置，能有效防止钢水在中间包内发生二次氧化，很好解决了钢水二次氧化和夹杂物多的问题，通过设计采用新型的布流水口，可减慢钢水的下注速度，减轻钢水对液面的冲击，熔池内的液面波动很小，同时使辊缝处的钢液流场和温度场分布均匀，从而保证连铸过程的稳定进行，连铸出高质量的铸带。

B 连铸辊开发设计

连铸辊作为双辊连铸工艺的核心设备，其主要作用是将液态金属快速冷却，凝固成具有一定凝固厚度的板坯，同时，由于连铸流程为连续浇铸过程，铸辊的使用寿命也直接决定了连铸流程的稳定性。铸辊其结构主要是由辊芯、辊套、左右轴和进水水路等组成，其冷却能力和冷却均匀性是决定铸带板形和质量的关键技术；在铸辊套选择上采用铍镍铜，有效提高辊套传热系数，采用不同材质连铸辊生产薄带的显微组织见图4－2；通过初始凝固组织中二次枝晶臂间距测量可计算凝固过程中的冷却速度，采用铍镍铜辊套，其二次枝晶臂间距为6μm，其凝固过程中冷却速度达到8500℃/s，冷却速率较原有钢辊提高了6倍。另外，从连铸过程中的边部增厚和连铸板形控制出发，在连铸辊内部循环水路设计中采用了非对称式设计，通过前后辊的内部冷却水路交叉和连铸中心线的非对称设计配合优化的铸辊辊形曲线，可抵消在浇注过程中布流不均及后续铸辊热凸度形成的板形不均现象和边部增厚问题，从而实现铸带板形的合理控制。

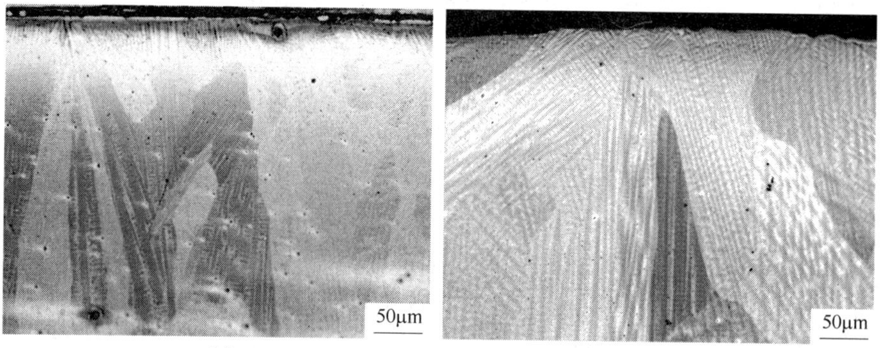

(a) (b)

图4－2 不同材质连铸辊薄带的显微组织

(a) 采用钢制辊套；(b) 采用铍镍铜辊套

考虑到在钢水凝固过程中承受一定轧制力的同时还要承受钢水的侵蚀和凝壳的磨损，因此，在辊套设计中对辊面镀铬合金处理，可有效提高铸辊的耐磨性能。

C 侧封板材质开发和位置控制

侧封板作为连铸的另一个关键部件，紧贴置于连铸辊两端上，与两连铸辊形成钢水浇注空间，在浇注过程中，侧封板起着封闭钢水的作用，侧封板材质和位置的设计直接决定了铸带的边部质量和连铸过程的稳定性。因此，所开发的侧封板在技术上要求：

(1) 可保证1500℃钢水持续冲刷；

(2) 具有一定的强度，以保证与铸辊接触处不出现较大磨损；

(3) 具有较低的热传导性能，以使预热取出后以及各炉间隔中，侧封板不出现较大温降，避免粘钢和破碎现象的产生；

(4) 具有较好的抗热震性能，避免浇注开始侧封板材料产生破损。

侧封的位置控制采用液压缸压紧和弹性支垫相结合的方式实现。侧封板上下位置控制装置根据凝固终点位置对侧封板位置进行实时调整，减少侧封板底部与钢水凝固的摩擦，以防止凝固的铸带由于轧制变形展宽损坏侧封板，提高铸带的边部质量。

4.1.3 薄带连铸过程的凝固组织控制

除了连铸设备的研发之外，RAL的研究工作主要集中在连铸新材料、新现象的探索方面，进行了新型合金薄带如硅钢、铁素体不锈钢、高P、Cu耐候钢、连铸的探索性研究工作，结合连铸其亚快速凝固特性和近终形成型过程的特点，在取得的一些新的研究成果中，发现了一些新的冶金学现象，对开发适合于薄带连铸特点的产品和工艺具有明确的指导作用。

4.1.3.1 薄带连铸硅钢的初始凝固组织控制

通过不同工艺对连铸无取向硅钢铸带以及取向硅钢铸带的组织、织构的演变规律、析出物析出规律和磁性能进行了系统的研究。随着过热度的升高，铸带组织逐渐从细小的等轴晶结构演变成粗大的柱状晶结构。过热度是影响铸带初始组织的决定性因素，这为双辊连铸硅钢薄带坯的组织控制提供了新思路。因此，在各类硅钢薄带铸轧过程中，可以根据不同钢种要求制定不同工艺参数，得到不同组织，对于无取向薄带要求大晶粒和较高的{100}组分以保证成品中有利织构组分数量，那么可以采用高过热度浇铸，得到理想的铸带组织如图4-3（e）所示；而取向硅钢由于要求一次再结晶组织晶粒细小，所以铸带要求晶粒组织细小均匀如图4-4（a）所示。

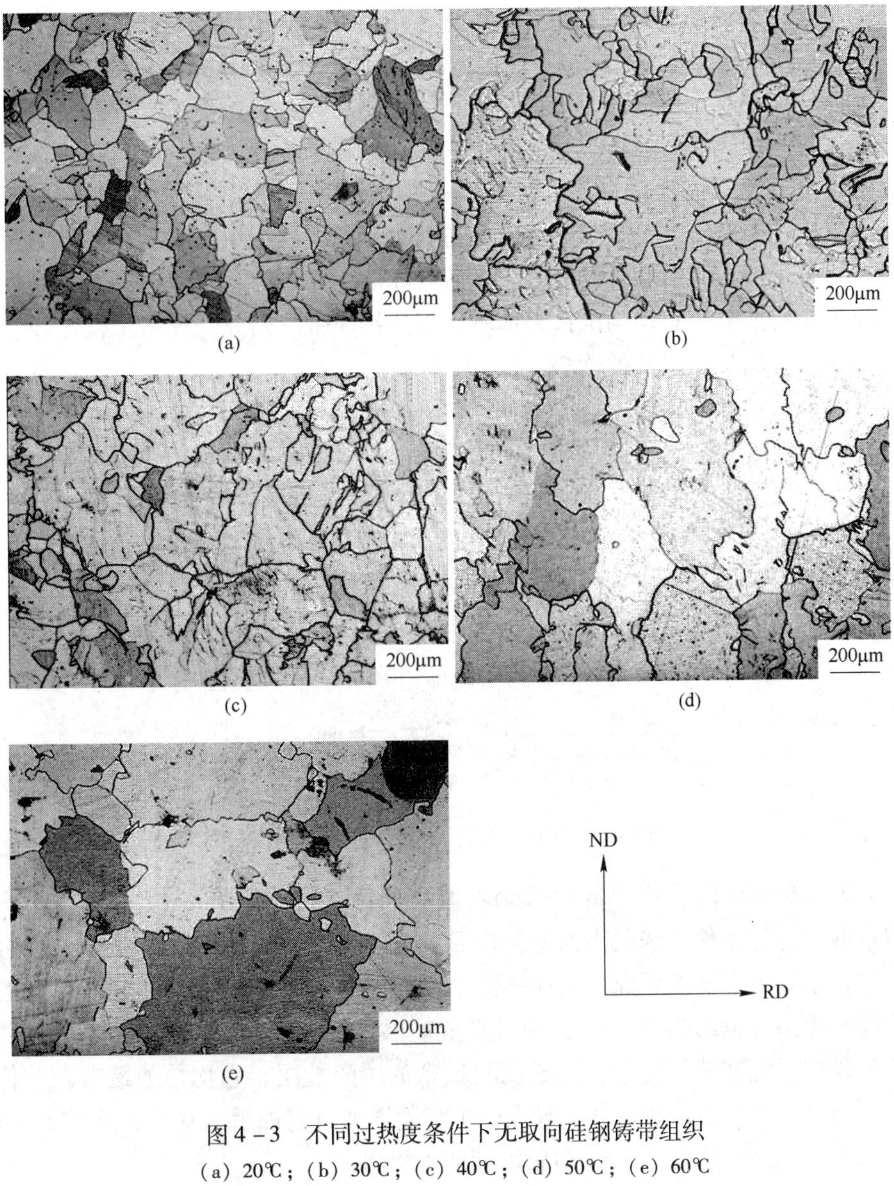

图4-3 不同过热度条件下无取向硅钢铸带组织

(a) 20℃；(b) 30℃；(c) 40℃；(d) 50℃；(e) 60℃

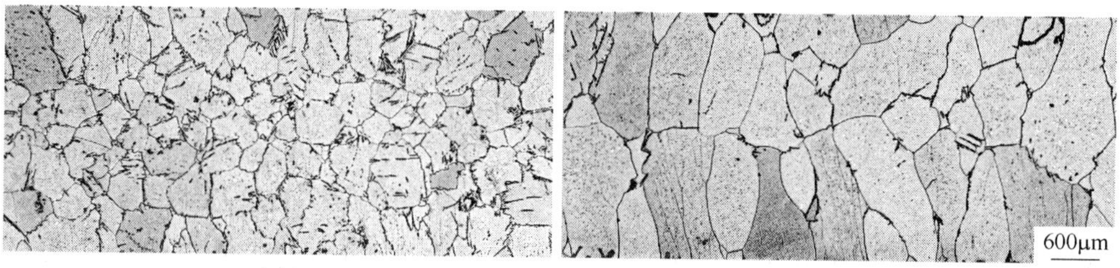

图4－4 不同过热度连铸条件下取向硅钢铸带的显微组织
（a）20℃；（b）50℃

4.1.3.2 薄带铸轧铁素体不锈钢的初始凝固组织控制

铁素体不锈钢在板坯连铸过程中容易产生发达的成分偏析的柱状晶，比例有时甚至多达70%～80%。目前，部分不锈钢厂已经采用了多种手段降低柱状晶比例，如添加铌、钛等微合金元素，连铸过程中采用电磁搅拌，适当控制连铸二冷段冷却水量等。Cr17铁素体不锈钢在热轧过程中，没有或很少发生相变，热轧带几乎全部由拉长的变形带组成，在随后的再结晶退火过程中很难完全消除，是导致冷轧退火后产品易产生表面皱褶的主要原因。采用控制浇注温度等连铸参数，可以获得具有不同凝固组织的铁素体不锈钢连铸薄带（图4－5与图4－6）。从中可以看出，通过适当降低浇注温度，可以得到完全等轴晶、晶粒尺寸相对细小且成分分布均匀的铁素体不锈钢连铸薄带。因此，连铸工艺在控制铁素体不锈钢凝固组织方面具有天然的优势。

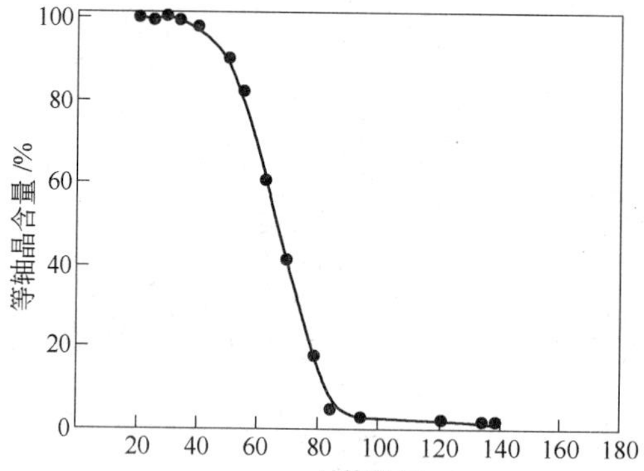

图4－5 过热度对连铸带等轴晶率的影响

4.1.3.3 薄带连铸高P、Cu耐候钢表面逆偏析

对双辊薄带连铸条件下磷的表面逆偏析形成机理及其对这种新型高磷耐候钢的组织性能的影响进行了深入系统的研究。当连铸薄带中磷含量为0.15%时，磷逆偏析于表面导致薄带表层的平均磷含量约为0.26%，超过形成磷酸盐的临界含量0.24%，在锈层和基体之间富集的磷在干湿交替环境下，生成比较致密的磷酸盐层，它均匀地覆盖在基体表面，阻挡腐蚀液和氧气进一步接触基体，导致经120周期加速腐蚀后的0.15P连铸薄带锈层增重量比0.08P热轧薄带降低30%，耐腐蚀性能大幅提高。

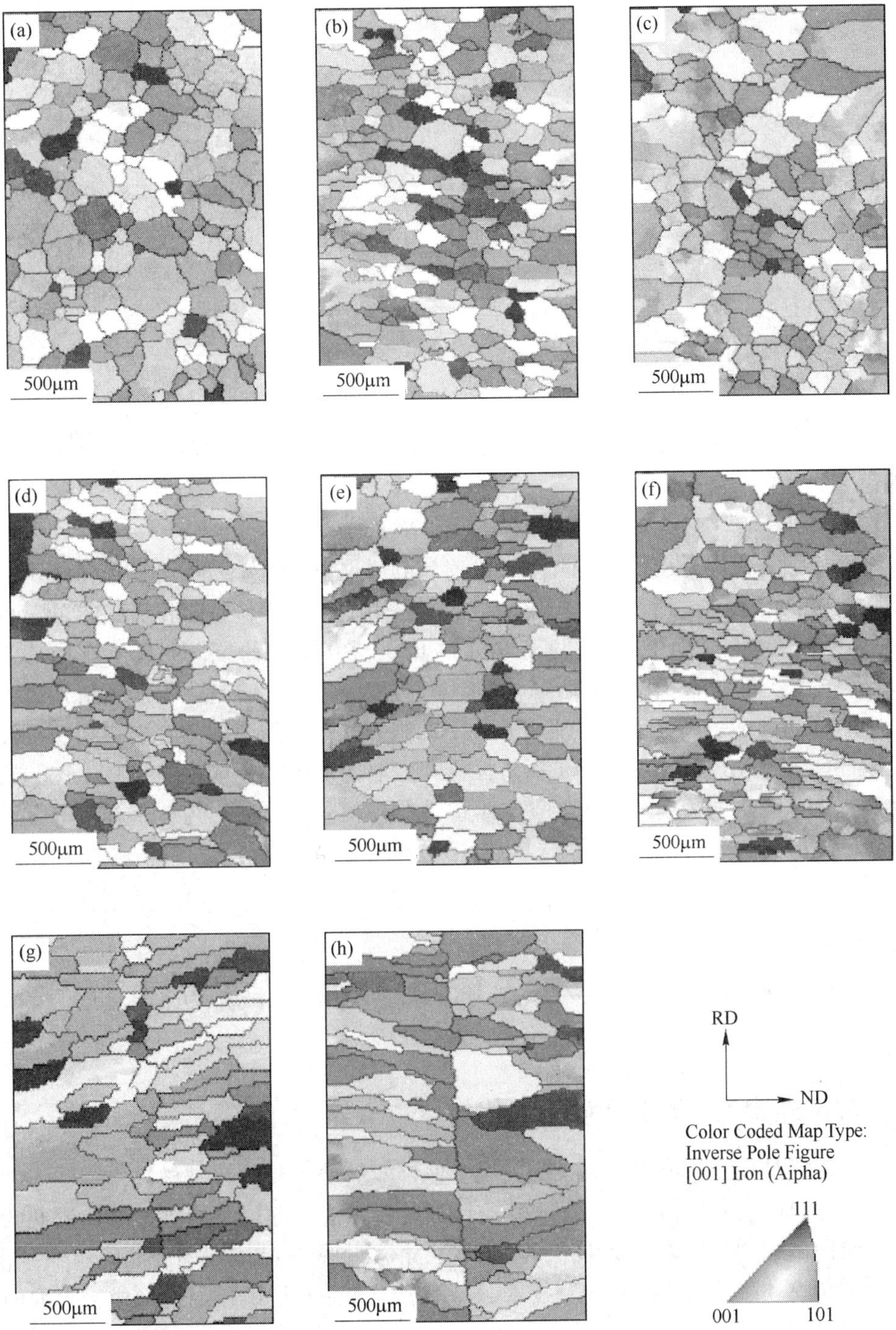

图4-6 不同过热度条件下 Cr17 铁素体不锈钢连铸带的晶体取向图

(a) 20℃; (b) 50℃; (c) 55℃; (d) 60℃;

(e) 69℃; (f) 78℃; (g) 95℃; (h) 140℃

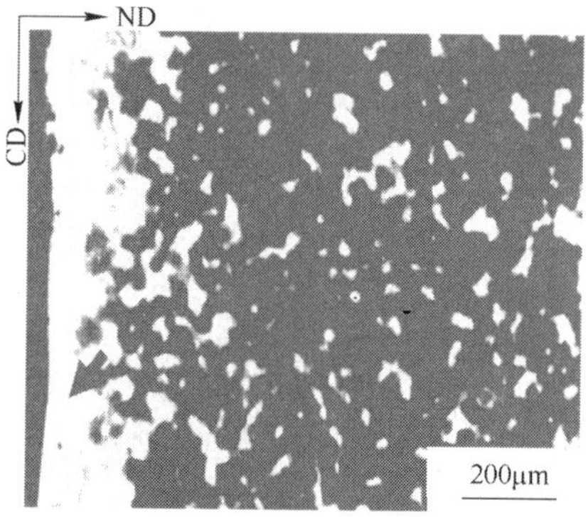

图4－7 0.15P连铸薄带坯中磷的分布

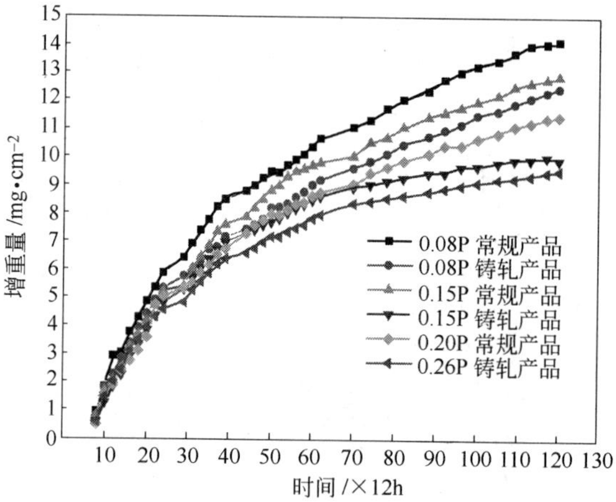

图4－8 不同P含量连铸薄带耐蚀性分析

4.1.4 小结

双辊薄带连铸技术是钢铁连铸领域最具前景的一项新技术，利用薄带连铸技术生产电工钢是一个极具潜力的发展方向，正成为世界各国冶金与材料科技工作者追求的目标。在借鉴国内外铸轧经验的基础上，通过东北大学RAL多年系统研究，明确了利用薄带连铸生产高品质硅钢是一个极具潜力的发展方向，并对双辊薄带连铸制造硅钢（包括高牌号无取向硅钢、取向硅钢、高硅钢）全流程条件下的组织、织构演变规律，第二相的沉淀析出行为，磁性能的优化控制原理进行了探索性研究，取得丰硕研究成果。目前，课题组成员正踌躇满志，在双辊薄带连铸工程装备、组织性能控制、工业化工艺技术开发等方面继续开展系统的研究工作，为该技术的工业化应用、转化成生产力努力拼搏。

4.2 薄带连铸无取向硅钢科研新进展

4.2.1 薄带连铸生产无取向硅钢的优势

无取向硅钢是电子、电力、军事和民用工业领域一种重要的软磁材料，主要作为各种电动机、发电机的铁芯材料使用，要求具有优异的磁性能，即较高的磁导率和较低的铁芯损耗。无取向硅钢的磁性能主要由夹杂物和第二相析出物、晶体织构、晶粒组织等决定，相应的，夹杂物和第二相析出物控制技术、晶体织构和晶粒组织控制技术成为无取向硅钢生产中的关键技术。

无取向硅钢薄板的常规生产制造流程为：冶炼→连铸→加热→热轧→（常化处理）→酸洗→冷轧→（中间退火）→（临界变形量冷轧）→成品退火→涂绝缘层→剪切、包装。无取向硅钢的常规生产流程存在设备投资大、工艺复杂、生产成本高、能耗大、环境负荷大等问题；另外，由于生产流程长、工序多，大大增加了对第二相析出物、晶体织构和晶粒组织进行精确控制的难度，导致产品的磁性能很不稳定。

薄带连铸是一种利用两个旋转的结晶辊将液态金属直接浇铸成薄带、可省去加热和热轧工序的短流程近终形成型工艺。利用薄带连铸技术生产无取向硅钢是一个很有潜力的发展方向，具有显著的投资小、节能、环保及低成本优势。特别的是，薄带连铸具有将钢水（亚）快速凝固的特点，其高达 102～104℃/s 的冷却速率远远高于常规厚板坯连铸和薄板坯连铸的冷却速率。这种独特的（亚）快速凝固特性除了能细化凝固组织、降低成分偏析外，还赋予了材料特殊的析出物、织构及组织形态，从而为生产高性能、特殊性能无取向硅钢提供了一条新途径。

4.2.2 薄带连铸无取向硅钢的主要研究进展

近三年来，东北大学 RAL 薄带连铸课题组与中国钢研科技集团（原北京钢铁研究总院）一起以国家自然科学基金重点项目“基于双辊薄带连铸的高品质硅钢织构控制理论与工业化技术研究（No. 50734001）”、“Fe－Cr、Fe－Si 系 BCC 钢薄带连铸成型组织性能控制机理（No. 51004035）”为契机和依托，系统地开展了薄带连铸无取向硅钢的应用基础研究和工业化技术开发。目前，课题组在关键原理和工艺控制上取得了一系列的研究进展，主要包括以下几方面。

4.2.2.1 亚快速凝固组织演变及控制

与传统工艺流程相比，由于采用薄带连铸加“一道次”热轧代替传统的板坯连铸＋加热＋粗轧＋热精轧工艺，在凝固过程和热轧过程上存在明显差异。一方面，铸带坯具有独特的亚快速凝固组织特征；另一方面，由于铸带坯较薄，热轧加工量显著减小，冷轧加工量也明显减小。所以，无取向硅钢铸带坯的初始组织和织构类型对最终成品板的组织、织构及磁性能具有至关重要的遗传影响。为此，探索研究薄带连铸条件下无取向硅钢铸带坯初始组织、织构的形成演变原理，弄清铸带坯初始组织、织构与连铸工艺参数的对应关系，成为薄带连铸无取向硅钢亟须解决的一个关键问题。

课题组发现，在双辊连铸亚快速凝固条件下无取向硅钢铸带坯的初始组织、织构具有可控性（见图 4－9、图 4－10），并在进行大量实验的基础上找到了关键的工艺控制窗口。首次在实验室条件下成系列地制备出具有不同典型组织、织构特征的原型铸带坯，该项研究解决了前人在双辊连铸硅钢初始组织、织构研究方面所存在的分歧和矛盾。通过该项研究，可以根据成品板的性能需求定制想要的初始组织形态和织构特征，为无取向硅钢的研发提供了新思路。

4.2.2.2 铸带坯初始组织、织构的遗传影响

对于无取向硅钢而言，理想的晶体织构类型为 {001} <0vw> 面织构，因为它是各向同性且难磁化方向 <111> 不在轧制平面内。但是，在常规生产流程条件下很难得到这种单一的面织构，人们只能在设法强化 {001} <0vw> 面织构的同时去弱化 {111} <uvw> 织构以得到较好的磁性能。

课题组在解决了铸带坯的初始组织、织构的控制问题后，深入研究了铸带坯初始组织、织构类型对后续轧制、退火过程中的组织、织构演变及磁性能的遗传影响。图 4－11 示出了具有典型全等轴晶、全柱状晶组织的 3.2% Si 铸带坯经相同工艺的冷轧、退火处理后 0.35mm 厚成品板的再结晶织构。由图知，与全等轴晶铸带坯相比，柱状晶铸带坯的成

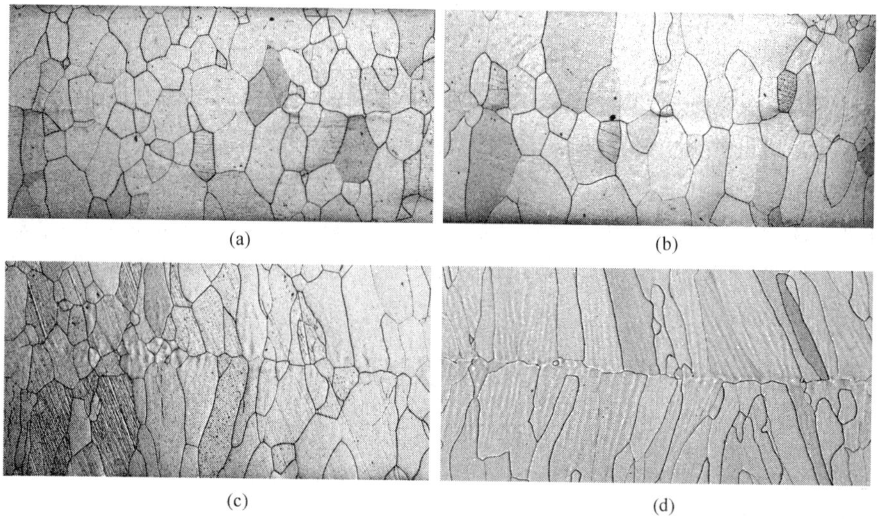

图4-9 不同浇铸工艺条件下3.2% Si无取向硅钢铸带坯的显微组织

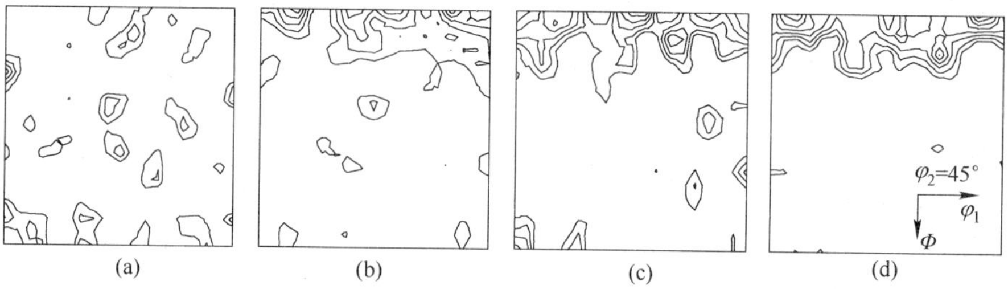

图4-10 不同浇铸工艺条件下3.2% Si无取向硅钢铸带坯的织构

品板具有更强的{001}<0vw>面织构；就磁感应强度B_{50}而言，等轴晶铸带坯的成品板与常规产品相当，而柱状晶铸带坯的成品板则较之高0.03T以上。这表明，柱状晶铸带坯有利于获得更好的再结晶织构和磁感应强度。因此，从磁感应强度的角度看，薄带连铸无取向硅钢铸带坯的初始组织、织构的控制目标是尽可能的获得具有{001}<0vw>面织构的柱状晶凝固组织。

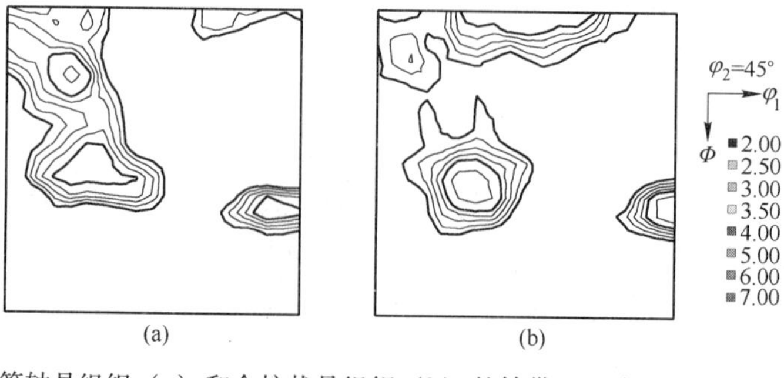

图4-11 全等轴晶组织（a）和全柱状晶组织（b）的铸带坯经冷轧和退火后的再结晶织构

4.2.2.3 析出物演变及控制

课题组发现，通过采用合适的薄带连铸和二次冷却工艺，在铸带坯中可形成大量的粗大、长条状的AlN析出相，细小的析出相则没有出现。在成品退火板中，仅观察到粗大的

AlN 粒子、AlN + MnS 复合粒子，尺寸都在 200nm 以上（图 4－12），如此粗大的析出物不会恶化铁芯损耗。这些结果表明，由于省去了再加热和粗轧、热连轧工序，薄带连铸技术在无取向硅钢的析出物控制方面具有显著优势。

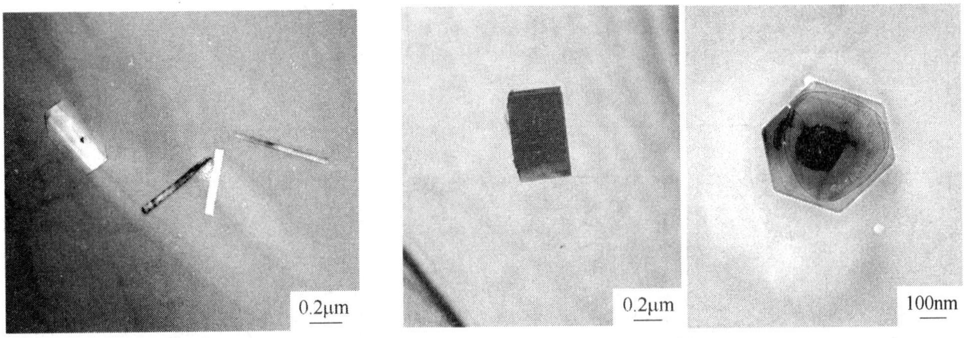

(a) (b)

图 4－12 析出物观察

（a）铸带中的 AlN；（b）成品板中的 AlN 和 AlN + MnS

4.2.2.4 再结晶组织与织构的优化控制

无取向硅钢要求具有较高的磁感应强度和较低的铁芯损耗。磁感应强度在很大程度上依赖于材料内部的再结晶织构，理想的晶体织构为 {001} <0vw> 面织构，而最有害的织构为 {111} <uvw> 织构。利用常规的生产流程制造无取向硅钢板时，在成品退火过程中，通常优先形成发达的 {111} <uvw> 织构，严重妨碍了 {001} <0vw> 织构的形成，使磁感应强度降低。在薄带连铸条件下，如上所述，可以通过控制连铸工艺获得发达的 {001} <0vw> 柱状晶组织的铸带坯。如何充分利用这一先天优势优化轧制及退火工艺，获得满意的再结晶织构和高磁感应强度成为薄带连铸无取向硅钢面临的又一个问题。另一方面，如何获得均匀、粗大的再结晶组织以尽量降低铁芯损耗也是一个必须要解决的问题。

课题组经过系统、深入的研究，发现后续的轧制及退火处理对再结晶组织及织构影响很大（见图 4－13、图 4－14），轧制及热处理工艺存在很大的优化空间。通过热轧、冷轧及退火工艺参数的匹配、优化，特别是通过对形变亚结构的有效控制，显著强化了 {001} <0vw> 再结晶织构，基本消除了有害的 {111} <uvw> 再结晶织构（见图 4－13（c））。在常规工艺中，这些是无法办到的。另外，已将再结晶晶粒尺寸控制在无取向硅钢所要求的最理想水平（约 150μm），如图 4－13（c）所示。

4.2.2.5 磁性能的优化控制

如上所述，与常规生产工艺相比，薄带连铸无取向硅钢的再结晶组织、织构可以达到更满意的控制效果，所以，薄带连铸无取向硅钢的磁性能也有其显著特点。图 4－15 示出了在不同轧制及热处理工艺条件下 0.35mm 厚无取向硅钢的磁性能。课题组发现，薄带连铸制备的无取向硅钢的磁感应强度 B_{50} 较之常规产品高 0.04T 以上，铁芯损耗则与常规产品相当。提高无取向硅钢板的磁感应强度，可使电机铁芯的激磁电流降低，铁损和铜损下降，节省电能；另外，提高磁感应强度，可提高电机的最大设计磁感应强度，缩小铁芯截面积，使铁芯体积减小、重量减轻，并节省无取向硅钢板、导线、绝缘材料和结构材料用量，因而可降低电机的总损耗和制造成本，并且有利于大电机的制造、安装和运输。常规

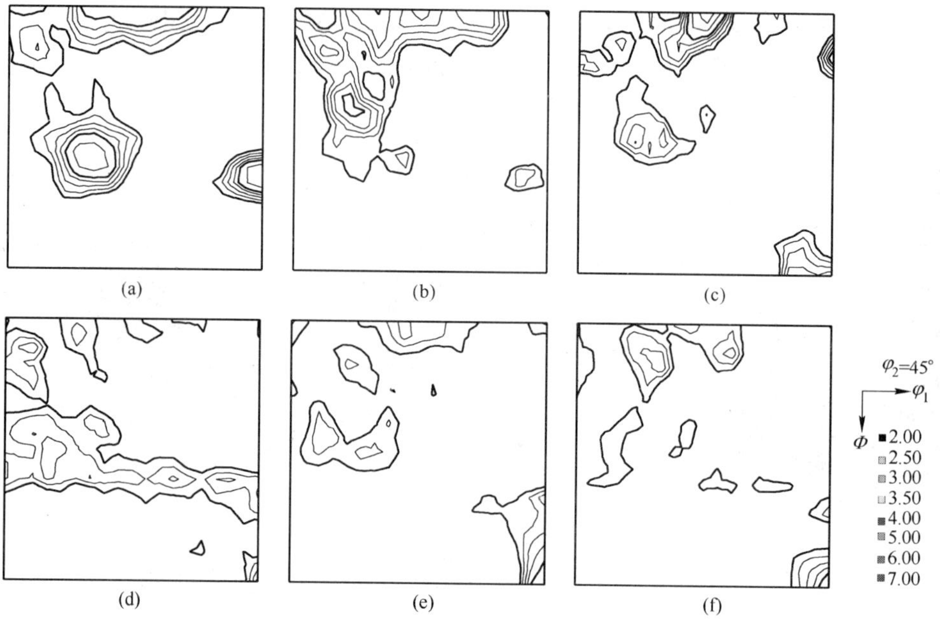

图4-13 不同轧制及退火工艺条件下3.2%Si无取向硅钢的再结晶织构

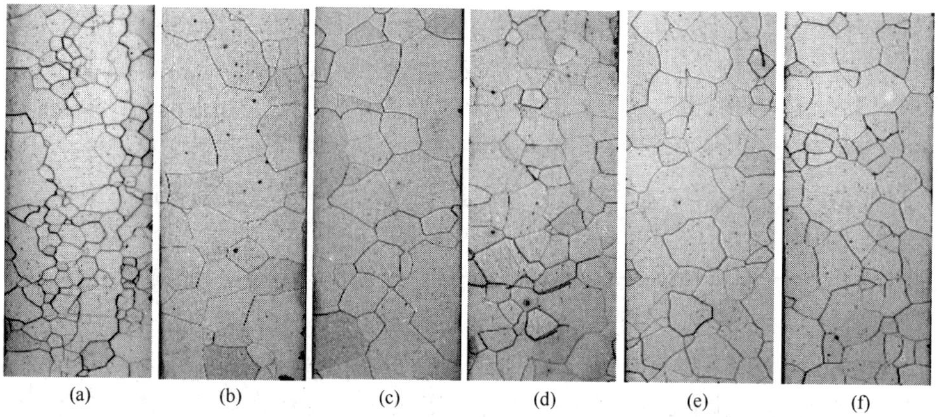

图4-14 不同轧制及退火工艺条件下3.2%Si无取向硅钢的再结晶组织

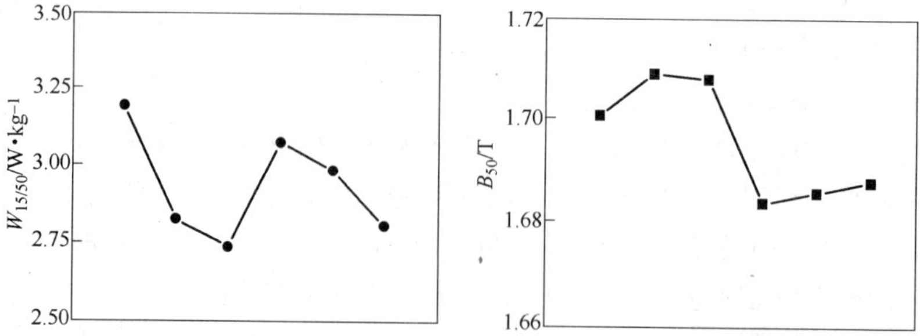

图4-15 不同轧制及退火工艺条件下3.2%Si无取向硅钢的磁性能

生产流程制造的含硅量约3%的无取向硅钢板的磁感应强度B_{50}仅在1.66~1.68T之间，越来越难以满足高效铁芯材料的要求。因此，薄带连铸技术在制造较高磁感无取向硅钢和节能降耗方面具有巨大的优势和潜力。

高硅钢薄板是一种含硅约6.5%的软磁材料，具有高的磁导率、低的矫顽力、极低的铁芯损耗、近乎趋于零的磁致伸缩系数等优异性能，是制造低噪声、低铁损的高速高频电机、高频变压器、高频滤波器等的理想材料。但是，高硅钢既硬又脆，难以通过常规轧制方式进行生产，其严重的室温脆性和低的热加工性能严重制约了高硅钢在工业领域的应用。国内外一些研究机构对高硅钢的研制十分青睐，已成为当今世界材料领域的研究热点。各发达国家相继采用快速凝固法、化学气相沉积扩散法（CVD）、粉末冶金法等制备高硅钢薄板以避开其脆性。全世界目前只有日本钢管公司（现为JFE钢铁公司）通过CVD法成功实现了高硅钢工业化生产，但是，CVD法也存在严重缺陷如能耗大、设备腐蚀严重、成本高、产量低、污染环境等。因此，用轧制法制备高硅钢薄板一直是高硅钢研发的重要方向。高硅钢的室温脆性与有序相（B_2、DO_3等）及粗晶组织密切相关。抑制有序结构的形成、降低有序程度、细化晶粒均可在一定程度上改善高硅钢的塑性。借助双辊薄带连铸较高的冷却速率可以获得独特的亚快速凝固组织，在后续的二次冷却阶段辅以超快速冷却可以抑制有序-无序转变，再匹配合适的轧制及热处理工艺，有望开辟一条高硅钢研发的新路。

课题组对双辊薄带连铸条件下6.5%Si高硅钢的组织演变、织构演变、有序-无序转变行为及对晶体塑性的影响规律进行了探索研究。课题组发现，通过调整薄带连铸工艺和施加合适的二次冷却工艺可以获得细小、均质的凝固组织并大幅减少有序相的形成。通过匹配合适的热轧及温轧工艺，目前已成功制备出0.35mm、0.50mm厚的6.5%Si高硅钢薄板（见图4-16）。由图4-16可以看出，0.35mm厚的温轧薄板板形良好，仅在薄带的边部观察到了少许的微小裂纹；再结晶织构以{001}<0vw>面织构为主要特征，{111}<uvw>织构则较弱；磁感应强度B_8达到1.39T，高于国外同类产品0.06T以上，高频铁损与国外同类产品相当。课题组今后将继续对6.5%Si高硅钢进行深入研究，拟采用微合金化技术、超快速冷却技术、非对称轧制技术等制备出6.5%Si高硅钢超薄带（<0.20mm），探索出一条基于薄带连铸技术的高硅钢薄板制造之路。

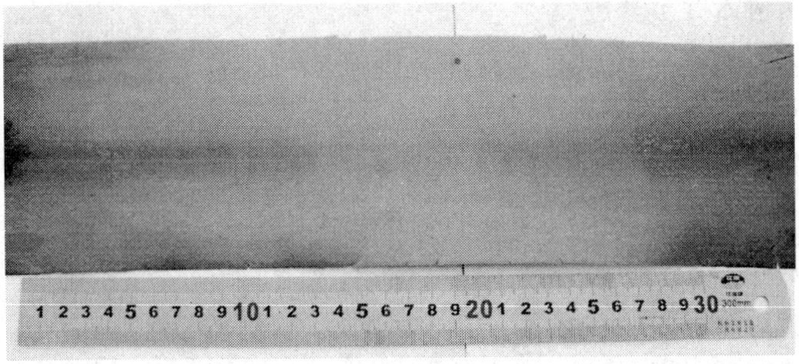

图4-16 0.35mm厚高硅钢温轧薄带的表观形貌

4.2.3 薄带连铸无取向硅钢下一阶段的工作设想

硅钢的生产工艺复杂，制造技术严格，具有高度的保密性和垄断性，各国都以专利形式加以保护。利用薄带连铸技术生产硅钢是一个极具潜力的发展方向，正成为世界各国冶金与材料工作者追求的目标。RAL 将继续加大对薄带连铸无取向硅钢基础理论的研究力度，加快推进薄带连铸无取向硅钢工业化系统技术的研究与开发，重点研究和开发 6.5% Si 高硅钢超薄带的工业化技术，尽快与相关钢铁企业一道进行薄带连铸无取向硅钢中试及生产线的集成技术开发及示范线建设，为推动我国薄带连铸无取向硅钢产业化进程而奋斗。

4.3 薄带连铸取向硅钢研究进展

4.3.1 薄带连铸的特点

薄带连铸（也称薄带铸轧）技术是以液态金属为原料、以两个旋转的冷却辊为结晶器，用液态金属直接生产薄带材的技术，是将快速凝固与轧制变形融为一体的短流程、近终形成型加工工艺。自 1857 年亨利·贝塞麦提出双辊薄带连铸理论以来，这种技术已经在铝合金、镁合金的商业化生产上取得了巨大成功。利用此技术生产薄带钢也一直是钢铁工作者梦寐以求的目标。2002 年 5 月，美国 Nucor 钢铁公司第一条商业化薄带连铸生产线 CASTRIP® LLC 开始批量供应低碳钢商品带材，已累计生产近百万吨，薄带钢连铸产业化的前景逐渐明朗起来。Nucor 的成功在世界范围内引发了薄带钢连铸技术的新一轮研究热潮。

利用薄带连铸技术可直接生产出 1～5mm 厚的热轧板卷。实践表明，薄带连铸技术具有如下优势：

（1）流程短，投资少，生产成本低，传统的厚板坯连铸－热轧工厂的长度约为 600m，薄板坯连铸连轧工厂的长度约为 370m，而薄带连铸工厂完全省略了板坯加热和热连轧过程，长度仅为 100m 左右，故采用薄带连铸技术生产热轧板卷的总投资比传统工艺流程要低得多，吨板卷的成本降低 40% 左右；

（2）节能降耗，绿色环保，与连铸连轧生产流程相比，吨钢可节省能源 800kJ，CO_2 排放量降低约 85%，NO_x 排放量降低约 90%，SO_2 排放量降低约 70%；另一方面，薄带连铸技术能够有效抑制 Cu、S、P 等夹杂元素在钢材基体中的偏析，从而可实现劣质矿资源（如高磷、高硫、高铜矿或废钢等）的有效综合利用，节省宝贵资源，是钢铁工业实现可持续发展的重要内容；

（3）带材微观组织特殊，性能优越，薄带连铸所具有的独特的亚快速（100～1000℃/s）凝固特性使铸带的微观组织显著不同于传统带材，如晶粒得到显著细化，成分偏析很小，第二相的析出被抑制等，从而使材料的性能得到大幅改善，所以，薄带连铸技术在生产某些高性能材料上具有优势；

（4）适宜于生产某些低塑性、难加工材料及功能材料，由于薄带连铸技术具有亚快速凝固和近终形优势，所以，它非常适合生产某些利用传统工艺难以生产的钢铁材料，如工具钢、耐热钢、不锈钢、高速钢和硅钢等。

4.3.2 薄带连铸生产取向硅钢的优势

取向硅钢（包括普通取向硅钢和高磁感取向硅钢）是一种含硅约3%的软磁材料，主要用于制造变压器铁芯。取向硅钢由于具有强烈的{110}<001>高斯织构，从而沿轧制方向具有非常低的铁损和非常高的磁感应强度。它是钢铁工业中唯一运用二次再结晶现象生产的产品，是织构控制技术在工业化生产中较为成功的应用。取向硅钢的传统生产流程为：冶炼→连铸→高温加热→热轧→（常化处理）→酸洗→冷轧→（中间退火）→（二次冷轧）→脱碳退火→涂 MgO 隔离层→高温退火→拉伸平整退火→涂绝缘层→（激光处理）→剪切、包装。取向硅钢的生产工艺和设备复杂，制造工序多，成分控制严格，影响性能的因素多，因此，被称为“钢铁工业的艺术品”。如何简化取向硅钢生产工艺，降低生产成本，成为冶金工作者追求的目标。与传统厚板坯连铸和薄板坯连铸工艺相比，由于薄带连铸工艺具有流程短、单位投资低、能耗低、劳动生产率高等特点，取向硅钢被认为是薄带连铸工艺中最具有发展前途的钢种之一。

传统的取向硅钢制造流程设计和工艺参数调控的目标是在高温退火过程中通过二次再结晶过程形成强高斯织构，其核心是抑制剂控制技术。为了获得具有合适数量和尺寸的细小、弥散分布的抑制剂粒子，通常需要在炼钢时加入抑制剂形成元素。为了保证获得稳定的高磁感，必须在热轧前对铸坯进行高温（350～1400℃）加热固溶处理，以使连铸后缓冷过程中变粗的硫化物和氮化物重新固溶。在热轧或热带退火阶段，又希望硫化物和氮化物以弥散状态析出，这些析出物必须保持至冷轧后二次再结晶开始。即使在罩式炉退火过程中，也必须避免抑制剂因过早固溶或粗化而导致抑制作用降低。但是，在1400℃左右的高温加热板坯会产生许多问题：如氧化铁皮多、烧损大、成材率低；修炉频率高、产量降低；燃料消耗多、炉子寿命短、制造成本高、产品表面缺陷增多等。而薄带连铸技术具有亚快速凝固特性，其高达100～1000℃/s的冷却速度远远大于现有的厚板坯连铸和薄板坯连铸的冷却速度。借助其较快的冷却速率，可以获得较之常规连铸坯更加均质、细晶的取向硅钢铸带坯，并使抑制剂形成元素最大限度地处于固溶状态，无需再经过高温加热工序，这为后续处理过程中抑制剂的调控提供了极大便利。可见，与目前传统的厚板坯和薄板坯连铸工艺流程相比，薄带连铸工艺流程在生产取向硅钢上具有无可比拟的优越性，具有独特的优势及广阔的推广应用前景。

4.3.3 薄带连铸取向硅钢需攻克的关键问题及 RAL 的研究进展

要引发取向硅钢二次再结晶必须满足三个前提条件：

（1）具有合适数量和尺寸的弥散分布的抑制剂；

（2）初次再结晶组织中具有足够强度的 Goss 取向晶粒作为二次再结晶晶核；

（3）具有可促进 Goss 取向晶粒异常长大的环境如细小的初次再结晶晶粒等。薄带连铸工艺与传统工艺流程相比，由于采用薄带连铸加“一道次”热轧代替传统的板坯连铸+高温加热+粗轧+热精轧工艺，在凝固、热轧以及热履历等方面具有明显的差异，所以，薄带连铸工艺流程条件下的组织控制、织构控制、抑制剂控制存在特殊性。

目前，RAL 在关键原理和工艺控制上取得了一系列的研究进展，主要包括如下几方面。

4.3.3.1　亚快速凝固组织控制关键技术

在取向硅钢的传统工艺流程中，二次再结晶形成的全高斯织构继承于热轧板表层1/4到1/5处的高斯晶粒，而其形成是由于热轧时板面与轧辊之间强烈的摩擦作用所产生的剪切应变而引起的。在薄带连铸工艺流程条件下，不可能实现传统工艺那种大变形量的热轧，所以，必须从薄带连铸阶段就开始着手对高斯织构进行控制。铸带坯通常包括发达的{001}<0*vw*>柱状晶组织以及少量的晶体取向混乱的细小等轴晶组织。为此，如何提高铸带坯中具有混乱织构的等轴晶组织比率和细化初始晶粒尺寸，为形成高斯织构提供便利，成为薄带连铸取向硅钢亟须解决的一个关键问题。

RAL经过大量的实验研究发现，铸带坯的凝固组织具有可控性，通过调整浇铸工艺参数可以得到不同类型的凝固组织（见图4－17）。经过反复的实验摸索，RAL分别确定了浇铸温度、出带速度、熔池高度、初始辊缝等关键工艺窗口，在亚快速凝固条件下实现了对铸带坯初始凝固组织、织构的有效控制，制备出一系列具有不同的等轴晶率的原型铸带坯，为后续加工过程的组织、织构、抑制剂控制奠定了基础。

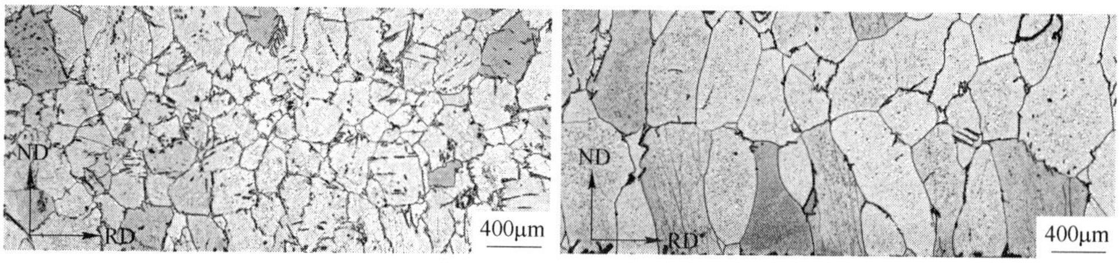

(a)　(b)

图4－17　不同浇铸工艺条件下取向硅钢铸带坯的显微组织

4.3.3.2　抑制剂控制关键技术

在传统的工艺流程条件下，取向硅钢采用的抑制剂获得方式是：对铸坯进行长时间高温（>1350℃）加热使其在之前凝固过程中析出的粗大MnS和AlN固溶，再在热精轧或常化退火过程中弥散析出。但是，在薄带连铸条件下，由于省略了高温加热及相对较长时间的热轧工序，所以，对抑制剂的控制思路明显不同于传统方法。

在薄带连铸条件下，时间－温度关系是影响抑制剂尺寸及分布的最关键因素。RAL发现，通过对铸带坯进行精确的二次冷却控制可使抑制剂形成元素基本固溶却很少析出，而对抑制剂形态和分布状态的控制则主要通过随后的常化处理进行调控。结果表明，二次冷却工艺及匹配的常化处理工艺对抑制剂的尺寸及分布具有决定性的影响（见图4－18）。RAL经过近一年的努力，成功将抑制剂AlN粒子的尺寸控制在25～50nm之间（见图4－19），分布密度达到（5.8～18.2）$\times 10^8$个/cm^2。这样的抑制剂粒子尺寸及分布状态完全能够满足二次再结晶的需要。

4.3.3.3　微观组织控制关键技术

在脱碳退火后形成细小的初次再结晶晶粒是发生二次再结晶的一个基本条件。尽管薄带连铸的亚快速凝固特性可使铸带坯具有细晶、均质的初始凝固组织，但与传统工艺流程条件下的热轧板相比，组织仍过于粗大，这增大了组织控制的难度。所以，如何获得细小的初次再结晶组织成为薄带连铸取向硅钢亟须解决的一个难点。

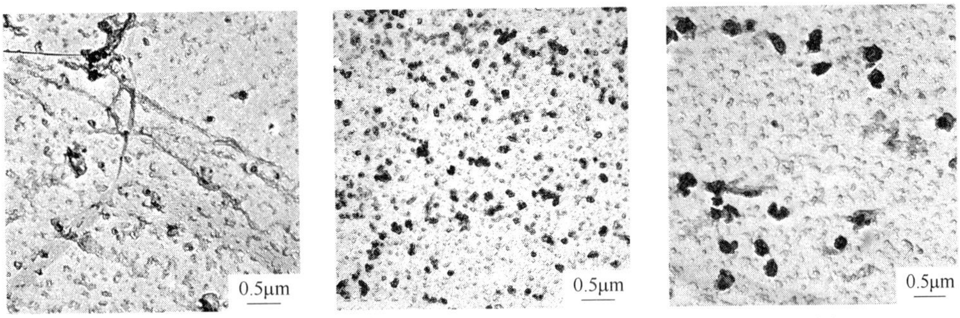

(a) (b) (c)

图 4-18 不同二次冷却及常化处理条件下的抑制剂分布情况

在对合金成分进行优化设计的基础上，RAL 通过对凝固、相变、变形、再结晶、抑制剂的耦合控制，成功使脱碳退火后的初次再结晶晶粒的平均尺寸降至 7 ~ 12μm（见图 4-20），远远小于厚板坯连铸工艺流程的 18 ~ 20μm 和薄板坯连铸工艺流程的 14 ~ 17μm。

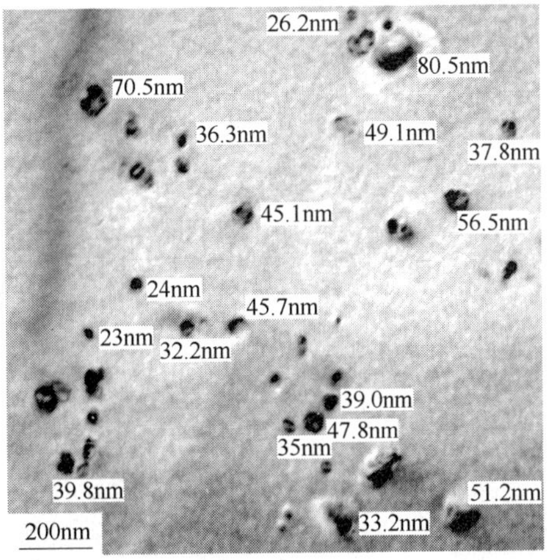

图 4-19 初次再结晶组织中的抑制剂分布情况

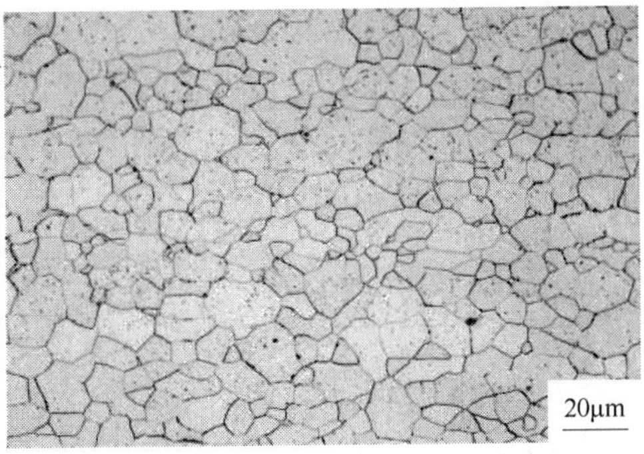

图 4-20 初次再结晶显微组织

4.3.3.4 晶体织构控制关键技术

取向硅钢二次再结晶高斯织构源于热轧板的次表层的高斯晶粒，换言之，热轧高斯晶粒是引发二次再结晶的“种子”。但是，如前所述，在薄带连铸工艺流程条件下，不可能实现传统工艺那种大变形量的热轧剪切变形，而只能施加“一道次”小形变量的热轧变形，很显然，这严重不利于热轧高斯“种子”的形成和发展。因此，通过“一道次”热轧变形能否获得足够数量的高斯“种子”就显得尤为重要，成为薄带连铸取向硅钢亟须解决的又一个关键问题。

RAL 开展了大量的探索研究，在对铸带坯初始凝固组织和织构进行精确控制的基础上，通过对细晶铸带坯“一道次”热轧变形温度、变形速度、变形程度的严格控制，成功在热轧板的次表层获得了明显的高斯织构（见图 4-21），解决了薄带连铸取向硅钢高斯织构的“种子”问题。

4.3.3.5 晶体塑性控制关键技术

与传统工艺流程条件下的热轧板相比，铸带坯的初始凝固组织过于粗大，导致脆性

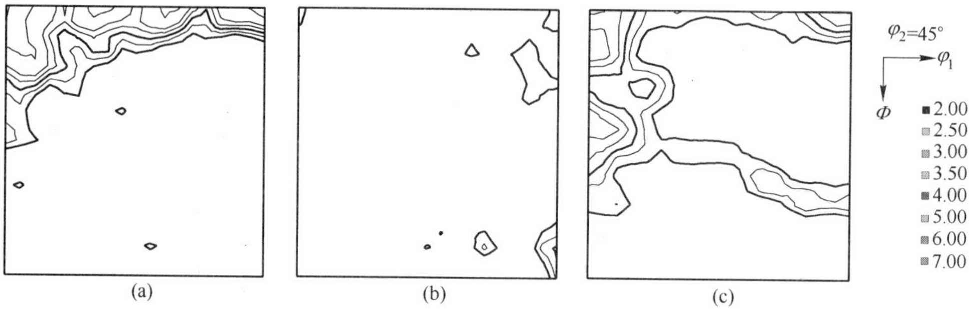

图4-21 热轧板不同厚度层的织构

（a）表层；（b）次表层；（c）中心层

高、冷加工性能不好，轧制过程中常出现严重的裂纹、断带等问题。为了获得更好的延展性和良好的冷加工性能，经过 RAL 的努力，在不影响组织、织构、抑制剂控制的前提下，确立了一条热轧、温轧、冷轧相结合的轧制工艺路线，完全解决了裂纹、断带问题，为大批量工业化生产扫清了障碍。

4.3.3.6 薄带连铸取向硅钢原型钢

RAL 通过对薄带连铸全流程条件下的微观组织、晶体织构、抑制剂、晶体塑性等的探索研究，系统掌握了取向硅钢组织、织构演变和抑制剂的演化规律及控制原理，打通了引发二次再结晶的工艺控制路线，获得了强烈的二次再结晶高斯织构（见图4-22），成功制备出 0.27mm 厚的取向硅钢薄板（见图4-23），磁感应强度 B_8 达到 1.85T，与国内外现有硅钢制造企业的 CGO 产品相当。

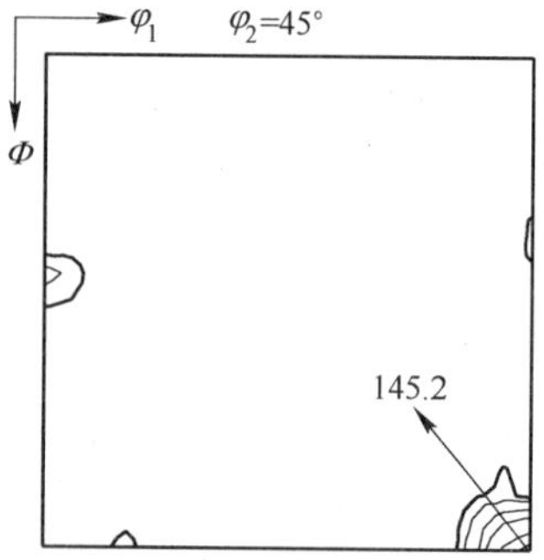

图4-22 二次再结晶织构

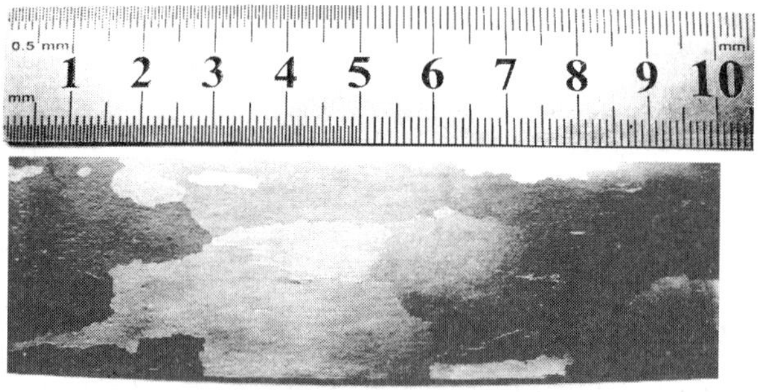

图4-23 成品板的宏观组织形貌

4.3.4 薄带连铸取向硅钢的研发目标

取向硅钢是一种生产工艺复杂、成本高、生产周期长达 15 天左右的产品，如何简化取向硅钢生产工艺，降低生产成本，成为取向硅钢研发人员的一个永恒的奋斗目标。RAL 的研究结果表明，薄带连铸技术在生产取向硅钢上具有得天独厚的先天性优势。大力开展薄带连铸取向硅钢的应用基础研究及工业化技术开发，对于丰富薄带连铸理论和硅钢织构控制理论，发展我国具有自主知识产权的薄带连铸技术，促进硅钢薄带连铸产业化具有重要的现实意义，为打破发达国家硅钢生产技术的长期垄断局面开辟了新的途径，对于我国国民经济可持续发展和国家安全具有重大意义。

RAL 目前的研究工作只是冰山一角，潘多拉盒子才刚刚打开。今后 RAL 将继续就薄带连铸取向硅钢的基础理论问题和工业化技术问题开展深入研究，力争在薄带连铸高磁感取向硅钢上取得新突破，全面解决包括带钢板形、厚度公差、表面缺陷及材料的均匀性等方面的难题，形成完善的薄带连铸取向硅钢理论体系和完备的工业化系统技术，形成具有中国自主知识产权的取向硅钢制造技术和工艺装备，与相关钢铁企业一起，为推动我国薄带连铸取向硅钢的产业化进程而努力。

4.4 中温加热高磁感取向硅钢生产技术研究

4.4.1 概述

随着我国电力规划的逐步展开，变压器行业的投资规模不断增加。在未来几年内取向硅钢的市场需求将不断扩大。传统高温取向硅钢生产的高能耗、高污染与钢铁行业节能、环保的发展趋势格格不入，严重限制了取向硅钢的发展，因此降低铸坯的加热温度是未来取向硅钢发展的必然选择。

取向硅钢是钢铁行业中唯一一个在生产过程中利用二次再结晶现象的产品。传统工艺中要发展完善的二次再结晶，需要把铸坯中粗大的 MnS 和 AlN 等颗粒重新固溶到基体中，并在随后热轧和常化过程中细小弥散地析出。尺寸和分布合理的析出物在高温退火的升温阶段能够强烈抑制初次再结晶晶粒的长大，促使高斯晶粒发生二次再结晶。普通取向硅钢的铸坯加热温度为 1350～1370℃，高磁感取向硅钢为 1380～1400℃。如此高的加热温度带来了一系列的弊端：

（1）能源浪费，成材率降低，制造成本高，铸坯加热温度过高，燃料消耗增大，烧损量约比普碳钢高 4 倍，由于晶粒粗化和边部晶界氧化，热轧带钢容易产生边裂；

（2）炉底积渣严重、产量低，长期承受高温热负荷的加热炉高温区内衬耐火材料剥落严重、寿命缩短，不仅增加了维检费用，而且降低炉子作业率；

（3）产品表面缺陷多，热轧带钢表面氧化铁皮去除不良，影响产品实物质量；铸坯晶粒粗化，产品易出现线状细晶缺陷，影响磁性稳定性。

东北大学轧制技术及连轧自动化国家重点实验室（RAL）近年来一直致力于以降低取向硅钢铸坯加热温度的生产工艺研究与开发，在对取向硅钢生产流程中的组织、织构演变及抑制剂析出系统深入的研究基础上，采用 $Cu_2S + AlN$ 为抑制剂的成分配比把铸坯温度降低到 1250～1280℃之间，并通过反复优化热轧、常化、冷轧、初次再结晶退火、二次再结晶退火各个生产流程中的工艺参数，在实验室条件下成功试制出高磁感取向硅钢的原型钢。

4.4.2 降低铸坯加热温度的技术

采用节能、环保的降低板坯加热温度的技术以取代传统高能耗、高污染的高温加热工艺，是取向硅钢生产上的重要革新。一般认为取向硅钢的铸坯加热温度在 1250℃以下为低温工艺，以日本后天抑制剂法（渗氮工艺）为代表，此时取向硅钢的铸坯可以使用通用的加热炉；铸坯温度在1250~1300℃之间为中温工艺，以俄罗斯Cu_2S先天抑制剂法为代表，此时铸坯表面的氧化铁皮不会变成液态而流入加热炉底部造成加热炉维修费用高、作业率低等问题。

日本低温取向硅钢的研究以新日铁八幡厂最为著名，主要特点在于采用后续渗N处理来生产Hi-B钢，在炼钢时只添加微量铝元素，S的质量分数<0.007%，在脱碳退火后进行渗氮处理。该工艺主要特点为在脱碳退火后钢带需经750℃×30s的渗氮处理，高温退火升温过程中形成（Al，Si）N质点，来弥补热轧时抑制剂析出不足的缺点。该工艺可将铸坯加热温度降低至1150~1200℃，是目前取向硅钢工业生产中铸坯加热采用的最低温度。

俄罗斯中温铸坯加热工艺制备取向硅钢的主要特征在于以固溶温度较低的Cu_2S为先天抑制剂，Cu_2S经1250~1300℃加热实现完全固溶，热轧过程中析出的细小弥散Cu_2S质点起到抑制剂作用。热轧板经常化处理析出细小AlN质点。在脱碳退火后常采用渗氮处理，进一步加强抑制能力。该项技术可将铸坯加热温度降低至1250~1300℃。

不可否认，国内外在降低取向硅钢铸坯加热温度上的研究已经取得了突破性进展，但是这并不代表低温取向硅钢和中温取向硅钢的生产方式是完美无缺的。通过仔细的对比分析和对两种生产方式的实地考察，我们发现这两种工艺均存在严重的弊端。通过渗氮工艺增加抑制剂强度的低温取向硅钢，不仅增加了生产工序，而且磁性能受渗氮条件的波动较大，磁性能不稳定；以Cu_2S为抑制剂的中温取向硅钢抑制剂能力较弱只能生产磁性能较差的普通取向硅钢，如果想要生产高磁感取向硅钢必须添加Sn、Sb、Bi等晶界偏聚元素，提高了生产成本。

面对国外先进钢铁企业对取向硅钢生产技术的严密封锁，RAL实验室科研人员通过对取向硅钢生产过程细致深入的研究，依靠自主开发，克服了织构演变及抑制剂析出控制的技术难题，成功掌握了中温和低温取向硅钢的生产工艺要点。面对已经取得的成就，RAL科研人员没有骄傲自满而是更加坚定信念，着手解决中低温铸坯工艺存在的问题。实验室利用自主研发的直拉式2/4/6辊冷/温轧实验轧机（图4-24）以及保护气氛退火炉（图4-25）等相关设备，采用普通取向硅钢的Cu_2S+AlN抑制剂方案，在不添加晶界偏聚元素、不渗氮

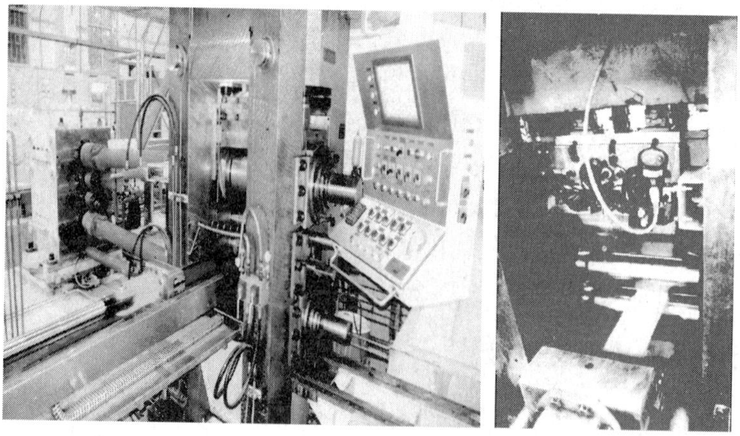

图4-24 直拉式2/4/6辊冷/温轧实验轧机

的条件下，通过合理的成分设计和轧制、常化、脱碳和高温退火等工艺参数的反复优化，获得了800A/m磁场强度下磁感强度在1.9T以上（$B_8>1.9T$），1.7T磁场条件下铁损小于1W/kg（$P_{17}\leqslant 1W/kg$）的高品质取向硅钢的原型钢，优于国外专利报道水平，达到Hi－B钢的要求。

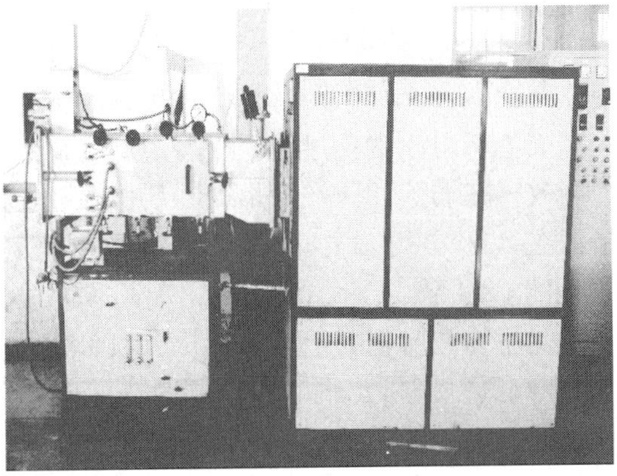

图4－25 保护气氛高温退火炉

4.4.3 中温板坯加热工艺开发高磁感取向硅钢的难点与关键技术

取向硅钢的生产工艺流程复杂（如图4－26所示），采用中温铸坯加热工艺制备高磁感取向硅钢的技术开发必须严格控制工艺流程中各个环节的组织与织构以及析出物，其中尤为突出的是，对抑制剂析出的控制难度最大。

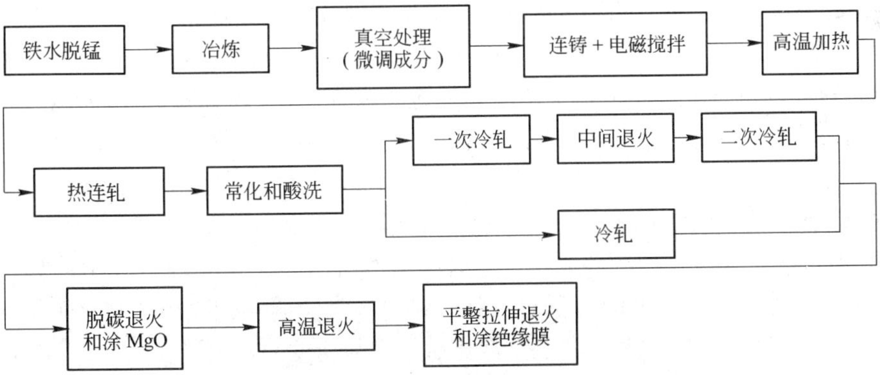

图4－26 取向硅钢的生产流程

4.4.3.1 中温高磁感取向硅钢中抑制剂的控制

传统高温工艺生产高磁感取向硅钢，由于铸坯加热温度很高，抑制剂能够充分固溶，热轧和常化过程中抑制剂可以充分析出，故抑制剂控制较为容易。低温渗氮工艺生产取向硅钢虽然在铸坯加热过程中固溶的抑制剂数量较少，但是在后续渗氮工艺中可以再添加抑制剂，也很容易得到足够数量的抑制剂。以Cu_2S＋AlN为抑制剂方案生产高磁感取向硅钢则面临很大问题：铸坯在1250～1280℃温度区间加热时，AlN没有完全固溶，在后续工序中析出数量较少，Cu_2S虽然能够完全固溶，但是其抑制能力低于AlN，一般在工业上，此种工艺路线只能生产普通取向硅钢，如果要生产高磁感取向硅钢必须添加 Sn、Sb、Bi 等晶界偏聚元素，以进一步提高抑制效果。

在不渗氮、不添加晶界偏聚元素的条件下，以 $Cu_2S + AlN$ 为抑制剂方案生产高磁感取向硅钢真的就一定行不通吗？带着这些疑问，RAL 科研人员从成分设计入手，充分考虑 Cu、Mn、S、Al、N、C 等元素的成分配比同时辅之以最合理的生产工艺参数，最终实现了这种低成本高性能的取向硅钢的生产。

现有取向硅钢抑制剂控制中的一个突出问题是析出物的尺寸分布不均匀。在热轧和常化生产工艺流程中均有抑制剂的析出，常化过程中析出的氮化物经常和热轧析出的硫化物形成粗大的复合析出，抑制效果减弱。如何在满足抑制剂析出数量的前提下解决抑制剂析出尺寸的不均匀分布，是摆在 RAL 科研人员面前的首要问题。面对繁复多变的成分组合，RAL 仅紧紧围绕组成抑制剂的 Cu、Mn、S、Al、N、C 等元素的成分配比进行理论计算和实验，最终结果证明要避免氮化物在硫化物上形核析出，设计钢成分上采用较低的 S，并通过添加 Al 和 N 的含量来提高抑制剂析出的数量。同时为了降低脱碳的难度和不影响热轧时奥氏体的量，在成分设计上采用较低的 C 和较高的 Mn。

在完成成分设计的基础上，RAL 科研工作者发现各生产工艺流程的参数对取向硅钢的磁性能有显著的影响。如何优化热轧、常化、冷轧、退火等工艺参数是摆在 RAL 面前的第二个问题。

研究发现，热轧工艺是取向硅钢生产中抑制剂析出的关键所在，热轧板中细小弥散的抑制剂析出是发展完善二次再结晶的必要条件。铸坯在热轧之前粗大的析出物粒子充分固溶，在随后的热轧过程中，基体产生的高密度位错为抑制剂提供了较多的形核位置，促使抑制剂细小弥散析出。RAL 利用 Themocacol 软件计算出抑制剂析出的关键参数，合理制定开轧温度、终轧温度、压下量、轧制速度等工艺参数，保证轧制在抑制剂最快析出温度附近进行，同时精确控制轧后冷却速度和卷曲温度保证热轧析出的抑制剂不会过分长大。

常化是对热轧过程中抑制剂析出的必要补充。以 AlN 为抑制剂的取向硅钢热轧板在最终冷轧之前必须在氮气下进行高温常化，目的是为了析出细小的 AlN，由于钢中含有一定的碳，在高温常化时，产生一定量的 γ 相。N 在 γ 相中的固溶度比 α 相大 9 倍，有利于氮化物的固溶，所以在常化处理中能够大量固溶那些在热轧时低温析出的细小不稳定的 AlN。有效的 AlN 是在常化后冷却过程中通过相变而析出的。RAL 通过理论计算实验钢的平衡相图，以及抑制剂的连续冷却析出曲线，结合大量实验得到理想的常化工艺参数。在此过程中要严格控制常化温度和时间以及常化后的冷却速度。常化温度过低，AlN 固溶量过少，在冷却过程中析出的量也相应较少；常化温度过高，热轧时析出的抑制剂容易发生粗化，抑制效果减弱。轧后冷却速度过快，常化固溶的抑制剂来不及析出，而冷却速度过慢，AlN 尺寸过于粗大，抑制剂析出数量较少，尺寸过于粗大时，二次再结晶发展困难。

高温退火是取向硅钢抑制剂控制的又一难点所在。常化板经过冷轧和脱碳退后完成初次再结晶，此时抑制剂尺寸略有长大，完成抑制初次再结晶晶粒长大的作用，为二次再结晶的发展提供必要的条件。在高温退火的升温阶段，高斯晶粒周围的抑制剂优先粗化，发生二次再结晶。在高温退火保温阶段，抑制剂完全粗化，钢中的 N、S 等被还原性气氛净化，铁损降低。

传统高磁感取向硅钢在高温退火阶段的升温速度在 20 ~ 30℃/s，在研究中我们发现

Cu_2S 抑制剂不易粗化，以传统的升温工艺无法实现较好的磁性能。而过慢的升温速度虽然能够发展完善的二次再结晶，但是生产效率过低，工业生产的意义不大。保护气氛（氮气、氢气和水蒸气）对二次再结晶的发展也有很大影响，氮气含量过大，钢中残余的自由氮跑掉，不能形成一批新的细小 AlN，抑制力减弱。气氛中氮含量合适，氮气和氢气首先吸附在钢板表面，依靠铁作为触媒，通过化学反应生产氨气，氨气再分解而使钢中渗氮，在钢中形成一批新的细小 AlN，加强了抑制能力。退火气氛中的露点过高时不能发生二次再结晶，露点过低，AlN 形态发生变化，二次再结晶不稳定，二次晶粒取向变坏，磁性能降低。

面对升温速度、退火气氛两点技术难点，RAL 科研人员对每段温度范围内抑制剂的规律演变进行详细的实验与分析。功夫不负有心人，通过灵活控制升温路线和各个温度区间的退火气氛，在抑制剂发生粗化的温度区间内进行缓慢升温和较高的氮气分压以保证二次再结晶发展完善，在此温度区间外适当提高氢气分压和升温速度以提高生产效率，最终实现质量和效率的最佳结合。

值得注意的是，RAL 为了提高抑制剂的析出数量在成分设计上添加了较高含量的 Cu，高温退火后，会有部分 Cu 单质的析出，如果高温退火后冷速较慢，Cu 的析出尺寸较大，会导致取向硅钢的铁损升高。该成分条件下需要严格控制冷却速度，使得析出物在 10nm 以下，此时几乎对成品磁性能没有影响。

4.4.3.2 取向硅钢的组织和织构控制

合理的抑制剂析出只是生产高磁感取向硅钢的一个必要条件，要真正实现以中温取向硅钢工艺生产高磁感取向硅钢，必须对其生产过程中的组织织构进行合理控制。

由于在成分设计上与传统高磁感取向硅钢不同导致其热轧板的组织也不相同，如何达到合理的热轧板组织及织构，而怎样的热轧板组织及织构才是对二次再结晶的发展有利的?

经过 RAL 科研人员的潜心研究发现：当热轧板常化后全部发生再结晶时或完全发生再结晶时，高温退火后的磁性能均不理想，只有当常化板表层发生再结晶，中心层仍残留变形带时，二次再结晶发展完善，磁性能较高。

取向硅钢铸坯在加热和热轧过程中由于表面脱碳、发生部分相变以及厚度方向上的温差所引起的形变量不同，而使得热轧板厚度方向上的显微组织有很大的差别，常化改善了带状组织的分布状态增加了基体上再结晶晶粒的数量，在一定程度上使组织更均匀，但是常化时间不能过长，要保留热轧时形成的组织梯度，从而为二次再结晶提供必要的条件。

由于热轧过程中形变织构和再结晶织构相互作用，热轧板的织构控制较难，当终轧温度较低时形变织构为主多为 α 织构，当终轧温度较高时，再结晶织构增强。实验室通过反复优化热轧工艺参数在保证抑制剂析出合理的前提下得到了足够数量的高斯织构，为高磁感取向硅钢的生产奠定了坚实的基础。

冷轧过程中晶粒发生转动，通过合理控制冷轧路线和压下量可以得到相对较强的 γ 织构，初次再结晶时可以形成强烈的高斯织构，增大了高斯晶粒发生二次再结晶的几率。如果冷轧压下量过大，晶粒发生严重偏转，热轧板次表层粗大的高斯晶粒几乎全部发生偏转，初次再结晶退火时，高斯晶粒数量太少，如果在高温退火时想要发生二次再结晶必须存在极高数量的抑制剂和更加缓慢的升温速度，实际应用价值不大；如果冷轧压下量较少，晶粒转动不明显，热轧时残留下来的偏转的高斯晶粒也发生了二次再结晶，导致晶粒取向度降低，成品磁性能下降。

RAL采用两阶段冷轧工艺生产中温高磁感取向硅钢，两阶段冷轧工艺对抑制剂的需求较低，更容易发生二次再结晶，适当增加第二次冷轧压下量可以提高高斯晶粒的取向度，获得抑制能力与晶粒取向度的最佳组合。

为了降低铁损，成品取向硅钢的碳含量很低，因此需要进行脱碳退火。脱碳退火要严格控制温度、时间和湿度，退火温度过高时间过长水蒸气过多，钢板表面易生成氧化膜，阻碍脱碳的进行，反之，碳原子扩散能力较弱，脱碳效果不明显。实验证明合理控制脱碳退火工艺，可以改善磁性和玻璃膜，钢中的硫不会过早地进入氧化膜中，保持强的抑制力，二次再结晶完善。在脱碳退火过程中，冷轧产生的变形带组织完成初次再结晶，使基体中有足够数量的（110）［001］初次晶粒以及有利于它们长大的初次再结晶织构和组织。

在进行高温退火的同时冷轧组织发生了初次再结晶，其实是一个能为二次再结晶提供高斯晶核并且能被高斯晶粒全部吞噬掉的基体的过程。二次再结晶的顺利进行需要两个条件，一方面在高温退火时要提供适宜的环境（包括抑制剂分布、升温速度、退火气氛等）让高斯晶粒选择性长大；另一方面在初次再结晶组织能够提供位向精准、数量较多的高斯晶核。所以说初次再结晶的优劣，直接决定着能否发展完善的二次再结晶。

RAL在中温工艺制备高磁感取向硅钢的开发过程中，采用两阶段冷轧法，区别于传统高磁感取向硅钢的一阶段冷轧工艺，两阶段冷轧法经过中间退火发生了两次再结晶，细化了初次再结晶晶粒，细小的初次再结晶晶粒可以为二次再结晶的发展提供大量的晶界能，反之，如果初次晶粒过于粗大，优先长大的高斯晶粒在高温退火阶段无法全部吞噬其他取向的再结晶晶粒，二次再结晶发展不完善，成品磁性能较低。

4.4.4 结束语

RAL采用中温铸坯加热工艺，把铸坯加热温度降低到1250~1280℃范围内，克服了传统高温加热烧损严重，加热炉寿命短，成材率低，热轧带钢表面质量差等缺陷，减少了能源消耗，极大降低了生产成本，并且可以在不采用辅助抑制剂不添加渗氮工艺条件下，通过对取向硅钢生产流程的各个工艺进行反复优化，合理控制全流程的组织、织构及抑制剂的演化，最终磁性能达到Hi-B钢的水平（$B_8 \geqslant 1.9T$，$P_{17} \leqslant 1W/kg$）。此外，该技术工艺简单，生产难度较低，对生产装备具有较强的适应性，符合钢铁工业节能降耗和绿色化生产的发展趋势，对电工钢生产厂家降低成本、提高产品市场竞争力具有重要的意义，具有广阔的应用前景。

4.5 冷轧板快速热处理技术的研发

4.5.1 概述

热处理工序决定冷轧产品品种、性能与表面质量，且与热处理前工序及用户使用密切相关，所以热处理在冷轧产品制造过程中居核心地位。目前工业化生产中有罩式退火和连续式退火两大类。罩式退火炉一般占地面积大、生产周期长、能量消耗多，而且退火卷取心部与外部温度不均，性能差别较大，退火温度较高时极易造成表面粘连等缺陷；而连续退火生产线虽然在一定程度上缩短了生产周期、提高了性能均匀性，但也存在能耗高、设备庞大复杂、生产线较长、加热速率与冷却速度低、板形较差等缺点。受热处理工艺装备水平的限制，我国钢铁业冷轧板带产品结构不合理，长期不能较好地满足汽车、电机、家电、高端制造业等下游行业的需求。因此，如何开发新一代连续热处理技术和装备，显著提高冷轧和涂镀产品的性能和质量，大幅度降低生产成本，实现节能、减排的综合效果，显得特别迫切且意义重大。

新一代超快速退火（Ultra Rapid Annealing，URA）利用先进的加热（电流感应、等离子放电和电阻加热）和快速冷却技术（包括高速喷气、气雾混合、全氢冷却和冷水淬等），可使加热速率和冷却速率达几百到几千度每秒，能够使带钢在短至几秒钟内甚至几百毫秒内完成退火过程，大大缩短加热和冷却段时间及长度，提高机组速度和生产效率，实现了对温度的精确控制，为冷轧－退火产品提供更具灵活性和柔性化的组织－性能控制手段。

感应加热作为超快速退火的核心技术，20世纪40年代该技术就开始应用于带钢。直到20世纪80年代末，电流感应加热技术终于在铝带和铝合金带材的生产中成功实现商业应用。目前主要有两种感应加热带钢的方式，即纵向电流和横向电流法，纵向电流方法中感应线圈主要产生平行于带钢表面的磁通量，而横向电流法中感应线圈的安装使其主要产生垂直于带钢表面的磁通量。工业上纵向电流感应器在宽规格磁性材料的加热上已得到很好的应用，但在非磁性材料的加热中，由于在厚度方向产生涡流，除非增大频率否则电效率急剧降低；横向电流则环绕带钢表面产生涡流，这意味着加热同样厚度带钢需要的电功率和频率大幅降低，因此横向电流感应加热（Transverse Flux Induction Heating，TFIH）是高效加热的最好选择。近年来，由Celes、Arcelor研发中心和EDF联合研制的新型感应器采用一套先进的监控系统，该系统能根据带钢性质、尺寸以及其他工艺参数自动调整和控制感应器的所有参数以及包括磁屏、磁棒及磁垫等各种磁场调节器的位置，成功地解决了“带钢边缘过热或欠热”的难题，达到在带钢宽度方向良好的温度均匀性。该中试生产线有如下特点：拥有比传统技术功率强10倍的技术，可达1000℃/s高加热速率；带钢用感应器电效率达75%～85%；温度不均匀性小于±3%；适用宽规格带钢的加热，如带钢宽度达1500mm及以上，厚度0.1～1.5mm。比利时冶金中心已开发了一台半工业化超短流程退火线，设备的加热方式为电感应加热，0.9mm带钢的加热速率可达200～1000℃/s，最大冷却速率为900℃/s。

随着感应加热宽规格板带材关键技术的重大突破，快速热处理技术的发展进入了前所未有的“黄金时期”，显示出广阔的应用前景。从超快速退火铝带的成功经验可以看出，工艺装备的进步带来的不仅是工艺流程缩短、节能降耗和提高产品质量和生产效率等利益，更重要的是为开发具有优异组织性能的新材料提供了途径。因此，在电流感应加热技术大规模商业化应用的前夕，建立超快速退火工艺与材料物理冶金学及其综合力学性能的关系变得非常必要和迫切。

东北大学轧制技术及连轧自动化国家重点实验室多年来一直致力于以低成本减量化为特征的钢铁工艺、装备与产品的研发，在国际上率先开始“快速热处理”这一冷轧热处理领域极具潜力的前瞻性技术的研究，针对高强 IF 钢、低硅 TRIP 钢和低铁损高磁感电工钢进行了大量的实验室和中试研究工作，探索了超快速退火条件下钢铁材料再结晶、相变和析出的物理冶金机理，揭示了全过程组织、织构和性能之间影响机理和交互作用，提出了成分－工艺－组织－织构－性能多变量优化和柔性化控制理论与技术，为超快速退火工业化应用奠定了基础。

4.5.2 超快速退火的组织、织构的柔性化控制技术

4.5.2.1 微观组织控制

对传统的冷轧汽车用钢而言，随着汽车减重、节能和安全的迫切要求，采用减量化成分和紧凑型流程，在保证成型性能的基础上进一步提高材料强度，已经成为新世纪的研究热点。高强度深冲用钢（包括 IF 钢和 Al 镇静钢等）大多通过添加 Mn、P 和 Si 等元素达到固溶强化的目的。这种钢在固溶强化母相的同时引起晶界强度的下降，恶化了固有的晶界脆性问题（IF 钢），导致更显著的二次加工脆性；此外，固溶强化元素 Si 等的添加损害深冲性能和涂层的表面质量，不适用于复杂成型的外板零件。

晶粒细化是能够同时提高材料强度和韧性的最有效方法之一，通过细化晶粒，提高晶界数量和密度，进而提高（超）低碳钢的晶界强度，同时大幅度改善二次加工脆性。日本某钢铁公司通过大幅提高 C 和 Nb 的含量，利用细晶强化、NbC 析出强化和 PFZ 无间隙析出区间技术，开发了一种 440MPa 级别的细晶高强 IF 钢，显著提高了实验钢的抗二次加工脆性。事实上，除了微合金化手段以外，通过工艺控制同样可以实现晶粒细化，近十年来这一技术在热轧领域进行了深入的研究和应用。总的来说，主要有两组获得超细晶钢的技术路线。一组是剧烈塑性变形方法，如等通道角挤压、叠轧合技术、多向变形和高压扭转等；另一组则包括各种先进的形变热处理技术，如形变诱导铁素体相变、动态再结晶、两相区轧制以及铁素体区温轧等。目前商业用热轧高强钢的最小晶粒尺寸在 3～5μm，而冷轧退火钢通常在 20μm 左右。众所周知，热轧组织参数、冷轧规程和退火工艺的控制可强烈地影响冷轧产品的组织和性能，但目前主流的商业化退火方法，无论是传统的罩式退火还是较先进的连续退火，工艺参数单一，可变化范围窄，难以实现对组织性能的柔性化控制。这正是多年来制约冷轧－退火材料组织细化的主要瓶颈，也是冷轧细晶化技术鲜有研究的重要原因。

为了克服上述问题，RAL 研究人员发现，超快速退火技术因其独特的加热及冷却方式，可实现多阶段复杂路径和灵活多样的工艺参数控制，有望为冷轧－退火产品提供更具全新的组织－织构－性能解决方案。

然而国外有限的研究结果似乎并没有针对超快速退火过程中冷轧材料所表现出独特的回复、“超快速”软化现象及退火参数对再结晶晶粒尺寸、织构影响等方面形成一致的结论。例如，Muljono 等研究发现在超快速退火过程中，随加热速率升高，再结晶温度提高，细化最终的再结晶晶粒；Reis 等认为随加热速率增加，再结晶温度升高且晶粒细化，当加热速率大于 1000℃/s 时晶粒尺寸细化趋于平缓；然而 Atkinson 等却认为，超快速退火可降低纯铁的再结晶温度（低至 300℃），发生所谓的“超快速软化”现象，同时得到粗化的晶粒。Stockemer 等采用冷离子放电加热方法也观察到了再结晶温度随加热速率增加而提高的现象，但其再结晶晶粒尺寸随加热速率增加并无明显变化。

针对超快速退火过程中所涉及的令人困惑的物理冶金学问题及疑问，RAL 研究人员并没有选择逃避，而是坚定信念，利用实验室自主开发的国内最先进的带钢连续退火模拟实验分析平台，针对具体钢种进行了反复大量的实验工作，多次优化实验方案，最大限度减少可能引入的各种误差，注重实验结果的重现性，以精益求精的科学态度对大量实验数据进行科学合理的统计分析。系统研究了超快速退火过程不同加热速率、保温时间和冷却等工艺条件下退火组织特征，如晶粒平均尺寸、尺寸分布、析出物类型、形态和分布，揭示了退火工艺参数对再结晶组织的影响规律。研究发现，超快速退火超低碳 IF 钢，加热速率为 300℃/s，与 20℃/s 相比较，由传统工艺下的 13.0 ±0.5μm 细化到 10.0 ±0.5μm，晶粒细化可达 30%，而且晶粒尺寸分布平方差大大降低，也就是说晶粒尺寸均匀性大大提高。这一现象从物理冶金学的角度可以给出这样的解释，由于加热速率大幅度提高，再结晶之前的回复过程时间大为缩短，能够保留较多的应变储能和较高的位错密度。超快速退火下再结晶温度的提高和保留下来的应变储能增加一方面为再结晶过程提供了更多的形核位置，另一方面也提高了晶粒长大速率，从而大大促进了再结晶动力学，最终再结晶晶粒是否细化主要取决于这两种作用的相互竞争效果。通常在短时间内形核密度的增加效果更显著时，最终组织中晶粒就会明显细化。这一实验结果对冷轧高强 IF 钢的开发极为重要，它改变了传统 IF 钢通过添加价格昂贵的微合金元素来提高强度的思路，使得冷轧退火（超）低碳钢的超细晶成为可能，其效果堪比热轧过程的“TMCP”，为开发经济型、减量化的优质冷轧钢板提供新的手段，具有重要的理论和实际应用价值。

此外，RAL 还将这一新技术首次应用于冷轧退火 TRIP 钢的开发，研究发现超快速加热通过抑制铁素体的回复和再结晶过程，可以使再结晶和相变在更高温度和更大的变形储能下进行，这使得低硅含磷 TRIP 钢中铁素体、贝氏体以及残余奥氏体的体积分数、形貌特征、晶粒尺寸发生了明显的改变，铁素体平均晶粒 1 ~ 3μm，贝氏体板条宽度 10 ~ 30nm，薄膜状或颗粒状残奥分数增大并大幅度细化，第二相析出粒子尺寸大部分在 10nm 以下且分布弥散均匀、具有较强的热稳定性。这一显著的微观组织特征大大提高和改善了低硅系 TRIP 钢的力学性能。

对晶粒尺寸要求主要取决于研究对象，结构钢一般要求晶粒细化，但对于 Fe – Si 合金这样的功能材料就比较复杂，如硅钢要求晶粒均匀粗大（降低磁滞损耗）。电加热方式使退火路径灵活可控，这也为晶粒尺寸的控制提供了新的手段。通过快速加热或冷却（缩短高温段等温时间）、快速升温后迅速降到低温段保温、强化抑制剂析出等方法可以细化晶粒；反之，通过延长高温段保温时间，低温形核和高温长大的阶梯式退火，以及周期式退火循环等方式可以促进晶粒长大。图 4 – 27 示出了 URA 路径控制示意图。路径控制的本质是非等温热激励对再结晶形核和长大的调控，促进形核抑制长大可以细化晶粒，反之可能使晶粒粗大。在第二相析出行为两方面，首先是超快速加热抑制了低温析出的发生，从而使抑制剂在高温高储能条件下大量快速析出；其次是破坏了原子的“平衡状态”，增大了原子自由能和界面迁移率，从而进一步促进了细小粒子的快速析出过程。研究结果表明，与传统等温退火相比较，周期式循环退火使低碳钢平均晶粒尺寸增大 16% 以上，硅钢抑制剂析出体积分数增大达 44%。

因此可以认为，超快速热处理的意义在于高加热、冷却速率和柔性化路径控制，这绝不是传统意义上的工艺优化，而是从本质上影响回复、再结晶和晶粒长大的物理机制。与

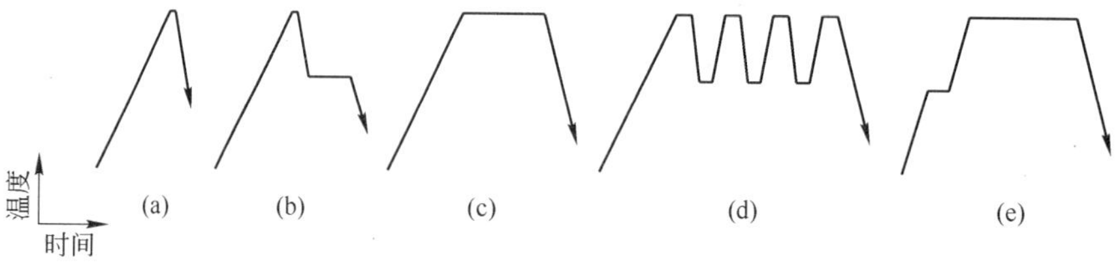

图4－27 超快速退火路径控制示意图

传统的等温退火不同，URA再结晶往往在非等温条件下发生，特殊的热路径不仅影响晶界原子跃迁速率和激活能，而且改变再结晶的外部环境（温度、变形储能和析出）和动力学，这里可以称之为“非等温热激励效应”。

4.5.2.2 择优取向控制

众所周知，再结晶织构组分和密度对退火板的性能有着重要的影响。对冲压成型性能有要求的高强IF钢来说，冲压成型性能是板材性能优良与否的主要衡量指标之一。再结晶织构中，γ纤维织构（<111>//ND）被认为是有利于成型的织构，IF钢之所以具有高的深冲性能与其高取向密度的再结晶γ纤维织构（{111}//ND）密切相关。一般而言，（超）深冲用高强IF钢在传统退火方式下想要获得强烈、均匀的织构，需要在某一退火温度保温较长时间，经历包括回复、再结晶和晶粒长大三个阶段。根据经典的“定向形核”和“定向长大”理论，IF钢最终能够获得单一、强烈的γ织构。根据定向形核机理，再结晶形核优先发生在高储能的取向晶粒处。各取向晶粒储能顺序如下：{110}＞{111}＞{112}＞{100}。对IF钢板而言，冷轧钢板中{110}取向的晶粒数量极少，故占有一定比例的{111}//ND取向晶粒优先形核、发展，从而成为再结晶织构的主要发源地。由“定向长大”机制可知，再结晶形核晶粒容易向四周夹角25°～30°<110>关系的基体生长，即∑19a（26.5°<110>）或∑13b（27.8°<110>）重位点阵关系，这与其具有较高的晶界移动性有关。因此，对传统退火方式而言，完善的再结晶织构形成、发展必须要满足一定的条件，其中，退火温度、时间尤其重要。

然而，由于超快速退火的加热、保温和冷却工艺的特殊性，要保证获得超细晶组织退火保温时间就必须严格控制，而这样就给我们带来一个新的问题：短时间内带钢能否获得足够强烈的再结晶织构？织构类型是否是有利于深冲性能？织构是否均匀？能否通过调控工艺参数获得所需织构？

带着这些疑问，RAL科研人员从物理冶金学和织构演变基本原理出发，通过大量系列的实验工作，研究和探讨了超快速退火条件下IF钢的再结晶织构形成、转变机制以及最优化控制理论与方法。通过合理控制加热段、保温段和冷却段的工艺参数，获得了与传统退火方式下几乎完全相同的织构类型，即以γ织构为主的再结晶织构，有些织构密度甚至强于传统退火下的织构。即使在以300℃/s加热速率下快速升温至较高退火温度并立即淬火的条件下也能够获得发展充分的再结晶织构。这一现象的发现充分说明，超快速退火在高温短时保温条件下完全可以获得发达的γ纤维织构，这不仅对于传统的γ织构形成与演变机理是一个新的挑战，同时对实际生产而言其意义在于采用先进的超快速热处理可以再短时紧凑的流程下得到新一代超细晶高强IF钢，这一新钢种兼具高强度、优异的成型性能及二次加工性能。这一现象从物理冶金学上可以解释为，对于初始晶粒较细小的超低碳钢，在超快速退火过程中，由于升温速率快，回复阶段弹性畸变能消耗少，γ 取向（主要在晶界成核）晶粒迅速生成并长大，短时间可以获得与普通退火工艺下较长时间相类似甚至更强的位向准确、均匀分布的 γ 纤维织构。

同样，对织构的柔性化控制还体现在高品质电工钢的产品开发过程。以无取向 Fe - Si 合金为例，当初始晶粒较大时（通常电工钢热轧常化后）加热速率从 5℃/s 到 300℃/s，对磁性能不利的 γ 纤维织构被明显抑制，而高斯（Goss）和/或立方（Cube）织构比例和强度增加。这被解释为，粗大晶粒的大变形冷轧造成 γ 晶内剪切带增多，快速加热使剪切带内的变形储能保留下来，再结晶开始后 Goss 和 Cube 晶核优先在剪切带生成并迅速长大，消耗所在 γ 晶粒的同时也抑制了周围 γ 纤维的发展，因此起到了削弱 γ 织构和促进 Goss 和 Cube 织构的作用。相反，如果较慢加热速率，剪切带内变形储能被耗散，高斯和立方织构的成核不占优势，从而在与 γ 织构竞争中处于劣势，导致对磁性能不利的 γ 晶粒大量生成。尽管深刻系统的理论研究还有待进行，但可以肯定超快速退火织构控制效果也与非等温热激励效应密切相关。

对电工钢来说，高斯织构或立方织构对优异磁性能的获得至关重要。综上所述，退火时升温速率对 Cube 和 Goss 晶粒形核具有非常明显的影响，而且并不是随着速率加快而线性变化，而是与变形量和原始组织有直接的关联。在大量的带钢连退实验及其数据分析的基础上，我们建立了“成分 - 初始组织 - 工艺 - 织构”的对应关系模型，这对于冷轧退火材料的织构柔性化控制，进一步挖掘工艺和性能潜力，降低产品开发成本具有积极的意义。

4.5.2.3 综合性能控制

RAL 通过超快速退火试样进行力学性能检测后发现，超快速退火下获得的高强 IF 钢屈服和抗拉强度均有所提高，能够获得优于现有工业条件下的性能。所得性能范围如下：屈服强度为 145 ~ 155MPa，抗拉强度为 345 ~ 360MPa，伸长率为 38.5% ~ 42%，r 值为 1.75 ~ 2.0，n 值为 0.28 ~ 0.30。这与普通退火条件下采用微合金化所得深冲用板的性能相类似，甚至有些性能会有所提高。如 n 值，普通退火条件下，高强深冲用钢的 n 值仅在 0.23 以下，r 值相对普通退火也有所提高。

超快速退火下的硅钢能够减少贵重合金元素添加，简化工艺环节，促进理想组织和织构的形成，进一步降低铁损和提高磁感。例如，实验室条件下可使中低牌号无取向硅钢磁感值提高约 0.02 ~ 0.04T，也就是采用常规成分设计和冶炼的要求达到了高效电机用钢的磁性能要求，具有较高的经济和社会效益。

此外，采用超快速退火开发的新型高强度 TRIP 钢综合力学性能也有显著提高，加热速率为 80 ~ 300℃/s 时，低碳含磷系 TRIP 钢临界温度为 880℃时，强度和塑性同步增加，强塑积稳定在 23000MPa% 以上，最高可达 27240MPa%，远优于普通退火速率的 20000MPa% 左右水平。值得一提的是，80℃/s 加热 460℃过时效温度下，新开发钢种的抗拉强度达到 1450MPa，断后伸长率 18.5%，强塑积 26825MPa%，达到甚至超过了高碳高合金化的淬火再配分钢（Q&P），其合金成本、成型及焊接性能具有明显的优势。该钢种优异的力学性能与超快速加热导致组织和析出粒子的超细化有密切关系。

为了更好地理解超快速退火对钢铁材料组织和性能的影响机理和控制技术，RAL 针对低碳钢（IF 钢、BH 钢）、DP 钢、TRIP 钢和硅钢还开展了以下几个方面的研究工作：

（1）URA 过程回复、再结晶和相变行为发生的微观机制及其物理本质，例如不同加热速率、保温时间对其发生条件、温度范围、发生比例和晶粒细化程度的影响，以及铁素体再结晶和新奥氏体形核、长大动力学的变化；

（2）不同成分和初始组织条件下，URA 过程碳化物的溶解和析出行为对相变的作用规律；

（3）包括全氢冷却和冷水淬火等超快速冷却在内的柔性化冷却模式在超快速退火及保温之后组织和性能控制中发挥怎样的作用；

（4）对于不同品种钢种，工艺、组织与性能（强度与深冲性能的匹配、铁损与磁导率、强韧性匹配）之间的系统性关系，提高强度同时改善深冲性能的最优化控制理论与工艺。

4.5.3 结论及展望

目前，只有开展高性能、低成本、环境友好型钢铁材料的研究和开发，建立新一代高效成型、加工和处理技术原型，发展钢铁材料设计、制备加工与处理的新理论、新技术、新方法，才能引领先进钢铁材料生产技术的未来发展方向。毫不夸张地说，超快速退火技术开辟了冶金科学的新纪元。通过很高的加热和冷却速率以及柔性路径的冶金热处理，可开发出具有较好力学性能的新材料。也就是说，URA 技术对冷轧 - 退火钢的开发具有全新的、革命性的意义。

通过超快速退火等方法调整金属内部能量状态，控制位错运动、亚结构及晶粒取向的合理化调整，利用回复再结晶、相变和碳化物溶解与析出之间的交互作用和微观机理，可提出一系列具有经济型合金设计和优异综合性能的新型钢铁材料制造理论与技术，这不仅开辟了一个深层次的基础研究领域，而且对这一技术的工业化应用将起到重要的推动作用，具有重要的科学意义和实际应用价值。

因此我们非常有必要抓住国际上刚刚起步、尚未系统研究的难得机遇，大力开展超快速退火工艺、装备和组织演化机制、理论和应用的研究，全面突破新一代退火关键科学和技术问题，形成具有自主知识产权的专有理论和技术。相关成果可推广到其他合金材料，必将促进以“低成本”、“高效率”和“绿色环保”为标志的新型钢铁工业的发展。

4.6 连铸坯复合轧制特厚钢板的技术开发与应用

4.6.1 项目背景

特厚钢板在国内有着广泛的市场需求，广泛应用于电力、化工、建筑、机械、造船、军工等国民经济建设的各个方面，特别是在海工、热电、水电、核电、风电、模具等重大技术装备领域有着巨大的需求。特厚钢板的应用范围很广，特别是制造大型装置所必须使用的特厚钢板（厚度 >100mm），在国内市场长期处于供不应求的局面，特厚钢板产品具有很高的附加值。目前国内年需求量约 100 万吨左右，但由于特厚钢板主要应用于一些重点行业和重大技术装备领域，因此对产品性能要求也很高，生产技术难度非常大，导致实际市场缺口很大，国内除舞阳、宝钢等少数几家能生产部分产品外，大量特厚钢板还必须依赖从德国、日本、美国等工业发达国家进口。以锅炉用高 Cr、Mo 特厚合金板，由于生产难度大，国内年需求约 5 万吨，仍以进口为主。

目前，国内外特厚钢板生产制造方法主要有模铸法、电渣重熔法、连铸法和轧制复合法。

模铸法具有内部组织洁净度高和可以生产大尺寸铸锭的优点，这种轧制方法尽管可以保证一定的压缩比，但是由于模铸工艺的先天性缺陷，存在一系列问题：一是大型模铸钢锭内部偏析几乎无法避免，质量无法保证；二是钢锭浇注工序长、能耗大，对环境造成一定的污染；三是轧制成材率低，一般不超过 70%。

电渣重熔法是一种目前比较先进的特厚钢板制备方法，该方法可以得到具有更高洁净度的内部组织和消除铸锭心部偏析，其原料为电渣重熔法生产的大型坯锭，具有非常高的内部质量，适合高品质、特殊钢特厚钢板的生产，但是这种生产工艺效率低，需将钢坯二次熔化，消耗大量能源，吨钢耗电约 1500kW · h/t，生产成本高。

连铸法生产特厚钢板具有浇铸速度快和可以连续生产的优点，但其坯料尺寸有限和受压缩比限制，导致最终成品钢板厚度也会被限制。采用普通连铸坯为原料轧制特厚钢板是近年来各生产企业重点研究的特厚钢板生产工艺，但是由于目前国内外最大连铸坯厚度为 400mm，而一般不超过 320mm，受到压缩比的限制，生产 100mm 以上的特厚钢板往往难度很大。

轧制复合法则采用普通的连铸坯进行轧制复合来制备特厚板，采用两块连铸坯经真空电子束焊接组合成一块大板坯，然后进行轧制以生产特厚钢板。这种方式既兼顾利用了连铸坯的优良性能，又解决了连铸坯单坯厚度的限制，克服了压缩比的限制，可以生产保证 Z 向力学性能的特厚板。

4.6.2 特厚钢板的国内外研究现状

20 世纪 90 年代，日本的 JFE 公司发明了一种利用普通连铸坯制备高性能特厚钢板的技术——真空轧制复合法，目前 JFE 公司已经利用这一技术大量生产厚度为 240mm 和 360mm 的高性能特厚复合钢板。连铸坯复合轧制法是在传统热轧复合法的基础上结合真空电子束焊接技术发明的一种新方法。与传统的热轧复合法相比，该方法制备的特厚钢板的界面一直处在高真空的密封环境下，因此在加热保温和轧制过程中，复合界面几乎不发生氧化，因此特厚复合钢板的结合性能有了极大的提高。

近年来我国大量钢铁企业淘汰模铸工艺，陆续引进了连铸生产线，而真空轧制复合技术制备特厚钢板可避免对生产线的大幅改造，直接采用普通连铸坯进行复合，只需增加一个制坯车间，非常适合我国特厚钢板的生产。但日本 JFE 公司对连铸坯复合轧制技术的公开报道非常少，高度保密，对具体的技术细节和生产工艺鲜有描述。我国东北大学轧制技术及连轧自动化国家重点实验室（RAL）在国内率先开展了连铸坯复合轧制特厚钢板方面的相关研究，进行了大量深入的实验和中试的研究工作，开发出了具有多项自主知识产权的复合工艺技术和生产装备。现已将该技术成功转化为工业生产，目前已有 3 家钢铁企业应用该技术。其中济南钢铁公司与 RAL 应用该技术共同开发的项目“连铸坯真空叠轧生产特厚钢板技术开发”近日通过了金属学会的技术评价，认为该技术填补了特厚钢板制造领域国内空白，推动了国内特厚钢板生产技术的进步，具有广阔的推广应用前景。专家们经讨论一致认为：该项目达到了国际领先水平，在特厚钢板及新型复合材料领域推广应用意义重大。已制备出了厚度超过120mm的高性能特厚复合钢板，最大钢板厚度达400mm，已成功研发《碳素结构钢》（GB/T 700）、《低合金高强度结构钢》（GB/T 1591）等标准多个品种系列产品，实现工业化生产20000余吨，产品最大单重也由15吨扩展到70吨，所有产品实现保探伤、保性能交货，一次合格率98%以上，各类性能指标优异，满足用户对探伤及使用性能要求，产品出口美国、德国、荷兰等国家，广泛用于重型机械、高层建筑、压力容器、海洋风塔等重大技术装备行业。目前制定的相关的企业产品标准，正在申请国家标准。

4.6.3 连铸坯复合轧制技术工艺的介绍

利用连铸坯复合轧制技术制备特厚钢板的技术原理如图4－28所示。首先，对待复合的连铸坯表面进行清理，以将待复合钢板表面的氧化铁皮等污染物通过机械清理的方式去除，按需要组合为复合板坯；然后，将组合完成的板坯放入大型真空室内抽真空，当真空室内的真空度达到规定值后，用电子束将复合板坯的四周焊接密封，以防止加热过程复合界面发生氧化，影响复合钢板的接合性能；随后将焊接完成的复合板坯在一定的温度下进行加热，在相对低速和大压下条件下，对复合板坯进行轧制，并进行轧后的热处理，探伤检验，最终得到符合性能要求的特厚复合钢板。

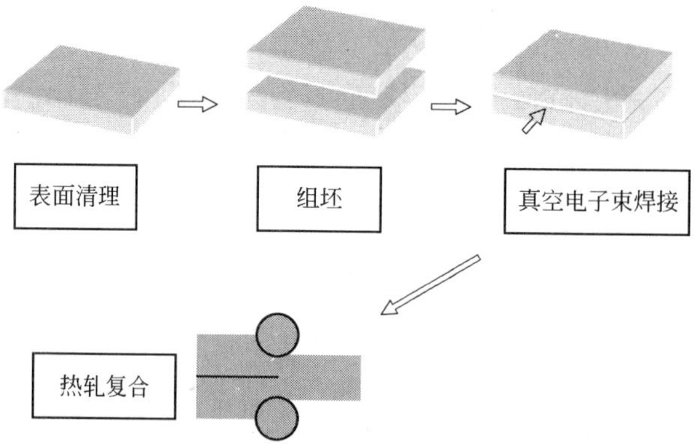

图4－28 连铸坯复合轧制法制备特厚钢板的原理图

对图4－29中最终轧制完成的特厚钢板进行超声波探伤，探伤结果显示为Ⅰ级。图4－30为复合界面处的微观组织照片，从图中未发现复合界面的痕迹，同时也没有其他任何缺陷，两侧材料已经成为一体，这说明复合界面两侧的钢板结合效果十分优异。通过图4－31的特厚板的Z向拉伸检测发现，断裂未发生在复合界面处，而是发生在两侧的基材处，而且断口可以清晰看出，断裂方式为韧性断裂，这证明复合特厚板具有优良的力学性能（图4－32）。图4－31显示的特厚复合钢板的弯曲性能也十分优异，弯曲180°后，无任何缺陷产生。

通过一系列研究，RAL系统提出了复合连铸坯轧制大单重特厚钢板的机理，包括复合界面夹杂物的产生原因及真空度对其的影响，加热过程复合面的扩散和相变复合机理，轧

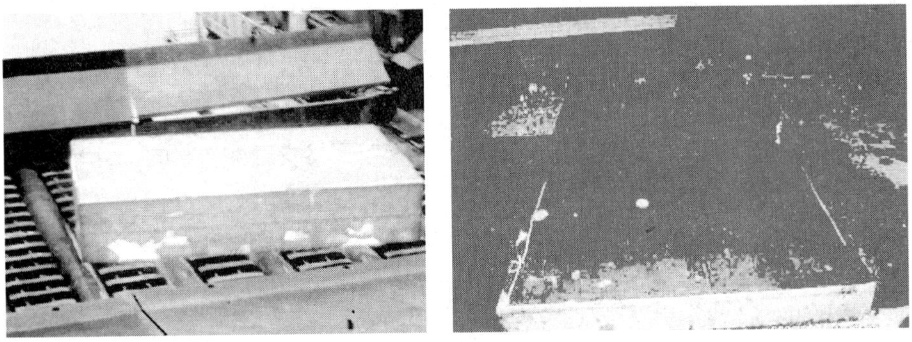

图 4 - 29 连轧组合坯料的复合轧制和最终得到的特厚钢板

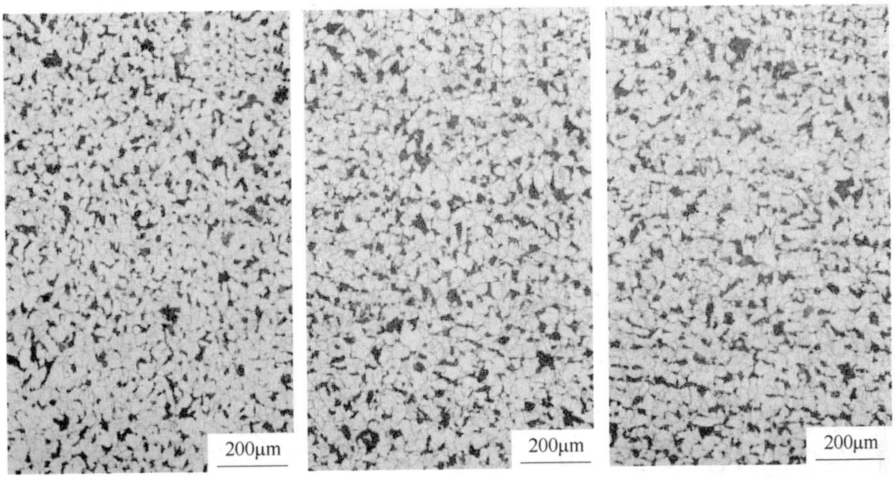

图 4 - 30 连铸坯复合轧制法制备的 120mm 厚的特厚板复合界面微观组织

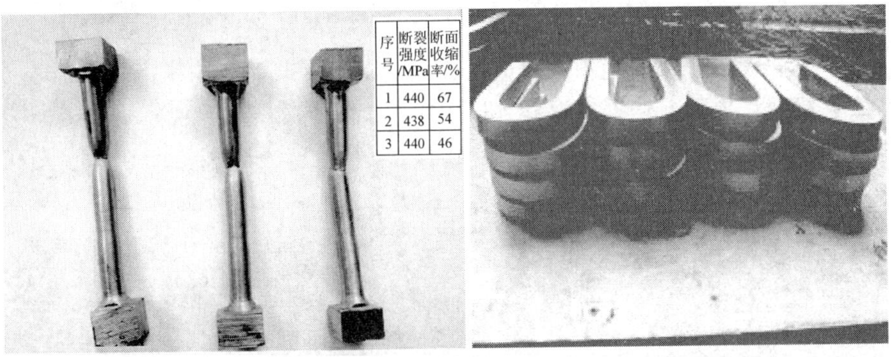

序号	断裂强度/MPa	断面收缩率/%
1	440	67
2	438	54
3	440	46

图 4 - 31 特厚复合钢板的 Z 向拉伸性能测试和弯曲性能测试

制变形中结合面处的再结晶和夹杂物变形机理；系统研究了轧制道次和总压下率对复合界面的组织性能影响规律；明确提出了特厚钢板轧制要保证中心渗透变形必须满足的临界压下率与形状比的关系。

在项目工程化应用中，RAL 在国内将高功率真空电子束焊接技术首次应用到钢铁行业，自主开发了连铸坯表面清理技术、连铸坯翻转组对及对正夹紧等组坯成套生产工艺及装备。

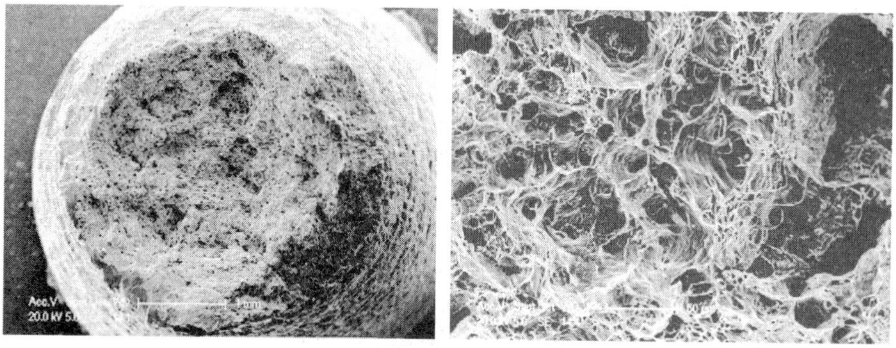

图4-32 特厚复合钢板的 Z 向拉伸样品的断口形貌

同时，RAL 成功开发了大单重复合连铸坯轧制特厚钢板成套技术，包括：复合坯料预热、保温、加热、均热四段式加热工艺，“高温低速小压下 + 高温低速大压下”相结合的大单重复合坯料轧制控制技术，以及组合坯料防开裂控制技术、特厚钢板小压缩比轧制、特厚钢板保探伤等专有技术，解决了大单重组合坯料复合轧制过程中的一系列技术难点。

连铸坯复合轧制技术采用生产简单、来源广泛的普通连铸坯作为原料，利用真空电子束焊接进行组坯，利用热轧进行复合，因此特厚钢板的生产效率高、成本低、生产过程简单，同时生产出的特厚钢板具有良好的界面组织和极其优良的界面结合力学性能，这将在特厚钢板工业生产应用中产生显著的经济效益和社会效益。

4.6.4 真空制坯复合轧制技术的展望

该技术采用电子束焊机进行真空封装焊接，确保复合板结合界面在加热及复合轧制过程中处于高真空状态，避免界面氧化，提高界面结合力，可以实现全界面均匀复合。该技术为非同质材料复合板制备技术，为形成新型复合材料的制备工艺提供了新的途径。如研发碳钢-不锈钢、钢-镍、钢-钛等组合焊接复合轧制新型复合材料的生产工艺和相关技术，开发生产各类高性能的新型复合材料，均具有广阔的应用前景。RAL 利用该技术在碳钢-不锈钢、钢-钛复合板的制备方面进行了大量试验，碳钢-不锈钢复合板在界面处实现了百分之百复合，界面剪切强度高达 483MPa，远高于爆炸复合或钎焊热轧复合不锈钢板的性能。同时应用该技术为钢-钛复合板的制备取得重大突破，图4-33是 Titanium/HSLA 复合板的界面形貌，其复合界面平直、整洁干净，在复合界面 Ti 侧生产一层厚 2μm

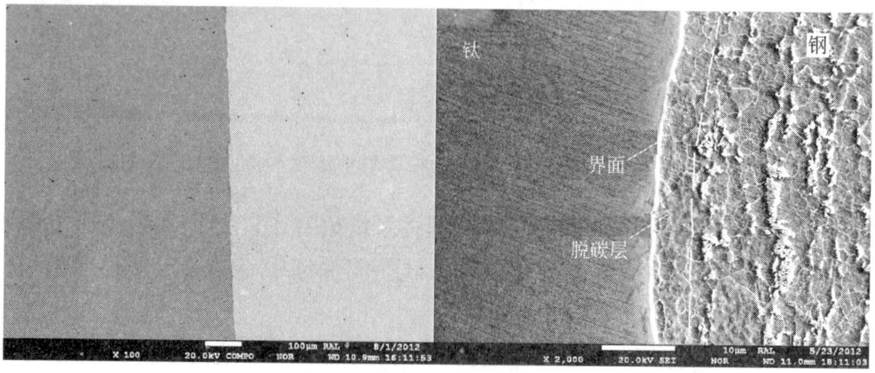

图4-33 钢-钛复合板电镜金相组织和界面组成

左右的 TiC 薄层，有效阻止了界面处 Ti - Fe 脆性金属间化合物的生成，界面剪切强度达 320MPa，而爆炸复合板的界面剪切强度不到 200MPa。

4.7 热轧带钢无酸洗冷轧还原退火热镀锌技术的研发

连续热处理工序在冷轧带钢产品质量中居于核心地位，但受热处理工艺装备水平的限制，我国冷轧板带产品结构不合理，长期不能满足汽车、家电等下游行业的需求，同时目前世界上已有的大型连续热处理机组也还存在能耗高、设备复杂庞大、与后续处理工序产能不匹配等问题。

东北大学 RAL 依托国家科技支撑计划项目“新一代节能高效连续热处理关键技术研究及示范”的课题，针对我国钢铁工业冷轧 - 连退 - 镀锌工序的技术现状，从热轧氧化铁皮控制入手，首先开发出适合于进行黑皮冷轧的轧制和润滑技术，然后通过对退火过程中氧化铁皮还原反应控制技术、热镀锌和电镀锌的工艺技术的创新，形成针对普通镀锌板、先进高强钢（双相钢、TRIP 钢、复相钢、Q&P 钢和马氏体钢等）涂镀板和不锈钢（铁素体 430 系列和奥氏体 304）的全套生产技术，减少连续退火过程中的能耗及废气和废酸排放的同时，解决先进高强钢涂镀过程中的选择氧化问题，提高这类钢材的镀锌润湿性，获得附着性能更好的涂层。研发出完全具有自主知识产权的热轧板免酸洗直接冷轧、还原退火和镀锌的工艺技术。

热轧板的免酸洗直接冷轧工艺，可省去冷轧酸洗工序，将大大提高冷轧 - 连退 - 镀锌生产工艺的连续性，在提高生产效率的同时也降低生产成本减少废酸等污染物排放，产生巨大的经济效益和社会效益。考虑到不锈钢、先进高强钢和超高强钢，由于其成分体系中含有大量的 Mn、Si、Cr、Al 等元素，在常规连续退火过程中，容易发生选择氧化产生表面氧化物（如 Mn_2SiO_4 等），降低镀锌表面润湿性，在后续涂镀过程中，容易造成表面鼓泡等缺陷，因此常规流程则需要在连续退火前增加预氧化工序，使得带钢表面预先生成 Fe 的氧化物。在退火过程中，Fe 的氧化物在氢气气氛中极易被还原消除，提高表面润湿性。通过 Wagner 经典选择氧化理论可知，在带钢表面一旦形成完整的 Fe 的氧化物，易氧化元素如 Al、Si、Mn、Cr 等将主要形成内氧化物，因此对钢板表面润湿性不会造成破坏。

由于热轧带钢表面存在氧化铁皮，只需合理控制热轧过程中形成的氧化铁皮结构和厚度，就可以通过还原退火将氧化铁皮还原为纯 Fe，完全取消连退前的预氧化工序，这样既能提高生产效率又达到节能降成本的目的。初步估算，采用该项技术每吨高性能钢材减少浓盐酸消耗约 20kg，成本可降低 200 元左右，具有明显的环保效果，对我国钢铁工业可持续发展起到积极促进作用。对于先进高强钢、超高强钢，由于取消了连退前的预氧化工序，可使得吨钢成本节约 30 ~ 50 元；同时由于取消酸洗工艺和连退前预氧化工序可使得整个生产线生产效率提高 10% ~ 20%。按照中试机组年产量 20 万吨（先进高强钢）计算，可节约成本超过 4000 万元，将产生巨大的直接经济效益。同时，热轧钢板无酸洗冷轧还原退火热镀锌工艺技术的研发，将促进热镀锌板的产业结构调整，使我国的冷轧、退火、镀锌生产技术达到国际先进水平。

4.7.1 热轧氧化铁皮控制技术研发

4.7.1.1 氧化铁皮厚度控制技术

获得理想的热轧氧化铁皮结构，降低氧化铁皮厚度是整个工艺技术开发的关键。较薄的氧化铁皮不仅有利于带钢的无酸洗冷轧时氧化铁皮与基体的协调变形，更有利于氢气还原。

根据Wagner的氧化理论，在200℃以上，钢的氧化情况符合普遍适用的抛物线增厚规律，此时钢的氧化动力主要来源于已形成的氧化层的内表面（与钢基体交界）和外表层（与空气交界）之间存在的化学势差与电势差，在二者的综合作用下，内外表面的势差使铁、氧离子与电子发生迁移，从而使钢材表面继续氧化。钢的初始氧化速度呈直线分布（速率较快），氧化反应的控制步骤为界面反应，包括金属/氧化物界面和氧化物/气体界面；当反应氧化层厚度达到约4~100μm后，氧化机制转换，氧化反应的控制步骤为氧化层内晶格扩散控制，反应物质通过氧化膜和气相物质的扩散，氧化速度符合抛物线规律。因此温度和时间是影响带钢氧化铁皮厚度的两个重要因素。

在现有的常规热轧工艺条件下，薄板钢表面的氧化铁皮厚度通常为9~12μm，如图4-34中左图所示。如此厚度的氧化铁皮在后续的无酸洗冷轧过程中极易产生裂纹和脱落，这将影响热镀锌板表面镀层的均匀性。而且，氧化铁皮厚度增加，直接增加还原反应的难度，导致生产效率的降低。

利用“高温快轧”的轧制工艺思路，调整热轧工艺参数，减少带钢在高温区的氧化时间，从而实现对氧化铁皮厚度的减薄控制。热轧氧化铁皮厚度控制技术在宝钢的热连轧生产线进行了试制，并取得了良好的实际效果，将带钢表面的氧化铁皮厚度从原来的8~9μm降低至5~6μm，如图4-34所示。

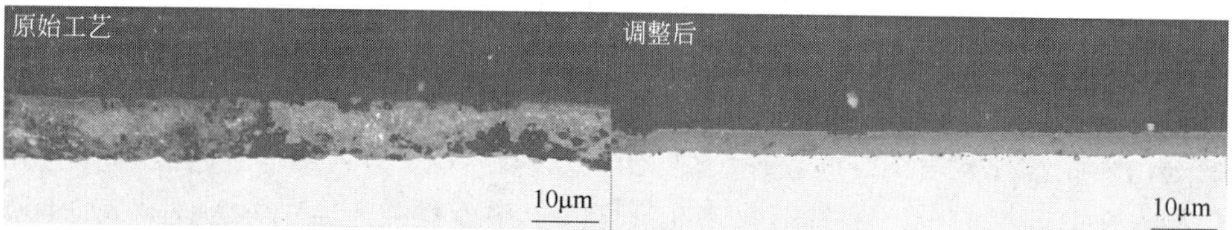

图4-34 氧化铁皮厚度控制效果

4.7.1.2 氧化铁皮组织均匀性控制技术

热轧板坯经过精轧工序后进行卷取，随后钢卷进行空冷至室温。在板坯精整过程中发现在钢卷冷却后，板坯表面出现颜色差异，靠近中间部分区域呈现浅灰色，靠近边部区域呈现深蓝色，这就是所谓的“色差”缺陷，如图4-35所示。缺陷一般出现在离带钢边部20~30cm左右的位置，且呈对称分布。带钢表面出现色差缺陷严重影响产品美观，在无酸洗冷轧还原镀锌工艺中，氧化铁皮的横向组织均匀性直接影响着冷轧过程和氢气还原退火的效果。研究色差缺陷的形成原因，探索消除色差缺陷的方法，不仅改善了带钢表面质量，最重要的是为无酸洗冷轧和氢气还原提供具有组织均匀和还原性能良好的热轧氧化铁皮。

通过对不同颜色氧化铁皮进行系统分析，产生色差带钢的边部氧化铁皮宏观形貌呈深灰色，在氧化铁皮断面微观组织中带钢外侧氧化铁皮由较厚的 Fe_3O_4 组织和靠近基体侧的

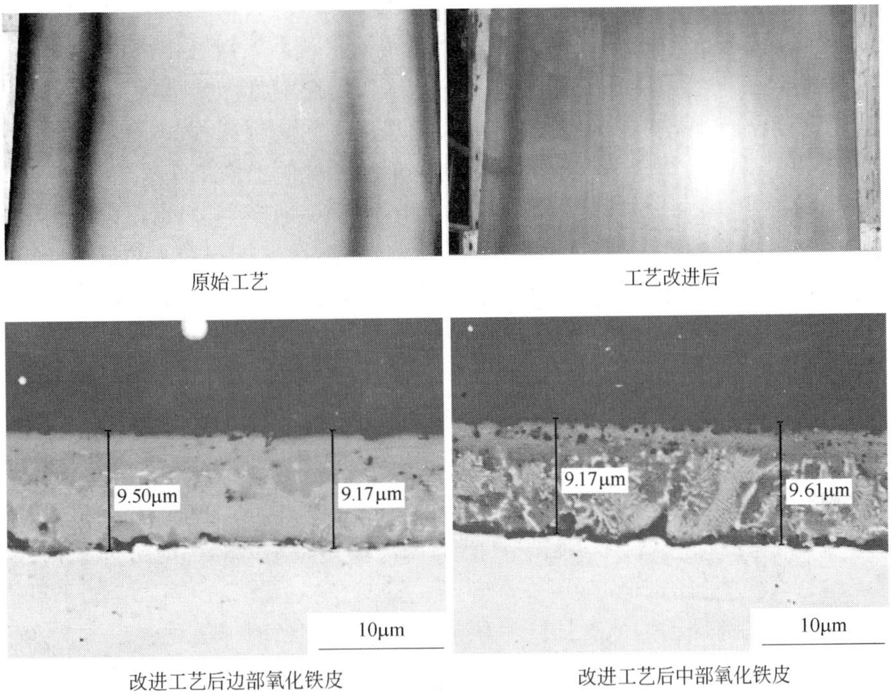

原始工艺
工艺改进后

改进工艺后边部氧化铁皮
改进工艺后中部氧化铁皮

图 4－35 热轧氧化铁皮组织均匀性控制效果

片层状的共析组织 $Fe_3O_4 + \alpha - Fe$ 组成，同时残留有少量的 FeO 组织；带钢中部的氧化铁皮宏观形貌呈浅灰色，整个氧化铁皮层基本为 Fe_3O_4 层，只在靠近基体侧的氧化铁皮中出现了少量的共析组织。存在色差缺陷的带钢表面氧化铁皮的组织结构存在较大的差异，微观组织结构不均匀。同时，带钢在经过卷取以后，在空冷初期中，钢卷边部与空气充分接触，如果钢卷温度较高，处于富氧区的钢卷边部氧化铁皮有进一步生长的条件，因此，在冷却过程中钢卷边部表面氧化铁皮将进一步氧化增厚；而卷取后钢卷中部非常紧凑，因此钢卷中部表面氧化铁皮处于贫氧区，即使处于高温阶段也无法继续氧化生长。由于这种供氧的差异造成了钢卷边部表面氧化铁皮比钢卷中部表面氧化铁皮略厚。通过调整卷取温度，使氧化铁皮组织在冷却过程中直接进入共析区间，钢卷边部与钢卷中部的氧化铁皮中的 FeO 都能充分进行共析反应，形成片层状的共析组织。从而得到的钢卷中部与边部的氧化铁皮组织结构均匀一致，同时卷取温度较低，边部氧化铁皮虽处于富氧区，但由于继续氧化被抑制，因此带钢表面边部与中部的氧化铁皮厚度基本一致。带钢表面氧化铁皮横向均匀性大大提高，从而使得钢卷表面的色差缺陷消失，除去了“海带纹”缺陷，提高了后续无酸洗冷轧和氢气还原效果。

4.7.2 氧化铁皮免酸洗直接冷轧工艺技术研发

传统结构的氧化铁皮在冷轧过程中容易破碎脱落，黏附在冷轧辊上容易造成冷轧带钢表面缺陷，因此，冷轧前需要酸洗将氧化铁皮除去。与传统“免酸洗”钢后续冷加工工艺不同，无酸洗冷轧要求的热轧氧化铁皮能够在冷轧变形条件下保持氧化铁皮结构的完整性，这对氧化铁皮结构和厚度控制提出了更高的要求。虽然在不锈钢领域带氧化铁皮的冷轧技术已经成功实现，但在普碳钢领域这一技术还没有广泛尝试。热轧板表面氧化铁皮与基板结合力及它们的变形协调性及相关变形机理还不明确，碳钢氧化铁皮在冷轧过程中的演变规律以及轧制工艺参数对于无酸洗冷轧氧化铁皮的影响都需要进行深入研究。

针对热轧带钢的无酸洗冷轧，首先进行了无酸洗冷轧轧制规程的探索，分析了氧化铁皮在冷轧过程中的演变规律，分别研究了道次压下量和轧制道次等工艺参数对氧化铁皮的影响。实验结果表明，冷轧过程中，氧化铁皮中不可避免地产生裂纹，裂纹沿宽度方向扩展，垂直于轧制方向（rolling direction）分布。由于带钢在靠近辊缝入口区发生弹性变形，而氧化铁皮的室温塑性较差，致使其表面裂纹密度增加；如果轧制道次压下量过大，在轧制后滑区和前滑区，由于受到摩擦力作用，断裂产生氧化铁皮片段将会发生剥离和粉碎。冷轧时，如果有部分氧化铁皮与基体发生剥离，在后续的加工过程中，势必会造成已经剥离的片状、粉状氧化铁皮从基体脱落，造成带钢表面粗糙度进一步增大，使带钢的表面质量恶化，这对于热浸镀锌是非常不利的。

图4－36所示为不同压下量单道次冷轧后钢板表面氧化铁皮的形貌。单道次压下量小于16%时，在带钢表面的中氧化铁皮中只出现裂纹（如图4－36中箭头标示），未发生剥落或粉碎；单道次压下量为16%时，在少量裂纹边沿发生氧化铁皮粉碎；压下量进一步增大，则氧化铁皮的剥离和粉碎情况加剧，压下量增至19.5%时，氧化铁皮被大量破坏。

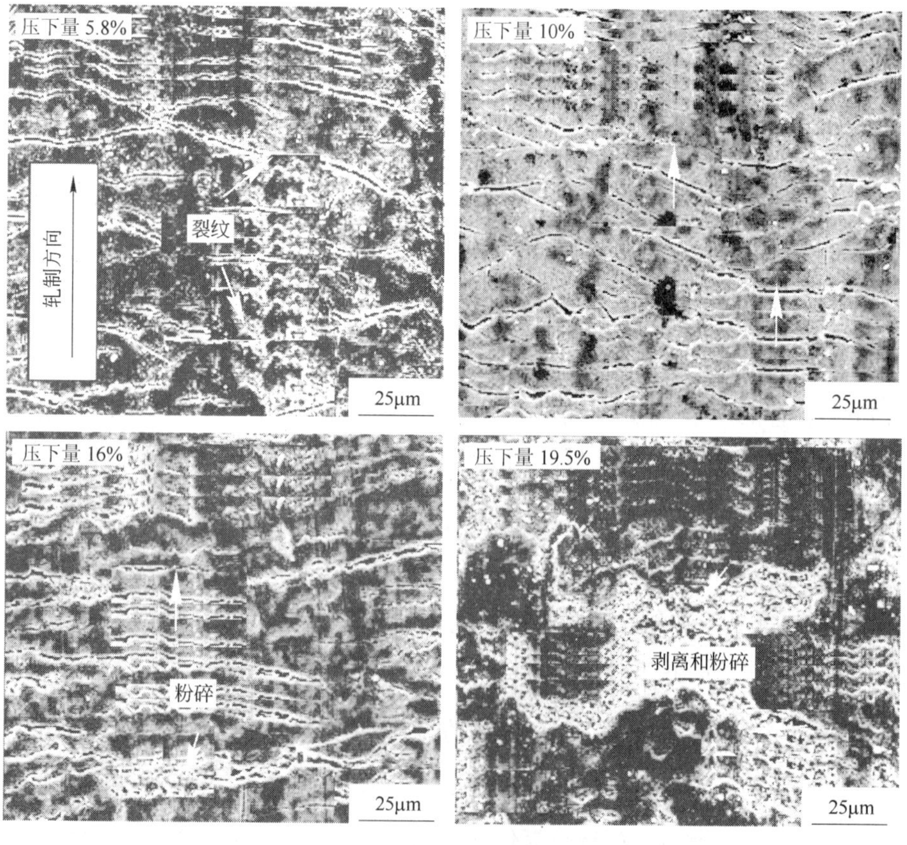

图4－36 单道次压下量对氧化铁皮的影响

图4－37所示为总压下量30%时，经2道次、3道次、5道次轧制后，带钢表面氧化

铁皮的表面形貌。2道次轧制时，氧化铁皮破坏较为严重，有较多的氧化铁皮脱落；经3道次轧制后，氧化铁皮的表面状况已经有较大改善，但仍然有部分裂纹处有氧化铁皮粉碎脱落；5道次轧制后带钢表面氧化铁皮基本没有脱落。多道次轧制时，每道次的压下量减小，减少了在轧辊咬入时由带钢弹性变形引起折弯程度，因此带钢表面的氧化铁皮中裂纹数量减少；同时，道次压下量减小，轧制力也随之减小，轧辊与带钢表面的摩擦力减小，继而促使氧化铁皮剥落和粉碎情况得到明显改善。

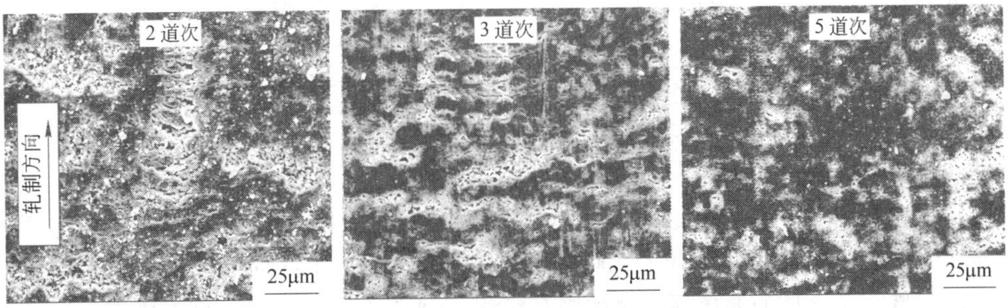

图4-37 轧制道次对氧化铁皮冷轧的影响

4.7.3 热轧带钢表面氧化铁皮的氢气还原机理研究

铁氧化物的还原过程是近百年来冶金领域研究的主题之一，前人对于各种单相铁氧化物的还原过程的机制已经有广泛而深入的研究探索。但热轧带钢表面的氧化铁皮是由多相组成的复杂结构，并且其几何形状呈无限大平板的特点，对此类氧化物的还原过程尚无深入明确的研究结果。作为无酸洗冷轧还原热镀锌工艺中一个关键环节，研究氢气还原氧化铁皮的机理至关重要，分析还原温度、还原气氛、气体流体特性等参数对于还原反应的影响，为提高还原效率、获得良好的还原效果提供理论支撑。

4.7.3.1 热轧氧化铁皮的氢气还原动力学研究

图4-38所示为热轧带钢表面氧化铁皮在10% H_2/Ar_2 还原性气氛中等温还原动力学规律，可以看到从500℃到800℃不同温度条件下还原反应的动力学特点和温度对还原率的影响。500℃和800℃还原时的还原率基本相同，经30min还原后，90%的氧化铁皮被还原成纯Fe，但低温还原和高温还原存在着动力学的差异。从还原减重曲线能够明显地观察到，低温500℃还原时，在还原开始阶段有一个较长的诱导期（大约10min），之后是还原加速进行期，整个还原反应在30min后才完成。与500℃还原率相比，600℃还原时的还原率就低得多。还原温度进一步升高到700℃时，还原反应的诱导期缩短，但是经30min还原后，还原反应却远没有进行完全，还原效率极低。高温800℃还原时，反应诱导期极短，还原反应在12min内已经基本完成，然后进入到低速还原反应段。

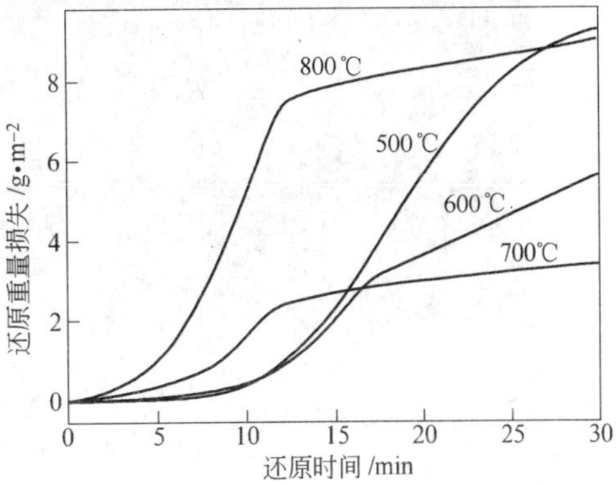

图4-38 氧化铁皮的等温还原动力学规律

温度对于氢气还原效果表现出极大的影

响。低于400℃时，还原反应进行得极为缓慢，只有少量的氧化铁皮被还原。温度升高至500℃时，30min的还原率达到一个较高的水平（90%）。但是，随着温度的进一步升高，从600℃开始，还原率急剧下降，在700℃时出现还原率的最低值。高于800℃还原时，又重新获得一个与500℃还原时近似的高还原率。

4.7.3.2 温度对于还原产物的影响机理的研究

前面阐述了还原温度对于还原反应的影响，但是温度是通过什么机制影响还原反应的进行呢？使用扫描电子显微镜观察还原产物的形貌，图4－39所示是500℃和800℃在10% H_2 中还原时还原产物的表面和断面形貌。

图4－39（a）和（b）是500℃还原时还原产物的表面和断面微观结构，从中可以看出，500℃还原时的主要产物是多孔铁，事实上，较低温度（450～600℃）还原产物都是多孔铁。由于Fe－O二元相图可知，FeO在低于570℃是热力学不稳定相，因此，在低于570℃时，Fe_3O_4 是氧化铁皮的主要组成相，在这个温度条件下还原，Fe_3O_4 直接还原成纯Fe。前人的研究结果表明，在低于600℃还原时，Fe_3O_4 直接还原会产生多孔状形貌的纯铁组织。正是由于这种低温还原产物的多孔组织，使得还原性气体能够直接透过还原产物层，到达反应界面，与氧化铁皮直接接触。如此，还原气体（H_2）和还原产物（H_2O）通过还原产物层的扩散阻力可以忽略，化学反应成为控制环节，这也正是500℃还原时动力学曲线呈现出“S”型规律的原因。

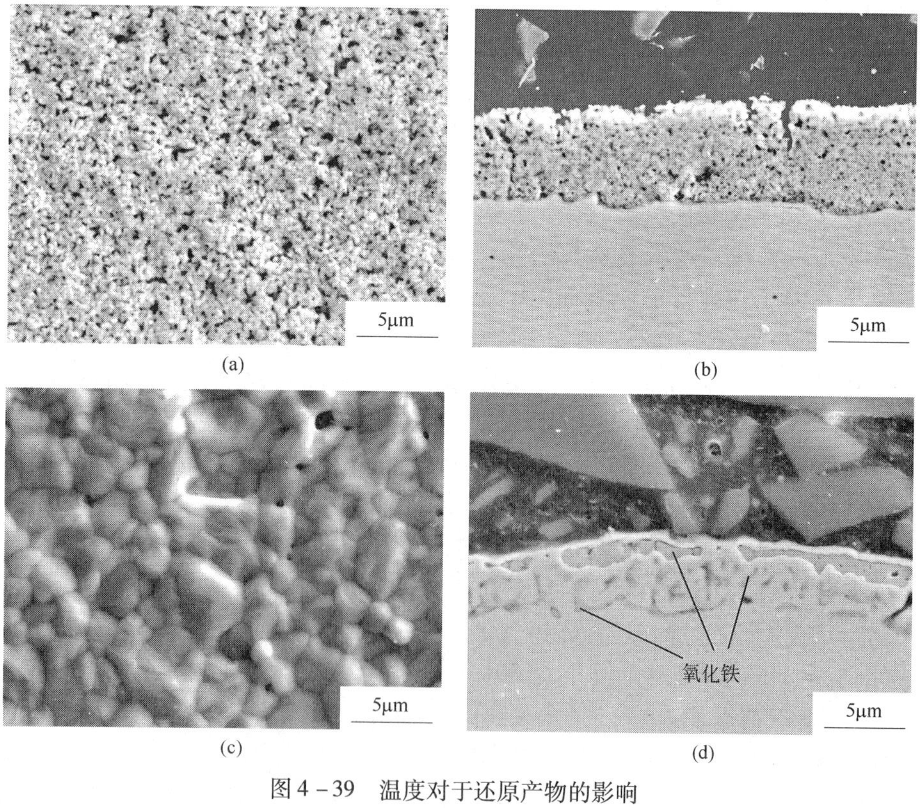

图4－39 温度对于还原产物的影响

（a），（b）500℃还原产物的形貌；（c），（d）800℃还原产物的形貌

还原温度升高时（610～750℃），还原率开始下降，此时的还原产物开始向致密铁转

变，未还原的氧化铁皮被致密铁覆盖，更多的氧化铁皮残留在带钢表面。高于570℃时，FeO是热力学稳定相。在升温过程中组织Fe_3O_4/Fe要发生向FeO的逆转变；并且Fe_3O_4的还原也要经过两步还原：$Fe_3O_4 \rightarrow FeO \rightarrow Fe$，FeO将会做还原反应的中间产物出现。

高温还原初期，致密铁在氧化铁皮表面形核，逐渐连接成片覆盖氧化铁皮，这层致密铁隔断了气体和固体反应物的直接接触，还原性气体（H_2）和还原产物（H_2O）在还原产物层中的扩散就成为了还原反应的控制环节。尽管高温还原的致密产物层将氧化铁皮覆盖（如图4－39（c）和（d）所示），但较高的还原温度为气体反应物和最终产物的扩散提供了较大的驱动力，因此重新获得了较高的还原效率。

4.7.4 无酸洗冷轧还原热镀锌板试制效果

根据以上的实验成果进行了无酸洗冷轧还原退火热镀锌板的试制。选用宝钢的热轧低碳钢成品板作实验材料，首先在四辊可逆冷轧机进行无酸洗冷轧，然后在热镀锌工艺模拟装置上进行还原退火热镀锌。使用扫描电子显微镜和电子探针等设备方法分析观察冷轧和氢气还原效果和镀层的结构，并在万能力学实验机上进行三点冷弯实验检测镀层的附着性。

图4－40所示为Zn、Fe、O元素在还原热镀锌板界面处的分布规律。由此能够发现，经氢气还原后，在镀层界面处仍然有相当数量的氧化铁皮残留，这些还原纯铁和残余的氧化铁皮被Zn－Fe相包裹，与锌层呈犬齿状交错排布，也有少量的铁氧化物被快速生长的Zn－Fe相挤落散布于镀锌层中。

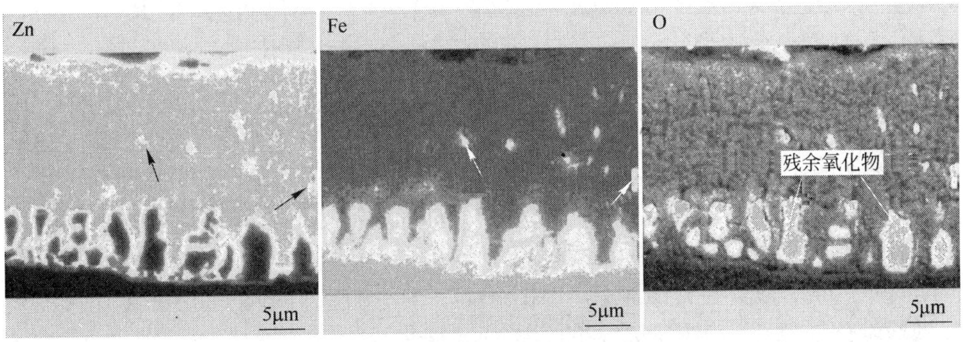

图4－40 还原热镀锌板界面处元素分布规律

冷弯实验结果表明残留的氧化铁皮并未影响镀层的附着性，如图4－41所示。相反地，由于冷轧造成氧化铁皮表面产生裂纹，致使带钢表面粗糙度增大。经氢气还原后，还原产物纯铁将残余氧化铁皮包裹，呈山脉状分布于带钢表面，这增大了带钢的比表面积，同时还原纯铁提高了带钢的浸润性；热浸镀锌的镀层与粗糙的带钢表面紧密咬合，保证了镀层良好的附着性。

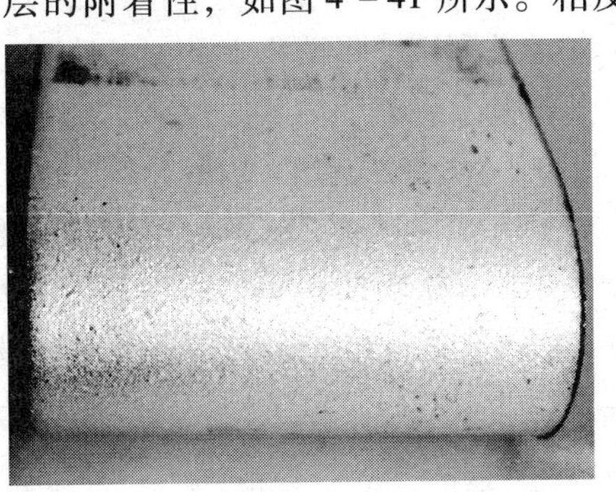

图4－41 无酸洗冷轧还原热镀锌板的180°冷弯实验结果

镀层的附着性是衡量热镀锌板成型性能的重要标准，通过三点冷弯实验来测试无酸洗冷轧还原热镀锌新工艺生产的热镀锌板的锌层附着性。图4－41所示为180°冷弯实验结果，在冷弯试样的弯角部位没有产生裂纹或者剥落，说明锌层附着性良好，能够满足后续加工成型工序的要求。

4.7.5 结语

RAL与宝钢合作开发的绿色环保的无酸洗冷轧还原热镀锌技术，针对我国钢铁工业冷轧－连退－镀锌工序的技术现状，从热轧氧化铁皮控制入手，掌握热轧板氧化铁皮组织结构控制技术和均匀性控制技术；明确不同热轧板氧化铁皮结构在冷轧润滑轧制条件下的变形协调性及相关变形机理，通过对还原退火和热镀锌的工艺技术研究形成具有自主知识产权的热轧板免酸洗直接冷轧、还原退火和热镀锌或电镀锌的工艺技术，为提高我国冷轧镀锌产品质量探索出新的技术方向。

4.8 热轧集约化生产技术

——规模化与个性化冲突的解决之道

面对严峻的市场形势，“降本增效”往往是国内各钢铁企业的一个首要应对措施，例如优化合金元素用量、研究低成本替代型合金化路线、开发减量化的新工艺等微观技术手段。而从宏观层面着眼，由于连铸衔接坯、合同余材等产品的降级处理带来的效益损失，已经成为当前钢铁企业生产管理中最为显著的问题，这是规模化生产与多样化、个性化用户需求之间矛盾的必然产物。

在传统观念中，化学成分被认为是钢材产品力学性能的决定性因素，热轧及热处理工艺对力学性能的调控作用并未得到有效发挥利用；另一方面，国家标准对钢种的化学成分做了相对严格的限定，导致具有相近性能的钢材产品采用不同的化学成分。大量冗余的钢种牌号会在很大程度上降低炼钢、连铸的效率，更重要的是会产生数量庞大的连铸衔接坯及合同余材。因此，轧钢生产规模化与用户需求个性化冲突的解决之道在于如何能实现钢种牌号的减量化与热轧、热处理工艺的柔性化，即集约化生产技术。

4.8.1 集约化生产技术系统

一般而言，集约化生产主要是针对结构用钢材，是指以同一化学成分的坯料，通过轧制、冷却及热处理的柔性控制生产出多个性能级别的产品，满足不同客户终端的多样化需求，即“一钢多能”；其核心价值在于，以“产品性能”取代“最终用途”作为划分标准，实现钢种牌号的减量化，最大程度提高炼钢与连铸的效率，以热轧、热处理的柔性控制为手段，实现同坯料大跨度强度级别产品的制造，最大限度发挥合金元素的作用。例如：日本JFE公司的高强度厚板系列（JFE－HITEN540～980）可涵盖储罐、桥梁、船舶、建筑等不同应用领域；系列内依据抗拉强度划分为约8个级别，级别间具有较大的成分交集，例如590MPa与610MPa、690MPa与710MPa具有相同成分标准，内含集约化制造这一理念。

经过近二十年在产品开发、组织－性能预测等领域的理论与经验积累，东北大学轧制技术及连轧自动化国家重点实验室提出了以钢种智能化归并、力学性能预测技术和柔性工艺设计为核心的热轧集约化生产技术，其系统功能结构如图 4－42 所示。

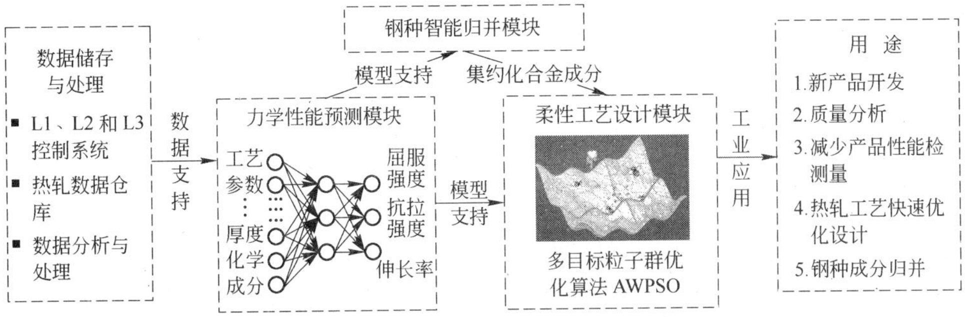

图 4－42 集约化生产技术系统功能结构示意图

4.8.1.1 钢种归并分析方法

从某种意义上来说，材料的应用范围取决于其性能（包括强度、成型性及耐腐蚀性能等），而与其化学成分没有直接关系。因此，判断两个钢种是否可以归并的依据为力学性能是否一致或者近似。如表 4－1 所示，以其他 4 个牌号的力学性能指标来重新衡量 MDB350 的力学性能数据，分析表明完全满足过程控制能力的要求。这就是说，可以采用 MDB350 的坯料生产其他 4 个牌号的产品，满足强度和伸长率的标准要求；可以实现 Mn% 降低约 0.3% ～0.4%，节约合金成本。因此，可以确定 MDB350、X52、B510L、SM490YA 和 Q345C 为跨系列相近力学性能级别的钢种归并对象。

表 4－1 以不同指标衡量 MDB350 过程控制能力

牌 号	过程控制能力 C_{pk}			均 值
	屈服强度	抗拉强度	伸长率	
X52	2.42	2.16	1.93	屈服强度：438MPa 抗拉强度：527MPa 伸长率：27%
B510L	2.57	1.01	0.82	
SM490YA	3.19	1.61	—	
Q345C	4.05	2.31	—	

根据由易到难的原则及从经济效益的角度来考虑，钢种归并的对象应该是市场需求量大、力学性能要求简单（屈服强度、抗拉强度和伸长率）的普碳钢和低级别微合金钢，例如结构用钢和冷成型用钢。钢种归并分析方法的步骤如下：

（1）确定待归并钢种的差异成分；

（2）通过单因素方差分析判断钢种差异成分是否对力学性能有较大影响；

（3）过程控制能力分析揭示力学性能是否有富余量；

（4）基于组织性能预测技术，判断成分调整后力学性能如何变化。

依据以上分析方法，Q345B、C 和 D 可以实现相同系列相邻力学性能级别的钢种归并，成分设计如表 4－2 所示。归并后 Q345 系列采取了降低碳、锰含量，添加微量合金元素铌、钛的思路，在保证强度的同时也提高了塑性和韧性。同 Q345B 的成分相比，合金成本有所增加，但可权衡炼钢与连铸的生产组织成本，确定是否采用归并后成分进行

Q345 系列的统一组织生产。

表 4-2 Q345 系列归并后的成分设计 (%)

C	Si	Mn	P	S	Nb	Ti	Al_t
0.095~0.145	0.15~0.25	0.75~0.95	≤0.02	≤0.0105	0.012~0.02	0.015~0.03	0.020~0.05

4.8.1.2 力学性能预测技术

力学性能预测技术为钢种智能归并、柔性工艺设计提供模型支持，是集约化生产技术的核心之一。从 20 世纪 50 年代开始，钢在热加工过程中的组织演变与力学性能预测逐渐成为一个活跃的研究领域。针对再结晶、析出与相变等行为，已有大量的半经验或半理论性的模型发表，但由于物理冶金行为本身的复杂性、现场环境的多变性及大量扰动（环境温度、冷却水温等）的存在，导致以上模型的实际应用效果并不理想。

基于此，人工神经元网络作为数据驱动（Data-Driven）的智能模型，逐渐被应用于力学性能预测领域，其中，贝叶斯神经网络模型通过将贝叶斯概率理论与神经元网络有机结合，有效地解决了模型训练时的“过拟合”，以及当模型拓展至建模数据空间以外时产生的“不确定性”等关键问题。从 20 世纪 90 年代以来，贝叶斯神经网络得到了广泛关注，被应用于钢材扭转、焊接和热处理等热加工领域的力学性能建模，在本工作中，该模型的优势也得到了充分的发挥。

如图 4-43 是在线力学性能预测模块的数据流示意图。热轧产线控制系统由 L1 基础自动化级、L2 过程控制级和 L3 生产控制级组成，化学成分、工艺及性能数据由热轧数据仓库系统完成采集汇总、筛选和预处理；通过与数据仓库系统通讯，在线力学性能预测服务器完成性能预测与模型自学习操作，并将力学性能预测值返回至数据仓库系统，以供技术中心、制造部、热轧厂、炼钢厂等相关技术部门客户端进行查询与分析。预测精度通常是模型评价时的一个常用指标，但同时也需要考虑到以下几个方面的因素：

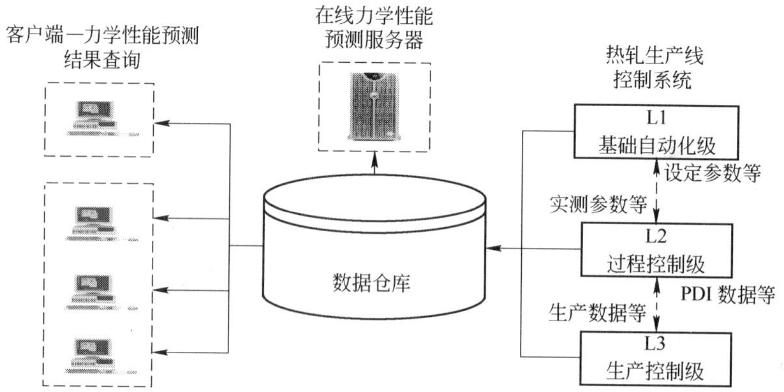

图 4-43 在线力学性能预测数据流示意图

（1）神经元网络模型本质上是数据驱动型，充足的历史数据是提高模型预测精度的基本条件，因此，对于某些数据量不充足（产量较小）的产品，往往采用多个相近钢种混合建模，这样势必导致相对低的模型精度；

（2）在模型训练时，数据分析与处理步骤会过滤掉与常规性能值相比偏差较大的数据，对于过渡坯这一类的成分偏离内控范围的钢卷，其力学性能预测精度也通常不理想；

(3) 对于实测力学性能数据明显偏离正常范围的这一类数据不应该纳入模型预测精度的评价中，可以从其他方面寻求合理的解释，例如取样与检测环节。

抛除以上干扰因素，在线屈服、抗拉强度的相对预测精度一般可以达到 ±6%，伸长率绝对预测精度达 ±4%；为实现“无检测交货”、加快物流速度奠定基础。

4.8.1.3 柔性工艺设计方法

在实现钢种成分的归并之后，需要根据各钢种的目标力学性能与用途进行相应的工艺优化设计，即充分发挥轧制与冷却工艺的柔性来实现“一钢多能”的集约化生产目标，如图 4-44 所示。这种“根据目标值，进行工艺逆向优化设计”的思路在金属热加工的很多领域均得到了应用，例如设计挤压工艺以达到预设的晶粒尺寸、优化轧后水冷过程以达到目标抗拉强度、设计热处理工艺以达到强度与韧性的最优组合等。

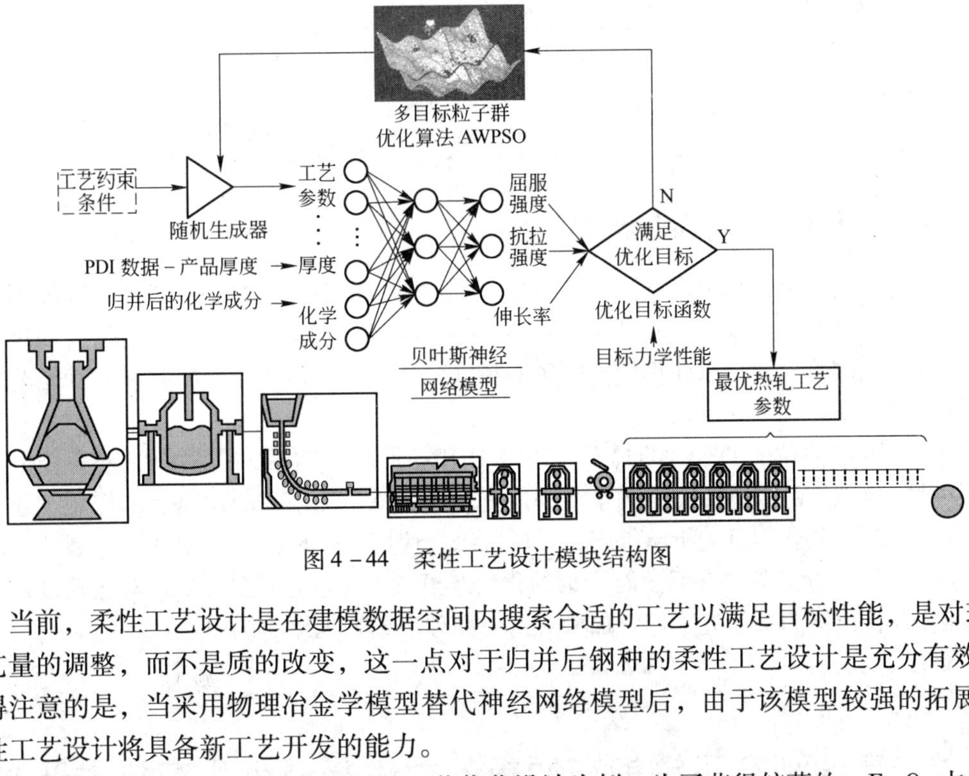

图 4-44 柔性工艺设计模块结构图

当前，柔性工艺设计是在建模数据空间内搜索合适的工艺以满足目标性能，是对现行工艺量的调整，而不是质的改变，这一点对于归并后钢种的柔性工艺设计是充分有效的。值得注意的是，当采用物理冶金学模型替代神经网络模型后，由于该模型较强的拓展性，柔性工艺设计将具备新工艺开发的能力。

以汽车大梁钢 510L“黑皮钢”的工艺优化设计为例，为了获得较薄的、Fe_3O_4 占优的氧化铁皮，终轧温度和卷取温度需要分别设定在 870～880℃、540～600℃的范围，而且较低的卷取温度、较快的轧制速度更加有利于“黑皮钢”的形成。为了确保在以上工艺约束条件下钢板的力学性能仍然能达到标准的要求，需要对现行的热轧工艺进行优化设计。

表 4-3 为位于帕累托前沿中的最优解，可以看出工艺优化计算的结果可以分为两类：

(1)“低温卷取、快速冷却”（卷取温度不大于 555℃、冷却速率大于 23℃/s）；

(2)“高温卷取、慢速冷却”（卷取温度大于 555～585℃、冷却速率不大于 20℃/s）。

采取工艺（1）的工业试制结果如表 4-4 所示，可以看出力学性能满足 510L 的标准要求。

表 4-3 510L 工艺优化计算结果

序　号	精轧开轧温度/℃	终轧温度/℃	F_4 ~ F_6 压下率/%	平均冷速/℃·s^{-1}	卷取温度/℃
1	963	876	0.303	27.409	542
2	941	879	0.323	20.246	585
3	940	880	0.314	20.000	580
4	951	880	0.317	20.000	559
5	945	872	0.307	36.665	555
6	957	878	0.307	23.193	547
7	945	873	0.325	27.429	550
8	945	880	0.308	20.000	565

表 4-4 510L"黑皮钢"工业试制结果

钢卷号	订货厚度/mm	屈服强度/MPa	抗拉强度/MPa	伸长率/%
90231050100	6	485	575	24
90231050200	6	485	570	25
90231050300	6	485	570	25

4.8.2 集约化生产技术的发展展望

到目前为止，集约化生产技术主要应用于强度在500MPa以内的普碳钢和低级别微合金钢。由于微合金元素添加量极少甚至没有，生产控制过程稳定，力学性能波动小，因此，采用神经网络建模可以获得较高的预测精度，从而为钢种智能化归并和柔性工艺设计提供可靠的模型基础。

随着装备水平和技术实力的提升，DP、TRIP、贝氏体钢等中高强度级别微合金钢逐渐成为热轧重点产品。这一类钢的生产制造更多地侧重于轧制和冷却路径的控制，通过细晶、复相以及碳氮化物沉淀析出等强化手段的综合应用，实现强度、塑性与成型性能的优化组合。因此，为实现"一钢多能"集约化生产模式，非常有必要开展针对热轧过程再结晶、相变及析出行为的研究工作，加深对这一物理冶金学规律的认知。

4.9 高速列车不锈钢车厢板的柔性化退火生产技术开发

如何在保证强度的情况下，尽可能地减轻车体重量，成为当前高速列车车体材料的主要研究方向。目前，最常用的轻量化列车材料是不锈钢和铝合金。但是铝合金减轻车体自重的效果不是很明显，不锈钢则不同。日本的901系列城市轨道列车的车体自重仅有5.3t，较碳钢车轻70%左右。车辆轻量化的效益直接表现在降低运转动力费用，间接表现在减少了轨道维护费用。另外，轻量化导致同等动力装置运转性能提高，从而缩短运转时间或降低编组列车中的动车比率。

全不锈钢铁道车辆比铝合金车辆有明显的优势，由于耐腐蚀好，车体结构无涂装、在车辆新造及检修时可以省略涂装工序，从而缩短车辆在厂时间，同时可以达到减少预备车的效果。车体结构的免维修化，就是由于良好的耐腐蚀性，车体结构几乎不需要维修，因而消减了维修费用。图4－45示出的是日本三种车体的各种费用比较，表4－5示出的是日本三种不同材料的车体制造费用。

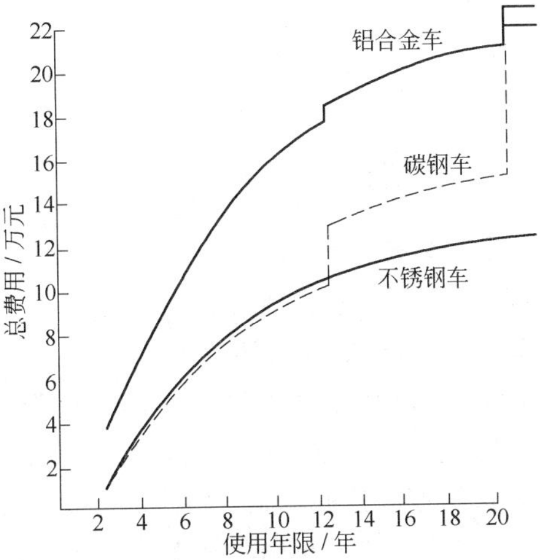

图4－45　三种车体的总费用（含制造费、维修费）

表4－5　日本三种车体的制造价格

（美元）

种　类	碳钢车体	不锈钢车体	铝合金车体
钢材	6248	1699	88
不锈钢	4301	21945	0
铝合金	0	0	34963
焊接费用	1464	486	2143
油漆	12679	3486	14500
工时费	54643	58286	80143
其他费用	6347	6800	10543
总费用	85682	91802	142384

在安全性能上，由于不锈钢的抗拉强度与屈服强度的比值高，故其断裂总伸长率很大，车体的抗冲击能力大大增强。不锈钢的抗高温能力要比铝合金强很多。在500℃下铝合金门就会封死。不锈钢的熔融温度是铝合金的2.6倍。而且，这种车体的使用寿命很长，其最短使用寿命也达15年到20年。

综合考虑各种因素，不锈钢车体是最经济的车体，这也是国外不锈钢车体大受用户欢迎，数量不断攀升的真正原因。随着我国经济的不断发展及生活水平的逐步提高，给交通运输业带来了广阔的发展前景。而铁路运输又以安全、载客量大等特点显示出了极大的优势，尤其对于我国这样一个人口大国来说尤为重要。提高铁路运输速度有着重要的意义，而减轻车辆自重是提高车运行速度的重要途径之一，不锈钢轻量化车辆市场前景十分广阔。

由于高速列车各部位对车厢板的强度要求不同，传统的生产工艺采用调质轧制方法来控制不同强度等级的301L车厢板的性能，其采用的工艺是将热轧退火、酸洗后的301L不锈钢板经冷轧后轧制到一定的厚度，然后退火酸洗，使其完全软化后按不同的调质压下率进行调质轧制得到不同的强度等级。目前我国已经可以稳定生产301L的LT、ST强度级别的产品，但由于调质轧制压下率较小，因此在生产过程中，对于压下率的控制方面和板型控制方面不是很理想，对于DLT、MT和HT三个强度级别的生产还需进一步研究。

针对301L车厢板生产存在的问题，东北大学RAL与太钢不锈钢合作开发出301L不锈钢车厢板性能调优技术，即：经一定的冷轧压下率轧制到一定厚度，在不同的退火工艺下进行热处理，以得到符合高速列车车厢板所要求的不同的强度级别。

4.9.1 柔性退火工艺及性能控制

4.9.1.1 301L柔性化退火工艺开发

为了能够用柔性退火方法生产不同强度等级的301L车厢板，首先研究了退火工艺对301L冷轧板性能的影响规律。将6mm厚热轧301L经过退火、酸洗后在四辊冷轧机上经过多道次冷轧后，轧制到1.8mm，冷轧压下率为70%，然后在780～1150℃里选择不同的退火温度进行固溶处理。为了研究退火温度对性能的影响，退火的时间都选择为3min，将固溶处理的冷轧板制成标准试验进行室温拉伸试验，检测其力学性能。图4－46示出的是退火温度对301L力学性能的影响。对比高速列车用车厢板的要求，采用柔性退火得到的不同强度等级的301L车厢板完全符合标准的要求，且ST、MT和HT三个等级的伸长率要远高于标准的要求，说明301L板柔性退火后得到理想的强度和塑性的配比，如表4－6所示。

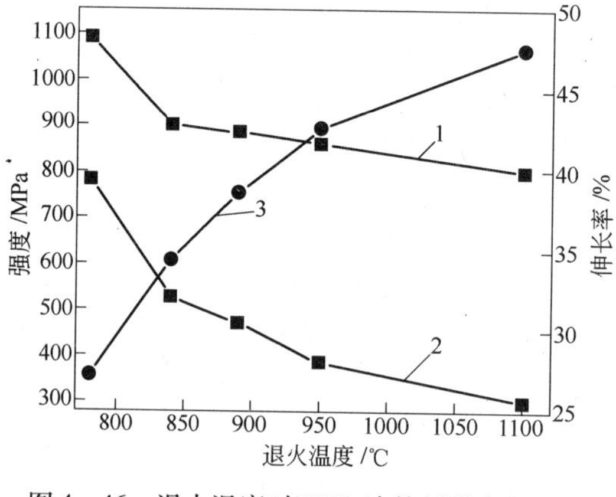

图4－46 退火温度对301L冷轧板强度的影响

1—R_m；2—R_{eL}；3—ε_1

4.9.1.2 柔性退火热处理301L的敏化性能评价

将柔性退火得到的HT和MT强度等级的车厢板制成透射试样，在透射电镜下观察析出物情况，以进一步分析柔性退火工艺对这两个强度等级车厢板第二相析出的影响。图4－47示出的是柔性退火得到的HT强度等级车厢板显微组织的TEM照片。可以看出，在780℃下热处理得到的HT强度等级的301L车厢板晶内有少量析出物出现，经过能谱分析，这种析出物的成分为富Cr的碳化物。为了分析这种富Cr的碳化物对780℃热处理得到的HT强度等级车厢板耐晶间腐蚀性能的影响程度，在扫描电镜下观察的晶界形貌并分析晶界处的贫铬程度，以晶界为中心，在晶界两边取等距离进行能谱分析，检测出该点的 Cr 含量，以此来衡量晶界的贫铬程度，如图 4-48 所示。

表 4-6 301L 柔性退火工艺及力学性能

强度等级	LT	DLT	ST	MT	HT
70%冷轧压下量					
退火温度/℃	1100	950	890	840	780
退火时间/min	3	3	3	3	3
屈服强度/MPa	300	385	470	525	780
抗拉强度/MPa	800	860	885	900	1090
伸长率/%	46.5	44.6	41.6	40.6	27.2
80%冷轧压下量					
退火温度/℃	1050	910	860	810	780
退火时间/min	3	3	3	3	3
屈服强度/MPa	310	445	520	640	760
抗拉强度/MPa	810	885	880	935	980
伸长率/%	47.6	42.2	40.0	38.4	30.8

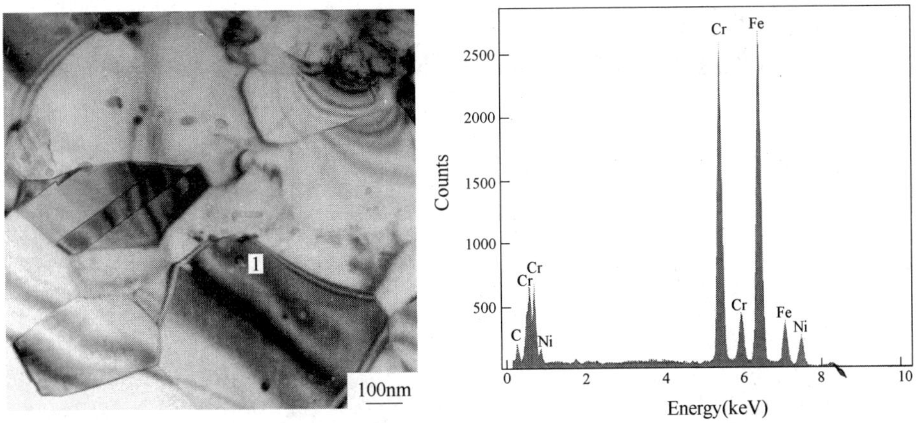

图 4-47 HT 强度等级车厢板显微组织的 TEM 照片

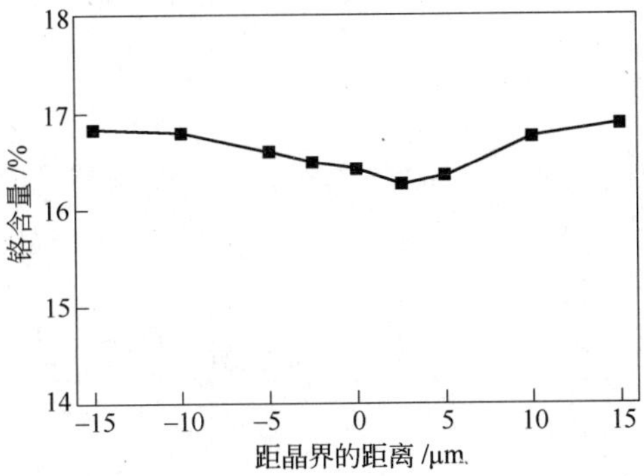

图 4-48 敏化态 301L 不锈钢距晶界等距离的铬含量检测结果

降低晶间腐蚀敏感性最有效的办法就是控制不锈钢中的碳含量，当 Cr－Ni 奥氏体不锈钢中碳含量超过 0.03%时（随钢中含 Ni 量而异），碳在奥氏体中就处于过饱和状态。在不锈钢随后的加工、设备制造的过程中，若再经过 500～850℃的敏化温度范围加热，则钢中过饱和的碳就会向晶界扩散、析出并与晶界附近的铬形成铬的碳化物，并导致基体中 Cr 的降低，形成贫铬区，降低不锈钢耐晶间腐蚀的能力。而分析 301L 不锈钢的化学成分，其含碳量仅为 0.024%，属于超低的碳含量，不足以在奥氏体不锈钢中饱和，另外碳含量的降低，使得 $Cr_{23}C_6$ 的沉淀时间推迟，并将产生该碳化物的温度区间向低温方向移动，因此 301L 不锈钢在 780℃以上对于晶间腐蚀的敏感性是比较低的。

4.9.2 结论

由于高速列车每个部位对强度的要求不同，因此标准 301L 规定了 5 种不同强度等级的产品，作为常规生产方法的调质轧制方案虽然可以生产出性能符合规定的 DLT 和 ST 两种车厢板，但在生产 DLT、MT、HT 三种车厢板时比较难于控制调质压下率，而且在生产强度等级高的车厢板时，板型控制不是很理想，对于后续的焊接等加工带来麻烦。

针对调质轧制生产方法所显现出的一系列问题，RAL 提出了用柔性退火生产不同强度等级 301L 车厢板的方法，即通过不同的退火工艺，得到符合标准要求的性能。而经过试验分析，这种生产方法得到的车厢板的性能要优于调质轧制得到的车厢板的性能，尤其在屈强比、伸长率等比较关键的性能方面，柔性退火更能得到较优的车厢板。另外，从板形控制的角度考虑，柔性退火可以消除冷轧后的残余应力，可以得到板形更好的车厢板。

第⑤篇

轧制过程自动化、信息化技术

5.1 中厚板轧制生产线自动化系统

中厚钢板是国民经济发展所必需的重要钢铁材料，是国家工业化不可缺少的钢材品种，也是国家钢铁工业及钢铁材料水平的一个重要标志。中厚板生产线的自动控制可分为基础自动化控制（Basic Automation）和过程自动化控制（Process Control），通过二者的协作，可以实现中厚板轧机的全线自动化控制。

基础自动化系统是轧机计算机控制的直接执行者，它直接控制设备和执行机构，其实现的功能包括顺序控制、逻辑控制、设备控制和质量控制。顺序控制和逻辑控制主要是辊道的运转控制以及各种功能连锁、功能执行或停止控制等；设备控制是基础自动化接受过程控制系统的各项设定值或者由操作员通过人机界面输入的设定值（辊缝、速度、弯辊力等），对各执行机构进行控制；基础自动化的质量控制是其具体执行厚度控制、板形控制、平面形状控制等功能。另外基础自动化还必须完成现场实际数据采集和处理、故障的诊断和报警以及数据的通讯等辅助功能。

过程控制系统的中心任务是为轧机的各项控制功能进行设定计算，其核心功能是轧机的负荷分配和轧机控制参数的设定；另外，还必须通过模型自学习功能提高设定计算的精度。设定计算结果传递到基础自动化系统，由其具体控制执行。而为了实现其核心功能，过程控制系统必须设置数据通讯、实测数据处理、PDI 数据管理、跟踪管理（轧件位置跟踪、轧件数据跟踪）等为设定计算服务的辅助功能。另外过程控制系统还必须配备为生产过程服务的人机界面输出和工艺数据报表和记录等功能。

5.1.1 中厚板模型设定功能

世纪之交到2004 年，RAL 与首钢、二重、自动化院等单位合作，承担国家重大装备研制项目“首钢 3500mm 中厚板轧机核心轧制技术和关键设备研制”，通过中厚板生产装备和工艺的自主创新和集成创新，实现了我国中厚板轧机核心技术的重大突破，为我国中厚板轧制生产线的技术改造和建设奠定了坚实基础。

由于厚板轧制工艺复杂、轧制节奏快、品种规格多、多道次反复轧制、温度等影响因素测量难，人工干预较多等，所以轧制规程的精确设定非常困难，就轧制规程的设定而言，厚板轧机比热连轧机困难得多，经过多年的潜心研发和技术积累，RAL 中厚板项目组对中厚板自动化控制系统进行多次完善与升级，目前已集成一套标准化的高精度中厚板自动化控制系统。

轧制过程模型控制主要由过程跟踪、负荷分配计算、坯料测温修正计算、阶段修正计算、道次修正计算、自学习计算等多个模块组成。在这些模块中，自学习计算模块对本块钢不起作用，仅仅是对模型中的一些参数进行修正，作用于下一块钢设定计算过程；而坯料测温修正计算、道次修正计算和阶段修正计算属于轧制过程中的动态设定技术，即利用已获得的检测数据来对设定值进行修正。另外还有一些辅助功能模块，如轧制数据在操作台上的显示，操作台上人工干预、数据通讯、工程记录的归档以及异常情况处理等。

轧制规程的计算，必须根据轧件的钢种和尺寸要求、设备的各种原始数据，以及轧制过程的各种工艺上的限制和要求，借助于各种数学模型方程，通过迭代计算算出轧制道次、道次压下量、轧制力、辊缝设定值和轧辊转数等参数，该轧制规程必须保证轧件的终轧厚度、终轧板形和温度在允许范围。预计算需要调用大量的轧制数学模型，并且利用了较多的迭代算法。图5－1中列出了其中主要的数学模型及其调用关系。

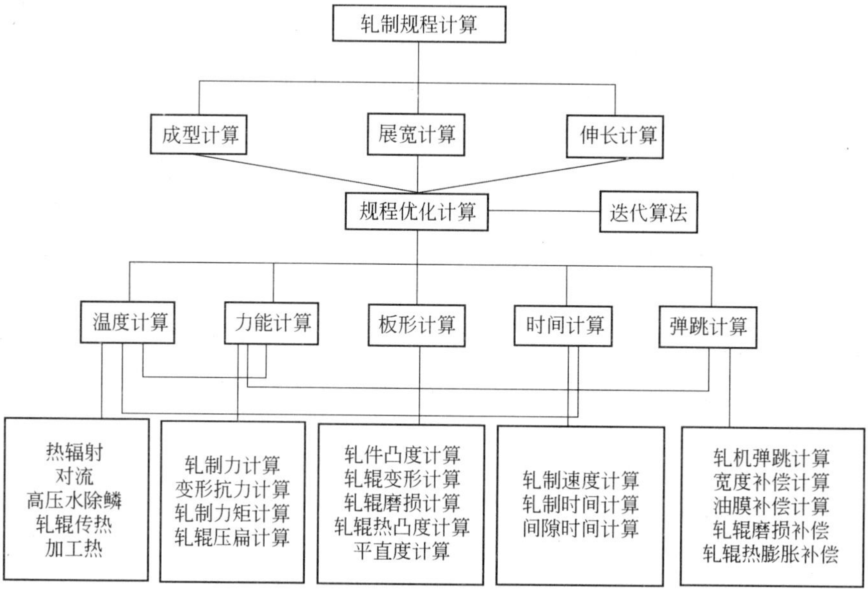

图5－1 设定模型关系图

由于PDI提供的出炉温度可能有偏差，如果该温度与实际值差别较大时，会使规程分配和设定值的计算产生较大偏差，所以需要根据一次待温区间和二次待温区间的两个测温仪数据来校正坯料出炉温度。主要功能如下：

（1）一次测温和二次测温实时数据处理，将采样的实时温度数据进行相应处理，然后判断数据的可靠性和可用性；

（2）出炉温度计算，综合一次测温数据、二次测温数据、PDI开轧温度和开轧温度自学习值，计算出当前轧件的出炉温度；

（3）轧制规程的再计算，根据修正后的出炉温度重新计算轧制规程。

道次修正计算由过程跟踪触发。当轧件进入轧机进行轧制后，轧机安装的压头、位移传感器等仪表检测到轧制力、辊缝等信息并传送给过程控制模型设定系统的测量值处理程序，测量值处理程序接受到足够信息进行相应数据处理，然后触发道次修正计算程序。道次修正计算的任务是校正轧制力计算误差，减少由轧制力计算不准而导致的厚度偏差。道次修正程序将实测的轧制力和预计算的轧制力比较，然后根据实测和预测的轧制力间的误差修正变形抗力模型中与材质相关的系数，并对后续道次的轧制力进行修正，并根据弹跳方程重新调整后续道次的设定值，从而提高轧件的厚度精度。

负荷分配计算是指根据坯料的尺寸、钢种、轧辊直径、设备限制条件及工艺限制条件来设定各道次的轧制速度和出口轧件的目标尺寸，并由此计算出各道次的轧机辊缝。负荷分配计算的中心问题是制定轧件厚度在轧制过程中的减薄途径，从轧制来料板厚到轧制目标板厚有无数个不同的路径，要在其中确定一个减薄路径必须设定约束条件。

由于计算出的轧制规程不能使设备负载超限，因此从操作稳妥和合理利用设备考虑，一般会指定各道次轧制负荷（压下量、轧制力、轧制力矩、轧制功率等）间的比值，将总负荷以适当的比例分配到各道次，避免负荷不均，同时也便于操作管理。负荷分配确定后就可计算出相应的轧制规程，从而决定了轧制过程的状态特性。负荷分配的合理与否，对成材率、成品质量、轧制设备调整和事故的多少均有重要的影响。负荷分配方法中最常用的是：前几个道次为满负荷道次，尽量在许可能力范围内加大压下量，减少轧制道次，降低热损失；后几个道次特别是后三个道次为成型道次，需要满足比例凸度恒定的原则，如图 5-2 所示。

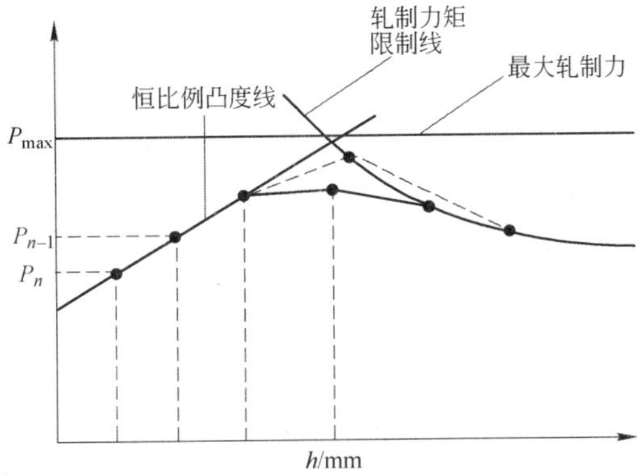

图 5-2 中厚板负荷分配恒比例凸度法

经过多年努力，东北大学 RAL 在中厚板自动化控制系统领域的开发实践工作取得丰硕成果并得到了业界的高度认可，从首钢 3340mm 中厚板轧机改造项目开始，RAL 开发的中厚板轧机自动控制系统推广应用超过二十余条生产线，成为国内中厚板轧线主流的自动化控制系统。2010 年 10 月，武汉钢铁股份公司 3000mm 中厚板生产线双机架改造项目进行国际招标，在与国际知名自动化公司的激烈竞争中，RAL 采用中厚板自动化控制系统集成技术成功中标，该项目的成功中标标志着东北大学 RAL 在中厚板自动化控制系统领域上达到了国际领先水平。

(a)

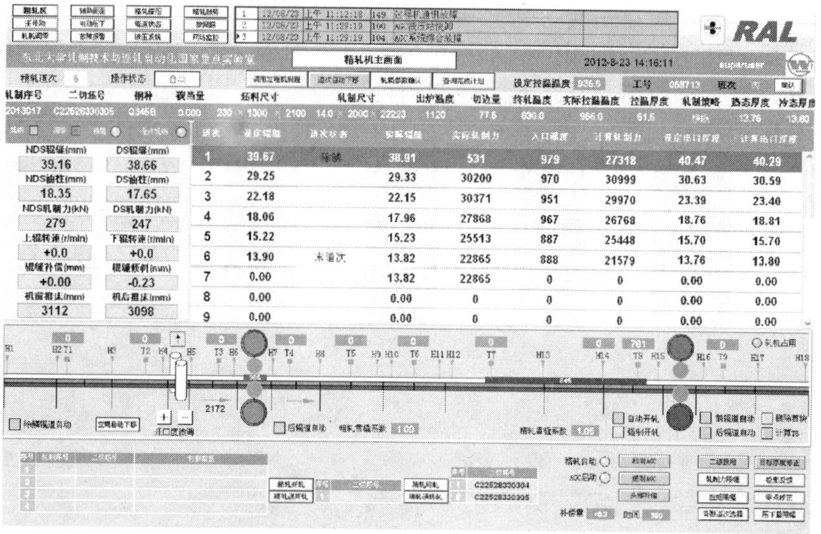

(b)

图5-3 现场应用

5.1.2 中厚板轧制节奏控制

采用控制轧制与控制冷却技术所组成的形变热处理工艺（TMCP）是当前中厚板产品性能控制技术发展的趋势。控制轧制是在调整钢的化学成分的基础上，通过控制加热温度、轧制温度、变形制度等工艺参数，控制奥氏体状态和相变产物的组织状态，从而达到控制钢材组织性能的目的；控制冷却是通过控制热轧钢材轧后的冷却条件来控制奥氏体组织状态、控制相变条件、控制碳化物析出行为、控制相变后钢的组织和性能。将控制轧制和控制冷却技术结合起来，能够进一步提高钢材的强韧性和获得合理的综合性能，并能够降低合金元素含量和碳含量，节约贵重的合金元素，降低生产成本。

由于对产品性能控制方面的要求，目前国内中厚板轧制多采用控轧技术，其工艺流程为：第一阶段轧制→待温→第二阶段轧制。根据性能要求，待温温度要控制在一定范围内，当钢板温度降到待温温度时应立即进行第二阶段的轧制，即待温时间有限。这就涉及轧制节奏中的待温模式问题。

轧制节奏是指相邻两块钢坯从加热炉中抽出的时间间隔。轧制节奏控制的目的是在保证轧线上的轧件不发生碰撞的前提下，尽可能地减少轧机的待机时间，提高设备的利用率。国内外对轧制过程，特别是针对热连轧过程的节奏控制进行了大量的研究。

在中厚板轧制生产中，轧制节奏控制功能更重要的任务是如何合理地安排多坯的交叉轧制过程，在保证控制轧制生产工艺得到很好执行的前提下，尽可能提高轧机的利用率，增加产量。中厚板轧机多坯交叉轧制的过程如图5-4所示，由图可知，对于单机架的交叉轧制，由于轧件需要在轧线上多次往返运送，控制过程更为复杂。

轧制节奏控制需要考虑控制轧制过程时间和空间的匹配关系，给出最佳的交叉轧制模式，并给出合理的出炉时刻判断，保证最佳的出炉时间间隔，提高轧线的生产率。轧制节奏控制功能的示意图如图5-5所示，轧制节奏控制根据设定计算和轧件跟踪的结果，判断出炉时刻，给出出炉请求，并通过顺序控制实现轧线的多坯交叉轧制。

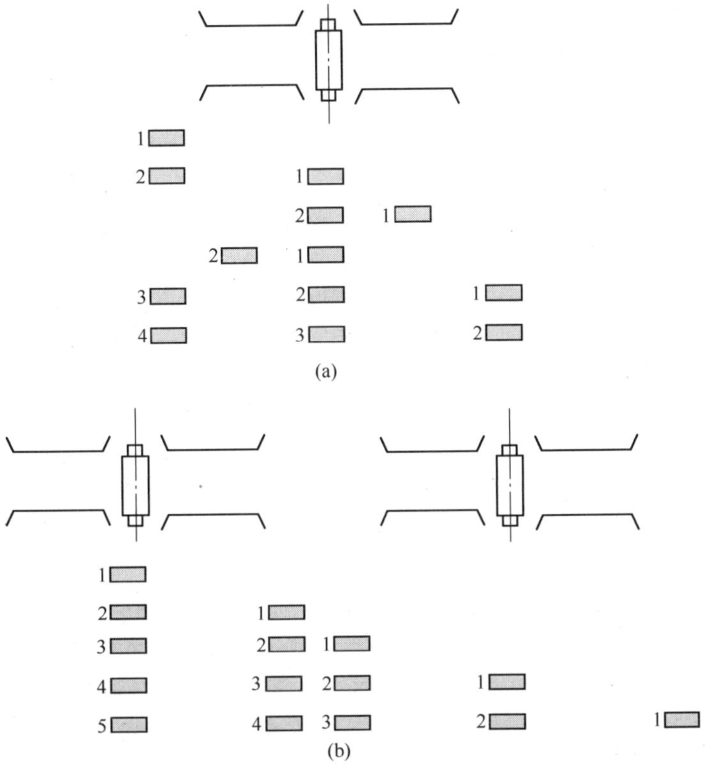

图 5-4 中厚板多坯交叉轧制过程
（a）单机架典型交叉轧制；（b）双机架多坯轧制

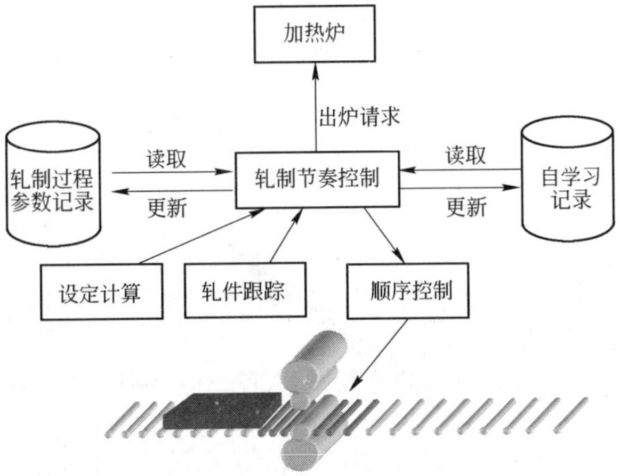

图 5-5 轧制节奏控制功能

5.1.3 中厚板轧制过程软测量技术

中厚板轧制过程对现场检测仪表的精度要求很高，考虑到中厚板轧制过程工作环境非常恶劣，各种干扰直接影响仪表检测精度，一旦检测仪表出现故障或精度下降，都将直接影响正常生产。结合国内中厚板现场实际生产，RAL 开发了中厚板轧制过程软测量系统平台，根据中厚板生产工艺结合现场已有各种检测仪表，采用合理的软测量模型对在线控制参数进行测量，并在此基础上开发了人工免疫网络对在线仪表进行故障诊断，从而提高过程控制精度以及产品的质量。

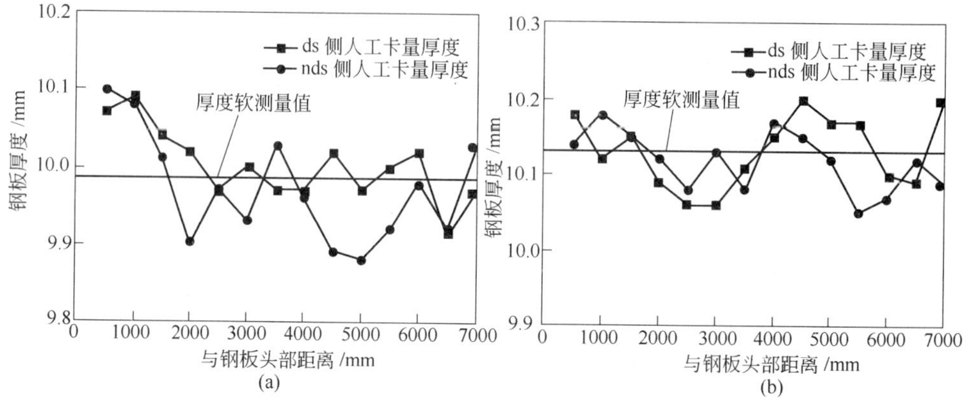

图5-6 厚度软测量对比图

中厚板轧制过程的尺寸参数测量非常重要，它是过程控制中不可缺少的一个环节。目前国内中厚板生产企业，厚度和宽度测量仪表大部分采用进口的非接触式射线测量仪，其价格非常昂贵且经常出现因维护不利或恶劣的现场条件而导致其测量精度下降，部分厂家采用人工卡量代替检测仪表以降低投资，另外，许多中厚板轧机的测厚仪离轧机比较远，轧制过程一般无法得到实际道次出口厚度，而中厚板轧制过程是一个多道次可逆轧制，道次抛钢到下道次咬钢这段时间内要进行道次修正计算，而道次修正计算又离不开上道次出口实测厚度和宽度，这时可以采用轧件尺寸参数软测量模型进行计算。通过大量的现场实践与探索，各种规格产品的厚度软测量值与人工卡量各点平均值的偏差均在 ±0.08mm 之内，宽度软测量偏差均在0.4%之内，宽度软测量对比曲线见图5-7。

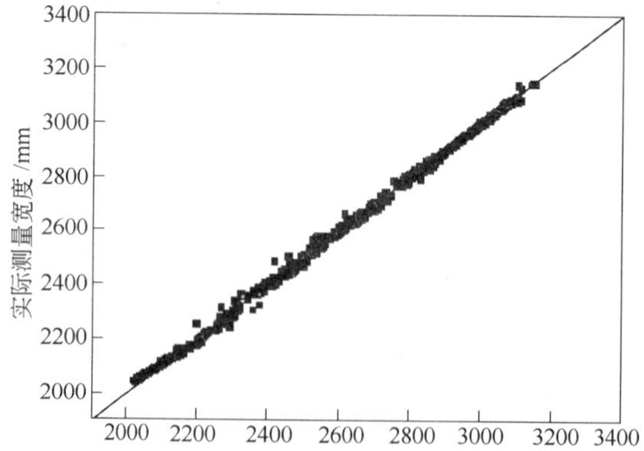

图5-7 宽度软测量对比曲线

中厚板现场比较恶劣，测温仪的测量精度经常受氧化铁皮、除鳞高压水和水汽等因素的干扰而无法测量出准确的温度。对此，采用基于软测量技术的温度推断控制方法，通过研究温度推断控制方法及测温仪实测温度进行置信区间计算，采用部分最小二乘法设计推理估计器，实现了中厚板温度更为精确的测量与控制。温度软测量对比图见图5-8。

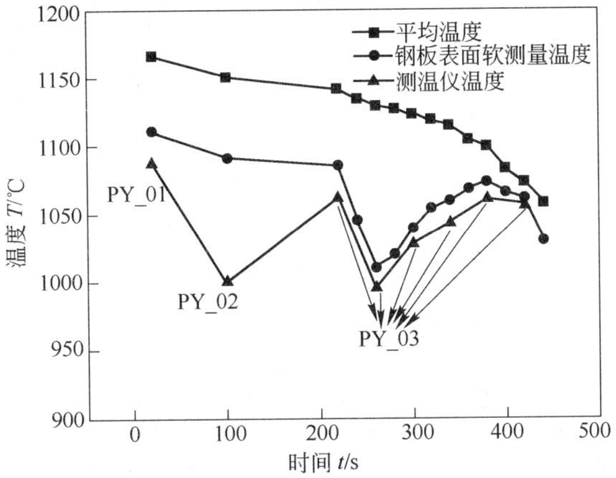

图5-8 温度软测量对比图

中厚板生产在线检测仪表系统结构与功能概况，分析检测仪表检测数据之间的相互关系，采用人工免疫网络对测温仪、测厚仪、测宽仪以及压头信号等检测设备进行故障诊断，通过采集仪表在正常状态下大量数据并将其作为样本数据对免疫网络进行学习，找出不同检测仪表输出数据之间的关系，通过训练好的免疫网络对在线仪表进行诊断，找出检测仪表所存在的问题，分析出现明显测量偏差的原因，为现场操作人员提供合理的操作指导。

5.1.4 中厚板纵向变截面钢板的轧制技术

随着全球能源和资源的逐渐匮乏，低碳环保和节能减排已经成为世界各国的共识，变厚度钢板生产与应用受到人们的关注，作为钢铁生产领域中一项具有特色的节能节材新技术，成为中厚板轧制的研究热点。变厚度钢板用于汽车、造船、桥梁等行业，具有节材减重、减少焊缝、降低成本、提高效率等优点，因此其需求量很大。变厚度钢板的轧制过程要比普通轧制复杂得多，需要根据其特点对变厚度轧制时的金属流动规律进行深入研究，以获得轧制力能参数、变形参数的计算方法与相关模型，通过对变厚度轧制过程进行精确控制，获得理想的变厚度产品。

纵向变截面轧制技术和生产是随着液压伺服系统和自动控制水平的提高而发展起来的，特别是高精度的液压缸控制系统的应用，实现了轧制过程中的动态连续变辊缝。法国于1983年轧制出变厚度钢板，并第一次应用在索姆河跨桥。1993年，日本钢铁制造（JFE Steel Co.）开始生产变厚度钢板，最初只是单向变厚度钢板，1996年研制成功双向变厚度钢板，2000年投产8mm/m的变厚度钢板，2001年生产出双台阶变厚度钢板，现在已经能够生产8种厚度连续变化的变厚度钢板，钢板的厚度最小为10mm，最厚为80mm，宽度最大为5000mm，JFE生产的变钢板长度为6~20m，重量最重为20t，日本JFE公司已经能够生产多种级别的造船和桥梁建设用LP钢板。随着桥梁建设和造船业的发展，欧洲各国钢厂也相继开发了变厚度钢板的轧制技术，表5-1为日本的钢铁制造（JFE）、德国的迪林根（Dillinger Hütte GTS）和捷克的维特科维策（VITKOVICE）钢铁厂生产的变厚度钢板情况比较。

表5-1 日本JFE、德国迪林根和捷克维特科维策生产的LP钢板产品比较

比较项目	日本钢铁制造（JFE Steel Co.）		德国迪林根（Dillinger Hütte GTS）		捷克维特科维策（VITKOVICE）钢铁厂
板厚/mm	10~80		20~80		15~80
宽度/mm	≤5000		≤4300		≤3000
最大厚差/mm	30		55		40
最大坡度/mm·m^{-1}	≤4600mm	4600~5000mm	≤3000mm	3000~4300mm	5
	8	4	8	5	
LP钢板产品类型	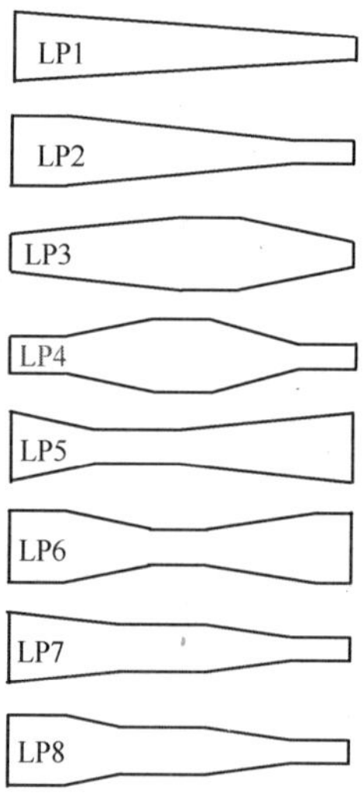		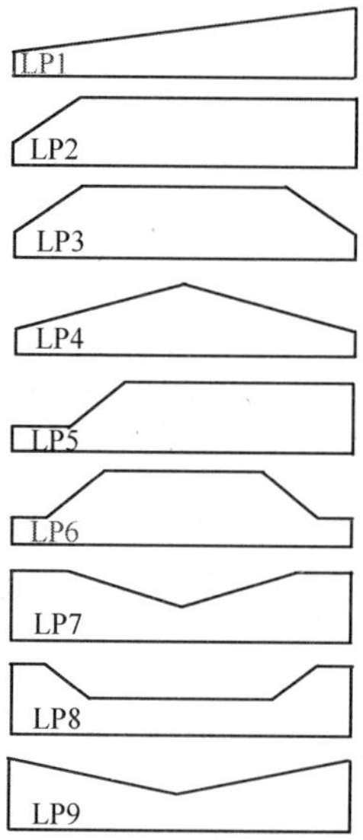		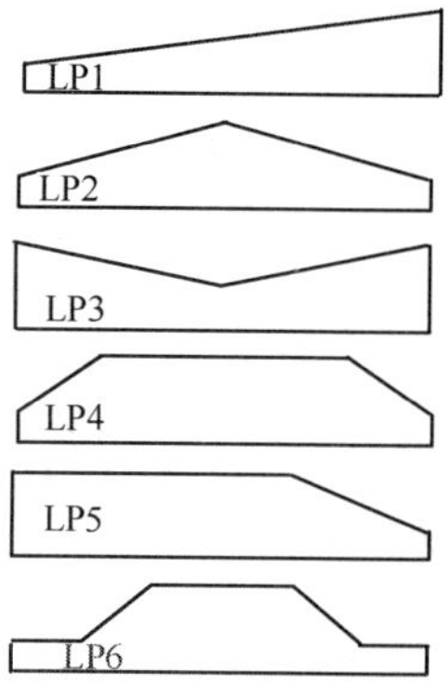

变厚度扁轧制过程中的重点是变厚度轧制过程尺寸预测和设定模型。变厚度扁平材轧制道次的压下量不同，因此沿长度方向的宽展不同，沿宽度方向上的延伸也不同，轧制后的形状是不规则，因此必须根据轧制前轧件的尺寸、最终得到的轧后成品形状和轧制过程中的工艺要求，在轧制前对每一道次及最终的产品进行轧制前尺寸预测，预测轧制后的宽度、长度，以便选择正确的板坯和轧制规程。常规钢板长度方向的厚度目标值固定不变，针对钢板头部进行单点设定即可满足控制要求，但对于纵向变厚度扁平材，由于厚度和轧制力等参数同时在钢板通长方向上连续变化，所以轧制过程需要不断更新钢板的厚度目标值和长度位置，并在合适的时刻和位置进行动态变辊缝，这需要对钢板进行合理的离散化，研究建立多点动态设定模型。

变厚度轧制过程中的难点是动态变厚度控制。常规钢板的轧制目标是控制钢板厚度在全长方向波动量尽量小，所以钢板长度的变化对厚度精度控制没有影响。而纵向变厚度扁平材轧制过程需要精确控制钢板厚度按照设计形状沿长度方向动态变化，这一方面需要精确跟踪钢板在轧机中的位置，同时需要动态控制辊缝合理的变化，这就要求对钢板的厚度和长度同时进行精细控制，所以具有很大难度。长度方向的精细控制需要制定合理的微跟踪模型；厚度的精细控制需要分析纵向变厚度轧制过程的厚度控制机理，建立适合变厚度轧制的厚度控制策略。东北大学RAL科技工作者经过多年的不懈努力和积累，建立了一套完善的中厚板纵向变截面钢板的轧制技术体系。

5.2 热连轧轧制生产线自动控制系统

5.2.1 前言

十年来，我国的热连轧生产线得到了前所未有的蓬勃发展，新建和改造 1250mm 至 2250mm 的宽带钢热连轧生产线超过 30 条，这些新建和改造生产线的生产能力、设备水平和技术水平均处于世界前列。新建和改造的方式也由过去的完全引进改变为引进、中外联合和完全国产化等多种模式。虽然轧制过程控制系统的硬件仍以西门子、GE、三菱、VAI、达涅利、东芝、西马克等国外公司为主，但是已可以实现由国内设计和指定设备选型。相对于硬件，软件的发展更为迅速，现代热连轧控制系统可分为 6 级控制，0 级为驱动、变送、执行控制级；Ⅰ级为基础自动化级；Ⅱ级为以数学模型为核心的过程自动化控制级；Ⅲ级的生产管理级；Ⅳ级为区域管理级；Ⅴ级为企业管理。其中Ⅰ级和Ⅱ级控制系统与产品的生产和质量的关系最为密切，也是国内研究和开发的重点内容。

轧制技术及连轧自动化国家重点实验室（RAL）以国内钢铁行业的大发展为契机，针对热连轧自动化过程控制系统开展了深入细致的研究，开发了成套Ⅰ、Ⅱ级过程控制系统及其相关模型和算法，并将研究成果提供给热连轧带钢生产线的新建和改造现场，实现了科研成果的迅速转化。

该控制系统建立在基于 Windows 的多进程多线程系统平台之上，采用Ⅱ级设定和控制系统与Ⅰ级基础自动化相结合的方式，结合离线仿真、理论分析、工艺和设备优化设计、模型参数优化和在线设定、人工智能、数据挖掘、自学习与自适应等多种手段，实现对热轧带钢生产线全线质量指标的全面控制。

5.2.2 系统开发和应用平台

系统开发和应用平台基于 Windows 系统，具有共享内存的开辟与管理、进程和线程的管理、通过高速以太网实现过程机之间通信、过程机与 HMI 服务器之间的通信、过程机与基础自动化及上级系统的通信、控制逻辑、数据的存储与分析、日志报警等功能，为热轧带钢的自动化控制系统提供全面的数据服务和平台支持。

RAL 开发的 RAS 轧机过程控制系统应用平台的体系结构上分为 4 层，如图 5－9 所示。最下层为系统支持层；第二层为软件支持层，数据中心使用 Oracle 9i，系统配置库使用 Access 数据库；第三层为系统管理层，由系统管理中心（Manager）和核心动态库负责；最上层为应用层，是系统具体工作进程。

平台在进程级上采用一功能模块对应一进程的模式分别负责系统维护、网络通信、系统的数据采集和数据管理、带钢跟踪和模型计算，如图 5－10 所示。

RAS 平台的主要技术特点如下：

（1）多进程多线程结构，可以更加集中的管理同样类型的任务；

（2）任务间通讯主要采用的是共享内存＋事件触发的模式，这种通讯方式通讯效率

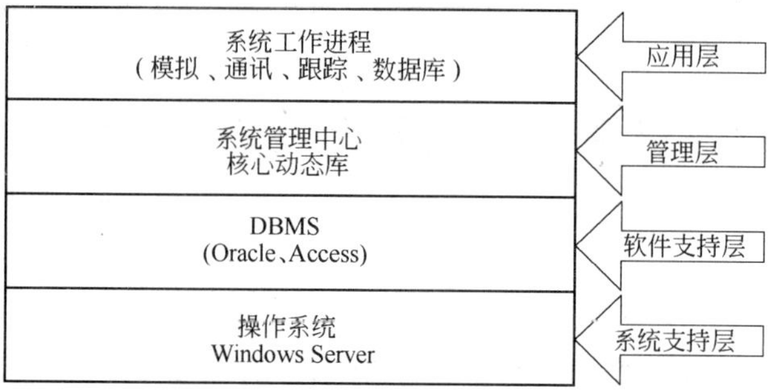

图5-9 过程控制系统分层结构

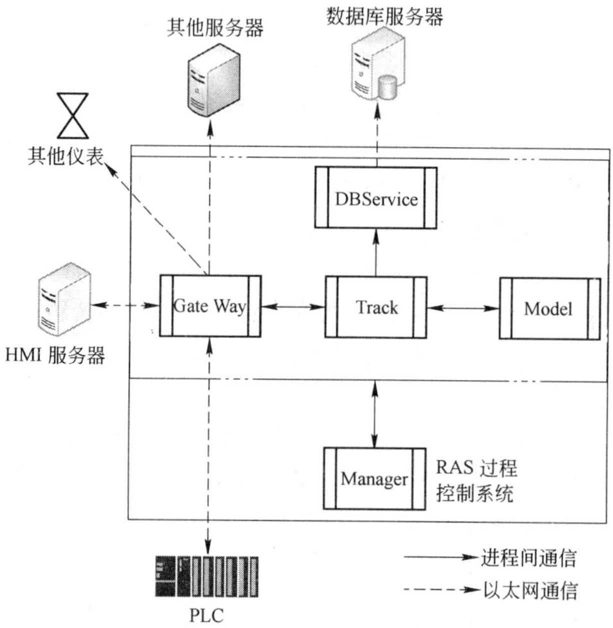

图5-10 过程控制平台体系结构

快，进程/线程反应速度快、数据完整性更强；

（3）提供了功能丰富的管理界面，极大改善了用户体验的效果；

（4）提供了在线的、实时的日志报警显示模块，操作人员可实时监控平台的运行信息，并提供了方便的日志查询功能；

（5）多任务间耦合度适中合理，平台部署容易，维护成本低，二次开发工作变得更简单。

现场应用表明，考查2010年思文科德热轧厂、2011年国丰650mm热轧厂、2011年兴业铜业48号轧机生产线，RAS平台的各项指标达到了设计标准，通讯速度快，效率高，数据准确性高，各个任务间负载均衡，平台运行稳定。

5.2.3 主要数学模型

热连轧带钢的过程数学模型是轧制自动化控制系统的核心内容。数学模型既为轧线提供工艺规程的设定，也参与关键技术指标的控制过程，通过关键参数的自学习不断提高其设定与控制精度，进而提高轧线整体质量水平与生产效率。

轧制过程控制模型建立在轧制理论之上，由于计算速度以及应用性能的限制，目前在轧线上使用的均为在理论基础上得到的经验模型。由于轧线上特别是变形区内的一些事件和现象尚未得出完美的理论解释，比如变形区内的摩擦条件的变化、轧辊和轧件的热量传递机制、金属在变形区内的流动规律等；一些常用假设与实际情况存在差异，比如轧辊压扁后仍为圆形假设、平面变形假设；冷却过程中的水冷机制的对流区、核沸腾区、膜沸腾区、小液态聚集区推想等；这些问题限制了数学模型的计算精度与稳定性。

层别数据的使用为提高模型的计算精度和稳定性提供了切入点，无论国外主流数学模型还是国内自主开发的数学模型，均采用层别数据机制来构建模型。层别划分过粗则无异于提高计算精度，层别划分过细则提高调试难度，降低模型的使用性能，二者之间需要一种平衡。

东北大学轧制技术及连轧自动化国家重点实验室在充分了解热连轧带钢生产工艺、设备和技术条件的基础上，开发了以粗轧设定模型、精轧设定模型、板形设定和控制模型、机架间冷却设定和控制模型、层流冷却设定和控制模型为核心的一套热连轧带钢过程控制数学模型。从轧制规程、速度制度、温度制度等方面，综合考虑现场条件，实现对热轧带钢产品外形质量和组织性能质量的全面设定和控制。采用钢族形式划分层别，为新产品提供了预留接口和空间，即保证设定和控制精度，又提高了模型的可用性。

5.2.3.1 轧机设定模型

轧机设定模型分为粗轧机组设定模型和精轧机组设定模型，其主要功能为设定轧线的压下制度、速度制度和温度制度。轧机设定模型的优劣决定了该轧线产品质量精度、生产效率和流畅性，是轧制过程控制模型的核心。

粗轧过程控制系统控制模型包括轧件空冷温降模型、水冷温降模型、塑性功温升模型、轧件轧辊接触导热模型、轧件温度分布、变形抗力模型、接触弧长模型、平立轧的应力状态系数模型、平轧宽展模型、立－平轧宽展模型等。

粗轧设定模型的主要功能包括平辊规程设定、宽度设定和短行程设定、轧制节奏设定等。

粗轧的宽度控制包括宽度设定和自动宽度控制两个部分。宽度设定是粗轧过程设定计算的一部分，通过综合考虑厚度压下和宽度压下对轧件宽度变化的影响并结合宽度自学习来设定各道次的立辊开口度；自动宽度控制则是在立辊轧制过程中动态修正开口度以改善轧件全长的宽度均匀性。由于宽度检测仪表的限制，自动宽度控制的作用范围有限，因此采用立辊的短行程控制（SSC）来控制头尾部的宽度均匀性。

粗轧 AWC 系统、SSC 技术和主传动交交变频技术的应用，使宽度精度达 0～6.5mm，占带钢全长的比例达到95.4%的较好水平（国丰620mm，2012）。

精轧模型设定是通过具体的方程式和轧制参数列表因子以及自学习因子相结合，来精确地计算出轧机在穿带时目标厚度和温度下的各机架辊缝、速度及机架间张力基准等。轧制参数列表因子有很多，因此精轧数学模型能够根据热轧板厂的具体产品进行个性化设定计算。

精轧机设定规程的目的是计算出一套辊缝参考值，以便在轧机设备允许条件内获得需要的目标厚度的带钢。同时还必须计算出与电机能力相匹配的精轧各机架速度，以保持机架间的恒定秒流量，并获得精轧的目标出口温度。

在确保精轧出口温度的前提下，结合机架间冷却技术，设计热轧带钢的速度制度 TVD 曲线，如图5－11所示。

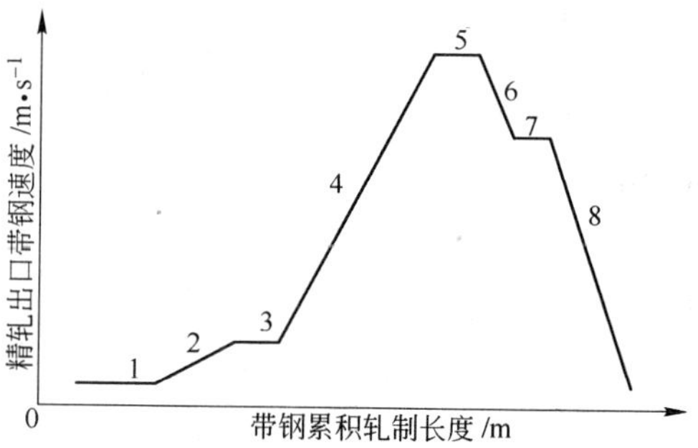

图5－11 TVD 曲线示意图

精轧机设定模型包括轧制力模型、能耗模型、温度模型、厚度模型、变形抗力模型、辊缝模型和负荷分配算法等子模型。

由于现场条件的波动，模型本身对于轧制条件的简化以及模型结构的原因，使模型计算值与实际值之间存在差异，这是过程控制模型的主要参数需要进行自学习的主要原因。

通过自学习的方法，可以使控制模型的设定值计算精度满足过程控制的要求。模型参数自学习分为短期自学习和长期自学习。短期自学习用于轧件到轧件的参数修正，学习后的参数值自动替代原先的参数值，用于下一块同钢种轧件，主要是与轧件有关的模型参数自学习。长期自学习用于大量同种轧件长期参数修正，主要是与轧机有关的模型参数自学习。

为了保证带钢在精轧轧制过程中的正常轧制，精轧设定模型通过各个功能模块在精轧设定主程序中的相互调用，利用模型中所提供的模型参数、设备参数、轧件参数及相关限制条件，在模型中增加精轧设定所需要的轧制参数实测值的有效性保护，同时充分发挥模型的自学习功能，完成精轧设定模型对轧件在精轧区域轧制规程的设定。

现场应用表明（2010，思文科德热轧厂；2011，国丰620mm 热轧厂；2012，朝鲜热连轧1780mm 生产线，目前处于开发阶段），RAL 轧机设定模型具有设定精度高、稳定性好、使用方便等优良特性。

5.2.3.2 板形设定和控制模型

板形是衡量带钢产品质量的一大指标之一，由于外界影响因素复杂，检测手段和控制技术不完善，比如板凸度和平直度的测量受到张力的影响，而轧辊的热凸度的在线测量十分困难，目前还只能依靠离线修正来提高预测精度；板形设定和控制的数学模型形式复杂，难以建立具有普遍适用性的通用板形计算模型。这些困难使板形成为了轧钢界的一大技术难题。

热连轧带钢板形设定和控制模型的目的是在带钢翘曲度极限允许范围内完成带钢在精轧机组内的比例凸度分配，采用优化精轧机组负荷分配、轧辊辊形设计、工作辊横移或交叉、轧辊冷却、工作辊弯辊等调节手段，考虑轧辊的热凸度和磨损，在满足带钢成品厚度精度的基础上得到良好的板形。

为了实现板形设定和控制模型的目的，需从轧制理论入手，对与带钢断面关系最为密切的轧辊弹性变形规律进行深入系统的分析和研究。

东北大学轧制技术及连轧自动化国家重点实验室采用影响函数法开发了轧辊弹性变形模拟计算软件，实现了对单位宽度轧制力分布、辊间压力分布、工作辊与轧件之间的辊间压扁、工作辊与支撑辊之间的辊间压扁的高精度模拟计算。

2002 年，RAL 参与了宝钢 2250mm 热连轧生产线的 NBCM 大凸度支撑辊改造项目，使用该软件进行了大量计算，为现场提供了理论和数据支持，取得了良好的效果。

RAL 采用该软件进行计算，为多个现场优化设计辊形，包括港陆 1250mm 热轧厂（2006）、台湾中钢热轧厂（2007）等。

该软件的 6 辊轧机版本应用于首钢冷轧厂等现场科研项目。

结合现场生产条件的不对称性，在原有模型的基础上，基于双悬臂梁模型开发了不对称条件下轧辊弹性模拟计算软件，可以处理轧机刚度不对称、轧件温度不对称、轧件楔形、跑偏等情形。也用于中板侧弯的分析与研究。

采用该软件模拟多种辊系曲线条件下的轧辊弹性变形，通过分析与比较确定最优辊系曲线。采用该软件还可以确定各工艺参数、设备参数对轧机出口凸度的影响函数，进而建立针对特定生产线的板形设定计算模型。

除了对辊形曲线的优化之外，RAL 以轴向力最小化为原则，综合辊形设计理论，开发了类似 CVC－3、CVC－Plus 和 SMART 曲线，针对不同曲线进行了大量分析与计算，并开发了配有友好界面的辊形设计软件，形成了新型轧辊曲线的设计能力。

在理论研究基础上，RAL 开发的热连轧板形设定和控制模型的功能包括比例凸度曲线的设定、板形控制机构参考值的设定计算、辊缝保持增益参数以及为板凸度和平直度控制提供的增益参数。

比例凸度分配是板形设定的核心内容，一般采用图 5－12 给出的方法进行比例凸度的分配，即在上游机架完成比例凸度的变化，而在下游机架带钢的宽厚比较大时保持比例凸度恒定。

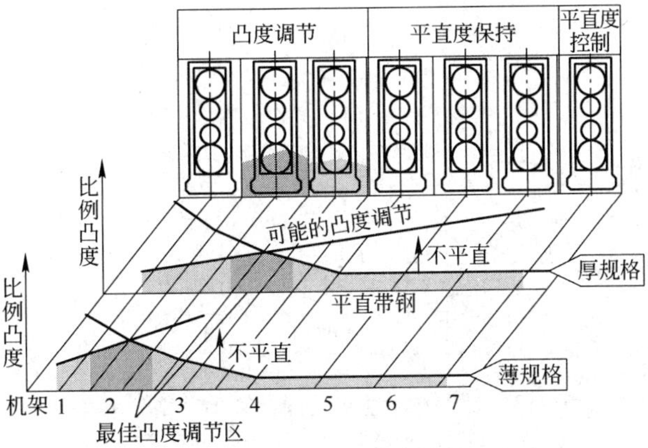

图 5－12 凸度和平直度控制区段

另外一种方法是精轧机组的所有机架均参与比例凸度的分配，二者兼有利弊，RAL 开发的板形设定模型可以分别采用上述两种方法实现比例凸度的分配。

一般认为负荷分配对于板形的影响较为直接，所以在一些过程控制系统中，将板形设定模型与精轧设定模型结合在一起，板形设定模型可以在特殊情况下请求精轧设定模型修改负荷分配，以提高板形设定的成功率。

为了提高模型的计算精度而针对关键参数进行自学习计算。自学习计算模型包括以下三个部分即预计算、再计算和观测值计算，其中预计算按照精轧设定模型的设定结果进行板形参数和各机架间带钢凸度的计算；再计算是部分精轧设定的结果由实测值替代之后，使用与预设定模型相同的数学模型计算板形控制参数与各机架间的带钢凸度；观测值的计算是采用板凸度和平直度的实测值，反向计算各机架间的带钢凸度。通过预计算、再计算和观测值的综合比较，对平直度微调值、目标凸度微调值、工作辊凸度偏差值、机架间凸度与平直度偏差值，以及弯辊力自学习系数进行更新。

现场应用表明（2006，港陆1250mm热轧厂），RAL板形设定模型设定精度高，运行稳定、维护方便，辊形设计合理，有效解决了现场原有的支撑辊端部“掉肉”问题。

5.2.3.3 温度控制模型

热轧带钢生产线上的温度控制与带钢的组织性能密切相关，是TMCP的主要手段之一。终轧温度控制（机架间冷却）和轧后的层流冷却是温度控制的重要内容，也是实现减量化生产，提高产品质量的主要手段。

为了提高通条带钢的终轧温度控制精度，将带钢沿长度方向分成若干等长的连续样本，并分别对各样本进行温度控制。由于带钢在机架间所经历的传热过程十分复杂，带钢本身在连轧过程中有速度、厚度等参数的变化，加之升速轧制的应用，加剧了带钢样本间的差异，增加了样本温度控制的难度。因此，如何将机架间复杂的传热过程简化为可操作的相对简单的冷却区域，并实现带钢样本在机架间的微跟踪，成为实现高精度终轧温度控制的关键问题。

RAL提出样本冷却单元的概念，将精轧机组分为若干个冷却单元，针对冷却单元对样本进行跟踪和机架间冷却微调控制。机架间冷却单元的划分如图5-13所示。

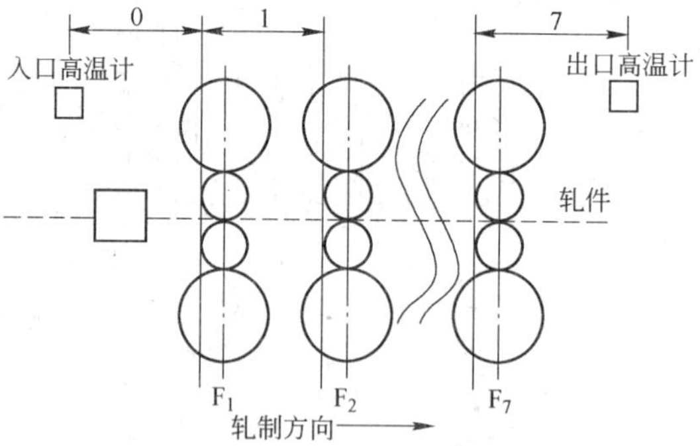

图5-13 带钢样本在机架间计算单元划分示意图

RAL终轧温度控制模型考虑了除鳞水冷、机架间水冷、轧件在变形区内的变形温升、摩擦温升和接触温降模型、空冷模型以及机架间的其他冷却模型，考虑了不同轧制条件、不同轧辊材质等因素，计算精度较高。

将机架间冷却集管区分为主冷却集管和微调冷却集管，分别位于上游机架间和下游机架间。将主冷却集管用于机架间冷却组态的设定以及根据精轧入口温度和速度而进行的前馈控制，微调集管用于根据终轧温度实测值而进行的反馈控制。

为了适应薄规格带钢和部分特殊钢种带钢轧制过程中不喷水或少喷水，以及采用固定水量喷水的技术条件，RAL开发了采用轧制速度调节的反馈控制模型，该模型采用

PID 与 Smith 预估相结合的方法，使上述特定条件下带钢终轧温度的控制精度得到大幅提高。

由于机架间冷却单元与精轧出口高温计的位置较近，且在穿带之后就可以获得带钢的终轧温度实测值，因此可以在线对同伴带钢的温度计算模型进行自适应，以提高同伴带钢的温度前馈和反馈控制精度。

因为如前所述的原因，温度控制模型也需针对关键参数进行自学习，以提高模型的设定精度。

RAL 终轧温度控制模型是由 RAL 完全独立自主开发的过程控制模型，先后应用于宝钢宁波钢铁 1780mm（2009）、首钢京唐 1580mm 热轧生产线（2010）以及港陆 1500 热轧带钢生产线（2012），其控制精度为在带钢全长 96% 以上处于 ±14.5℃之内（2010，京唐 1580，考核时间为 2012 年），超过国际先进水平。

自 20 世纪 60 年代第一套层流冷却系统应用于英国布林斯奥思 432mm 窄带钢热轧机以来，几乎每套带钢热轧机输出辊道上都装有冷却系统，使人们深刻认识到“水是最廉价的合金元素”，并把注意力集中到轧后的加速冷却工艺上。为了提高冷却效果，国内外提出过各种冷却方式，比如：压力喷射冷却、层流冷却、水幕冷却、雾化冷却、喷淋冷却、板湍流冷却、水－气喷雾加速冷却等多种形式。层流冷却由于其冷却效率较高，上下表面、纵向冷却比较均匀而得到广泛应用。它的基本原理是由高位水箱给集管上密集分布的 U 型喷管提供约 0.08MPa 压力稳定的冷却水，均匀连续地流向带钢，带钢被一薄层冷却水所覆盖，由于集管的数量很多，排列又较密，另外，沿输出辊道每隔一段距离设置的侧喷管能将滞留在带钢表面上的水冲掉，于是带钢表面上的水层可以得到更新，提高了带钢和冷却水的换热能力，冷却效果较好。

对于不同规格、厚度、温度、速度的带钢可通过冷却集管开闭数量的调节实现冷却控制。但层流冷却集管精细开闭控制却是一个复杂的工业控制过程，从传热学的角度看，在冷却过程中，既有带钢与环境的辐射散热、与冷却水的对流换热、与辊道的接触热传导，还有沿其厚度方向的导热以及在相变区内生的相变潜热扩散，其中特别是水冷换热，它与带材的材质、终轧温度、厚度、速度、冷却水的水量、水压、水温及水流运动形态、冷却装置的设备工况等多种因素有关，对传热过程的精确化数学描述能提高模型的设定精度；从运动学的角度看，带钢头、中、尾各部位在冷却区的速度都是变化的，尤其是在加减速情况下，每一段带钢的速度都不相同，但是要求的卷取温度却是相同的；从生产的角度看，介于精轧与卷取之间的轧后冷却过程，势必受到前后工序的直接影响，诸如终轧温度控制水平、升速轧制制度、板形控制水平、卷取制度，同时还与轧制计划编排、多个加热炉的烧钢制度、氧化铁皮的控制等因素相关；从控制的角度看，由于热输出辊道一般长 100m 左右，薄带钢运行速度一般在 10m/s 以上，整个冷却时间只有 7～10s 左右，而水阀阀门响应时间加上水从高约 1.6m 左右的 U 型喷管流到带钢表面上的延迟时间接近 1.5s 左右，显然热轧带钢轧后冷却是一个以前馈为主，反馈为辅，不断进行自适应的闭环控制系统。由此可见，轧后冷却过程具有典型的多变量、强耦合、非线性、离散型特征。对热轧带钢层流冷却的精确控制一直是热轧领域关注的重要问题之一。

目前，层流冷却控制模型一般都由预设定、精轧出口动态设定和冷却区域再设定三个环节构成。采用带钢分段、冷却区分区的方式，遵循开冷温度至终冷温度间必要冷却量最小化的原则，按照给定的冷却策略，诸如前段主冷、后段主冷、稀疏冷却、两段冷却等，计算带钢在冷却区的温度演变历程，同时获得满足目标卷取温度的水阀开闭状态，实现前馈控制；另外，根据卷取温度实测值和目标值偏差进行反馈控制。冷却结束以后根据带钢段实际的开阀组态进行卷取温度再计算，利用模型计算值和实测值偏差进行卷对卷自学习。目前国内外对常规钢种卷取温度的控制精度平均可以达到±18℃以内，同时满足用户对成品板形、表面质量的要求。东北大学轧制技术及连轧自动化国家重点实验室自1998年开始，一直专注于轧后层流冷却控制技术，在消化吸收多家层流冷却资料的基础上形成了具有自己特色的层流冷却控制技术，并先后承担国内数十条热连轧冷却线的改造或新建任务。其中，基于攀枝花新钢钒股份公司1450mm热轧板厂三期改造的“国产1450热连轧关键技术及设备研究与应用”项目，荣获2006年度国家科技进步二等奖。2011年8月经项目验收的首钢京唐1580mm热轧冷却线实际卷取温度控制指标已达到带钢全长95.4%以上在±18℃以内。

随着先进高强钢的开发，传统的层流冷却线已经不能满足产品对冷却速率的要求，于是促使复合冷却线的诞生。1997年比利时CRM研究开发了超快速冷却装置，2002年，日本NKK又在其福山厂的1号热连轧轧后冷却区域安装了Super－OLAC H（Super On－Line Accelerated Cooling for Hot Strip Mill，热连轧在线加速冷却），2004年东北大学轧制技术及连轧自动化国家重点实验室开发了ADCOS快速冷却装置。超快速冷却装置和普通层流冷却装置同时布置在热输出辊道上，可以充分发挥每一种冷却设备的特点，实现不同的冷却效果，满足产品最终微观组织和力学性能的要求。2007年王国栋院士提出了基于超快冷的新一代控制轧制及控制冷却思想，进一步指明了超快冷在晶粒细化、合金元素析出、相变强化等提高钢材强韧性的作用。在此背景下，东北大学层流冷却控制模型对轧后冷却质量控制思想也从卷取温度控制和板带厚度方向均匀冷却控制向冷却速度控制、冷却路径控制和组织性能控制方向发展。层流冷却控制模式除常规卷取温度控制模式外，增加了满足管线钢开发的冷却速度控制模式、满足双相钢开发的冷却路径控制模式、满足低成本低合金高强钢开发的超快冷＋层冷复合冷却控制模式。轧后冷却工艺参数除了开冷温度和卷取温度以外，还增加了临界温度、铁素体转变空冷时间和冷却子区冷却速度参数。另外，轧后冷却控制系统也由单一的卷取温度闭环控制向中间温度闭环控制和卷取温度闭环控制发展。为消除反馈的时滞影响，东北大学的层冷反馈控制采用具有自主知识产权的专利技术（一种基于测温仪的板带热连轧卷取温度控制方法），基于smith预估控制器的反馈算法，克服了传统PID控制器的缺点，同时具有非常快的响应速度，又具有较高的静态控制精度，真正实现了带钢表面位置和喷水时间的一致性，解决了反馈引起的实际卷取温度在目标卷取温度上下震荡问题。另外，通过京唐1580mm热轧冷却线和济钢1700mm热轧冷却线的实际控制效果表明，将反馈控制功能由一级基础自动化上升到二级过程自动化中利于模型反馈设定值和模型动态设定、再设定值的耦合，同时为后续的自学习再计算提供了精确的水阀开闭状态，也能显著提高自学习的效果。

随着热轧轧制厚度的不断拓展，建立在集总参数法基础之上的层冷模型已经不能反映厚度大于6mm带钢的冷却过程。东北大学的层冷模型也开始采用差分模型，考虑带钢内部热传导，提高厚规格带钢卷取温度的设定精度。另外，为解决在换规格轧制或间隔很长时间再轧带钢卷取温度设定精度差的问题，东北大学在层流冷却长期自学习系数的确定方面实现了突破，申请了基于案例推理的轧后冷却长期自学习方法专利。采用相似度函数，利用已有的生产数据，在其中找出和当前工况比较一致的历史工况对应的长期自学习系数中去推理出当前需应用的长期自学习系数。该方法能综合模型的长期自学习系数和模型维护人员的经验值，在历史生产数据中挖掘出最优的学习系数，能有效地提高卷取温度的设定精度，提高模型对生产工况的适应能力。该方法已在京唐1580mm热轧冷却控制模型中得到了成功应用（2010）。

5.2.4 基础自动化

基础自动化负责控制从板坯库入口到运输链末端以及精整线和辅助设施，包括板坯库、加热炉、粗轧、精轧，卷取、钢卷运输链、热轧平整分卷线、液压润滑站、地下油库及机设备的设备监视等。

Ⅱ级模型为生产过程提供了控制参数的参考值，而基础自动化与设备和仪表的联系更为直接和快捷，可根据现场实际进行实时调节，采用合理的算法对参考值进行快速微调，以保证过程控制的精度、轧制过程的稳定性和连贯性。

基础自动化控制级其主要功能有：自动厚度控制、短行程和自动宽度控制、板形控制、活套张力位置控制、卷取机踏步控制、主令速度控制、电动和液压位置控制、传动控制、逻辑控制、顺序控制、数据采集、数据通讯等。

在粗轧机组，基础自动化控制的难点在于自动宽度控制和短行程控制。

短行程控制的基本思想是：根据轧件头尾部宽度异常的轮廓曲线，得出宽度补偿曲线，在立辊轧制过程中根据该补偿曲线动态调整立辊轧机的开口度，再经过水平辊轧制后，使头尾端部的失宽量减少到最低限度。短行程控制中，立辊开口度是一个实时变化的量，既要求立辊的位置实时精确变化，又要保持变化轨迹的平滑性。粗轧立辊短行程控制示意图如图5－14所示。

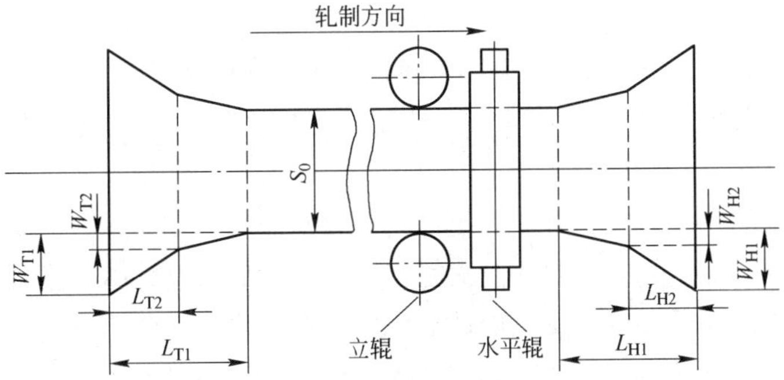

图5－14 短行程控制基本原理示意图

而自动宽度控制在受仪表限制其宽度实测值不全面不可靠的条件下要实现全长范围内宽度的均匀性，避免水印等带来的负面影响。

精轧区基础自动化控制的难点在于活套控制和速度主令控制的平稳性和灵活性，既达到补偿秒流量恒定的目的，又避免因活套动作而造成的带钢失宽。

现代工业的发展，对热轧带钢的尺寸和板形控制精度提出了更高的要求。实现连轧的一个基本条件是同一时间内各个轧制道次的秒流量相等，对热轧带钢来说，主要是靠精轧机组机架间的活套来维持秒流量相等条件，从这个意义上说，活套控制是实现连轧的关键。活套装置安装在相邻两机架的中间位置，活套支持器吸收相邻机架间因轧制速度的差异引起的轧件活套量的变化量，实现秒流量相等，并使轧件在机架间保持适当的张力值，使连轧得以顺利进行。

精轧区基础自动化的另外一个难点是板形的前馈与反馈控制。板形前馈控制的目的是在轧制力波动的条件下通过实时调整弯辊力而保持辊缝恒定，而板形反馈控制的基本功能是根据板凸度和平直度实测值调整弯辊力，以保证带钢的板形质量。由于受测量仪表的影响（凸度仪在建张前其测量值不稳定，而平直度仪在建张后其测量值受严重影响）以及轧制条件的复杂性，使板形的前馈和反馈控制成为热连轧过程控制的难点。

作为基础自动化的基本功能，厚度自动控制（AGC）是现代化板带钢生产中不可或缺的重要组成部分。高精度的热连轧厚度自动控制的实现是液压辊缝控制（HGC）、监控AGC、前馈AGC、厚度计AGC等多种厚度控制方式和补偿策略共同作用的结果。

RAL热连轧基础自动化过程控制系统应用于多家生产线，经过多年的研究与实践，RAL掌握了全套的热连轧基础自动化理论和技术，针对控制过程中的难点问题开发了新型的控制技术并取得了专利（一种动态补偿液压伺服阀零漂的方法：CN200710157853.6，2008；一种快速高精度板带轧制过程自动控制厚度的方法：CN200610045735.1，2006；一种板带轧制中测量料卷卷径、带宽的装置及其方法：CN200810013465.5，2009），尚有多项专利处于申请或公示状态。

5.2.5 前景展望

热连轧带钢自动化控制系统随着现场技术要求的提高、测量技术的不断进步以及相关轧制理论和自动控制理论的不断完善，在今后尚有较大的提升空间，主要表现在：

（1）专家系统和组织性能在线预测的应用，通过专家系统，将实验室研究成果与现场工艺设计无缝连接，结合组织性能在线预测功能，在线优化工艺规程和控制参数，以提高新产品、新规程的首块钢命中率，使轧制过程控制模型快速适应不断新钢种的技术要求；

（2）控制系统的自我诊断，Ⅱ级系统通过报警日志的数据记录和分析，已经可以实现部分自我诊断功能，而在Ⅰ级系统由于设备、仪表的复杂性等原因，实现完全的自我诊断还存在一定困难，控制系统的自我诊断对于系统的稳定性、安全性具有重要的意义；

（3）理论研究成果的迅速转化，如前所述，应继续开展轧制理论方面的基础研究，对于变形区内金属流动规律、摩擦条件的变化等影响轧制力预报精度的主要因素应开展持续不断的研究，并将研究成果体现在在线设定模型的优化方面。其他方面，如新型算法的开发与应用、不对称条件下的板形控制模型的建模、高温带钢的水冷机制的深入研究以及在此基础上探讨新型冷却模式的可能性等，应引起足够的重视。

5.3 冷连轧轧制生产线自动控制系统

冷轧板带材属于高附加值产品，是汽车、家电、食品包装、建筑等行业所必不可少的原材料，近年来工业发达国家在钢材结构上的一个明显变化是在保持钢材板带比持续提高的前提下，高附加值的深加工冷轧板带产品显著增加，许多工业发达国家热轧板带材转化为冷轧板带材和涂镀层板，比例高达90%以上。随着我国经济发展和城市化进程的加快，高附加值的深加工冷轧板带产品需求显著增加，国内市场对冷轧产品的需求量很大，并长期保持着增长态势。在我国2010年进口的钢材中，冷轧板进口量占总进口量的比例超过80%，而其中进口量最大的品种依次为优质镀层板、高精度冷轧深冲板、电工钢和不锈钢板带，总量占钢材进口总量的比例超过70%。根据目前我国冷轧产品的需求情况，一方面是解决国内自己需求的快速增长，另外一方面是替代进口，解决市场占有率和自给率低的问题。

在下游行业对冷轧板带需求增加的同时，对产品质量和规格也提出了越来越高的要求。厚度精度是产品质量中最为重要的指标之一，《低碳钢冷轧带钢》（GB 3526—1983）国家标准中高级精度的厚度允许偏差也只能为其公称厚度的5% ~5.7%，厚度允许偏差只能达到毫米级范围之内，而用户要求的厚度偏差精度已经是达到了微米级，整整提高了一个数量级，表5-2为用户要求的冷轧板带钢厚度偏差与《低碳钢冷轧带钢》（GB 3526—1983）规定的厚度偏差比较表。我国生产的冷轧带钢产品厚度大多在0.25mm以上，可以稳定轧制生产薄至0.18mm产品的大部分是单机架六辊或二十辊可逆式轧机。但是目前有许多高新产品需要轧制更薄的规格，导致了目前冷轧板生产中薄规格产品缺乏的状况，如典型的镀锡板厚度由0.18 ~0.32mm下降至0.1 ~0.18mm发展，还有一些电子用低碳深冲钢带如0.25mm厚的电阻帽冲压带，0.1 ~0.2mm的电磁屏蔽材料，0.15mm的传统电视的荫罩材料等。此外，电工钢的发展也需发展薄规格的高效电工钢，例如取向的Hi-B电工钢原生产厚度为0.27mm和0.23mm，现为了降低涡流损耗需将厚度减薄至0.15mm。同样，薄规格彩涂板也受到建筑业等领域的广泛欢迎，由典型的0.35mm和0.5mm降至0.12mm、0.16mm和0.18mm，所以薄规格彩涂板的基板也一直供应紧张，据估计薄规格的需求量（0.15mm以下）每年超过200万吨。

表5-2 用户要求的厚度偏差与GB 3526—1983规定的厚度偏差比较

带钢厚度/mm	GB 3526—1983规定的厚度偏差		用户要求的厚度偏差		备 注
	mm	%	mm	%	
0.35	±0.02	±5.7	±0.004	±1.14	邦迪管用冷轧带钢
0.5	±0.025	±5.0	±0.005	±1.0	电子工业用高精度带钢
1.0	±0.035	±3.5	±0.008	±0.8	

冷连轧过程涉及材料成型、控制理论与控制工程、计算机科学、机械等多个学科领

域，是一个典型的多学科综合交叉的冶金工业流程，具有多变量、强耦合、高响应、非线性、高精度等特点。从20世纪60年代起计算机控制系统开始广泛应用于轧制过程，德国西门子、日本日立等几家大电气公司掌握着冷连轧的核心技术，基本垄断了世界高端板带冷连轧自动化控制技术的市场。迄今为止我国引进的冷连轧生产线计算机控制系统已经囊括了世界上所有掌握核心技术的公司，出于对自己核心技术的保密，引进系统中一些关键模型及控制功能通常采用“黑箱”的形式，使新功能和新产品的开发以及以后的系统升级改造受到很大制约。近年来，国外先进技术和装备的大量引进加上国内自主创新，无论在装机水平、生产能力、还是产品质量方面我国都有了大幅度的提高，但还存在设备现代化和自动化水平不高、厚度控制和板形控制等核心控制系统的控制精度及稳定性与国际先进水平存在一定差距等很多问题，开发具有我国自主知识产权的冷连轧控制系统，必将有力推动我国钢铁行业的科技进步，有着极其深远的经济和社会效益。

5.3.1 冷连轧自动控制系统的开发难点与关键技术

冷连轧控制系统是一个典型的非线性、强耦合的系统，下面将对东北大学轧制技术及连轧自动化国家重点实验室（RAL）自主开发的冷连轧控制系统关键控制技术进行描述，其中基于调控功效的板形控制技术将在专题“冷轧板形控制系统”中详细介绍。

5.3.1.1 液压伺服闭环控制技术

冷连轧控制系统中有着很多的典型双闭环系统，液压伺服系统在不同的控制策略中分别是张力、厚度及板形的控制内环，稳定、高精度、快速响应的液压伺服闭环控制系统是获得良好质量精度的必要条件。

液压伺服闭环控制系统包括位置控制闭环与轧制力控制闭环，一般采用传统PID控制器。但伺服液压系统在运动方向发生变化时，其速度特性和动态特性都有很大变化，由于液压缸进油和出油时的活塞移动速度与阀口压力差的平方根成正比，其关系曲线呈蝴蝶状，因此伺服阀的这一特性也称为蝶形特性。为了获得更好的控制精度和系统稳定性，东大RAL在伺服控制中加入蝶形补偿系数，如图5－15所示。

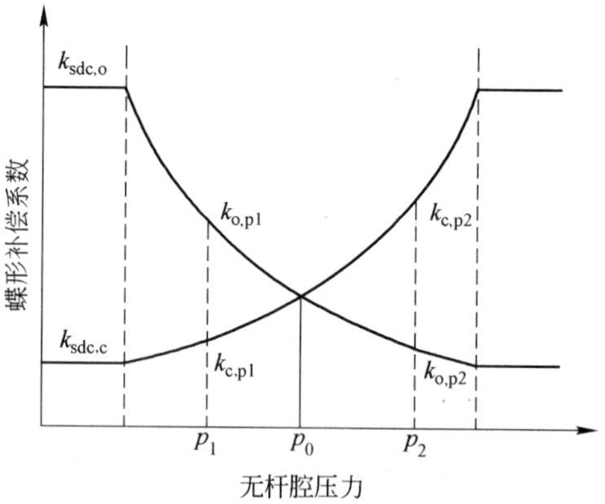

图5－15 伺服蝶形补偿系数

由于电气性能、机械磨损和装配等方面的影响，伺服零偏一般是不可避免的。伺服阀零偏是影响液压压下系统静态性能的主要因素。如果不能够消除伺服零偏的影响，则会导致液压伺服系统的控制精度降低。为此，在位置和轧制力的设定值均不发生变化且实际位置和轧制力相对稳定后，对伺服电流进行积分。以位置闭环控制方式为例，位置设定值不变且位置偏差稳定在某一误差范围内时，当前的位置控制偏差就可以认为是由伺服零偏造成的，为了不影响积分过程中系统的动态性能，使用较大的积分时间常数进行积分得到伺服零偏补偿值。

5.3.1.2 高精度张力控制技术

对于冷连轧机组而言，张力控制存在两种形式，入口和出口张力采用控制电机转矩的方式完成张力控制，机架间张力通过调节下游机架辊缝或前后机架速比的方式完成张力控制。

A 出入口张力控制

出入口张力控制过程中，在没有安装张力计时一般采用间接恒张力控制策略，通过设定速度输出饱和，给传动系统设定张力转矩、摩擦转矩等作为转矩限幅，并附加动态加减速转矩补偿的张力控制方式；安装有张力计时一般采用复合张力控制策略，就是在间接恒张力控制策略的基础上，通过检测实际张力形成张力控制闭环。通过上述的分析可以看出，设定的三部分转矩是张力控制精度的基础，而瞬时卷径、摩擦转矩和转动惯量等参数又直接关系到转矩设定，为了获得更好的张力控制精度，东大 RAL 对这些关键参数实现了精确获取。

卷径获取的方式主要有层数累积计算和速度比计算两种，具备条件的情况下两种方式一般都同时使用，以速度比作为主要计算方式，以层数累计作为瞬时卷径的增量限幅。对于极薄带材轧制，也可以采用测距仪完成卷径直接测量。

由于电机旋转速度不同，整个系统的摩擦状态也在随速度的变化而变化，简单地认为摩擦转矩为常数必将降低张力控制精度。根据系统的摩擦状态随速度的变化而变化的特点，对传动系统速度进行分段测试，得到不同速度下的摩擦转矩，再回归成为转速 - 摩擦转矩曲线，在不同速度下按照曲线给出摩擦转矩设定值。

传统上传动系统的转动惯量应该由机械制造厂家提供，但是由于测试不准确甚至某些厂家并不具有转动惯量的测试能力，再加上安装过程中对设备状态的改变等，都最终影响了整个传动系统转动惯量的精确度。

设置较小的传动装置输出限幅和较大的速度升速斜坡，控制电机从低速开始升速，使传动装置输出转矩饱和至限幅值，记录下升速过程中的实际转速和实际转矩。取出转矩饱和至限幅值段的实际转速数据，计算出这个过程中的角加速度，并根据回归出的转速 - 摩擦转矩关系计算出摩擦转矩平均值，根据电机旋转运动方程即可计算出精确的转动惯量。

B 机架间张力控制

一般来说，机架间张力的控制方式有两种，一种是通过辊缝的调整来控制张力，另一种是通过前后机架的速度调整来控制张力。有些生产线采用的完全独立的速度 - 张力控制器与辊缝 - 张力控制器，其控制模式的切换过程容易引起张力的震荡。

东大 RAL 将轧机工作状态划分为三个速度段，即建立静态张力与轧机在低速阶段、轧机在升降速阶段和轧机在高速稳态轧制阶段。轧机工作在低速段时，辊缝的变化对秒流量的改变较少，于是辊缝对张力的调节能力较低，需通过调节前后两机架的速度差即机架间速比来建立与控制张力。当随着轧制速度的升高，辊缝对张力的调节能力逐渐增强，尤其是在轧机普遍工作的高速稳定轧制阶段，辊缝的微小变化将会引起较大的秒流量变化，张力对辊缝变化的反应非常敏感。所以，在加速阶段张力控制将从速度模式切换至辊缝模式，在高速阶段采用辊缝调节张力会得到更好的张力控制效果。但考虑到辊缝对张力的控制范围毕竟有限，如果辊缝调节超出其对张力的控制阈值，则会引起断带或是失张，因此在张力超出设定阈值时仍需投入速度调节以将张力快速的调整至安全范围内。

张力偏差通过偏差滤波以及张力控制器控制后，经过辊缝补偿效率环节转换为辊缝修正量，以修正下游机架辊缝以实现张力的控制。考虑到为在不同速度下获得最优的张力控制效果，以及实现辊缝模式与速度模式之间的平滑切换，设置了与常规张力闭环并行的极限张力闭环。此控制闭环设置了由末机架速度回归算法得到的动态张力阈值，系统将实际张力与动态张力阈值进行比较，得出偏差经过动态控制因子转换为机架间速比控制量。在建立静态张力以及低速时，动态张力阈值范围很小，极限张力控制闭环完全屏蔽常规张力控制闭环，其机架间张力完全依靠速比控制量进行控制；在轧机升速时，随着动态张力阈值范围逐渐放开，速比调节量逐渐消失，辊缝调节量逐渐增加，张力控制由速度调节平滑切换为辊缝调节；当轧机工作在高速轧制阶段时，动态张力阈值范围较大，系统主要以常规张力闭环输出的辊缝调节量控制张力，极限张力控制闭环的动态张力阈值作为张力的限幅值维持稳定的轧制状态。当实际张力接近限幅值时，锁定辊缝调节量，速比调节量将输出以实现张力的快速保护。

5.3.1.3 冷连轧厚度控制技术

从20世纪末开始，板厚控制技术向着大型化、高速化、连续化的方向发展，东大RAL开发的冷连轧AGC控制是一个综合的计算机控制策略集成体，包含前馈AGC、监控AGC、秒流量AGC以及各种厚度补偿控制等。

冷连轧AGC可有多种方案，主要决定于测厚仪等仪表的配置。典型的冷连轧机一般在第1、2机架设置粗调AGC，基本上消除来料厚度波动，并尽量减小轧辊偏心造成的厚度周期波动。在第4、5机架设置精调AGC，根据成品测厚信息进行成品精度的最终控制，第3机架作为基准机架。

A 粗调AGC系统

如前所述，轧机入口张力通过调节张力辊转矩来完成，轧机入口张力辊为转矩控制方式。第1机架的前馈AGC、监控AGC和秒流量AGC都通过调节第1机架辊缝完成，第2机架的前馈通过调节第1机架速度完成，为了避免对第1~2机架间张力造成影响，同步给出第2机架的辊缝调节量。

无论对于任何一种AGC控制策略，控制厚度偏差所需的辊缝调节量与轧机刚度及带钢塑性系数有关，而这些系数都是近似的不准确数据，随着工作状态的不同而不断变化，因此不可能计算得到精确的辊缝调节量。RAL开发的粗调AGC将秒流量恒定原理扩展到入口张力辊，把入口张力辊当做零压下率的第零号机架，这样就可以避开辊缝调节量，通过改变入口速度完成对带钢厚度的控制。该粗调AGC系统如图5-16所示。

B 精调AGC系统

根据所轧产品的厚度及硬度不同，将精调AGC系统分为极限张力模式和平整模式。在极限张力模式下，第5机架工作在位置控制模式，第4~5机架之间的张力通过调节第5机架辊缝完成，张力允许在一定范围内波动。第5机架的前馈AGC、监控AGC和秒流量AGC均通过调节第5机架的速度完成，第4机架的监控通过调节第4机架速度完成，在平整模式下，第5机架工作在轧制力控制模式已完成末机架的平整功能，第4~5机架之间的张力通过调节第4机架速度完成。第5机架的监控通过同步调节第4、第5机架的速度完成，以避免对第4~5机架间张力造成干扰，同时调节第4机架辊缝以避免对第3~4机架间张力造成干扰。

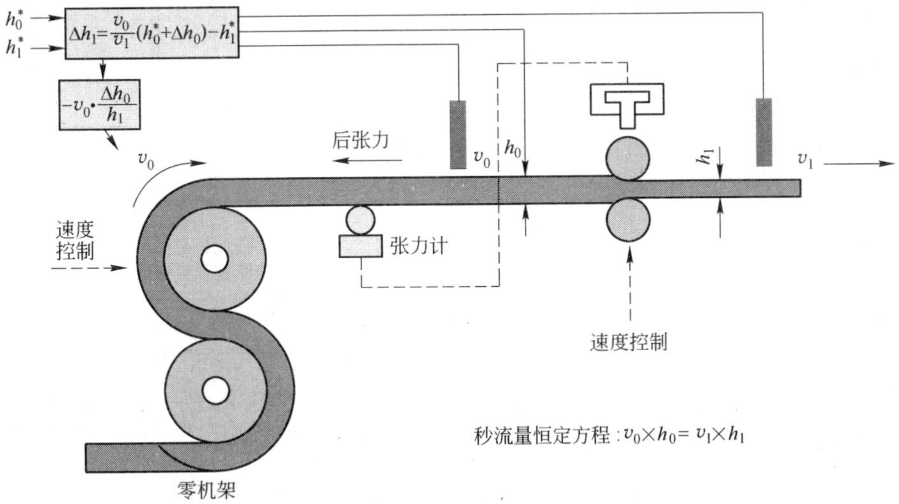

图 5－16 RAL 粗调 AGC 系统

5.3.1.4 动态变规格控制技术

全连续冷连轧的关键是要解决动态变规格技术，以避免穿带、甩尾过程，缩短了加、减速过程的时间，从而可以提高轧机生产率，同时改善带钢的质量，尤其是带钢头、尾部的厚度偏差得到较好控制，进而减少了带钢的切损，提高成材率。目前，动态变规格控制方式按照变规格点沿连轧生产线各机架辊缝和速度调整顺序一般可分为顺流调节法和逆流调节法两种。顺流控制由于轧速最高的最后一架要做多次调整，将对精调 AGC 和下游机架张力造成较大影响，对其压下和速度控制系统的快速响应性能提出很高的要求，这限制了顺流调节的应用。相反，逆流调节可以保证下游机架按照前一带材规格正常轧制，对上游机架的调节对系统快速响应没有过高的要求，因此 RAL 开发的冷连轧控制系统采用了逆流控制方式。

过程机计算出变规格过程的楔形区长度和焊缝在楔形区的位置，经过各机架轧制之后最后的楔形区的长度不能超过机架间的距离。楔形区由一机架轧出后随着带钢的运动要逐架咬入后面机架，直到从末机架轧出。在这个过程中，各机架的辊缝、辊速等设定值要随着楔形区的移动而逐渐变化，会导致前后机架间的张力波动。因此为了使这些设定参数的变动尽可能不影响到前后带钢的稳定轧制，保证前带材尾部及后带材头部的质量，必须有一个合理的控制策略和正确的控制时序。应根据连轧机组的生产特点确定适合的动态变规格控制模型，利用辊缝、速度动态设定方法以提高变规格过程带钢的厚度和速度精度，也有利于机架间张力的稳定；并根据各工艺参数的特点，综合考虑厚度、张力等控制器的锁定问题，达到各输出调节量也平稳过渡的目的。

5.3.1.5 冷连轧过程控制技术

模型设定系统是冷连轧过程控制的核心功能，其基本任务是根据 PDI 数据、轧辊数据及轧件跟踪信息等计算最优的轧机预设定。RAL 经过对东芝三菱、德国西门子、西门子奥钢联等世界先进电气公司冷连轧机过程控制系统的技术消化以及研究，开发出了可满足从单机架轧机到冷连轧联合机组要求的模型设定系统。该模型设定系统的框图如图 5－17 所示，系统包括：在线数学模型、负荷分配及模型自适应自学习三部分。

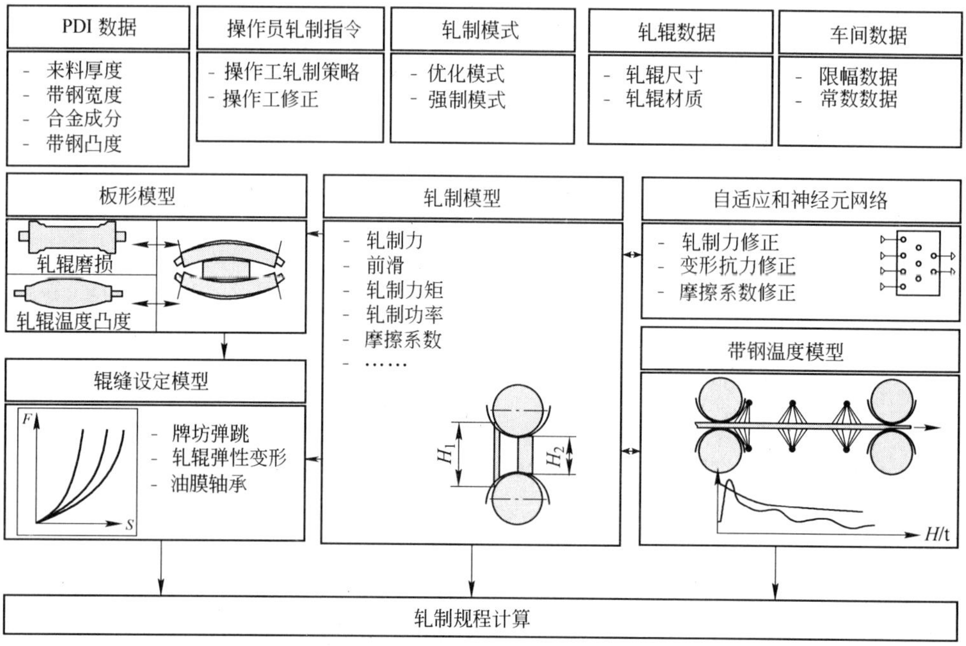

图 5-17 冷连轧轧制规程计算模块示意图

A 在线数学模型

轧制模型由多个子模型组成，主要包括：轧制力计算模型、功率计算模型、材料变形抗力、摩擦系数模型等。

为提高冷连轧轧制模型设定精度，RAL 研究开发了一套高精度、高速度的轧制参数设定模型。模型将轧件在辊缝中的变形区域划分为入口弹性压缩区、塑性区和出口弹性回复区，如图 5-18 所示。其中，弹性变形区的工艺参数可用解析方法直接求出，而塑性变形区采用数值积分方法。数值积分的基本思想是将轧件与轧辊的变形区划分为一定数量的标准

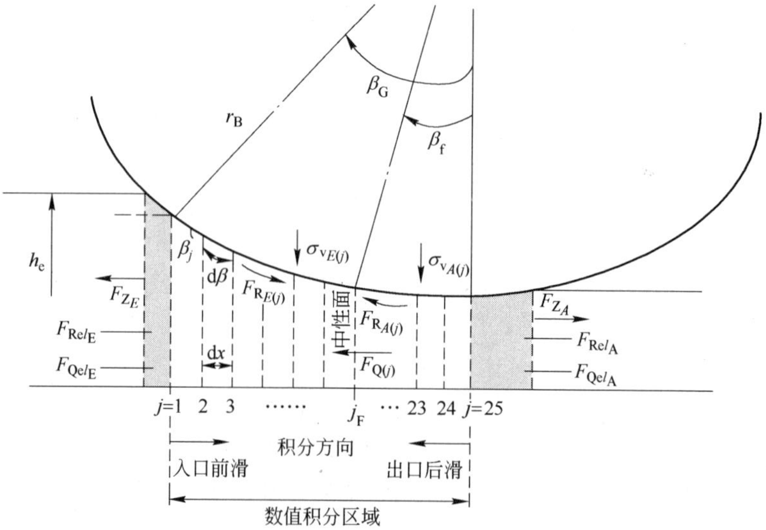

图 5-18 轧制变形区微元体划分示意图

单元，利用边界条件可逐个求出每个微分单元的受力关系，从而可求出前滑和后滑区的垂直应力分布。在得到应力分布的基础上，通过对每个微元体进行累计求和可求解出轧制力。

对于冷轧薄板来说，由于轧辊及轧件弹性变形所引起的接触弧长度的变化是不能忽略的。由于轧制力和轧辊压扁半径的耦合关系，在计算时采用迭代算法。

B 模型自适应和长期自学习

模型自适应通过收集轧制过程实测信息对数学模型中的系数进行在线修正，从而减少计算值与实际值之间的偏差。开发的模型自适应自学习功能块包括短期自适应和长期神经元网络自学习。

短期自适应修正系数的计算采用指数平滑法，主要对摩擦系数、轧制力矩、工作辊凸度及辊缝等模型进行修正。针对轧制力模型自适应指数平滑算法中难以用固定增益系数适应轧制状况变化的问题，东大 RAL 提出了一种根据实测数据动态调整增益系数的方法，建立了增益系数与测量值等效置信度之间的数学关系式。

长期自学习通过分析大量已轧钢卷信息，采用 RBF 神经元网络对摩擦系数及变形抗力模型参数进行修正。其中，材料变形抗力神经网络结构示意图如图 5 – 19 所示。

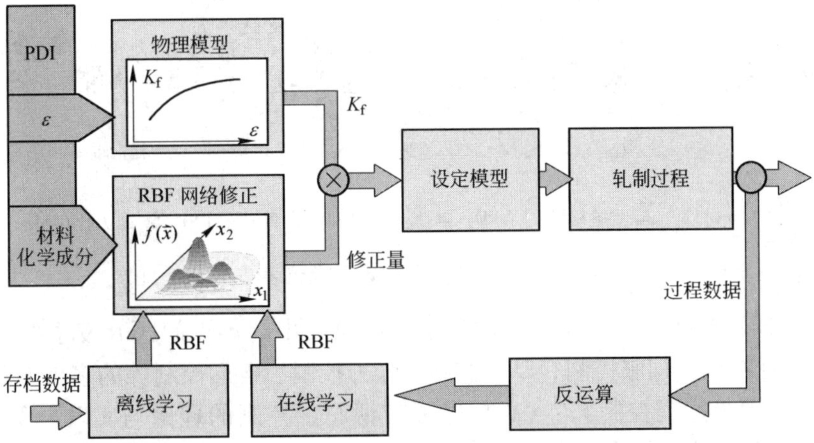

图 5 – 19 材料变形抗力 RBF 神经网络结构示意图

C 基于成本函数的多目标优化负荷分配

轧机负荷分配是冷连轧生产工艺的核心内容，合理的负荷分配能实现节能轧制、充分发挥轧机的生产能力并保证产品质量。常规的轧机负荷分配确定，主要是根据经验确定轧制道次数和各道次/各机架压下率，进而确定其速度和张力制度；与常规方法不同，东大 RAL 研究开发了一种基于成本函数的多目标优化负荷分配方式。该负荷分配综合考虑了轧制过程中的轧制力、压下率、功率、板形等因素，建立了由 6 个成本函数加权求和组成的总成本函数，通过求解总成本函数的最优解便可确定压下规程、速度规程及其张力规程。

5.3.2 冷连轧自动控制系统的推广应用

东大 RAL 在冷连轧控制系统方面做了大量的工作，在对从国外引进冷连轧机组计算机控制系统进行消化，包括各工艺控制系统、轧制规程优化及数学模型消化调优。在此基础上自主研究开发了实验室三机架冷连轧机分布式计算机控制系统。2000年与日本三菱合作完成了上海宝钢益昌薄板有限公司1220mm五机架冷连轧机模型设定程序开发及在线应用，2005年与西门子奥钢联合作完成了唐钢1800mm五机架计算机控制系统应用软件联合开发，2010年与鞍钢自动化公司合作完成了鞍钢福建1450mm冷连轧机自动化控制系统研制、开发与现场调试。

通过多年的努力和技术积累，东大RAL已经具备了自主设计、集成和开发各种冷轧机组自动化控制系统的能力。2011年，东大RAL与思文科德薄板科技有限公司签订了1450mm酸洗冷连轧机组自动控制系统研制与开发项目，该酸轧联合机组采用五机架6辊UCM冷连轧机，如图5－20所示，轧线采用世界最先进的交直交传动，使用西门子TDC系统、HP服务器和IBA数据采集系统，配备有完备的厚度检测与控制、板形检测与控制等工艺控制系统，采用GDM网络、Profibus－DP网络和工业以太网，是国内第一条完全依靠自己力量开发全线控制系统应用软件并自主调试的酸洗冷连轧机组，控制系统硬件及网络配置如图5－21所示。

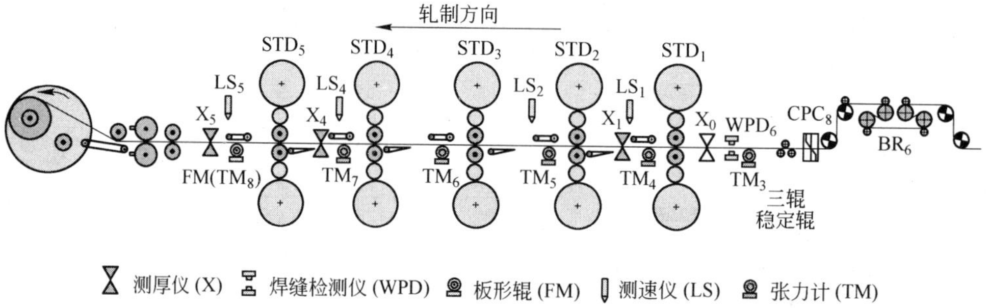

图5－20　冷连轧机组设备及仪表布置

RAL在冷连轧控制系统研究开发过程中，针对其中的难点问题开发了新型的控制技术，并取得了针对液压伺服控制、厚度控制、张力控制、板形控制等的多项专利，出版了《带钢冷连轧原理与过程控制》、《高精度板带钢厚度控制的理论与实践》等多部专著，“板带钢轧制过程的智能优化与数模调优”项目和“冷轧板形控制系统研究与开发”项目分别在2000年与2011年获得了国家科技进步二等奖。

5.3.3　结语

RAL与世界先进自动化公司合作，完成了多条冷连轧生产线的编程调试，已经掌握了冷连轧控制系统的核心技术并实现了自主创新，形成了具有自主知识产权的全套冷连轧控制系统。思文科德1450mm酸轧项目的实施有力地推动了大型高端冷连轧机组的自主创新和国产化进程，使我国拥有了冷连轧控制系统的自主知识产权，将大大增强我国在轧制控制系统方面的核心竞争力。

（致谢：对宝钢、鞍钢、唐钢、思文科德薄板科技等钢铁企业在自主创新的冷连轧控制系统研究与开发给予RAL的大力支持，对企业各级领导及广大技术人员的辛勤付出与贡献，特表示真挚的谢意！）

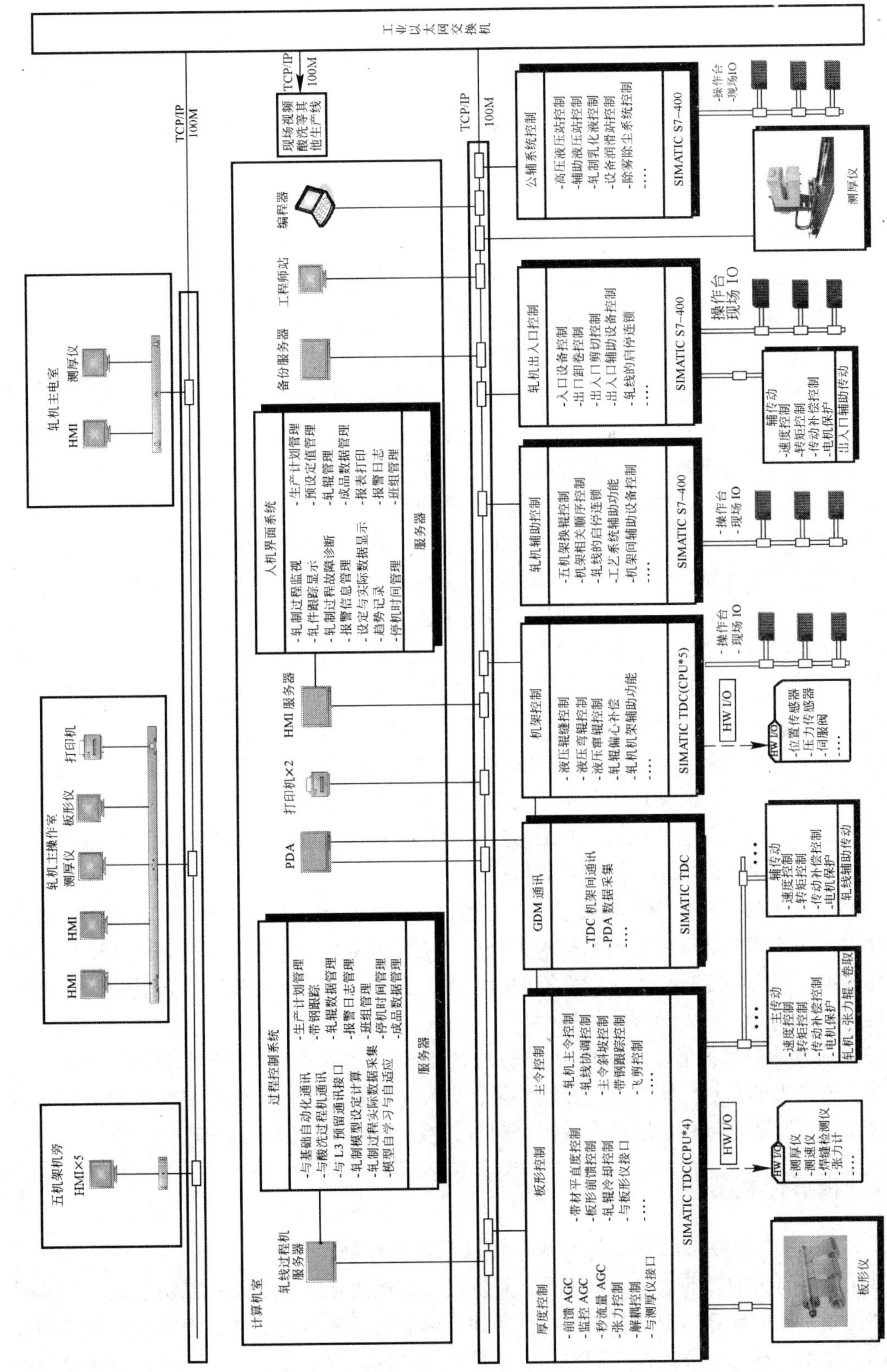

图 5-21 冷连轧控制系统硬件及网络配置

5.4 冷轧板形控制核心技术自主研发与工业应用

5.4.1 概述

随着用户对冷轧带钢板形质量要求的不断提高，世界各国钢铁企业都将提高产品板形质量作为技术研发的重点。冷轧机板形控制核心技术是轧制工艺、轧制理论、测量系统、控制系统、过程控制数学模型和工业应用等多方面技术的结合，是冶金领域高科技产品的代表之一。我国从20世纪70年初开始从事冷轧板形控制核心技术研究，40年来我国冷轧工业生产线的板形控制系统全部依赖进口。由于技术的复杂性和综合性，目前，世界范围内只有德国、瑞典等少数国家掌握冷轧带钢工业应用所需的全套板形测量、控制系统和相关板形工艺控制技术。这些国家的跨国公司只提供产品，不提供核心技术，昂贵的价格严重限制了板形控制系统在中国冷轧生产线上的应用，这不利于我国冷轧带钢板形质量的整体提升。东北大学轧制技术及连轧自动化国家重点实验室（RAL）经过十余年来不断研究与实践，通过与鞍钢联合，从板形理论、板形工艺、板形测量、信号处理、控制系统、数学模型、板形控制机型、工业应用等方面展开全方位、综合性的研究与开发，使RAL在冷轧板形控制技术领域达到国际领先水平，使中国成为世界上少数可以提供全套冷轧板形控制核心技术的国家。RAL的板形研发工作着重解决以下技术难点：

（1）开发出基于模型自适应与板形控制执行机构影响效率函数相结合的多变量板形闭环控制系统，与国际广泛使用的基于正交分解板形控制原理不同，它可以实现不同类型轧机板形控制的通用性，通过在线实测板形值对板形控制系统进行自适应优化，可以简化在线调试过程、减少调试成本，提高控制精度；

（2）形成了独具特色的冷轧板形调控思想，以此为基础，开发出基于最小磨损与轴向力优化设计的连续变凸度板形控制技术TWFC，应用于鞍钢4/6辊混合配置的2130宽带钢冷连轧机组，在大幅度减少生产线投资的前提下，提高了带钢板形质量，使其成为世界范围内独一无二的冷连轧板形调控机型；

（3）研发非对称板形控制新技术，通过六辊冷轧机中间辊与工作辊非对称控制减少轧辊磨损，提高板形非对称缺陷综合控制效果；研发冷轧机主液压系统位置和轧制力双闭环控制技术，在对非对称板形缺陷有效控制同时，减少因倾斜控制超调导致的断带事故。

5.4.2 板形控制模型

5.4.2.1 基于影响效率函数的多目标板形闭环控制

基于自主研究的影响效率函数理论，开发出多目标优化的板形闭环控制系统。板形闭环反馈控制采用的计算模型是基于最小二乘评价函数的板形控制策略，它以板形调控功效为基础，使用各板形调节机构的调控功效系数及板形辊各测量段实测板形值运用线性最小二乘原理建立板形控制效果评价函数，求解各板形调节机构的最优调节量。评价函数为：

$$J = \sum_{i=1}^{m}\left[g_i\left(\Delta y_i - \sum_{j=1}^{n}\Delta u_j \cdot \mathrm{Eff}_{ij}\right)\right]^2 \tag{5-1}$$

式中 J——评价函数；

m——测量段数；

g_i——板宽方向上各测量点的权重因子，代表调节机构对板宽方向各个测量点的板形影响程度，边部测量点的权重因子要比中部区域大；

n——板形调节机构数目；

Δu_j——第 j 个板形调节机构的调节量；

Eff_{ij}——第 j 个板形调节机构对第 i 个测量段的板形调节功效系数；

Δy_i——第 i 个测量段板形设定值与实际值之间的偏差。

当 J 最小时

$$\partial J/\partial \Delta u_j = 0 \quad (j=1,\ 2,\ \cdots,\ n) \tag{5-2}$$

可得 n 个方程，求解方程组可得各板形调节结构的调节量 Δu_j。

获得各板形调节机构的板形调控功效系数之后，板形控制系统按照接力方式计算各个板形调节机构的调节量。首先根据板形偏差计算出轧辊的倾斜量，然后从板形偏差中减去轧辊倾斜所调节的板形偏差，再从剩余的板形偏差中计算工作辊的弯辊量，按照这种接力方式依次计算出中间辊正弯辊量、中间辊横移量，最后残余的板形偏差由分段冷却消除。调节机构的执行顺序会影响板形控制效果，需要按照各调节机构的特性以及设备状况制定执行顺序。各板形调节机构之间具有替代模式，当计算出的某个调节机构的调节量超限时，则使用另外一个调节机构来完成超限部分调节量。

5.4.2.2 轧制力前馈控制模型

轧制力前馈控制主要是用来补偿轧制力波动引起的辊缝形状的变化。和闭环反馈板形控制策略相同，轧制力前馈计算模型也是以板形调控功效为基础，基于最小二乘评价函数的板形控制策略。其评价函数为：

$$J' = \sum_{i=1}^{m}\left(\Delta p \cdot \mathrm{Eff}'_{ip} - \sum_{j=1}^{n}\Delta u_j \cdot \mathrm{Eff}_{ij}\right)^2 \tag{5-3}$$

式中 Δp——轧制力变化量的平滑值；

Eff'_{ip}——轧制力在板宽方向上测量点 i 处的影响系数（等同于轧制力的板形调控功效系数）；

Δu_j，Eff_{ij}——分别为用于补偿轧制力波动对板形影响的板形调节机构调节量和该板形调节机构在 i 处的调控功效系数。

当 J'最小时

$$\partial J'/\partial \Delta u_j = 0 \quad (j=1,\ 2,\ \cdots,\ n) \tag{5-4}$$

可得 n 个方程，求解方程组可得用于补偿轧制力波动的各板形调节结构的调节量 Δu_j。为了抵消轧制力波动对带钢板形的影响，用于补偿轧制力波动的板形调节机构要与轧制力具有相似的板形调控功效系数，一般选取工作辊弯辊和中间辊弯辊。当工作辊弯辊达到极限时，再使用中间辊弯辊进行补偿。

5.4.2.3 中间辊横移速度计算模型

正常轧制模式下，随着中间辊横移速度的增加，横移阻力会不断增加，为了不损伤辊面，除了增大辊间的乳液润滑，还需要确定中间辊的横移速度。由分析可知，横移阻力受轧制压力和移辊速比 v_F/v_R 的影响，因此可以通过分析三者之间的关系来确定横移速度。

如图5－22所示为两组不同速比下横移阻力测试数据与计算值，当速比为定值时，横移阻力与轧制力基本呈线性关系，随着速比的增大，两者线性关系的斜率也逐渐增大。图5－23为根据中间辊横移阻力表达式计算出来的轧制力恒定时横移阻力与速比的关系。速比较小时，横移阻力与速比近似呈线性关系。

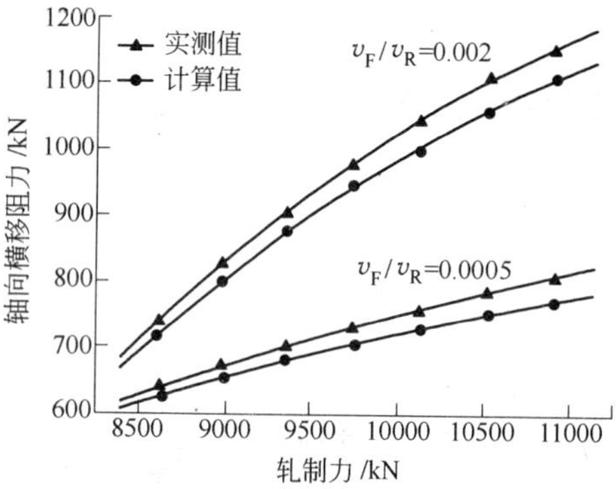

图5－22　横移阻力与轧制力的关系

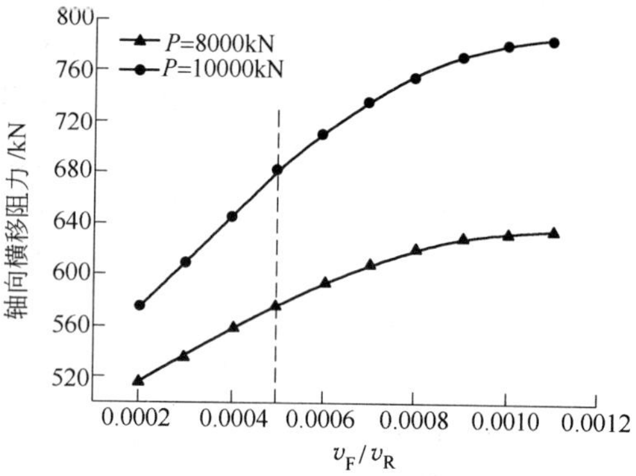

图5－23　横移阻力与速比的关系

由图5－22和图5－23及上述横移阻力表达式推导分析可知，当移辊速比较小时，横移阻力与速比近似呈线性关系，而横移阻力又与轧制压力近似呈线性关系，因此可以在相应的线性区间内将速比 v_F/v_R 作为轧制力的线性函数来设定中间辊横移速度，通过数值计算和对设备实际运行情况分析确定中间辊的横移速度模型及其适用区间，如图5－24所示。

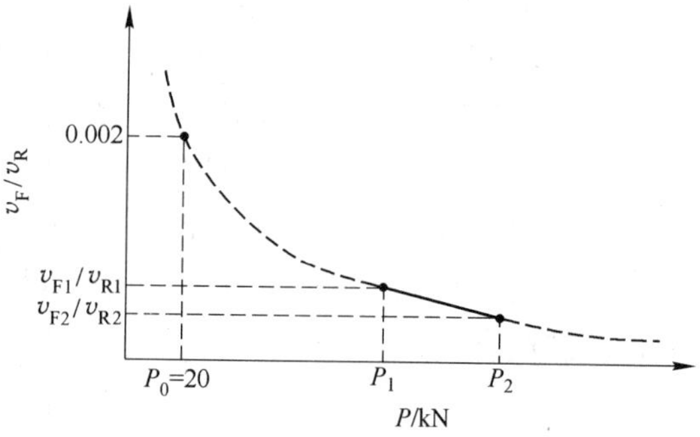

图5－24　中间辊横移速度模型

当辊缝打开时，辊间压力较小，中间辊横移阻力也较小，横移速度可以不考虑轧制力因素，只设为轧辊线速度的函数，并根据轧辊线速度通过斜坡函数进行调节。穿带后，中间辊的横移速度不仅要考虑轧制速度，还要考虑轧制力的因素。当轧制力较大时，必须降低中间辊的横移速度。

在速比 v_F/v_R 与横移阻力对应的线性区间内，相应的速比 v_F/v_R 和轧制力对应的区间范围分别为 $[v_{F1}/v_{R1}, v_{F2}/v_{R2}]$ 和 $[P_1, P_2]$。在此线性区间内，横移速度设定为：

$$v_F = \left[\frac{v_{F2}/v_{R2} - v_{F1}/v_{R1}}{P_2 - P_1} \cdot (P - P_1) + \frac{v_{F1}}{v_{R1}}\right] \cdot v_R \quad (P_1 \leqslant P \leqslant P_2) \tag{5-5}$$

5.4.2.4　板形控制在线模型自适应优化

板形控制所需的板形执行器影响效率参数首先通过系统离线模拟计算获得。实际生产过程中，为了提高控制参数精度，开发出模型自适应优化技术，通过板形目标值、板形实测值、板形控制执行器实测值及板形控制评价函数计算出控制模型输出值与实测值偏差最小条件下的各个板形执行器影响效率。通过这种模型自适应优化算法，在长时间轧制过程中对初始离线模拟计算的影响效率参数进行反复修正，最终获得最优的控制参数。

5.4.3 分布式板形控制计算机系统

板形控制系统是带钢冷轧板形控制的核心技术，本项目开发出分布式板形闭环控制系统，将整个板形控制系统的数据采集、信号处理、数据通讯、控制模型、执行器控制等各子功能由不同计算机完成，通过网络数据通讯方式将不同计算机联成一体，如图 5 – 25 和图 5 – 26 所示。板形控制系统包含功能完备的在线板形控制处理模型系统，如：基于工艺优化及多功能补偿修正功能的目标曲线设定模型、板形测量值带钢边部修正计算模型、板形辊径向力修正计算模型、测量值包角变化修正计算模型、基于工艺冷却润滑要求的分段冷却计算模型、带钢跑偏修正计算模型、中间辊实时窜辊轴向力计算模型等，这些功能处理模型是保证板形控制系统在线应用的重要组成内容。

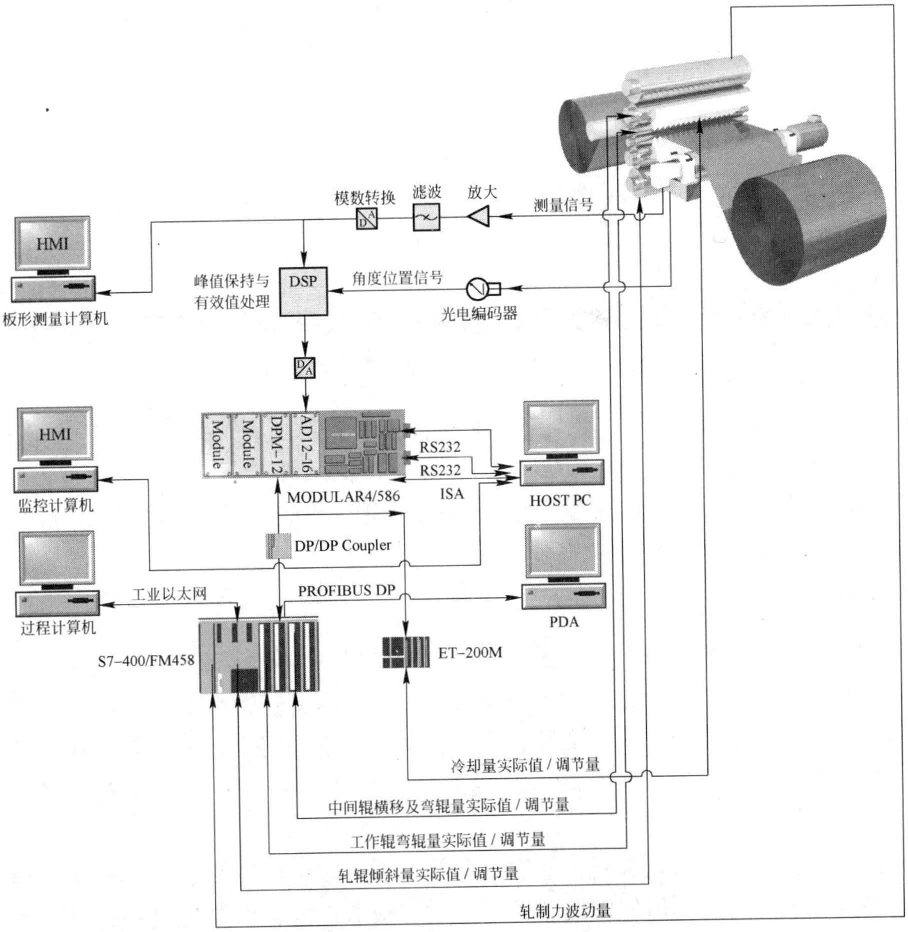

图 5 – 25 板形控制系统结构图

5.4.3.1 4/6 辊混合配置的宽带钢冷连轧机组板形控制

在对板形控制技术的深刻理解及长时间生产经验的基础上，RAL 提出冷连轧板形调控的“首尾并重”原则，其要点是：重视首道次板形控制对成品道次板形质量的“遗传作用”，改变国际上 4/6 辊机型混合配置冷连轧生产线通常在第 5 机架或第 4、5 机架配置 6 辊冷轧机

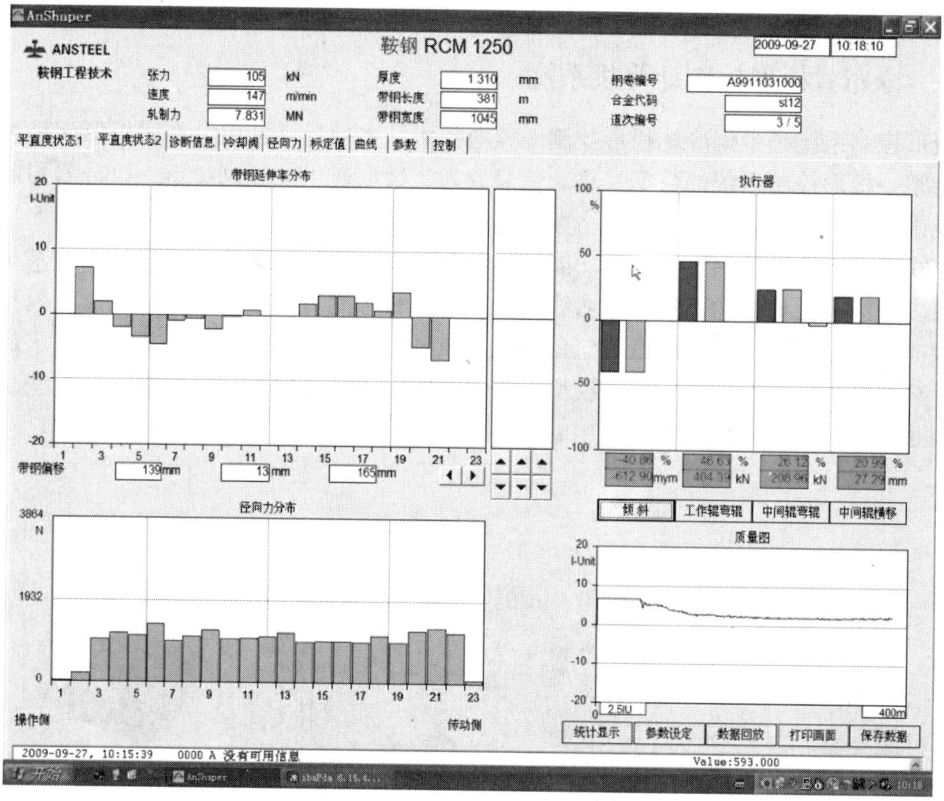

图5-26 板形控制系统运行监控画面

的做法。在首道次和末道次采用6辊轧机，在保证板形控制质量的前提下，提高轧制的总变形量，提高了轧机产量和经济效益。在国际冷轧技术领域，形成了在1700mm宽度级别以上冷连轧机组首尾机架采用6辊轧机，其他机架采用4辊轧机的独特板形控制工艺技术。

5.4.3.2 冷轧带钢非对称板形控制

A 非对称弯辊控制

为提高板形控制效果，冷轧生产多采用六辊冷轧机。六辊轧机通过中间辊横移进行板形控制时，会造成辊间压力分布不均匀，见图5-27，造成轧辊磨损，严重时出现轧辊表面剥落事故。通过理论分析与生产实验，本项目采用上下中间辊传动侧与操作侧弯辊非对称控制方法，均匀辊间压力分布，减少磨损。实际生产效果良好，轧辊表面剥落事故减少75%。

由于没有酸洗拉矫和热轧来料板形质量差等原因，单机架冷轧机穿带轧制过程中板形质量无法满足要求。通常采用轧辊倾斜进行非对称板形控制，但穿带过程是非稳态轧制过程，倾斜控制易造成断带和勒辊事故。为此，开发工作辊非对称弯辊与轧辊倾斜联合控制技术，既保证了穿带过程板形控制质量，又保证了轧制过程的稳定性。

B 轧辊倾斜的双闭环控制

带钢单侧板形缺陷通常采用轧辊倾斜控制。倾斜属于轧机液压辊缝位置控制，系统倾斜最大设定值为常数。实际生产中，倾斜控制是板形闭环控制的一个执行器，如果带钢板

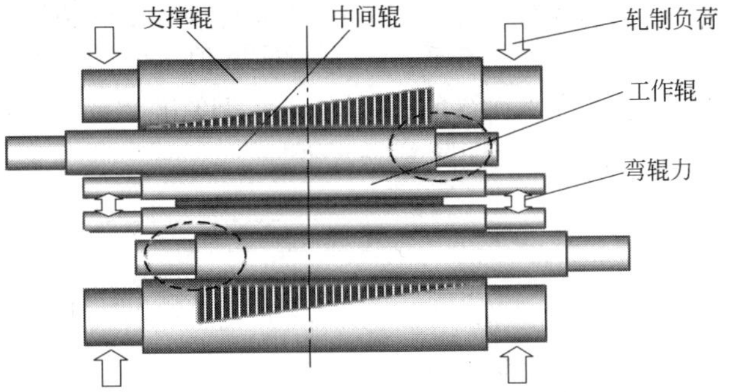

图 5-27 六辊冷轧机辊间压力分布示意图

形质量不好时，倾斜控制器会有一个非常大的控制输出，这时带钢两侧张力会有非常大的偏差，很容易造成断带事故，为此开发倾斜双闭环控制技术，将倾斜控制嵌入到采用轧制力控制的主液压控制系统。通过理论分析计算附加倾斜后辊系变形，同时用三次样条函数拟合轧制入、出口厚度分布进行张力修正，得出不同轧制条件下附加倾斜后双侧轧制力差值和倾斜之间的模型关系，用轧制力差值动态修正倾斜设定值的限幅。该方法的应用能够有效抑制因倾斜调整而导致的断带事故的发生，同时对单边浪的控制具有显著的效果。

5.4.4 冷轧带钢板形控制核心技术工业应用与实际效果

冷轧板形控制核心技术实现了工业应用，见图 5-28。稳态轧制下，带钢板形平直度实际值可以控制在 5I 以内，0.18mm 极薄带钢轧制板形实际值可控制在 7I 以内，板形质量达到了国际领先水平。板形控制系统可以应用在单机架冷轧机、多机架冷连轧机或冷轧平整机组。某 2130mm 大型宽带钢冷连轧机组采用 4/6 辊混合配置轧机结合 RAL 自主研发的 TWFC 连续变凸度板形控制技术，相比全六辊冷连轧机组，轧机设备投资减少 23%。非对称板形控制技术的应用，实现了板形非对称缺陷的有效控制，同时减少了由于六辊冷轧机中间辊磨损造成的“掉皮”事故，减少了单纯通过轧辊倾斜控制容易产生的断带事故。RAL 板形控制核心技术通过长时间生产运行证明了其稳定性、可靠性，对产品质量提升有明显作用。

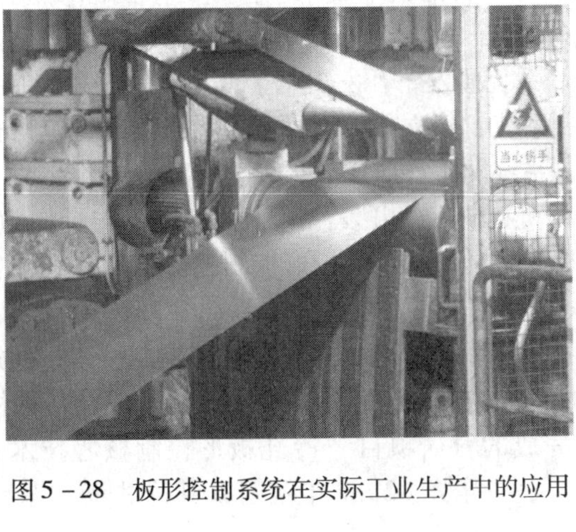

图 5-28 板形控制系统在实际工业生产中的应用

以某1250mm单机架冷轧机一周生产为例，通过实测板形数据综合分析，稳态轧制板形实际控制值为4.3I，加减速及非稳态轧制时板形实际值为7.1I。图5－29所示为一卷带钢轧制板形平均实测值（为3.7I）。图5－30所示为厚度0.18mm超薄带钢稳态轧制板形实测值（达到6.2I），技术指标达到国际领先水平。

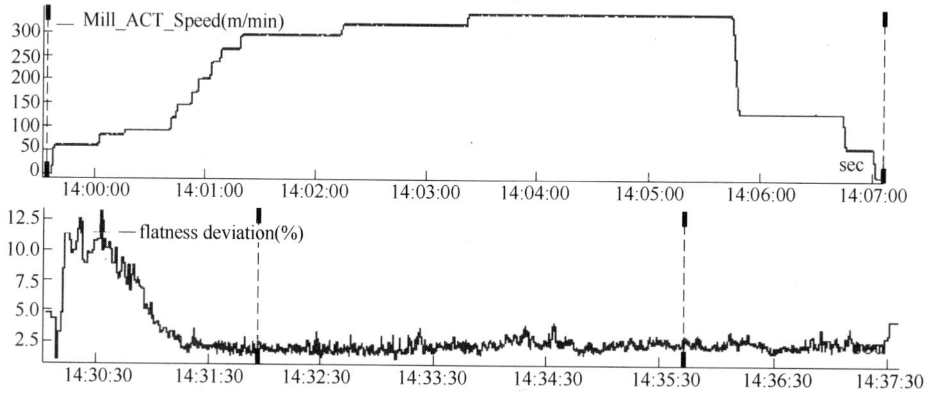

图5－29 带钢轧制板形实测值

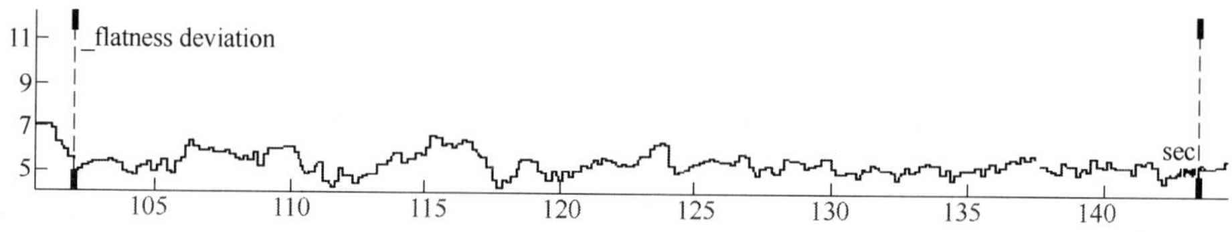

图5－30 0.18mm超薄带钢板形实测值

5.4.5 结论

RAL与鞍钢联合开发的冷轧板形控制技术，形成了拥有完全自主知识产权的控制系统和工艺控制的核心技术体系，实际应用取得了巨大的经济效益。技术成果具有鲜明特色，不仅填补了国内空白，而且比国外技术具有明显的优越性，具有广泛的推广价值，更为重要的是打破了国外对冷轧板形控制的长期技术垄断，该项技术是我国冶金领域自主创新的重大技术进步，该项目的技术成果整体上处于国际领先水平。项目的主要创新点如下：

（1）分布式板形控制系统研发，开发出基于模型自适应和控制执行机构影响效率函数相结合的多目标闭环控制系统，建立了板形控制目标函数、变包角补偿、边部覆盖率等模型系统，保证了板形控制系统的生产应用效果；

（2）冷连轧板形控制机型研发，开发出基于最小磨损与轴向力优化设计TWFC4/6辊混合配置冷连轧机组，形成了具有特色的板形控制轧机配置方案并工业应用，确保了板形控制质量；

（3）板形控制工艺技术研发，开发出板形非对称控制技术，通过轧辊非对称控制均匀辊间压力、降低轧辊磨损，同时有效地控制非对称缺陷对成品带钢板形质量的影响。

由RAL与鞍钢联合完成的科研项目“冷轧板形控制核心技术自主研发与工业应用”2010年获中国冶金科学技术一等奖，2011年获国家科技进步二等奖。本项目形成专利40

项、授权软件著作权 8 项、申请专有技术 12 项，出版专著 2 部，国内外发表学术论文 30 多篇。

实际应用表明，冷轧带钢板形质量稳定，实际板形控制质量远高于引进板形控制技术的保证值，技术成本远低于引进技术，具有很强的市场竞争优势。技术成果应用于鞍钢集团六条冷轧生产线、唐钢 1800mm 五机架冷轧机、思文科德 1450mm 酸轧联机等多条生产线中，产品实现汽车、家电等用户领域的全覆盖。

第⑥篇

先进实验设备研发与中试平台

中试是指产品投产前的试验，也是连接实验室科学研究创新成果与产业化的重要环节。RAL 的轧制技术、装备和产品研发创新平台将轧制工艺、中试理论、数据分析、数学模型、自动化控制和推广应用等集成化中试研究技术相结合，代表了我们国家钢铁生产水平和科技研发的能力。创建现代轧制过程中试研究创新平台，也标志着我国中试研究设备研制与开发向着系列化、示范化和服役实用型发展，为我国冶金装备研制、新型金属材料开发提供了有效的研究手段和创新的空间。

6.1 现代轧制过程中试研究创新平台

现代轧制过程中试研究创新平台，是以钢铁新材料研发，工艺优化和技术创新为目标，通过系列化的实验设备集成并模拟生产工艺过程，实现冶炼、轧制和退火热处理钢铁生产全流程的工艺和材料性能研究。其特点就是以数学和物理模拟为手段，再现钢铁生产和使用过程中的核心工艺技术，通过在中试实验研究平台模拟生产过程，得到材料组织和性能的实验数据和生产工艺参数，为新产品开发、设备优化、技术进步、科研成果转化提供有效的研究开发手段，促进我国钢铁行业自主创新、技术进步和可持续发展。

近年来，我国钢铁工业取得了举世瞩目的成就与发展，已经成为世界钢铁大国，同时也面临着很多问题，如高端技术、高端产品和先进生产装备长期依赖进口，缺少自主创新、产品结构不合理，同质化问题突出，钢铁生产资源消耗大、环境污染严重、成本高等。产生上述问题的一个重要原因是钢铁企业的自主研发能力薄弱，创新能力不强。尤其是用于工艺、装备研究和产品开发的实验设备非常落后，严重制约了企业的自主研发能力。实验研究设备短缺是我国钢铁行业的共性问题。

6.1.1 中试研究平台创新与发展

现代化的冶金生产过程对冶炼、轧制、工艺、装备、产品的研究工作都提出了更高的要求。一方面，我们不可能用一炉几百吨的钢水做实验，也不可能用一块几十吨的钢坯做实验，而且在现代化的生产线上进行在线研究开发是不现实的。人们期望用几十公斤，甚至十几公斤重量的试样代替几十吨重的板坯，用小规模的实验设备代替庞大的轧制和冷却设备，将巨大的冶金厂浓缩到一个实验装备平台上，用这样小规模的平台反映出大规模量产时的真实情况。另一方面，考虑到产品质量对生产过程参数的极端敏感性以及由此提出的对轧制过程控制精度的严格要求，轧制过程研究平台必须具有现场水平的控制精度、高度稳定性和柔性。这一点决定了轧制过程的中试研究平台装备和自动化必须可以与现场相媲美，甚至超过现场的水平。

一段时期以来，由于缺少实验研究设备，企业为了开发新钢种、新工艺，不得不在生产线上开展研究工作，这不仅影响生产，而且由于生产线设备复杂，工艺参数调整不灵活，实验条件控制困难，实验准备周期长，用料量大，造成研发工作效率低、周期长、成本高。不仅如此，当开发新产品所要求的工艺参数和设备功能超过实际生产装备的能力时，研究工作根本无法开展。为此，人们期望用几十公斤的试样代替几十吨重的板坯，将庞大、复杂的生产工艺装备浓缩到系列化的实验设备上，在严格控制实验设备的实验条件下，模拟实际工业生产过程，获取最接近于工业化的工艺条件、材料变形、组织转变、力学性能之间的影响规律，从而获得可直接转化为生产的研究成果。这种研发方式必然大幅提高研究水平、缩短研发周期、降低研发成本，让研究成果迅速转化为生产力，提升企业的核心竞争力。

由于实验条件和工艺研究设备在轧制技术研发中的重要性，欧洲、日本和韩国的著名钢铁公司和研究机构很早就建立了各自的实验研究设备。但是，由于这些实验设备建设较早，限于当时的生产条件和控制水平，大多已难以满足当今技术和产品开发的需要。近年来，欧洲在研究工作中采用板坯镶嵌试样的方法在工业轧机上进行热轧实验，就反映出工业发达国家在实验研究手段方面所处的窘境。我国轧制实验研究装备的建设起步较晚，在20世纪只有为数不多的钢铁企业有少量初级实验设备，多数企业在实验研究设备方面一直是空白。研究机构和高校的实验设备则更加落后。

正是在这样的背景下，东北大学轧制技术及连轧自动化国家重点实验室（RAL）于20世纪90年代末提出了轧制技术研究装备开发这一课题，成立了轧制技术中试研究创新团队。自1997年至今，该创新团队在学术带头人中国工程院王国栋院士的带领下，通过与鞍钢、宝钢、首钢、太钢和河北钢铁等国内钢铁企业合作，联合攻关，开发出集热轧实验机组、冷－温轧实验轧机、热模拟实验机、多功能连续退火实验机和热镀锌实验机等一系列企业研发所急需，有效支撑企业自主创新的实验研发技术和实验设备。目前，已形成了功能完整、技术先进、覆盖钢铁生产全流程的轧制技术、装备和产品研发创新平台，这些中试技术和研发设备为解决我国钢铁行业自主创新能力薄弱，研究手段匮乏，实验设备落后等共性问题奠定了坚实的基础，在钢铁行业获得高度认可，已经推广应用到鞍钢、宝钢、首钢、太钢、武钢、包钢、河北钢铁和中国台湾的中钢公司等18家国内外和地区著名的钢铁企业，为解决企业发展中的技术难题，开发新钢种、新装备和新技术，提升企业的自主创新能力，增强企业的核心竞争力都做出了重要贡献。中试实验线的建成将充分满足钢铁企业新工艺和新产品开发的迫切需要。

利用这样一个研究平台，可以采用小试样，在严格控制的实验条件下，进行模拟工业条件的轧制实验，从而向企业提供可以应用于现场的研究结果，迅速实现研究成果的转化。这个过程必然大幅节省实验量，加速研究进程，缩短研究周期，迅速提升企业的核心竞争力，创新平台主要实验设备如图6－1所示。

我国实验研究设备的开发和工业化中试研究平台的建立，极大地增强了我国轧钢行业的自主创新能力，为企业腾飞插上了翅膀，为企业的持续发展装上了永不停歇的发动机，促进了我国轧制技术的发展和竞争力的提升。

近年来，由东北大学为鞍钢技术中心，宝钢集团技术中心，宝钢不锈钢技术中心，太钢技术中心，首钢技术中心，包钢技术中心，河北钢铁技术研究总院，武钢研究院，江苏省（沙钢）钢铁研究院和中国台湾的中钢公司技术研发部等18个著名钢铁企业技术研发单位所建设的钢铁技术研发创新平台以及系列中试研究设备，使企业提高钢铁材料加工的性能和创造了优良的科技研发条件。一些钢材品种，通过工艺优化，产品的性能得以提高，合金元素的用量可以节省；一些新的具有特殊性能的新钢种利用该技术被研制开发出来，为我国国民经济的发展提供了强有力的支撑。

图6－1 轧制技术、装备和产品研发创新平台的实验设备

东北大学轧制技术及连轧自动化国家重点实验室中试研究创新团队的科研创新实践证明：科研仪器与装备的创新，是产生重大原创性科技成果的基础。他们在实践中探索出一条基础研究→技术开发→工程应用→行业推广，即由科技研发到成果产业化过程的，高校、企业产学研用（R&D－E－S）的科技创新之路。

6.1.2 中试实验设备功能定位

RAL 中试实验设备针对的不同钢种和功能包括：

（1）钢种对象。以普碳钢、管线钢、低合金钢、硅钢、耐蚀合金等品种的扁平材为主要研究对象；

（2）工艺对象。对上述钢种的热轧及轧后冷却、冷轧及热处理等领域为主要的研究开发领域，热轧过程兼顾热连轧和中厚板的生产；

（3）新产品开发功能。可以根据研究的需要，合理设计、精确控制材料的化学成分，在较宽的范围内调整炼钢、轧制、热处理的实验工艺参数，为进行新产品的开发提供工艺和设备条件；

（4）新工艺、新技术开发功能。通过现有设备的不同组合和配置以及工艺参数的调整和优化，可以进行新的工艺路线、新的生产技术的开发；

（5）生产过程模拟功能。针对企业现有的工艺流程和装备、现在生产的坯料和产品进行符合实际的模拟实验研究，并精确、完整采集各种实验数据，模拟实验得到试样的组织和性能与实际生产得到的组织和性能基本一致；

（6）工艺优化功能。针对已经生产的产品，在本中试场进行化学成分和工艺参数的调整，从而提供与工业化大生产相一致且可靠的信息和具有重要参考价值的工艺参数，用于优化现有的生产工艺，降低生产成本，提高产品的性能；

（7）研究试样提供功能。实验所得试样与现有的实验、检测设备相配套，实验研究设备所能提供的试样尺寸应满足材料力学性能、使用性能、物理性能检测和组织分析仪器的需要；

（8）应用工艺过程控制计算机和基础自动化二级控制技术，对冶炼、热轧、冷轧、热处理和连续退火等工艺过程完全基于计算机系统的设定、优化和实验数据处理；

（9）建立一套实验过程管理执行系统（EES）项目规划并预留接口。EES可针对不同工艺研究人员提出的实验课题进行实验过程管理前期预设（冶炼、热轧、冷轧、连退实时数据采集和后期实验数据管理），包括实验进度或状态，材料准备，工艺数据采集和处理，实验结果汇总和成品试样管理等。

6.2 热轧中试技术与实验设备

热轧实验机组主要模拟中厚板、热连轧机的热轧工艺和新产品开发而建立的具有控轧控冷能力的热轧实验轧机。作为现代的热轧实验机组，主要目的是进行新产品开发和工艺优化，因此需要具有高刚度、大压下和控制轧制功能。同时，现代的热轧实验机组还具有控制冷却功能，冷却速度可以在空冷到直接淬火的范围内进行调整，可以对冷却开始温度、冷却终轧温度、冷却速度等工艺参数进行精确控制。本实验机组具有精确的检测能力和完善的检测功能，可以提供翔实可靠的实验数据，以适应工艺开发和研究的需要。另外，控轧控冷（TMCP）技术还为管线钢、低合金钢和高强钢等的研究开发提供了强有力的手段。

热轧实验机组工艺设备主要包括试样加热炉、高压水除鳞装置、二辊可逆高刚度轧机、组合式控制冷却系统、轧后感应加热在线热处理系统、模拟卷取炉、高精度的数据采集以及自动化控制系统等，热轧实验机组工艺流程如图6－2所示。

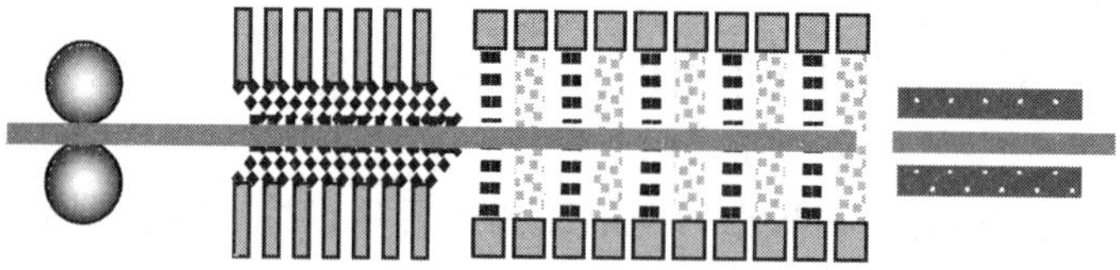

图6－2 热轧实验机组工艺流程

6.2.1 热轧实验机组主要功能与特点

热轧实验机组的主要功能与特点包括：

（1）轧机采用高刚度二辊设计，轧辊辊径与生产工艺设备相仿，具备良好的坯料咬入和轧制能力，可实现可逆轧制和单方向轧制，特别是具有较强的低温轧制能力；

（2）轧机吃料厚度与生产现场的连铸坯料厚相一致，可以实现与生产轧机相同的轧制压缩比，其实验结果可以直接转化到实际生产上，这是国内外其他实验轧机所不具备的特点；

（3）轧机上下轧辊分别由两台直流电机通过复合式齿轮箱驱动，可实现同步轧制和异步轧制，特别适用钢铁材料和钛铝合金等有色金属材料的轧制工艺和材料的组织性能研究；

（4）轧机具有轧辊感应预热功能，轧辊预热温度可控制在 80 ~ 270℃ 的任意温度段，对于高强钢薄板材和难变形金属材料加工以及温轧工艺和控制轧制意义重大；

（5）轧后控制冷却设备，可实现轧制道次间对轧件降温控制和轧后的在线热处理，涵盖钢铁材料及有色金属材料的控轧控冷工艺全部的研究手段；

（6）采用电动加液压压下形式，具有压下范围大且压下速度快等特点，大大提高轧制节奏，实现抢温轧制，可以有效控制薄规格成品厚度板材的终轧温度；

（7）应用轧制过程控制计算机和基础自动化二级控制技术，轧机主传动采用全数字晶闸管直流传动，压下及辊道采用交流变频控制轧制，其整个机组和控制过程完全基于计算机控制实现，过程机可进行轧制、冷却过程的设定、优化和实验数据处理；

（8）具有轧制力、扭矩、速度、轧件温度、轧辊温度以及冷却水流量等工艺数据检测能力和完善的试样数据检测与报表功能，可以提供翔实可靠的实验数据，适应工艺开发和研究的需要。

6.2.2　高刚度热轧实验轧机

热轧实验轧机采用高刚度二辊可逆轧制工艺设计形式，可用于金属板材热轧、温轧轧制实验工艺过程研究和新产品研制，轧机具有高刚度、低温大压下等特殊轧制功能。轧机吃料厚度与生产现场的连铸坯的料厚相一致，可以实现生产轧机的轧制压缩比，使实验结果可以直接转化到实际生产上，这是国内外其他实验轧机所不具备的特点。轧机上下轧辊由两台直流电机通过复合式齿轮箱分别驱动，可实现同步轧制和异步轧制，为适应薄板材温轧工艺需求，采用感应快速加热和电热蓄能式加热技术对轧辊进行预热，轧辊预热温度可控制在 80 ~ 270℃ 任意温度段。以满足对高强钢、高温合金钢等难变形金属板材轧制工艺需求，为了减少小块试样在热轧过程中的温降，本轧机采用全液压快速压下系统，机前和机后辊道采用花辊道结构，可以确保试样的最低终轧温度。本轧机具有轧制力、速度、轧件温度、轧辊温度以等工艺数据检测与报表功能，可以提供翔实可靠的实验数据，以适应轧制工艺研究的需要，热轧实验机组如图 6 – 3 所示。

图 6 – 3　高刚度控轧控冷实验机组

热轧实验机组的轧机刚度达 7MN/mm，最大轧制力 10000kN，满足高强度钢、大压下和低温（约 600℃）轧制等研究工作的要求。轧机的来料厚度最大为 300mm，与生产现场的最大连铸坯一致，可以实现生产轧机的轧制压缩比，其实验结果可以直接转化到实际生产上。根据需要，轧机可以实现中厚板和热连轧的同步和异步轧制，异步轧制可以使轧件发生强烈的剪切变形，细化晶粒，提高轧件厚度方向的组织均匀性和材料的冲击韧性，同时还能保证良好板形。轧机具有机架间冷却功能，可以随时对轧件进行冷却，控制析出等组织转变。上述异步轧制和机架间冷却功能对材料性能的提高和轧制工艺的创新具有十分重要的作用。利用异步热轧机的强塑性变形方式应用于钢铁材料，制取超细晶钢。异步热轧在压缩变形的同时增加附加剪切变形，增加了滑移系，在低温、大变形条件下可获得使晶粒明显细化，异步轧制成为具有大工业生产超细晶组织的有效强塑性变形方式。轧机装备了高水平的自动化控制系统和高精度的辊缝测量传感器，利用磁致伸缩技术开发了高精度的数字式线性辊缝仪，通过辊缝的测量间接测量试件的厚度，成功地解决了实验轧机短坯料厚度测量的难题，实现了高精度的液压厚度控制（AGC）。

针对高强钢、高硅钢试样小降温快的特点，还开发了专门用于硅钢热轧的快速轧机，轧机采用双电机驱动，以减小转动惯量。采用全液压压下，提高轧制节奏。轧机前后增加电加热滑道，有效减小轧制过程中的温降，实现了2mm板带成品试样终轧温度达930℃。保证了薄规格特殊材料的终轧温度。

6.2.2.1 高响应快速压下系统

由于实验料尺寸较小，在热轧实验过程中温降较快，针对2mm薄规格成品试件难以保证终轧温度，全液压快速压下可有效提高轧制节奏，主传动采用双电机分别驱动上下轧辊，减小可逆热轧过程中的转动惯量，在轧机前、后增加电加热滑道和保温罩，这些工艺手段可以明显减少小坯料在热轧过程中温度损失。

对于单道次大行程压下量等特殊轧制工艺需求，在AGC液压缸进油管路并联一个高速进油阀，当辊缝偏差较大时，伺服阀全开的同时将高速进油阀打开，增大进油流量，使得AGC液压缸快速伸出，达到高速压下的效果。当辊缝偏差较小时，高速进油阀关闭，仅使用伺服阀进行位置闭环控制，实现辊缝高速定位。采用这种方法，压下速度最大可达到15mm/s，辊缝定位精度小于0.01mm，既保证了压下速度，又保证了压下精度。液压缸传动侧（DS）和操作侧（OS）0.1mm传动侧动态响应时间为18ms，操作侧动态响应时间为16ms，阶跃响应曲线如图6-4所示。

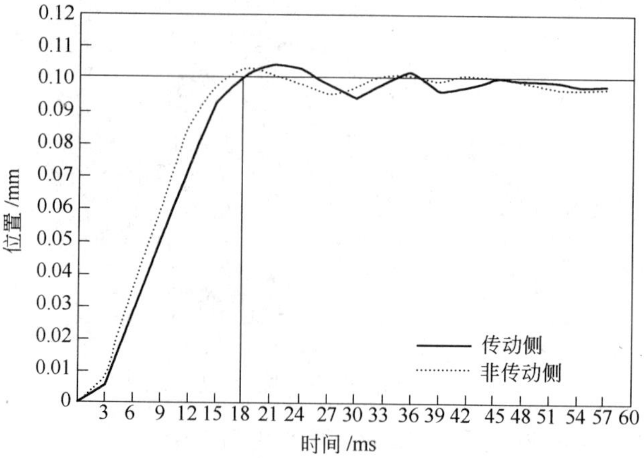

图6-4 AGC液压缸动态响应曲线

实验证明，60mm 轧至 1.8mm 一火轧制，终轧温度大于 890℃。

6.2.2.2 自动轧钢及组合式冷却技术

热轧实验机组装备了多种高性能设备，为实验方案的制订提供了更多的选择。同时，对实验过程中操作的精准度也提出了苛刻的要求。以手动操作为主的实验过程已不能完全满足现代热轧实验的需要。一方面，实验流程的多样化使得实验操作过程更加繁琐和复杂，对各个环节工艺参数的控制要求也更加严格；另一方面，异步轧制、抢温轧制以及往复式冷却等复杂实验过程要求多设备协同动作，对轧件位置和实时速度进行精确控制。热轧实验机组全自动轧制及冷却实验功能是指控制系统按照既定实验方案及实验规程（轧制规程和冷却规程），综合实验过程中轧件跟踪数据和关键仪表信息，对当前实验进程进行实时监控及有效判断，并自动产生操作指令的控制过程。实验过程中，操作人员只需进行必要的辅助操作和干预控制。

全自动轧制及冷却功能总体控制策略如图 6－5 所示。该功能完全由基础自动化系统实现。其核心组件包括仪表信号采集及处理模块、轧件跟踪模块和逻辑判断与操作指令生成模块。仪表信号采集及处理模块完成对轧线仪表信号采集并综合各仪表信号生成关键仪表信息；轧件跟踪模块是实现全自动轧制及冷却控制功能的基础，提供必要的跟踪数据。逻辑判断与操作指令生成模块综合轧件跟踪数据和关键仪表信息实时判断轧件当前实验进程并自动生成操作指令。轧件 PDI 数据及实验规程数据由 HMI 系统提供。操作人员只需进行转钢确认等辅助操作以及对全自动轧制及冷却过程实施必要干预。

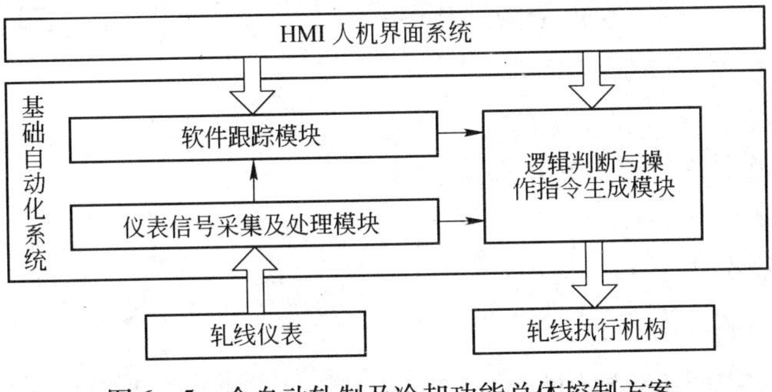

图 6－5 全自动轧制及冷却功能总体控制方案

关键仪表信息是指通过单个仪表信号或综合多个仪表信号得到的能对轧件位置或设备动作到位进行精确判断的信息。这些信息主要用来修正轧件跟踪数据，并协助逻辑判断与操作指令生成模块对当前实验进程进行判断。实验过程中的轧件跟踪主要是对轧件位置、轧件长度和实验过程的跟踪。

A 轧件位置跟踪

轧件位置跟踪主要指对轧件头部位置的跟踪，轧件尾部和中心位置可根据头部位置及轧件长度计算得出。轧件头部位置为：

$$p_h(i) = p_h(i-1) + \frac{v_s(i) + v_s(i-1)}{2} \cdot T_c \tag{6-1}$$

式中 $p_h(i)$ ——i 时刻轧件头部位置，mm；

$p_h(i-1)$ ——$i-1$ 时刻轧件头部位置，mm；

$v_s(i)$——i 时刻轧件速度，mm/s；

$v_s(i-1)$——$i-1$ 时刻轧件速度，mm/s；

T_c——PLC 循环时间，s。

为了消除跟踪误差，须采用关键仪表信息对轧件位置进行修正。

B 轧件长度跟踪

热轧实验过程中，轧件长度仅在转钢和轧制过程中发生改变。转钢时，轧件水平转动90°，轧件长度与宽度尺寸互换。第 n 道次轧制完成后，轧件长度为：

$$l_n = \sum_{i=T_0}^{T_1}[|v_n(i)| \cdot (1+f_n) \cdot T_c] \tag{6-2}$$

式中 l_n——第 n 道次轧制完成后轧件长度，mm；

T_0——第 n 道次咬钢对应的时刻，s；

T_1——第 n 道次抛钢对应的时刻，s；

$v_n(i)$——第 n 道次第 i 时刻轧辊线速度，mm/s；

f_n——第 n 道次前滑率；

T_c——PLC 循环时间，s。

热轧轧制过程轧件温度很高，轧件与轧辊的摩擦系数很大，前滑率 f_n 采用全黏着条件的西姆斯前滑公式进行计算：

$$f_n = k \cdot \left\{\tan\left[\frac{\pi}{8}\sqrt{\frac{h_n}{R}} \cdot \ln(1-r_n) + \frac{1}{2}\arctan\sqrt{\frac{r_n}{1-r_n}}\right]\right\}^2 \tag{6-3}$$

式中 f_n——第 n 道次前滑率；

k——自学习系数；

h_n——第 n 道次轧件出口平均厚度，mm；

R——轧辊半径，mm；

r_n——第 n 道次压下率。

C 实验过程跟踪

实验过程跟踪是用来跟踪轧件在实验过程中所处的实验环节。这些环节包括轧前环节、在轧环节、轧后（冷前）环节、在冷环节及冷后环节。其中轧前环节包括高压水除鳞、轧前运钢和轧前转钢等环节；在轧环节又包括咬钢、转钢、对中和待温等环节。

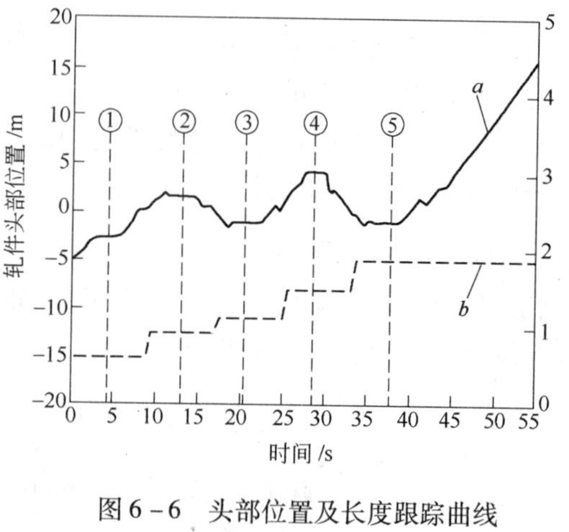

图6-6 头部位置及长度跟踪曲线

a—轧件头部位置曲线；b—轧件长度曲线

图6-6显示了Q345热轧实验时的头部位置及长度跟踪曲线。坯料尺寸 $H \times W \times L = 30\text{mm} \times 198\text{mm} \times 630\text{mm}$，成品厚度为10mm。轧制4个道次，轧后采用UFC+气雾冷却模式。实验过程采用全自动轧制及冷却。

分别在开轧前及每个道次轧制完成后

选取一个考察点，如图 6－6 中①～⑤所示。实际测量这些时刻的轧件头部位置及长度，并与计算值进行比较，结果如表 6－1 所示。最大位置偏差为 29mm，最大绝对长度偏差为 28mm，最大相对长度偏差为 2.41%。

表 6－1 头部位置及长度跟踪偏差

考察点	①	②	③	④	⑤
计算位置/m	－2.716	1.642	－0.980	4.208	－0.813
实际位置/m	－2.698	1.655	－1.009	4.185	－0.832
位置偏差/m	0.018	0.013	0.029	0.023	0.019
计算长度/m	0.630	0.938	1.144	1.511	1.876
实际长度/m	0.630	0.916	1.125	1.485	1.848
长度误差/m	0	0.022	0.019	0.026	0.028

6.2.2.3 热轧工艺实验过程仿真

与生产机组不同，热轧实验机组工作方式为非连续短时工作，这就决定了机组需要频繁启停。热轧实验坯料，很多都是单独制备而成，少而珍贵，所以必须采取一切手段保证实验正常、顺利进行。采用实验过程仿真系统，可以验证机组开机前后机械、液压、电气设备及控制系统是否正常，从而检验实验能否顺利进行。

通过实验过程仿真平台，可离线进行新模型开发及模型参数研究。实验过程仿真分为在线仿真和离线仿真两种方式，完全基于基础自动化系统实现，由轧件仿真模块、仪表仿真模块和执行机构仿真模块组成，其内核为全自动轧制及冷却系统，如图 6－7 所示。仿真参数由 HMI 进行设定。实验过程仿真画面如图 6－8 所示。

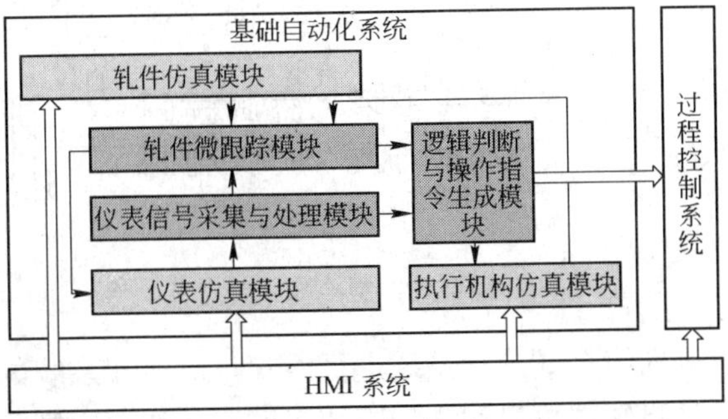

图 6－7 实验过程仿真系统控制方案

6.2.2.4 轧后快速控制冷却系统

轧后控制冷却系统包括了层流、水幕、气雾和超快速冷却方式，组合式控制冷却工艺如图 6－9 所示。不同的冷却方式可以柔性组合，形成不同的冷却路径。冷却速率范围覆盖空冷到淬火，最大达 400℃/s（厚 3mm 试样）。冷却速度以及开冷和终冷温度可根据工艺要求灵活调整和精确控制。在线的中频感应加热装置，可以依据需要进行轧件提温和轧后在线回火等热处理实验研究。上述组合式控制冷却技术是本机组所独有的，在创新轧后冷却工艺，开发新钢种方面具有不可估量的技术创新作用。东北大学利用上述实验研究设备开发出新一代 TMCP 技术，并广泛应用到鞍钢、首钢、酒钢、涟钢等企业。

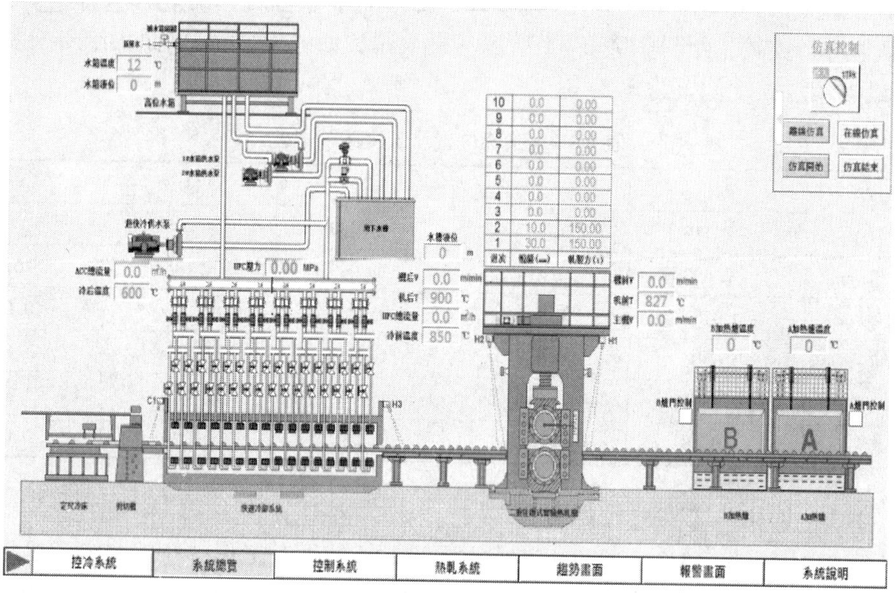

图6-8 实验过程仿真画面

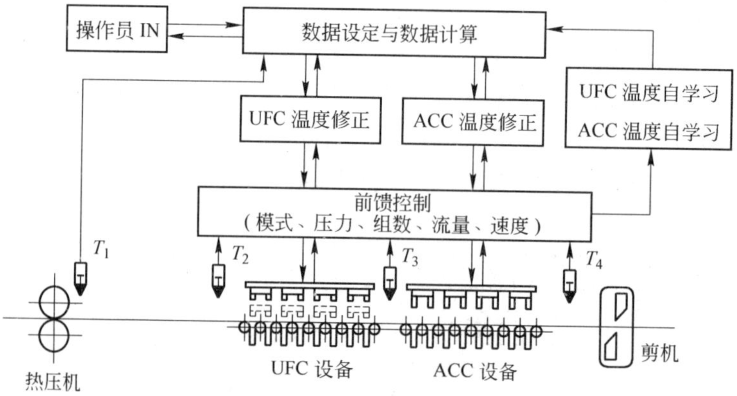

图6-9 组合式控制冷却系统工艺模型

经过轧制的钢板，进入组合式冷却系统进行冷却。对冷却系统的要求是高冷却能力和高冷却精度。冷却能力是指轧件可以达到的冷却速度。冷却精度则是指终冷温度、冷却速度命中目标值的状况和温度均匀性的控制。为满足不同规格、不同钢种和不同性能要求产品对于冷却速度的要求，组合式冷却系统具有四种冷却控制策略：

（1）超快速冷却模式；

（2）常规按管层流冷却模式；

（3）超快速冷却与常规冷却模式；

（4）气雾冷却模式。

冷却系统由超快速冷却－层流冷却－气雾冷却装置组成组合冷却系统。超快速冷却装置和气雾冷却装置采用上下喷嘴独立加压供水控制，层流冷却装置采用上下层流喷嘴高位水箱压力和独立加压供水控制。这种组合式控制冷却具有对带钢和钢板实行加速冷却

（ACC）和直接淬火（DQ）两种冷却功能，冷速可以在空冷和淬火的冷却速度范围内进行无级调节和控制。在400～800℃温度范围，超快速冷却装置的最大冷速：板厚10mm时最大冷却速度70～120℃/s，板厚20mm时最大冷却速度50～85℃/s，板厚30mm时最大冷却速度30～65℃/s，板厚50mm时最大冷却速度15～23℃/s，组合式控制冷却设备如图6－10所示。

图6－10　组合式轧后控制冷却设备

对于常规冷却装置的冷却速度：厚度≤3mm的轧件，气雾冷却能力为150℃/s，板厚10mm时最大冷却速度50～80℃/s，板厚20mm时最大冷却速度30～40℃/s，对于50mm时最大冷却速度8℃/s，并能保证较小冷却速度时的冷速稳定。在加速冷却系统中，轧件的冷却方式可以是“通过式”冷却，也可以是“摆动式”冷却，这根据轧件的厚度和长度等选择确定。轧件的终冷温度、冷却速度、冷却均匀性等可以通过快速阀门的开闭、水量调整、辊道速度及加速度调整进行控制。

6.2.2.5　集管流量自动标定

通过准确的流量－开口度关系曲线可大幅提高流量调节阀开口度的设定精度，缩短后续调节时间。目前普遍采用实验标定的方法获得流量－开口度关系曲线。该方法通过在流量调节阀开口度调整范围（0～100%）内设置若干个标定点，将流量调节阀开口度由小到大依次调整至标定点并达到稳定，记录实际流量，从而获得流量－开口度关系。

标定过程分为手动标定过程和自动标定过程。手动标定过程需要手动调整调节阀开口度至标定点，观察流量稳定后进行记录，标定完成后进行离线数据处理或手动将标定数据输入控制系统中。手动标定过程繁琐、单次标定时间较长，且手动输入标定结果容易出错。为此，采用了流量－开口度关系曲线全自动标定。全自动标定过程与手动标定的区别在于：标定过程完全由程序自动控制，程序自动判定流量稳定后将标定结果直接记录在程序内存中并自动生成流量－开口度关系曲线。操作人员只需人工触发标定开始，标定过程由程序自动执行。同时，在标定过程中如仪表或调节阀发生故障，程序将自动发出报警信号并终止标定过程。

标定点的选择要权衡标定精度和标定速度。标定点间隔越小、标定点越多，标定精度越高，同时标定速度越慢；标定点越少，则标定速度越快，同时标定精度降低。本文标定点选择方案如下：在流量调节阀0～100%开口度范围内，每隔5%选择一个标定点，共20

个标定点。

对超快冷第一组上、下集管，层流冷却第一组上、下集管分别进行自动标定，并采用分段线性插值的方法进行拟合，其自动标定控制界面如图6－11所示。

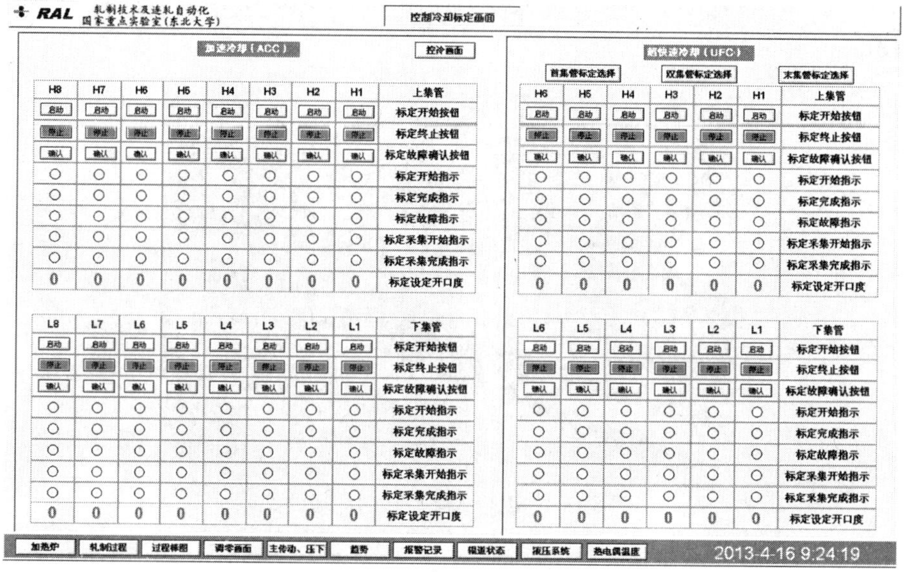

图6－11 自动标定过程控制界面

6.2.2.6 高精度集管流量控制

流量控制的基本控制思想为：根据设定流量调整集管流量调节阀的开口度，使得流量实际值与设定值的偏差达到允许的范围之内。热轧实验工艺不仅要求流量控制的精确性，还对流量调节的快速性提出较高的要求。按照此原则，确定了流量控制总体策略：流量调节阀开口度前馈设定控制＋流量动态补偿控制＋流量反馈微调控制，高精度集管流量控制如图6－12所示。

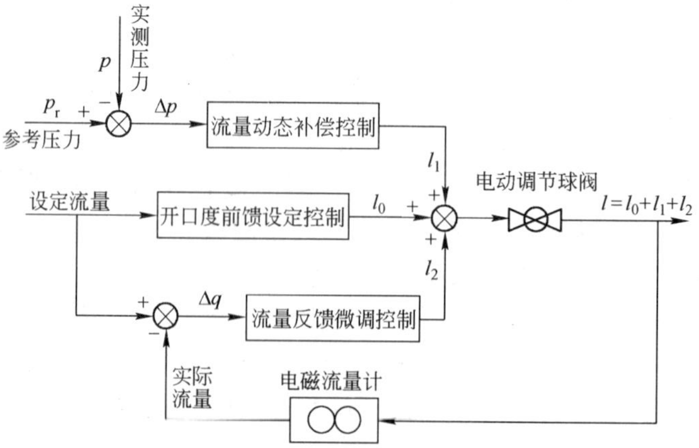

图6－12 高精度集管流量控制

流量调节阀开口度前馈设定控制是根据设定流量和流量－开口度关系曲线确定流量调节阀开口度初始设定值，快速调整调节阀开口度至设定位置，同时打开气动开闭阀，使得实际流量迅速接近设定流量。流量稳定后进行流量动态补偿控制，流量动态补偿的主要思想是根据系统压力偏差修正集管开口度，从而实现对集管流量的动态补偿。流量反馈微调控制即根据实际流量和设定流量的偏差，采用先进的闭环控制算法，实时调整流量调节阀开口度，使得流量偏差达到允许的范围。考虑到调节过程存在较大滞后，为防止实际流量发生振荡或调整时间过长，在实际应用过程中，对控制器输出进行了限幅，只进行微调。

选择超快速冷却第一组上、下集管和层流冷却第一组上、下集管作为测试对象，设定流量分别选取 8.0m^3/h、10.0m^3/h、12.0m^3/h、14.0m^3/h、16.0m^3/h 和 18.0m^3/h。经开口度前馈设定控制、流量动态补偿控制及流量反馈控制至流量稳定状态，设定流量与实际流量最大偏差为 2.5%，如表 6-2 所示，具有较高的控制精度。

表 6-2 设定流量与实际流量偏差

设定流量 /$m^3\cdot h^{-1}$	超快冷第 1 组上集管		超快冷第 1 组下集管		层流第 1 组上集管		层流第 1 组下集管	
	实际流量 /$m^3\cdot h^{-1}$	偏差/%	实际流量 /$m^3\cdot h^{-1}$	偏差/%	实际流量 /$m^3\cdot h^{-1}$	偏差/%	实际流量 /$m^3\cdot h^{-1}$	偏差/%
8.0	7.9	1.25	8.2	2.50	8.1	1.25	7.8	2.50
10.0	10.2	2.00	9.8	2.00	9.9	1.00	9.9	1.00
12.0	11.8	1.67	12.1	0.83	12	0.00	11.8	1.67
14.0	14.2	1.43	13.8	1.43	14.3	2.14	14.2	1.43
16.0	16.2	1.25	16.1	0.63	15.8	1.25	16.2	1.25
18.0	17.7	1.67	17.8	1.11	18.1	0.56	18	0.00

6.2.2.7 在线埋偶温度测量方法

在热轧钢板控制轧制和控制冷却工艺过程中，钢板温度的检测一般都通过红外非接触方式测量，测得的数据是钢板表面温度值，而钢板芯部的温度不能直接获得，只能通过模型估算，在新钢种开发过程中，估算的温度值往往偏差较大，不能如实反映钢板芯部的真实温度。而钢板厚度方向的温度数据，是钢板控制冷却热处理过程中的重要的参数，准确测量钢板芯部温度变化情况，准确建立钢板控制冷却模型有着重要的意义。

在控轧控冷实验中，采用特殊设计的铠装热电偶分别埋入钢（板）试样的中心部、上下表面 10mm 处，通过固定和移动的数据记录装置连续采集不同厚度方向的钢板位置的温度数据，发现对于不同厚度的坯料，在控制冷却过程中钢板芯部温度变化相差很大，而同一块钢坯内不同厚度位置的温度相差也较大。

热电偶测温具有测温精度高、响应速度快、结构简单、价格便宜、容易制造等优点。采用在线埋偶温度测量的方法可以有效解决热轧实验过程中表面温度误差较大及心部温度难以测量的问题。通过在线埋偶测温技术可实现实验钢从出炉、热轧、控冷全过程的实验钢心部和次表面温度的连续测量。在线埋偶温度测量原理如图 6-13 所示。

选用 K 型热电偶，测量温度为 0~1300℃。热电偶非测温端通过标准接插件与补偿导线相连，补偿导线长度应满足整个热轧实验需要（图 6-14）。热电偶测得的温度信号经由温度采集箱中的 ET200S 热电偶模块通过现场总线接入 PLC 系统。人机界面（HMI）采用西门子 WinCC 系统，实时显示采集的温度数据。根据实验需要，可手动触发或由程序触发记录任意时刻的实际温度值。完全实现了开轧温度、轧间温度、终轧温度、开冷温度、中间温度、终冷温度和返红温度的坯料轧制和控制冷却全工艺过程的精细化温度测量。

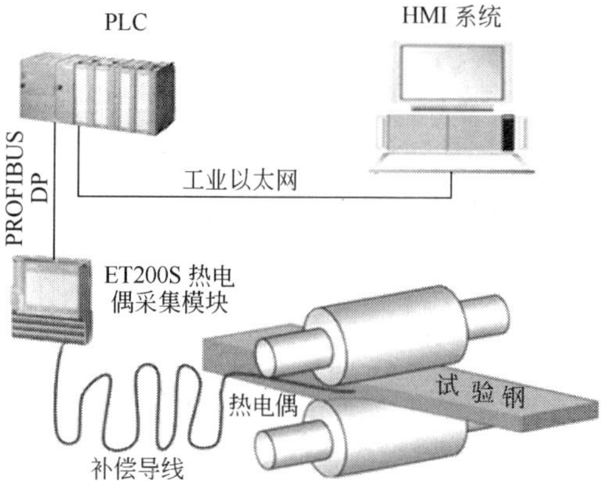

图 6－13 在线埋偶温度测量原理

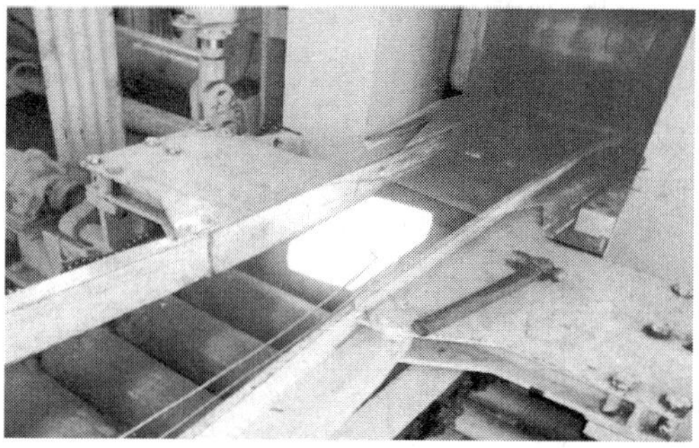

图 6－14 埋偶测温实验

应用在线埋偶温度测量实验过程包括：实验料加热前根据需要测温位置及测温点个数在轧件上预先制作测温孔；轧件出炉后，在热电偶头部取适当长度做 90° 直角，埋入测温孔中；实验过程中，热电偶以及补偿导线随着轧件运动而前进或后退，控制系统实时采集测温点温度，人机界面系统可以显示实验过程中实时温度数据及温度变化曲线，并在实验结束后自动保存。受热电偶响应、测温点测试误差等实验条件的影响，实测数据存在一定测试误差，剔除异常值数据后得到实验钢中心及次表面测温点温度变化曲线，如图 6－15 所示。

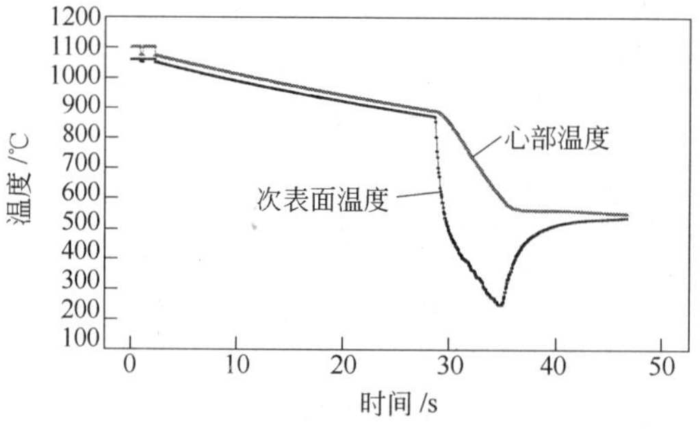

图 6－15 埋偶测量温度曲线

应用在线埋偶温度测量系统测得的实验钢心部和次表面温度，并采用反传热，可对冷却过程中实验钢表面换热系数进行优化。

反传热法是相对于求解正传热问题而言的。正传热问题是已知实验钢的热物性参数、初始条件和边界条件，并采用适当的数值计算方法求解温度场微分方程，从而得到实验钢内部的温度分布及其随时间的变化规律。反传热问题与正传热问题是两个相对的概念，反传热通过测定物体内部某些点的温度及其随时间的变化情况，再通过适当的数值计算方法求解微分方程，从而求得表面换热系数的第三类边界条件。由牛顿冷却定律可知数值法求解反传热换热系数的关键是求得实验钢表面热流密度，而要想求得实验钢表面热流密度就需要知道实验钢的敏感系数。因此反传热法求解换热系数的步骤是：实验测量结果→敏感系数→热流密度→实验钢的表面换热系数。

成品尺寸为 $H \times W = 30\text{mm} \times 135\text{mm}$ 的 Q235 钢，优化后的换热系数随表面温度变化曲线如图 6－16 和图 6－17 所示。可以看出，优化后的换热系数与实验钢表面温度呈非线性关系，换热系数随表面温度的降低呈先增加后减小的趋势。换热系数的最高值出现在实验钢心部温度为 300℃左右时，最高值可达 13800W/（m^2·K）。

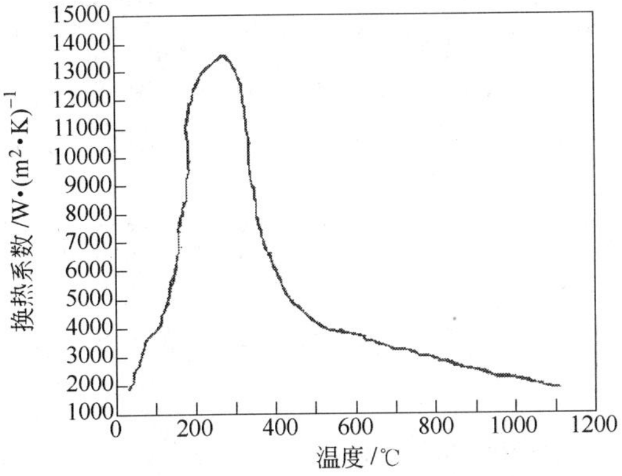

图 6－16　UFC 换热系数曲线

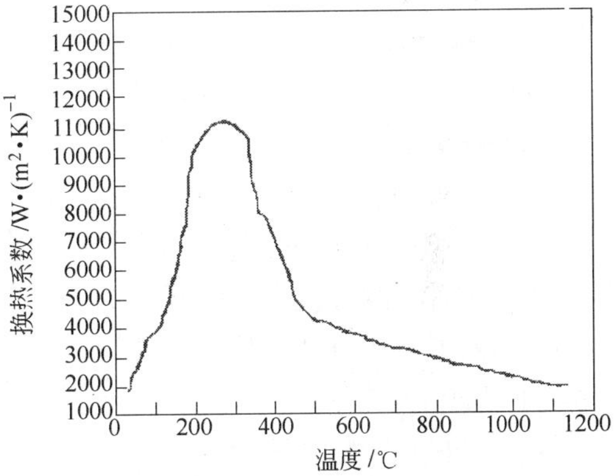

图 6－17　ACC 换热系数曲线

6.3　冷轧－温轧技术与实验设备

先进的冷轧－温轧和退火工艺与装备技术是高端冷轧板带钢产品生产的关键。目前，我国冷轧产品的产量占比不及工业发达国家的一半，特别是 AHSS、高质量硅钢和冷轧薄宽带材等产品的进口比率高，是钢铁材料中自给率和市场占有率最低的产品。这表明我国在冷轧产品质量和高端产品生产技术等方面与工业发达国家存在较大差距，急需开发先进的冷轧工艺、装备和产品，促进产品结构调整和技术升级。为此，针对冷轧－温轧制工艺与装备技术就是围绕冷轧产品的性能、尺寸精度和表面质量等核心问题，结合 AHSS、高质量硅钢等难变形材料开展的技术研究。

6.3.1　冷轧－温轧实验轧机

对材料性能、表面质量和尺寸精度要求较高的金属薄带材通常采用冷轧进行精加工，通过冷轧压延变形和热处理工艺的恰当配合，可以满足用户对各种产品规格和综合性能的要求。冷轧工艺适用于普碳钢、不锈钢、硅钢以及铝、铜等常温下塑性较好的金属带材加工。温轧是针对常温下难变形的金属材料，在冷轧设备基础上，采用特殊手段对轧件进行加热，在特定温度范围内进行带张力轧制的一种新型短流程制备工艺。加热温度在金属的常温组织回复温度与再结晶温度之间，由于温轧时材料的塑性变形能力得到一定的提高，与冷轧相比，材料容易变形，又没有热轧的缺点，因此，温轧工艺受到普遍关注。

6.3.2 主要功能与特点

冷轧－温轧实验轧机的主要特点包括：

（1）实验轧机主要针对短轧件（单片）金属带材进行冷轧和温轧实验研究，轧机前后采用液压缸和特殊设计的液压夹持装置对轧件施加张力并进行恒张力控制，保证轧件板形和模拟现场张力控制，适合冷轧碳钢、硅钢、高强钢、精冲钢等难变形金属材料带钢产品开发和工艺研究。

（2）对于硬度高和薄规格的试样，采用高刚度牌坊和特殊设计的小辊径辊系装置，轧机具备全液压压下轧制功能，保证单道次大压下和薄规格带材的轧制实验研究。

（3）采用独创的在线电加热技术对单片带钢进行恒温控制，使该轧机具备单片试样带张力手动调节和自动恒温控制相结合的低温轧制功能，在线加热设备对特定金属带材最高加热温度为800℃。

（4）采用感应加热、电磁加热和电热蓄能体加热的方法，对上下工作辊进行加热与恒温控制，通常轧辊加热温度在80～270℃。

（5）采用液压自动夹持锁紧装置专利技术，确保左右张力夹持钳口对不同厚度单片试样和不同张力作用下的可靠性。

（6）具有异步轧制能力。采用双电机驱动，工作辊传动方式，通过控制上、下辊主电机的不同转速，实现上、下辊的转速差，从而实现异步轧制功能，异步比不大于1∶1.3。

（7）具备冷轧/温轧/异步轧制工艺设备控制、人机画面、系统维护、数据通讯、数据采集存储分析及试样管理、实验过程跟踪等功能，提供典型钢种的轧制模型设定计算，并预留接口和画面。

（8）具有精确的轧制力、轧制力矩、延伸率、压下位置、轧制速度、钢带表面温度等力能参数在线检测功能，可以提供翔实可靠的实验数据，以适应工艺开发和实验研究的需要，并实现数据监控、显示、记录、打印、故障报警、设备维护等功能和界面。

6.3.2.1 难变形金属材料轧制工艺

常温条件下难变形的金属主要包括两种材料：

（1）脆性金属材料。材料在低于热加工温度的条件下，尤其是在室温变形条件下，塑性很低，甚至几乎为零。其铸造后的加工成型非常困难。如高硅电工钢（Fe－6.5Si合金）、镁合金、铝质量分数达到12%以上的高铝青铜等。

（2）熔点高、变形抗力大的金属材料。材料热加工温度非常高，而温加工和冷加工变形抗力很大，难以变形，如钨、钼及其合金。

高硅硅钢和镁合金是两种具有极高应用价值的代表性脆性金属材料，然而现有的加工工艺复杂，不符合绿色生产的要求，开发新型短流程制备工艺势在必行。

6.3.2.2 高硅电工钢

目前对高硅电工钢的研究主要集中在Si含量约6.5%的Fe－Si合金、Sendust系列合金和Fe3Si合金三方面。由于含硅量高，出现结构有序化，难于机械加工，大大影响了它们在工业领域的应用。但是近20年来，为进一步降低铁损，尤其在高频信息领域，含Si约6.5%的Fe－Si合金被重新考虑为普通硅钢片的替代材料，这在1992年、1994年、1996年的国际磁性材料会议中被明确提出。而且Sendust系列合金作为磁头材料，无论是提高软磁性能还是扩大应用范围方面，前景都比较广阔。

由于高硅电工钢具有很强脆性，其室温塑性几乎为零，难以加工成使用所需的薄板（一般为0.05～0.30mm）。开发高效率、工业化制备加工工艺，是国际上的研究热点。目前，全世界只有JFE公司的CVD法（化学气相沉积渗硅法）实现了高硅电工钢薄带的工业化规模生产，如图6－18所示。采用该工艺制备了厚0.05～0.3mm（宽600mm）、铁损非常低的无取向高硅电工钢，但工艺技术严格保密，不对外转让。我国所使用的高硅电工钢长期依赖进口。

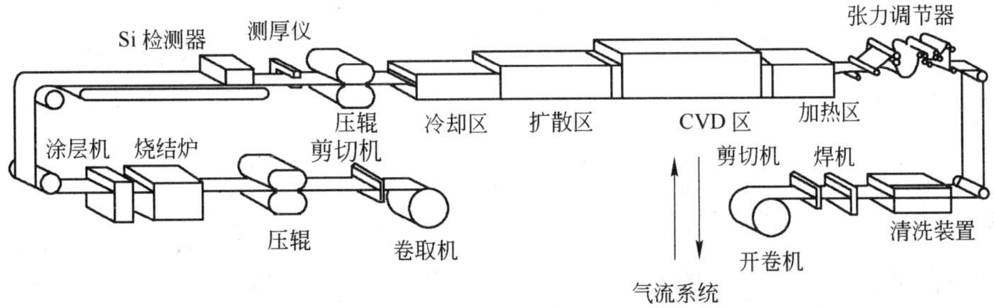

图6－18 CVD法制备高硅电工钢薄带示意图

CVD方法的特点是，首先采用常规工艺将普通电工钢（Fe3Si合金）加工成0.3mm以下的薄带，然后通过化学气相沉积对薄带进行连续渗硅，使Si的平均含量达到6.5%，再通过扩散进行均匀化处理。该方法存在工艺流程长、环境负担重、生产效率低、成本高，以及只能生产无取向高硅电工钢等问题。

林均品、陈国良等人开发了具有逐步增塑法制备加工技术，逐步增塑制备加工工艺具有流程较为简单，利用常规钢铁生产设备即可实现生产的特点。但是塑性低、成型加工困难是高硅电工钢的本征问题，如何大幅度地提高变形加工能力，实现大变形温轧和冷轧，在此基础上制备具有取向的高硅钢薄带，并突破宽幅薄带轧制生产等关键技术，提高成材率等，是有待解决的重要问题，也是国内外当前的研究热点。

异步轧制是上下工作辊的线速度不相等的轧制方式，也叫做CSR（Cross Shear Rolling），具有轧制压力低、轧薄能力强、轧制精度高和表面质量好等优点。更重要的是，异步轧制时慢速辊侧中性点向变形区入口侧移动，快速辊侧中性点向出口侧移动，使两个中性点不再重合，产生了贯穿板厚的纯剪切搓轧变形区。研究表明，异步轧制可以通过调整硅钢形变织构来改善再结晶织构，有效提高其性能。因此，对于常温下难变形的金属材料，可以考虑在温轧过程中采用异步轧制工艺技术。

6.3.2.3 镁合金

由于镁合金是密排六方晶体结构，塑性变形能力差，且对温度很敏感，这是制约镁合金应用的重要因素。在密排六方结构的镁合金中滑移系少，采用常规挤压和轧制技术制备的镁合金板材内存在强烈的（0002）基面织构，严重制约了其室温塑性和成型性能的提高，镁合金板材的成型通常需在较高温度下进行。镁合金对冷作硬化很敏感，镁合金在轧机上变形时，变形温度在350～450℃区间塑性最高。选定热轧开坯温度为400℃，热轧温度为380℃。同时，为保证改善铸态组织和避免发生大量的晶间断裂对轧制工艺要求严格。

众多研究者提出多种工艺来提高镁合金的成型性能，其中晶粒细化是提高镁合金材料成型性能的有效途径，目前常用的晶粒细化工艺有等通道角挤压、大应变轧制、往复挤压和异步轧制等。

针对难变形金属生产工艺的短流程化，东北大学轧制技术及连轧自动化国家重点实验室（RAL）开展了一系列研究工作，完成了温轧工艺的初步探索，并取得了较好的成果，为下一步工业化奠定了基础。例如采用连铸连轧的方法试制出 Fe－6.5Si 合金，并采用温轧的方法加工出宽 200mm，厚度为 0.3mm 的薄板；采用温轧方法成功轧制出厚度为 0.5mm 的镁合金。

6.3.2.4 温轧工艺实验研究

根据冷轧产品开发的需要，东北大学自 2004 年开始，研发高刚度液压张力二/四辊可逆冷轧实验机，第一套冷轧实验轧机于 2005 年 6 月在东北大学 RAL 重点实验室研制成功。它采用独特的液压张力技术和高效率的楔形液压自动夹持装置，实现了单片带钢试样自动夹紧和带张力可逆轧制。采用了多辊径工作辊辊系，以适应不同现场冷轧工艺需要。开发了独特的工作辊水平稳定化技术，利用支撑辊对工作辊的侧支撑作用，有效防止工作辊侧弯，对硬而薄的带钢可以实现大压下、稳定化、优良板形的轧制过程。二/四辊可换工作模式，实现了冷轧过程的轧制和平整的工艺需求，通过 PLC 控制系统和设置在轧机两端安装测温仪，可实现从室温至 800℃ 温度范围内的单片试样带张力恒温控制。其关键技术包括：试样在线电阻加热、温度测量、变形区温度控制、微张力控制等。冷轧－温轧实验机轧机如图 6－19 所示。

图 6－19 高刚度液压张力冷轧－温轧实验机

近年来，为了满足难变形金属材料特殊轧制工艺的需求，采用试样在线电阻加热专利技术，开发出独具特色的带张力温轧工艺，利用电阻加热的方法直接加热轧制中的带钢试样，按照温轧工艺实现恒温轧制，这是冷轧实验轧机具有的独特功能，其在难变形金属以及脆性较大的硅钢等钢种的轧制工艺中具有重要的作用，这一功能极大地扩展了实验机的研究范围。温轧机主要用于汽车板、电工钢、高强钢、精冲钢以及钛、镁基合金等难变形材料的温加工和冷加工，温轧技术的开发对金属材料特种轧制工艺性能研究和高端产品开发有着其他实验设备无法比拟的技术研究优势。利用温轧技术在 RAL 实验室里成功轧制出含 6.5% Si 的硅钢，成品试样的尺寸为 $H \times W \times L = 0.27\text{mm} \times 120\text{mm} \times 800\text{mm}$，这是目前国内在实验室制备出的最大 6.5% Si 硅钢样品。独具特色的连续带张力温轧工艺，解决了难变形金属材料的薄带材轧制难题。目前，高刚度液压张力四辊可逆冷轧－温轧实验轧机已经在武钢研究院、沙钢研究院、宝钢中央研究院、重庆科学技术研究院等企业和科研院所开发，用于冷轧和温轧实验，并逐步增加了双电机驱动异步轧制、轧辊电磁感应加热等功能。目前，高刚度液压张力二/四辊可逆冷轧－温轧实验轧机已经在鞍钢、太钢、武钢、宝钢、包钢等企业技术中心和研究院所推广应用。温轧和冷轧工艺状态如图 6－20 所示。

图 6－20　带钢的冷轧和温轧工艺状态

6.3.2.5　在线试样加热

试样在线加热是东北大学 RAL 实验室应用在线电阻加热专利技术开发的单片试样带张力温轧工艺。利用电阻加热的方法直接加热轧制中的单片带钢试样，实现单片带材恒温轧制，这是温轧实验轧机所具有的独特功能，针对脆性较大的高强钢、高硅电工钢以及镁合金等在常温下难变形金属材料轧制工艺具有重要的作用。温轧技术的开发对金属材料特种轧制工艺性能研究和高端产品开发有着其他实验设备无法比拟的技术研究优势。

单片试样加热工艺过程：将特殊设计的液压夹持装置通过设置在轧机两端的液压张力油缸及具有绝缘隔离作用的液压钳口分别夹持在单片试样两端，采用晶闸管调压系统将低电压大电流直接作用在单片试样上，通过温度控制器设定对试样进行在线通电加热，通过设在轧机两端口的温度测量仪对试样表面温度进行在线测量，PLC 温控系统将对带材加热目标温度进行温度闭环控制，从而获得较为稳定的在线恒温轧制，通常对厚度在 3.5mm 的单片试样最高加热温度可以控制在 800℃左右。图 6－21 是高精度液压张力温轧机加热原理示意图。

厚度为 1.0mm 的硅钢，加热同板温差为 ±5℃。现场焊接 5 个热电偶，分别测量带钢边部和中心的温度，加热过程中温度测量数据见表 6－3。

表 6－3　同板温差测量

序 号	厚度/mm	左 1/℃	左 2/℃	右 1/℃	右 2/℃	中心/℃	温差/℃
1	1.0	184	183	185	180	180	±2.5
2	1.0	237	237	238	233	232	±3.0
3	1.0	294	295	296	289	288	±4.0
4	1.0	350	352	351	343	343	±4.5
5	1.0	406	406	404	400	397	±4.5
6	1.0	456	456	455	451	448	±4.0
7	1.0	496	505	503	502	497	±4.5

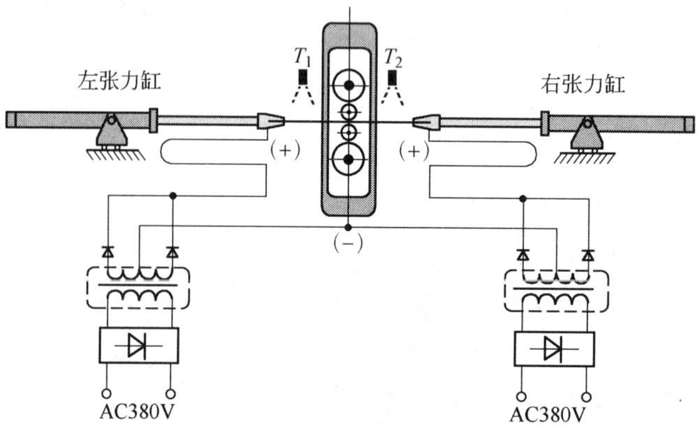

图6-21 液压张力温轧机加热原理

6.3.2.6 薄带钢在线温度测量

在对试样表面进行温度测量时，根据温轧工艺需要，采用了两种测量方法，一是红外测温仪，二是接触式热电偶测温仪。红外测温仪测量温度比较方便，然而不同的金属材料，不同的表面氧化程度，其黑度系数是不同的，需要对各种情况进行黑度系数标定，而且容易失真。

图6-22所示为硅钢加热实验过程中，红外测温仪与试样表面焊接热电偶的测量数据比较，热电偶温度达到660℃时，红外测温仪测量值为370℃。对于镁合金加热过程测温，红外测温仪失真更为严重。为此，RAL开发了接触式测温装置，如图6-23所示。

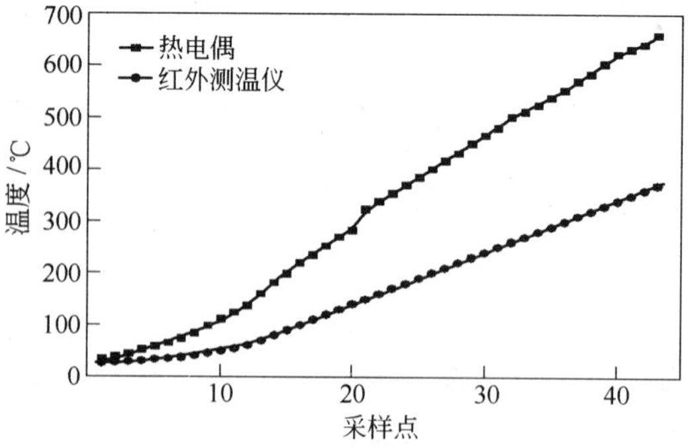

图6-22 硅钢表面热电偶与红外测温比较

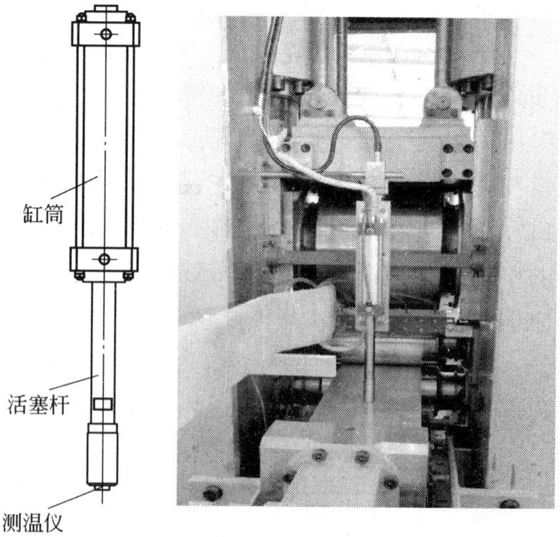

图6-23 接触式带钢表面测温装置

装置由气动元件和接触滑片式热电偶测温原件组成，热电偶滑片安装在气动测量头前端，通过控制电磁换向阀，改变活塞杆的运动方向，可以实现测温仪的往复升降。带钢（轧件）轧制过程中需要测量温度时，测温仪下降至带钢表面使其热电偶滑片与其滑动接触，可以用滑动接触的方法连续测量带钢表面温度。不需要测量温度时，测温仪通过气动缸离开轧件表面。采用接触式测温仪能够针对不同金属带材更加真实准确的测量轧件温度，达到了精确控制轧件加热温度的目的。图6-23所示为采用接触式测温仪进行镁合金薄带钢在线测量装置。

6.3.2.7 变形区温度控制

试样温度分为三个阶段：轧前温度、变形区温度和轧后温度。测温仪能够测量的只有轧前温度和轧后温度，变形区温度通常无法测量。变形区是薄板与轧辊接触的地方，轧辊会瞬间将轧件温度降低。

图6-24为变形区温降曲线，轧辊温度为22℃，采用厚度2mm的不锈钢，在边部和中心钻孔，热电偶嵌入其中，加热温度408℃，轧制速度0.05m/s，变形区瞬间温降约200℃。

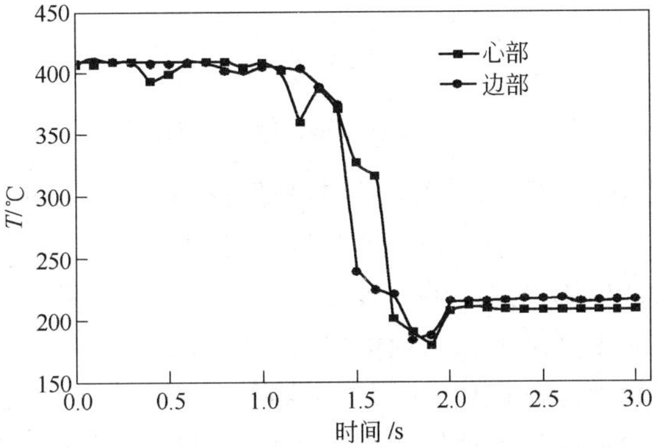

图6-24 镁合金温轧变形区温度曲线

为了减少轧辊对轧件的温降，温轧前对轧辊进行预加热是非常必要的。早在1963年，英国人费舍尔（易种淦译自 Journal of Metals，1963，Vol. 15，No. 11）就提出了“带轧辊加热装置的轧机”概念，提出感应轧辊加热和电蓄能轧辊加热等先进的轧辊加热方法。

现有的轧辊加热方式有很多种，温轧机轧辊的加热方法从能源介质角度看，主要有电加热、流体加热和火焰加热三种。从加热手段看，主要有内加热和外加热两种。感应加热、电磁加热和电热蓄能体加热都属于电加热，感应加热属于电加热，这种方式加热速度快，热惯性小，是未来的发展趋势。

限于轧辊回火硬度的要求，轧辊一般加热到280℃以下，所以轧辊对轧件的冷却仍是一个主要因素，实际生产中影响薄带变形区温度的因素还有轧件厚度、热导率、密度、环境温度等。由于变形区温度无法直接测量，采用一种基于神经元网络的极限学习机ELM[15]（Extreme Learning Machine）自学习模型，通过对大量的样本学习，可以对不同材质、不同尺寸的金属变形区温度预测，精度亦较高。

近年来，东北大学RAL实验室相继开发出具有轧辊加热功能的450mm、350mm和250mm多功能液压张力冷轧-温轧实验轧机并在相关钢铁行业技术中心和研究院所推广应用。在宝钢中央研究院冷轧-温轧机上，采用了感应加热的方式进行工作辊加热，在镁合金轧制过程中获得了成功的应用。当轧辊温度达到200℃时，镁合金只需要第一道次加热即可完成厚度4.0~0.7mm的一个轧程。

影响变形区温度的因素有很多，例如：轧件的入口厚度、宽度、材质、压下率、工作辊直径、入口温度、工作辊温度、环境温度等，为了预测温轧过程中变形区的轧件温度，采用的基于神经元网络的极限学习机 ELM（Extreme Learning Machine）自学习模型，如图 6－25 所示。

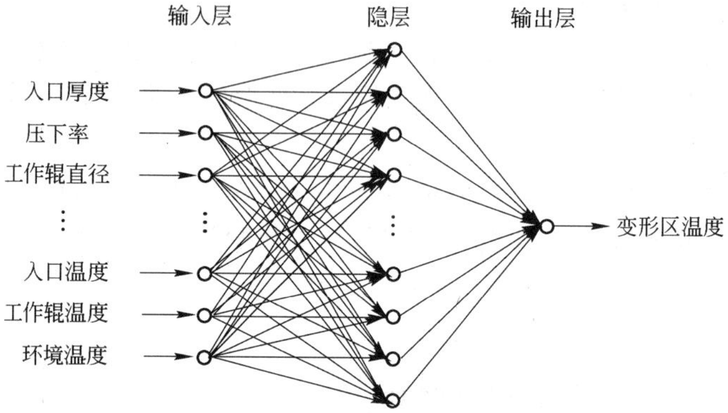

图 6－25　温轧变形区温度预测模型

ELM 是一种简单易用、有效的单隐层前馈神经网络学习算法。2004 年由南洋理工大学黄广斌副教授提出。传统的神经网络学习算法（如 BP 算法）需要人为设置大量的网络训练参数，并且很容易产生局部最优解。极限学习机只需要设置网络的隐层节点个数，在算法执行过程中不需要调整网络的输入权值以及隐元的偏置，并且产生唯一的最优解，因此具有学习速度快且泛化性能好的优点。采用这种学习机，通过对一定数量的样本学习，可以对温轧过程中轧件变形区温度精确预测。镁合金温轧过程中，变形区温度预测精度可达到 ±8℃。

6.3.2.8　微张力控制

脆性金属温轧时要求张力非常小，需要进行微张力控制。这对张力缸运行滑轨的摩擦系数和张力缸密封阻尼要求较高，除此之外还需要精确地控制算法和快速的伺服响应系统。冷轧－温轧实验轧机的设备布置如图 6－26 所示。

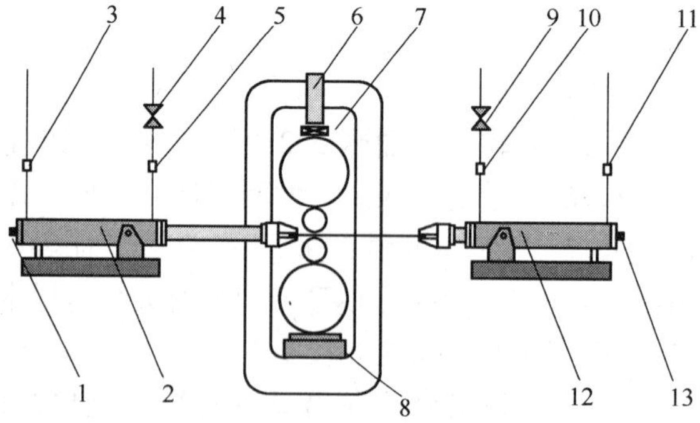

图 6－26　冷轧－温轧实验轧机设备布置

1—左张力液压缸位移传感器；2—左张力液压缸；3—左张力液压缸无杆腔油压传感器；
4—左张力液压缸控制伺服阀；5—左张力液压缸有杆腔油压传感器；6—电动压下丝杠；
7—轧制压力测量传感器；8—液压压上液压缸；9—右张力液压缸控制伺服阀；
10—右张力液压缸有杆腔油压传感器；11—右张力液压缸无杆腔油压传感器；
12—右张力液压缸；13—右张力液压缸位移传感器

为实现上述控制功能的要求，现以左张力缸为例对电器元件设计：

（1）在张力液压缸末端置入一个位移传感器，测量张力液压缸的位移和速度，参与张力液压缸的位置闭环控制和轧件的前滑率或后滑率计算，并用于位置限位保护。

（2）张力液压缸的无杆腔接入低压油源，用于产生使张力液压缸向右侧移动的驱动力。采用一个油压传感器，测量其油压，用于张力计算和伺服阀流量的非线性补偿。

（3）张力液压缸的有杆腔接入高压油源，用于产生使张力液压缸向左侧移动的驱动力。采用一个伺服阀控制流量，参与张力液压缸的位置闭环和张力闭环控制；采用一个油压传感器测量油压，用于张力计算和伺服阀流量的非线性补偿。

当张力液压缸工作在张力闭环时，通过伺服阀控制的进出油流量不仅用于张力液压缸张力调整，还要用于控制张力液压缸的运行速度，如果张力控制器仅采用一个 PID 控制器，在静止状态时可以实现较高的张力控制精度；而在轧制过程中，张力液压缸用于速度匹配的进出油流量远大于保持张力稳定的流量，仅采用一个 PID 控制器，无法快速响应轧制速度的变化，从而无法保证张力控制的精度。因此设计张力控制器包括两个部分：以速度为基准的前馈控制器和以张力为基准的反馈控制器，具体如图 6－27 所示。

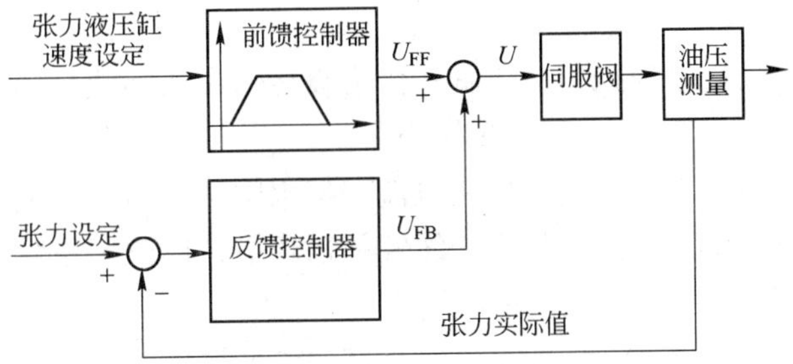

图 6－27 液压张力轧机微张力控制原理

前馈控制器的输入信号为张力液压缸的线速度设定值，输出信号为伺服阀的前馈控制量。

A 张力液压缸线速度设定值

张力液压缸运行的线速度与轧件线速度相匹配，但并不等于轧辊的线速度 v_R。轧机入口张力液压缸的线速度设定值 v_{EnT} 计算如式（6－4）所示，轧机出口张力液压缸的线速度设定值 v_{ExT} 计算如式（6－5）所示。

$$v_{EnT} = (1+b) \cdot v_R \tag{6-4}$$

$$v_{ExT} = (1+f) \cdot v_R \tag{6-5}$$

式中，b 为轧件的后滑率；f 为轧件的前滑率。

B 伺服阀开口度设定值

张力液压缸的线速度设定值 v_{Set} 与伺服阀的流量设定值 Q_{Set} 成正比，如式（6－6）所示。

$$Q_{Set} = C \cdot v_{Set} \cdot S \tag{6-6}$$

式中，C 为量纲常数；S 为张力液压缸有杆腔的环形面积。

伺服阀流量设定与伺服阀阀芯位移 x_v 的关系式如式（6－7）所示。

$$Q_{Set} = Q_N \cdot \frac{x_v}{x_{max}} \cdot \sqrt{\frac{\Delta p}{\Delta p_N}} \tag{6-7}$$

当伺服阀阀口开到最大（$x_v = x_{max}$，其中 x_{max} 为伺服阀阀芯最大位移），且阀口压差为额定压差 Δp_N 时，阀口流量为额定流量 Q_N。

式（6－7）中 Δp 为伺服阀阀口实际压力差，出油时 $\Delta p = p_C$，进油时 $\Delta p = p_S - p_C$，其中，p_C 为有杆腔油压传感器的测量值，p_S 为油源压力。

根据式（6－6）和式（6－7），可以得到伺服开口度设定值如式（6－8）所示。

$$\frac{x_v}{x_{max}} = C \cdot \frac{v_{Set} \cdot S}{Q_N} \cdot \sqrt{\frac{\Delta p_N}{\Delta p}} \tag{6-8}$$

需要注意的是，式（6－8）中 Δp 为伺服阀被用作四通阀时阀口压降的总和，即 P→A 的压降加 B→T 的压降（或 P→B 的压降加 A→T 的压降），两者各占 50%。但在本系统的张力液压缸控制中，伺服阀被用作三通阀，通过阀口的压降仅为 P→A 或者 B→T，对于相同的伺服阀，其被用作三通阀时，伺服开口度设定值如式（6－9）所示。

$$\frac{x_v}{x_{max}} = C \cdot \frac{v_{Set} \cdot S}{Q_N} \cdot \sqrt{\frac{\Delta p_N}{0.5\Delta p}} \tag{6-9}$$

将式（6－4）和式（6－5）作为 v_{Set} 值，即可得到轧机入口和出口张力液压缸伺服阀的前馈控制量。

反馈控制器的输入信号为张力液压缸的张力设定值和实际值偏差，输出信号为伺服阀的反馈控制量。反馈控制器采用一个 PI 控制器。

由于液压油通过伺服阀的流量受控制电流和伺服阀两侧压力差的共同影响，具有变增益特性，不利于参数整定。为此，加入非线性补偿环节，以改善系统性能。PI 控制器的增益采用式（6－10）计算。

$$K_P = \sqrt{\frac{\Delta p_N}{\Delta p}} \tag{6-10}$$

在轧制速度出现变化时，加速度较小，可以由反馈控制器补偿；加速度较大，为保证较高的张力控制精度还需要在前馈控制器中考虑加减速补偿环节。

由于轧制过程中，通过伺服阀的流量主要用于速度匹配，所以张力的速度设定精度对张力的控制精度尤为关键，轧件的前滑率和后滑率需要精确计算。对于无法安装测厚仪的温轧机来说，轧制厚度预计算尤为重要。通过在左右张力液压缸内安装高精度的位移传感器测量轧件在轧机入口和出口的位移，开发了秒流量厚度预估模型和前后滑预计算模型，配合宽展预计算模型，厚度预计算精度可达微米级，同时获得了精度较高的前滑和后滑系数，实现了微张力控制。以 250mm 温轧机为例，采用张力计进行闭环控制时，张力控制范围可达到 0.2～1.5kN。

6.3.2.9 异步轧制

采用高刚度四辊可逆轧制工艺设计形式，上下工作辊由两台直流电机通过复合式齿轮箱分别驱动，通过两台高机械特性的工艺控制板，实现上下工作辊的差速与转矩跟踪控制，这样可根据轧制工艺需求，具备不同道次轧制过程中的同步轧制和异步轧制功能。可以完成冷轧和温轧轧制工艺。本轧机吃料厚度与生产现场轧机坯料厚相一致，可以实现生产轧机的轧制压缩比，使实验结果可以直接转化到现场生产上，这是国内外其他实验轧机所不具备的特点。异步轧制，可以使轧件发生强烈的剪切变形，细化晶粒，提高轧件厚度方向的组织均匀性和材料的冲击韧性，同时还能保证良好板形。轧机具有机架间冷却功能，可以随时对轧件进行冷却，控制析出等组织转变。上述异步轧制和机架间冷却功能对材料性能的提高和轧制工艺的创新具有十分重要的作用。利用异步轧制的强塑性变形方式应用于 AHSS、高硅钢预计钛铝合金材料，制取超细晶板材，异步轧制在压缩变形的同时增加附加剪切变形，增加了滑移系，在低温、大变形条件下可获得使晶粒明显细化，异步轧制成为具有大工业生产超细晶组织的有效强塑性变形方式。轧机装备了高水平的自动化系统和高精度的传感器，利用磁致伸缩技术开发了高精度的数字式线性辊缝仪，通过辊缝的测量间接测量试件的厚度，成功地解决了实验轧机短坯料厚度测量的难题，实现了高精度的液压厚度控制，双电机同步和异步差速控制系统如图 6－28 所示。

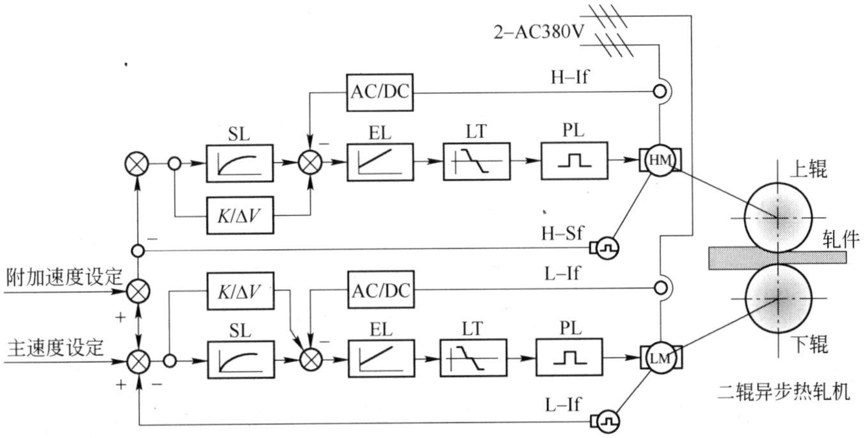

图 6－28 双电机同步和异步轧制控制系统

通过调整上下轧辊的速度实现异步轧制，并在上下轴承分别安装了扭矩测量仪进行扭矩的实时测量。通过硅钢异步轧制实验，证明当异步比大于 1.04 时，对厚度减薄和轧制力减小有显著作用。

6.3.2.10 代表性温轧实验

A 硅钢极薄带温轧

采用工作辊辊径 90mm，对 Fe－3.5% Si 合金进行微张力温轧，原料尺寸 $T \times W \times L =$ 0.22mm × 100mm × 600mm，终轧厚度：0.05mm，轧制规程如表 6－4 所示。

表 6－4 极薄带硅钢温轧轧制规程

道 次	辊缝/mm	轧制力/kN	轧制速度 /m · s^{-1}	左张力/kN	右张力/kN	温度/℃	出口厚度/mm
1	0.2	354	0.09	2.2	2	220	0.115
2	0.12	389	0.1	2.5	2.8	170	0.086
3	0.08	395	0.11	3	3	150	0.071
4	0.06	422	0.12	2.8	2.8	常温	0.064
5	0.04	434	0.13	2.6	2.6	常温	0.055
6	0.02	426	0.13	2.5	2.5	常温	0.051

B 镁合金冷辊温轧

采用185mm直径的工作辊，无轧辊加热时，对镁合金AZ31进行微张力温轧，镁合金原料尺寸为 $T \times W \times L = 4.0\text{mm} \times 200\text{mm} \times 1000\text{mm}$，终轧厚度：0.7mm，轧制规程见表6－5。

表6－5 镁合金温轧轧制规程

道次	辊缝/mm	轧制力/kN	轧制速度/$\text{m} \cdot \text{s}^{-1}$	左张力/kN	右张力/kN	温度/℃	出口厚度/mm
1	3.540	313	0.056	2.40	2.50	380	3.422
2	3.245	329	0.061	2.40	2.30	385	2.830
3	2.995	243	0.065	2.10	2.20	400	2.544
4	2.744	267	0.068	2.10	2.00	410	2.129
5	2.525	254	0.075	2.00	2.00	420	1.796
6	2.323	219	0.080	1.90	1.90	430	1.595
7	2.132	176	0.085	1.90	1.90	430	1.535
8	2.173	132	0.090	1.90	1.90	430	1.493

将厚度为1.5mm的镁合金板分段并继续温轧得到厚度0.5mm的镁板，板形良好。

C 镁合金热辊温轧

采用200mm直径的工作辊，将轧辊加热至200℃，对镁合金AZ31进行微张力温轧，镁合金原料尺寸为 $T \times W \times L = 4.0\text{mm} \times 250\text{mm} \times 1000\text{mm}$，终轧厚度：0.7mm，轧制规程见表6－6。

表6－6 镁合金温轧轧制规程

道次	辊缝/mm	轧制力/kN	轧制速度/$\text{m} \cdot \text{s}^{-1}$	左张力/kN	右张力/kN	温度/℃	出口厚度/mm
1	2.80	481	0.12	5.40	5.50	220	2.807
2	2.00	548	0.12	5.40	5.30	220	2.040
3	1.65	463	0.14	4.50	4.50	220	1.664
4	1.15	549	0.16	4.10	4.10	220	1.187
5	0.83	586	0.18	3.90	3.90	220	0.846
6	0.65	610	0.20	3.90	3.90	220	0.691

轧辊轴端通有冷却水，温度约175℃，中间温度约200℃。若轴端和中间温度差别较大时，易造成边裂，关闭冷却水后，轧辊温度均匀性和边裂得到改善。

当轧辊温度达到200℃时，加热轧件至220℃，变形区温度可达到245℃，后续道次不需要补热即可进行连续轧制，终轧厚度达到0.691mm时，轧件温度可达210℃。

6.3.3 温轧工艺技术工业化探索

温轧工艺对于解决高端冷轧薄带钢产品轧制过程的组织性能和表面质量具有重要作

用，在金属材料特种轧制工艺性能研究和高端产品研发领域有着其他成型过程无法比拟的工艺技术优势。针对工业化温轧技术难题，RAL 实验室立足自主创新，在成熟液压张力控制带钢温轧机的基础上，针对薄带铸轧高硅电工钢、AHSS 以及钛、镁合金等难变形金属材料的特殊轧制工艺需求，研发了带钢成卷轧制的温轧工艺制备技术。通过大量复杂多样的材料成型工艺实验研究，提出了热卷箱＋横向磁通感应聚热温轧工艺技术，对有效解决将薄带材的在线加热工艺过程的温度均匀性这一共性难题，确定了工业化的解决方案。该温轧机具有两个热卷箱，对成卷带钢进行预加热（带钢预热温度 400～500℃），同时，在轧机的入口和出口处各设置一套高频感应加热装置，对带钢进入轧机前进行在线提温控制（最高提温温度为 800℃），从而实现成卷带钢连续温轧。为解决轧件在轧制变形区由于轧辊吸热而造成的温降，我们采用电磁感应技术和电阻蓄热技术，分别设计了轧辊加热装置对轧辊表面进行在线加热，前者加热速度快，轧辊表面热效率高，但造价较高。后者是通过辐射热传导对轧辊进行加热，需要较长的预热过程，造价低，可根据温轧工艺制备需求确定轧辊加热方式，轧辊表面设有接触式温度测量装置，通过 PLC 系统进行温度闭环控制，轧辊表面最高均衡温度 270℃。本温轧机主机采用双电机对上下工作辊分别传动，利用数字传动控制系统较硬的机械特性和差速跟随控制功能，可以实现任意速度比的异步轧制功能。为了实现 AHSS 和高硅电工钢的连续温轧，该轧机还可以直接接受从薄带铸轧机送来的铸轧薄带钢，对铸轧后处于高温状态的带钢进行热轧与温轧。为此，热卷箱可自动接收和卷取高温铸轧薄带进行可逆轧制，感应加热装置可实现轧制过程中的补热，避免温降。轧制完成后，热卷箱设有出口，可将成品带钢导出至箱外卷取并卸料，也可通过夹送辊道送至剪切机进行定尺剪切成板料。上述温轧机与薄带铸轧机配合使用，可实现高硅钢的短流程轧制生产，是高硅电工钢制造工艺的巨大创新，具有显著的经济效益和社会效益。为更好地解决极薄带钢在感应加热过程中温度均匀性问题，RAL 提出采用横向磁通感应加热技术方案，利用横向磁通单位涡流密度高、磁通量集中的特点，解决金属薄带加热过程中的加热效率和温度均匀性问题，重点研发高密度横向磁通感应装置。这样可以有效解决由于常规感应加热旋转磁通对薄带钢所产生的加热温度不均和热效率低的问题，炉卷式温轧机如图 6－29 所示，其中的关键技术：

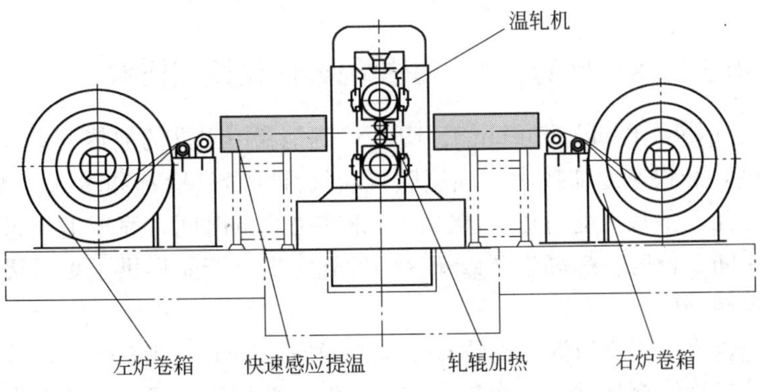

图 6－29 工业化卷取式温轧机组

（1）温轧带钢厚度控制及微张力控制；

（2）双电机驱动，异步轧制；

（3）工作辊在线感应加热；

（4）轧件在线横向磁通快速感应提温加热；

（5）炉卷温轧及气氛保护工艺与制备技术。

6.4 连续退火、热成型技术与实验设备

退火热处理是调控冷轧带钢组织性能最重要的手段，涂镀是提高带钢耐蚀性的主要方法，退火和涂镀对带钢产品的表面质量也具有决定性影响，因此，退火和涂镀技术受到钢铁生产企业和材料、工艺和设备研发机构的高度重视和广泛深入的研究。目前，退火和涂镀技术与装备的发展方向是高性能、高质量、高柔性、低成本、低消耗和环境友好。为了实现上述目标，一些先进的冷轧退火和涂镀工艺、技术和装备不断涌现出。下面就几个有代表性的退火和涂镀技术做介绍。

6.4.1 高强钢连续退火和涂镀技术

先进高强钢退火热处理的特点有以下几个方面，首先是温度高，完全退火温度在 Ac_3 以上，临界区退火温度在 Ac_1 以上。其次是冷却速率高，为了获得马氏体组织，需要冷水淬，冷却速率达到1000℃/s，高冷却速率带来了能源消耗和生产成本的上升以及表面质量等问题。再次是对退火机组的柔性度要求高，要求具有灵活的保温时间，具有缓冷（<20℃/s）和快冷能力，DP和CP钢不需要回火保温，而TRIP钢则需要回火处理。最后，先进高强钢需要添加贵重的合金元素，合金成分对退火工艺也有重要影响，例如，Mn的含量不同，获得DP钢所需要的临界冷却速率也不同；高Si含量导致选择性氧化问题，给后续的热镀锌带来了困难。为了满足先进高强钢退火的工艺要求，必须开发新的退火工艺和装备，并在合金元素成本与工艺成本之间获得最佳平衡。在现代先进高强钢连续退火线和热镀锌线上应用了以下先进技术，这些技术充分体现了节能、低成本和环境友好的理念。

6.4.2 冷轧板超快速退火的组织、织构的柔性化控制技术

超快速退火（Ultra Rapid Annealing，URA）就是利用先进的加热技术（感应、等离子放电和电阻加热）和快速冷却技术（高速喷气、气雾、全氢冷却和冷水淬等），使加热速率和冷却速率达几百到几千度每秒，能够使带钢在极短的时间内完成退火过程，大大缩短加热和冷却段时间及长度，提高生产效率，为冷轧-退火产品提供了更具灵活性和柔性化的组织-性能控制手段。

针对超快速退火过程中所涉及的物理冶金学问题，RAL利用自主开发的带钢连续退火模拟实验机，针对具体钢种进行了大量的实验工作，系统研究了超快速退火过程中不同加热速率、保温时间和冷却等工艺条件下退火组织特征，如晶粒平均尺寸、尺寸分布、析出物类型、形态和分布，揭示了退火工艺参数对再结晶组织的影响规律。研究发现，超快速退火超低碳IF钢，加热速率为300℃/s时，晶粒尺寸由传统工艺的（13.0±0.5）μm细

化到（10.0±0.5）μm，晶粒细化可达30%，而且晶粒尺寸均匀性大大提高。这一现象从物理冶金学的角度可以给出这样的解释：由于加热速率大幅度提高，再结晶之前的回复时间大为缩短，能够保留较多的应变储能和较高的位错密度。超快速退火条件下，再结晶温度的提高和保留下来的应变储能，一方面为再结晶过程提供了更多的形核位置，另一方面也提高了晶粒长大速率，最终再结晶晶粒是否细化主要取决于这两种作用的相互竞争效果。通常在短时间内形核密度的增加效果更显著时，最终组织的晶粒就会明显细化。这一研究结果改变了传统IF钢通过添加价格昂贵的微合金元素来提高强度的思路，使得冷轧退火（超）低碳钢的超细晶成为可能，为开发经济型、减量化的优质冷轧钢板提供新的手段，具有重要的理论和实际应用价值。

此外，RAL还将URA技术应用于冷轧退火TRIP钢的研究，发现超快速加热通过抑制铁素体的回复和再结晶，可以使再结晶和相变在更高温度和更大的变形储能下进行。这使得低硅含磷TRIP钢中铁素体、贝氏体以及残余奥氏体的体积分数、形貌特征、晶粒尺寸发生明显改变，铁素体平均晶粒1~3μm，贝氏体板条宽度10~30nm，薄膜状或颗粒状残奥分数增大并大幅度细化，第二相析出粒子尺寸大部分在10nm以下且分布弥散均匀、具有较强的热稳定性。这一显著的微观组织特征大大提高和改善了低硅系TRIP钢的力学性能。

上述研究结果表明，超快速热处理的意义在于高加热和冷却速率以及柔性化路径控制，这绝不是传统意义上的工艺优化，而是从本质上影响回复、再结晶和晶粒长大的物理机制。与传统的等温退火不同，URA再结晶往往在非等温条件下发生，特殊的热路径不仅影响晶界原子跃迁速率和激活能，还改变再结晶的外部环境（温度、变形储能和析出）和动力学，这可以称之为“非等温热激励效应”。

超快速退火在控制材料织构方面也可以发挥独特的作用。研究发现，在超快速退火条件下，通过合理控制加热段、保温段和冷却段的工艺参数，也可以获得与传统退火方式下几乎完全相同的织构类型。以IF钢为例，采用超快速退火获得了以γ织构为主的再结晶织构，并且有些织构密度甚至强于传统退火下的织构。即使在以300℃/s加热速率下快速升温至较高退火温度并立即淬火，也能够获得发展充分的再结晶织构。这一现象的发现充分说明，超快速退火在高温短时保温条件下完全可以获得发达的γ纤维织构。这对于传统的γ织构形成与演变机理是一个新的挑战，同时对实际生产而言，其意义在于采用先进的超快速热处理可以在短时紧凑的流程下得到新一代超细晶高强IF钢。

同样，对织构的柔性化控制还体现在高品质电工钢的产品开发过程。以无取向Fe-Si合金为例，当初始晶粒较大时（通常电工钢热轧常化后）加热速率从5℃/s增加到300℃/s，对磁性能不利的γ纤维织构被明显抑制，而高斯（Goss）和（或）立方（Cube）织构比例和强度增加。这被解释为，粗大晶粒的大变形冷轧造成γ晶内剪切带增多，快速加热使剪切带内的变形储能保留下来，再结晶开始后Goss和Cube晶核优先在剪切带生成并迅速长大，消耗所在γ晶粒的同时也抑制了周围γ纤维的发展，因此起到了削弱γ织构和促进Goss和Cube织构的作用。相反，如果采用较低的加热速率，剪切带内变形储能被耗散，高斯和立方织构的成核不占优势，从而在与γ织构竞争中处于劣势，导致对磁性能不利的γ晶粒大量生成。尽管深刻系统的理论研究还有待进行，但可以肯定超快速退火织构控制效果也与非等温热激励效应密切相关。

6.4.3 CAS－300型带钢连续退火模拟实验机

冷轧带钢连续退火模拟实验机是用于冷轧产品连续退火工艺研究的实验设备。冷轧带钢连续退火工艺的核心是控制升温速率和控制冷却技术，冷轧产品的组织和力学性能主要是通过控制冷却获得的。利用低电压、大电流变压器实现试样的快速电阻直接加热，最大加热速率达300℃/s。硅钢、高强度钢等材料在退火过程中的快速加热，可以大幅度提高再结晶的形核率，细化晶粒组织，提高材料的电磁性能和力学性能。该实验机在一套冷却设备上实现了喷气和喷雾两种冷却功能，冷却速率连续可调。在带钢试样冷却方式上实现了细腻化的冷却控制，有小电流加热缓冷，自然冷却，氮气喷吹冷却，氮气、氢气混合喷吹冷却，喷氢冷却和氢气/氮气＋水喷雾冷却等多种方式，可以实现5～600℃/s范围内的冷却速率连续改变。冷却方式、冷却速率和冷却路径控制，灵活的冷却方式和宽广的冷却速率为连续退火冷却技术的研究提供了强有力的手段，对高强钢等的钢种开发具有非常重要的作用。RAL还提出了单工位的设计思想，克服国内外同类设备多工位结构，试样需要移动来实现加热、冷却、时效等工艺过程的缺点，使设备结构大大简化、成本降低。由于单工位的炉体设计，使实验机针对600mm长，300mm宽的试样，实现了保护气氛退火，其意义在于不仅为带钢退火的表面质量研究提供了手段，而且也为后续的纵横向力学性能测试的取样以及深冲成型性能的研究提供了尺寸足够大的退火原板带材。

该实验机在2005年初开始研制，第一台设备于2007年6月在宝钢股份不锈钢技术中心通过验收。目前，该实验机已经推广到太钢技术中心、包钢技术中心、河北钢铁研究院等钢铁企业，图6－30是东北大学研制的CAS－300Ⅱ型连续退火模拟实验机。

图6－30 冷轧带钢连续退火模拟实验机

6.4.4 多功能退火实验研究装备

硅钢是电力工业的重要原材料，是我国近年着力开发的新钢种。由于硅钢的生产过程技术复杂，精准化的连续退火过程是决定硅钢带材产品质量的关键工艺设备，国外对我国一直严密封锁。所以，开发工业化的实验研究设备十分重要，它主要用于对硅钢连续退火过程材料组织演变和性能控制的研究，可以用于取向硅钢的中间退火、脱碳退火以及无取向硅钢的再结晶退火实验，考虑到低温加热生产取向硅钢的需要，还可用于渗氮研究，同时也可用于普碳钢和低合金钢等钢种的开发以及连续退火工艺的研究和优化。

为了研究取向硅钢的连续退火工艺，开发高品质取向硅钢产品，RAL 先后开发了硅钢连续退火实验机和多功能硅钢退火实验机，如图 6－31 和图 6－32 所示。硅钢连续退火实验机作为硅钢生产工艺实验研究设备，采用长试样连续式的设计方案，可以完成成卷硅钢的脱碳、还原、渗氮和冷却的连续退火工艺。该实验机组采用创新的组合式多炉腔炉体结构，整个退火炉由 7 个独立控制温度和气氛的炉腔构成，各工艺段的加热温度和气氛可以按工艺要求独立控制，相邻炉腔之间采用“双辊密封＋中间排气”的隔离装置进行气氛隔离。加热、脱碳、还原和渗氮四个工艺段可根据各自退的火工艺时间需求，通过炉腔之间隔离装置的打开和关闭实现组合，因此退火时间则通过改变各工艺段的长度来进行调整。上述组合式炉体结构设计和实施，解决了固定长度工艺段退火炉无法调整各工艺段退火时间的问题。而多功能硅钢退火实验机采用真空插板阀隔离装置，实现 3 个炉腔绝对的退火气氛隔离，可针对单片硅钢试样进行固溶、常化和连续脱碳、还原和渗氮热处理，加热最高温度达到 1370℃。

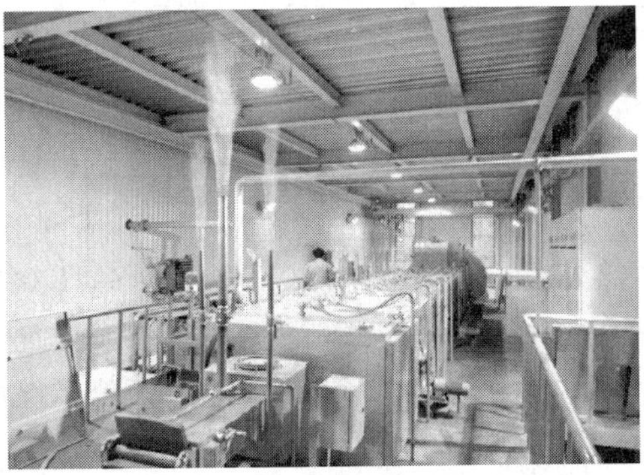
图 6－31　硅钢连续退火实验机

图 6－32　多功能退火实验机

多功能退火实验研究装备不仅实现了取向硅钢脱碳、还原和渗氮退火工艺过程，还具备高温固溶退火以及常化热处理等功能，涵盖了硅钢生产过程中连续退火等全部热处理工艺过程的实验研究需求。

由于取向硅钢连续退火工艺的复杂性，在实验室一般很难模拟完整的大生产工艺过程。为了解决上述问题，RAL 开发了三炉室硅钢连续退火模拟实验机。该实验机由三个炉室构成，炉室之间设置气氛隔离装置，使三个炉室可以实现不同的退火气氛。实验机采用电阻加热技术加热试样，利用焊接在试样上的热电偶测量试样的温度，采用喷气和喷雾技术冷却试样，最高加热温度 1200℃，最大加热速率达 300℃/s，最大冷却速率达 600℃/s。退火气氛包括 N_2、H_2、NH_3 和 H_2O 蒸汽，氢气含量可达 100%，气氛露点可达 +70℃。实验机可以灵活调整退火热循环工艺参数和气氛条件，如加热速率、保温温度、保温时间、冷却速率、退火张力以及氮气、氢气、氨气的含量和露点等。利用本系统可模拟研究硅钢材料在不同工艺条件下的退火再结晶、晶粒生长、织构演化、脱碳、渗氮、析出和固溶等物理冶金现象和规律，建立工艺过程与材料组织性能之间的关系，为硅钢产品和工艺开发提供基础的实验数据，为提高产品质量、解决生产技术问题、降低成本以及开发新产品和新工艺服务。图 6－33 所示为模拟退火温度和退火气氛变化趋势曲线。

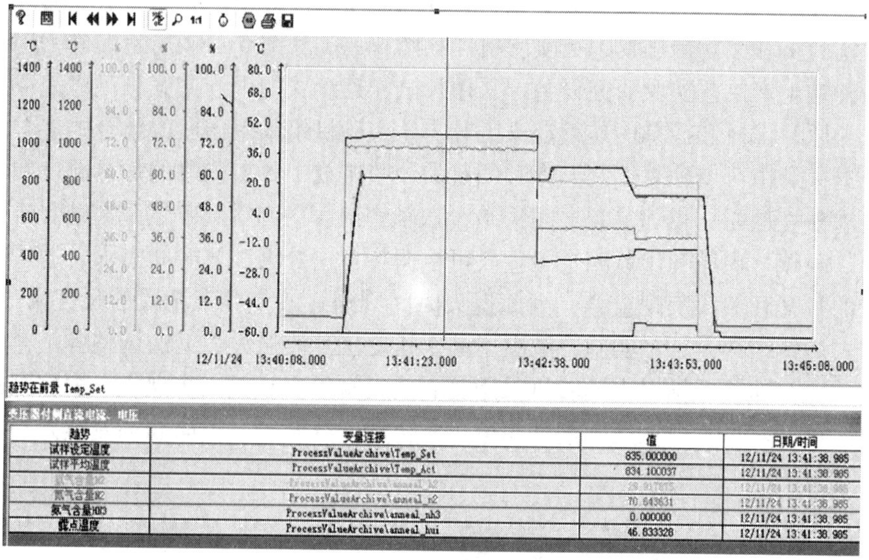

图6－33 硅钢连退实验的温度和气氛趋势

6.4.5 CAS－120型多功能退火模拟实验机

为了研究带钢连续退火工艺和材料可控气氛热处理技术，由RAL开发了CAS－120型多功能退火模拟实验机。实验机的试样尺寸为450mm×120mm×(0.2～3) mm，试样加热采用直接电阻加热技术，最快加热速率300℃/s（厚1mm），用于快速加热退火技术的研究。采用直接焊接热电偶检测试样温度和高响应控制技术，检测精度高，响应速度快，实现了快速、精确和灵活的试样温度控制。采用可控喷气对试样进行冷却，对厚1mm钢板最大冷却速率达150℃/s。冷却过程中，喷气压力可以随试样温度的变换进行自动调节，保证精确控制冷却速率。实验机具有丰富的退火气氛，除N_2和H_2外，还有NH_3、CO、CO_2、CH_4等，可实现不同的氧化性或还原性退火气氛的退火工艺。利用激光拉曼气体分析仪进行退火气氛检测和控制，保证了多气氛组分检测的精确性。退火气氛的另一个特点是可以实现+60℃的露点，这为高氢高露点脱碳工艺的研究提供了手段。实验机采用了紧凑式的炉腔设计，有效减少实验过程中退火气氛的消耗，这对实验室条件下气体介质使用量受限制的问题是一个有效的解决办法。

CAS－120型退火模拟实验机（图6－34）可广泛用于各种深冲钢的轧后连续退火，不锈钢的光亮退火、取向硅钢的脱碳和渗氮、先进高强钢的退火及合金元素的选择性氧化、材料渗碳、渗氮或碳氮共渗等退火和热处理技术的研究。

该实验机的研制成功，将对冶金行业退火工艺研究和高端冷轧产品研发以及材料高性能化理论与技术创新起到极大的促进作用。

图6－34 CAS－120型多功能退火模拟实验机

6.4.6 工业化高端汽车用先进高强钢研究与制备技术

这是获得国家自然科学基金资助的项目，编号为：51274063。

近年来，先进高强度汽车用钢迅速发展，在提高强度的同时还具有良好的延性相匹配，使材料在高强度下仍具有良好的成型性。目前，第一代先进高强度钢（强塑积：抗拉强度×总伸长率=15~20GPa%）如双相钢、TRIP钢、复相钢、马氏体基钢等已在汽车中得到大量应用，这对汽车轻量化起到非常重要的作用。但第一代先进高强度钢的成型性能仍然有待提高，以满足日益提升的汽车设计需求，且当抗拉强度达到1000MPa时，其成型还面临回弹和模具磨损两大难题。作为第二代先进高强度钢的TWIP钢，其强塑积可到达60GPa%，并已经实现了产业化应用，但由于高合金含量使得工业化生产难度大、成本高，故未能得到广泛应用。而当前正开发的第三代先进高强度钢要求强度与延性的匹配比第一代先进高强度钢大幅提升，赋予冲压构件更好的成型性、赋予安全件更高的吸能或防碰撞变形的功能，以满足汽车工业技术进步的需要，而且要求成本更合理。因此当前汽车用钢的热点研究方向是寻求新的技术路线和理论，以期得到高强度、高成型性、高性价比、性能稳定、强塑积达到30GPa%以上的第三代先进高强度钢。

目前国际上提出的第三代汽车钢的研究方向，均是以不同的技术路线获得含有残余奥氏体的复相组织，通过复相效应获得高的强度，以残余奥氏体的TRIP效应提高材料延性，以获得良好的强度与延性的匹配。比如Speer等提出的淬火与配分新工艺，即是通过将部分相变的马氏体升温或等温保温使马氏体中过饱和的碳配分至周围奥氏体中提高奥氏体稳定性，形成马氏体基体加残余奥氏体的复相组织，达到高强度的同时因奥氏体的TRIP效应而具有高的延性，这方面宝钢已经进行了工业化生产，对比第一代先进高强度钢的双相钢延性有所改善，提高了成型性能，并在汽车生产上得到应用，但因其应用性能及机理还不完善，力学性能还达不到第三代汽车钢的目标，因此仍需进一步研究与开发。Bhadeshia等提出的纳米贝氏体理论及技术，通过低温贝氏体相变获得20~100nm宽的纳米贝氏体（贝茵铁素体+奥氏体片层交替组织），通过细晶强化和奥氏体TRIP效应的匹配可使强塑积达到或超过30GPa%，由于其高的碳含量（碳质量分数大于0.8%）使其工业生产和应用具有较大障碍。Niikura和Morris在20世纪80年代提出了通过奥氏体逆转变在含Mn5%的低碳钢中形成了大量的奥氏体和超细晶的铁素体组织而获得了良好的强塑性匹配。在国家第三期973项目的资助下，以此理论为原型，研究团队通过合理的组织调控在5Mn钢（锰质量分数约5%）中获得了硬基体与亚稳奥氏体相的复合组织，并完成了钢材的工业试制，力学性能达到了30GPa%，针对汽车零件冲压成型，该材料变形过程中的加工硬化行为还有待改善，其汽车应用相关理论及技术仍在研究过程中。

6.4.7 点焊冲击实验机研制

点焊冲击实验机项目获得了中国汽车联盟基金资助。

点焊是汽车制造中重要的连接方法，汽车的安全性与点焊的动态冲击性能密切相关。因此，国外工业先进国家对此开展了大量的研究工作。我国由于缺少相应的点焊冲击实验研究设备，在点焊动态性能的研究领域落后较多，尤其是在先进高强钢的点焊工艺和动态强度评价、相关标准制定等方面，基本处于空白状态。

2013年3月，RAL中试课题组与中国汽车工程研究院合作，开展先进高强钢零件点焊工艺与动态性能的研究工作。双方共同申请汽车联盟的开放课题并获得资助。点焊冲击实验机的研制工作取得重要进展，完成了冲击实验机设计和特殊夹具制造以及实验机试验过程数据采集等研究工作，实现了冲击试验功能。在取得阶段性成果后，中国汽车工程研究院马鸣图教授在王国栋院士陪同下对研究工作进行了检察和指导，并对冲击实验机研发工作和取得的重要进展给予高度评价，同时提出了下一步的工作要求，希望加速实验机的高端化研制进程，开展相关动态性能研究和性能评价体系，最终形成定型产品。

6.5 MMS热力模拟实验机

6.5.1 项目背景

热力模拟试验是冶金材料研究的重要手段，在新品开发和工艺优化中起重要作用。钢铁材料的热力模拟试验是指利用小试样，借助热力模拟实验机，再现钢铁材料在制备或热加工过程中的受热或同时受热受力的物理过程，充分暴露与揭示钢铁材料在该过程中的组织和性能变化规律，评定或预测材料在制备或热加工时出现的问题，为制定合理的加工工艺以及研制新材料提供基础数据和技术方案。利用热力模拟实验机可做的工作包括：其一，通过改变材料的成分，开发出具有某种组织特征和结构特征并且符合要求的力学性能、物理性能或具有某种特殊功能的新材料；其二，通过改变工艺来开发新材料，即将发展新材料与优化工艺技术、优化产品结构结合起来，开发出技术含量高的高、新、精的产品。由于它既可以节省现场工业试验的大量费用、时间和精力，又可以对所要求的各种参数进行精确的测量与控制，为工业大生产过程积累必要的参数，提供指导。热力模拟技术及热力模拟实验机已广泛用于钢铁材料热加工过程（包括热轧、锻造、焊接、连铸、热处理）的研究，成为开发新材料，测定热加工过程组织演变规律的常用技术与关键设备。

热力模拟实验机是材料研究领域的基础和高级专用设备。当前，在国际上正围绕开发具有高洁净度、超细晶粒、高均匀性、强韧性、耐蚀性和经济性的新一代钢铁材料展开了新一轮竞争。我国于1998年启动了973项目“新一代钢铁材料重大基础研究”，于2004年开展了“提高钢铁质量和使用寿命的冶金学基础研究”等以“新一代钢铁材料的开发”为背景的国家重大基础研究项目，热力模拟实验机已经在其中扮演着重要角色。同时，随着我国从钢铁大国向钢铁强国跨越，需要钢铁研究部门和企业大力开展技术创新，强化开发研究手段，在这过程中热力模拟实验机必将发挥重要作用。除了传统的热力模拟试验之外，为探索获得超细晶粒钢的途径，还需要开展一些现有热力模拟实验机不能完成的新型试验，如多向复合剪切大变形细化晶粒试验等。为此，需要开展相关的应用基础研究，开发新一代热力模拟试验装置，促进我国钢铁研究手段的升级换代。

热力模拟实验机只有美国、日本等极少数工业发达国家能够研制生产，处于高度垄断状态，我国一直无法生产。但是我国是应用热力模拟技术进行研制工作最活跃的国家，国内企业和研究院校对热力模拟实验机的需求很大，不得不承受国外设备的高价位垄断，因此进行 MMS 热力模拟实验机研制意义重大。

6.5.2 MMS 热力模拟实验机介绍

项目研发始于2000 年，历经 10 多年的积累，先后得到了科技部、教育部、国家自然科学基金等的大力资助。热力模拟实验机是一种综合性高技术含量的大型仪器设备，它融材料科学、传热学、力学、机械学、工程检测技术、自动控制和计算机领域的知识和技能为一体，构成了独特的、跨学科的专业领域；是一个高精度的复杂系统，集机、电、气、液于一体。

本项目根据相似理论提出了利用小试样进行性能及工艺模拟的方法，在此方法的基础上，发明了独特的机械结构和控制采集策略，因为有了这些创新性发明，从而解决了热力模拟实验机众多实验功能一体化、压扭大变形实验功能和高精度高响应的控制测量等实践问题。MMS 系列热力模拟实验机是一台高精度、高性能多功能模拟实验机，具有多功能模拟能力和实验能力。可以模拟温度、应力、应变、位移、力、扭转角度、扭矩等参数，能进行多种实验，其具体的实验种类包括：

（1）拉伸实验；
（2）单道次压缩实验；
（3）平面应变压缩实验；
（4）多道次压缩实验；
（5）单道次扭转实验；
（6）多道次扭转实验；
（7）大变形实验（压扭复合实验）；
（8）动态 CCT 实验；
（9）动态再结晶实验；
（10）控轧控冷实验；
（11）应变诱导实验；
（12）热裂纹敏感性实验（SICO）；
（13）应力松弛 PTT 实验；
（14）零强温度（NST）的测定试验；
（15）零塑性温度（NDT）的测定实验；
（16）热处理实验；
（17）静态 CCT 实验；
（18）铸造实验；
（19）静态再结晶实验；
（20）焊接热循环试验；
（21）焊接热影响区连续冷却转变试验（SH - CCT 试验）；
（22）扩散焊试验；
（23）电阻对焊试验；
（24）温度应力循环变化疲劳试验。

目前 RAL 已经具备 MMS - 100、MMS - 200 和 MMS - 300 三种型号热力模拟实验机的研发能力，拥有国家发明专利6项，实用新型专利3项，计算机软件著作权2项，并已生产不同型号的MMS系列热力模拟实验机8台。MMS热力模拟实验机的照片如图6－35所示，其实验设备被分别应用于东北大学、济南钢铁集团公司、华菱湘潭钢铁公司、包钢、江西理工大学等地，运行情况良好，拥有良好的口碑。2009年通过了中国金属学会组织的科技成果鉴定，部分评价意见：热力模拟实验机是材料研究领域的基础和高级专用设备，具有垄断性；该项目成功打破了国外垄断，MMS系列热力模拟实验机具有一机多功能的特点，主要性能指标达到或超过国外先进产品，项目成果达到了国际先进水平。

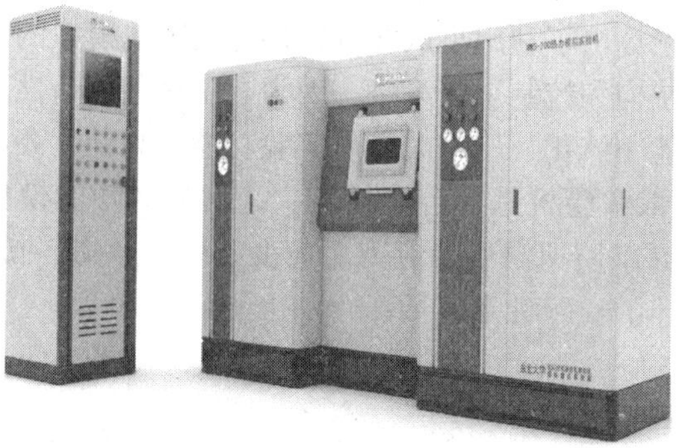

图6－35 MMS－200热力模拟实验机

该项目2010年获辽宁省科技进步一等奖；2011年获冶金科学技术二等奖。

MMS系列热力模拟实验机的成功研制与推广应用，标志着我国在材料热加工领域应用的物理模拟设备开发能力和性能指标已达到国际先进水平，填补了该领域的国内空白，进一步拓宽了材料性能研究的方法和手段，为国内企业和研究机构提供了功能齐全、质优价廉的设备，其社会效益巨大。同时为研发大型高精尖实验设备积累了经验。

6.5.3 MMS热力模拟实验机的创新性成果和主要性能指标

RAL研发的MMS热力模拟实验机具有如下的三项创新性成果。

6.5.3.1 机械结构与实验功能

发明专利“多功能热力模拟实验机”和“一种输出位移和扭转的机械传动装置”所涉及的机械结构与独创的传动装置，使MMS热力模拟实验机成为一套可以同时实现拉伸、压缩及扭转、压扭复合大变形等实验的高性能、多功能一体化实验装置，将原来国外热力模拟实验机需要多台设备才能实现的试验功能，集成为一体，实现一机多功能，极大地提高了试验效率和节约了成本，克服了国外同类产品随着实验内容不同，需要更换不同部件的缺点。

国外的热力模拟实验机只能实现加热、拉伸、压缩等功能，在单道次压缩和多道次压缩试验时，需要更换机头（占整体设备的近一半部件），无法同时实现拉伸、压缩等实验功能。MMS热力模拟实验机可以在不更换任何部件的情况下进行各项试验，可以模拟温度、应力、应变、位移、力、扭转角度、扭矩等参数，能进行热处理、拉伸、单道次压缩、多道次压缩、平面应变压缩、焊接热模拟、单道次扭转、多道次扭转、静态CCT、动态CCT、动态再结晶等多种实验。特别是拉扭复合、压扭复合大变形实验是MMS系列热力模拟实验机独有的实验功能，为材料性能的研究开辟了新的方法和手段。

在进行试验时，根据不同类型试验的需要，通过液压马达的转动调整半离合器的移动侧和固定侧的相对位置，可以进行不同的试验。当液压马达顺时针旋转时，由于半离合器的啮合作用，移动侧带动二轴向左移动，顺时针旋转到极限时，移动侧被左侧的二轴定位梁挡住，此时可以做拉伸试验。当液压马达逆时针旋转时，由于半离合器的啮合作用，移动侧带动二轴向右移动，旋转到一定位置后，移动侧的挡柱与固定侧的挡柱接触在一起，由于固定侧的位置不能移动，移动侧不能继续向右移动，使移动侧带动着二轴与固定侧及液压马达共同逆时针旋转，此时可以做扭转试验或组合连续大变形试验。移动侧与固定侧处于上述两种位置之间的相对位置时，可以进行单道次压缩、多道次压缩、热处理、连铸、焊接、平面变形等试验。

6.5.3.2 精确的温度测量策略保证了试验温度的测量和控制的准确性和精确度

发明专利“一种断电采集温度的测量采样方式”针对直接电阻加热时交变电流会在试样周围形成交变电磁场以及交流电的频率变化不规则，严重影响温度测量和控制精度等问题，提出了断电触发采集和采集时刻重置的温度测量策略，保证了试验过程中温度的测量和控制的准确性和精确度。

由于在直接电阻加热试样时，有上万安培的交流电流通过试样，这样将在试样及其周围空间形成相当强的电磁场，这种强磁场在热电偶回路及测试仪器中产生的干扰信号非常大，不能测量到正确的温度信号。如何实现快速加热过程的精确温度测量与控制，是热力模拟面临的一大难题，本创新成果是采用一种特殊温度测量策略后，顺利解决了该难题。

如图6-36所示，利用每周期晶闸管导通前约20°相位角的短暂周期来实现断电采集温度值，采样周期为10ms，在晶闸管导通前，试样两端的电压值几乎为零，没有电流流过，所以磁场的干扰很小，这时所测量的温度是试样的实际温度，故可达到精确测量温度的目的。

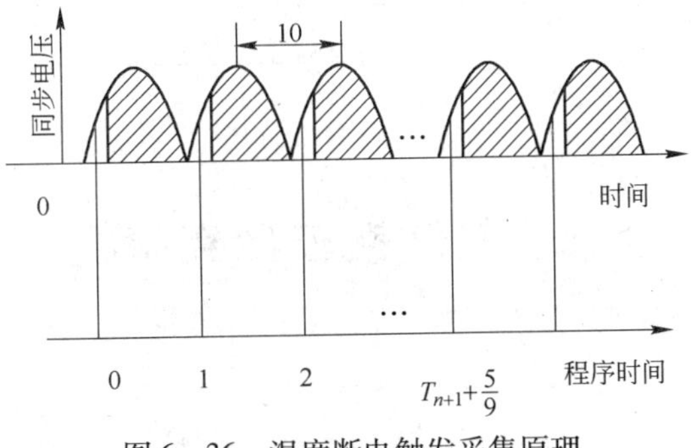

图6-36 温度断电触发采集原理

6.5.3.3 高精度高响应的控制系统与应用软件

RAL拥有计算机软件著作权的“MMS系列热力模拟实验机应用软件”和“MMS系列热力模拟实验机焊接热循环计算机应用软件”构建了高精度、超快速响应的控制系统。由于采用小试样进行模拟实验，变形过程往往只有20~50ms，需要在短暂时间内精确控制和测量位移、温度、应力等参数，并保持同步，对控制系统要求十分苛刻。采用BP神经网络PID控制策略和模糊控制策略，保证了MMS系列热力模拟实验机的高精度和快速变形的准确性。同时采用试验分类策略，简化了界面复杂程度，使设备操作简单易行。

MMS系列热力模拟实验机的主要性能指标达到或超过国外先进产品，项目成果达到了国际先进水平。实验功能超出国外同类设备，部分主要参数超过国外设备指标，即标志着我国在材料热加工领域应用的物理模拟设备开发能力和性能指标已达到国际先进水平，填补了该领域的国内空白，进一步拓宽了材料性能研究的方法和手段，为国内企业和研究院校提供了功能齐全、质优价廉的设备，社会效益巨大，市场前景广阔。表6-7为本装备与国外先进设备的性能比较。

表6-7 MMS热力模拟实验机与国外同类设备性能比较

性能指标	MMS热力模拟实验机	美国Gleeble热力模拟实验机	日本富士电波THERMECMASTOR
加热方式	直接电阻加热，试样横截面温度均匀	直接电阻加热，试样横截面温度均匀	高频感应加热，集肤效应，横截面温度不均匀
实验功能	拉伸、压缩、热处理等一般实验，及焊接热循环、扭转、拉扭复合加载、压扭大变形、超快冷实验	不能完成拉扭复合加载、压扭大变形、超快冷实验	不能完成焊接热循环、扭转、拉扭复合加载、压扭大变形、超快冷实验
最高加热温度/℃	1700	1700	1500
最大拉压力/kN	196	196	196
最大行程/mm	100	100	100
最大加载速度/$mm \cdot s^{-1}$	2000	2000	1000
最大应变速率/s^{-1}	200	200	100
最快加热速度/$℃ \cdot s^{-1}$	10000	10000	2000
位移控制精度	满量程的0.05%	满量程的0.1%	满量程的0.1%
力的控制精度	满量程的0.25%	满量程的1%	满量程的1%
温度控制精度/℃	±0.5	±1	±2

6.6 热浸镀模拟实验机

6.6.1 项目背景

金属材料的腐蚀几乎遍及国民经济和社会生活的各个领域，给国家造成重大的经济损失，腐蚀正成为人类可持续发展面临的重大障碍。

涂镀是防止钢铁腐蚀、延长钢铁使用寿命、赋予钢铁材料新功能而行之有效的重要手段。如镀锌钢板在汽车上的应用，使汽车的使用寿命提高了两年以上。

在世界钢铁产品总量中，涂镀产品约占1/10。在谋求钢铁工业和人类社会可持续发展的今天，涂镀技术在节省资源和能源、减少排放和保护环境、促进人类与自然的和谐发展等方面显示出日益重要的作用。

涂镀生产技术主要包括基板生产技术、连续退火、浸镀工艺及合金化后处理等几个方面，涉及钢铁生产的全过程，需要从钢材的成分设计、热轧直至涂镀工艺统筹考虑、综合攻关才能解决。

良好的基板材料是先进涂镀技术的基础。以汽车涂层板为例，为了追求轻量化，大量应用先进高强（AHSS）钢材，开发高强度、耐腐蚀性能优良的高强涂镀板是发展方向。如双相（DP）钢、相变诱导塑性（TRIP）钢和复相（CP）钢等，以满足目前汽车行业要求的高强钢铁材料的需求。AHSS 钢中常添加一些易氧化合金元素 Mn、Si、Al、Cr 等，如 Mn 的添加量可高达 2.5%，Si 可达 2.2%，Cr 和 Mo 最高添加量总和可达 1.2%。这些元素比铁更易氧化。在热浸镀过程中易发生选择性氧化而在钢板表面形成氧化层，使锌液与氧化部分的浸润性变差，从而造成漏镀等现象，是涂镀技术中面临的一大难题。

涂镀生产技术的研究开发在国外很早就得到了重视，并有专门的科研开发机构和专门的涂镀模拟实验装置进行相关的系统研究。同时国外对不同品种的涂镀生产工艺实行知识产权保护，对普通的涂镀生产工艺以专有技术形式对外转让，而对某些特殊高性能的涂镀生产工艺实行严格保密。

我国的涂镀生产线大部分是 20 世纪 90 年代后才建成的，生产线的装备水平与国外先进水平的差距并不大，但研发创新能力、新型生产工艺的实施以及产品质量稳定性方面却存在着较大的差距。缺乏具有自主知识产权的涂镀工艺、技术和产品。

提升涂镀产品性能、促进相关关键技术的进步绝非轻而易举就能解决，而是一项系统工程，需要全流程、多学科联合攻关。

因此，研制能够进行全工艺流程和系统化研究的热浸镀模拟实验机，对于提升我国涂镀行业的研究水平，显得十分重要和迫切。

6.6.2 热浸镀模拟实验机的国内外现状

目前，国外工业发达国家十分注重热浸镀模拟实验装置的研制，将这种实验装置分为两类，即生产线型带钢热浸镀模拟实验装置和单片试样型热浸镀模拟实验装置。

生产线型带钢热浸镀模拟实验装置是实际生产线按一定比例的缩小，全程模拟实际生产线各工序，以成卷的带钢为试样原料模拟实际生产工艺进行连续实验的装备，如德国 CRM 的生产线型带钢热浸模拟实验装置，这种实验装置十分复杂，长度近 50m，占地多，开展试验的费用大，不够经济。由于这种原因，我国尚没有一家企业或科研结构应用这种实验装置。

单片试样型热浸镀模拟实验装置采用单片钢板为试样，以单体设备为主，可以模拟带钢连续热浸镀实际生产的主要工艺过程和参数，如连续退火、热浸镀和合金化后处理等。这种实验装置相对比较经济，实验成本低。比较著名的有奥钢联和日本 RHESCA 公司研制的实验装置，该类设备被高度垄断，因此售价十分昂贵，目前国内有少量单位引进，这种高昂的研究设备极大地限制了国内在热浸镀锌方面的研究，不利于我国热浸镀产品性能的提高。

奥钢联和日本的热浸镀模拟实验装置都存在如下问题，需要改进：

（1）采用模块叠加设计方法，有专门固定的试样装卸区，由于试样及其导杆的行程需要从最顶端到底端，导致设备比较庞大，奥钢联开发的装置高度达到近 5m，日本 RHES-

CA公司开发的装备高度也超过4m，一般实验室根本摆放不下，同时也增加了装备的制造成本。

（2）锌液相对试样静止不动，浸镀过程很难模拟实际生产线带钢在锌液中总是以一定的速度穿过，形成的相对运动、有利于浸镀情况。

（3）试验时无法给试样施加张力，与实际生产中带钢所处的张力状态不符。

（4）退火加热区采取N_2、H_2混合还原性气氛保护时，H_2容易集积在腔体的上部分，导致试样在高度方向还原程度不一样。

（5）冷却区只有喷气冷却方式，不能提供喷水和喷雾冷却方式。

（6）感应加热方式会形成强磁场，对热电偶测温方式产生干扰，影响温度控制精度。

目前我国还不能生产高性能的热浸镀模拟实验机。我国一些研究和生产单位因国外设备昂贵，只有武钢、鞍钢、本钢等少数大型企业引进了国外设备，而国内在涂镀新产品开发、工艺优化、设备改进等方面都有较大需求，这就要求尽快、尽早地研制出具有我国自主知识产权的热浸镀模拟实验机。

6.6.3 热浸镀模拟实验机的试验功能与主要性能指标

东北大学RAL国家重点实验室研发的具有自主知识产权的热浸镀模拟实验机，拥有两项发明专利，实物照片如图6－37所示。针对热浸镀过程中工艺的复杂性，研发的热浸镀模拟实验机具有结构简单、灵活实用的特点，是一台具备综合功能的模拟实验机，可以通过控制试样温度、速度、张力及对镀层控制有关的参数，包括气刀位移、气刀角度、吹气压力等参数，进行多种浸镀参数试验。针对热浸镀过程中加热工艺的复杂性和多样性，突破退火加热由红外加热炉实现，合金化加热由感应加热炉实现的复杂设计传统，设计出独特的电阻加热炉腔，达到简化设备，节约空间，降低成本，利于维护的目的。针对国内外类似设备在热浸镀过程中，没有对张力进行控制或控制精度不高的缺憾，设计了独有的液压夹头装置为试样提供精确张力控制，弥补了国内外热浸镀模拟实验机不能模拟实际生产中的张力环境的缺陷，具备传动灵活、定位精准、装卡试样迅速的特点，为在一个炉腔内实现退火与合金化两项加热任务提供了实现的条件。针对热浸镀过程中气氛控制的复杂性，还设计了热浸镀模拟实验机的气氛控制系统，保证了气刀的吹扫功能以及试样退火加热和合金化加热的气氛保护，此外还能为试样进行热处理提供真空环境，使试样在加热过程中获得不同工况，为热镀锌提供条件。针对氢气使用的安全性，通过分析模拟实验机的气体工作原理和氢气的物理特性，设计开发出一整套氢气使用的安全控制策略，主要包括炉体密封性能的安全控制、炉体内气体含量的安全控制、厂房内氢气检测报警的安全控制、安全互锁和紧急处理、安全操作规程等策略。

图6－37 热浸镀模拟实验装置

带钢连续热浸镀锌生产线的最主要工艺过程由连续退火、浸镀过程、合金化处理等三部分构成。因此，热浸镀模拟实验机的实验功能主要是连续退火模拟（包括加热过程、炉内气氛、冷却过程及带钢张力模拟）、浸镀过程模拟（包括热浸镀和气刀吹扫过程模拟）和合金化处理模拟（包括浸镀后快速加热过程、冷却过程和炉内气氛模拟）等，其实验功能设计如图 6－38 所示。预清洗段的预处理过程可在实验前离线处理。

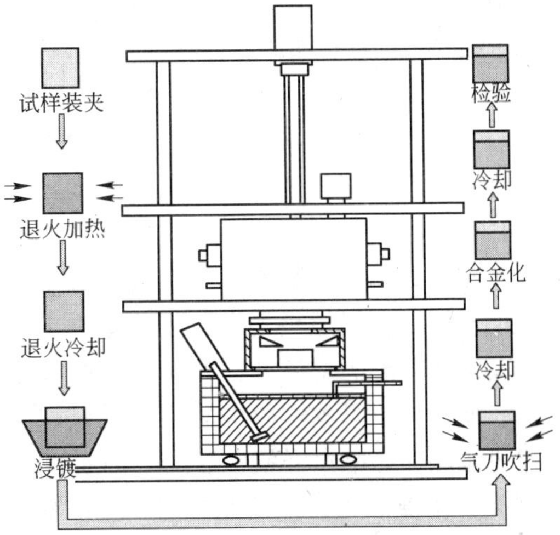

图 6－38 热浸镀模拟装置工艺实验流程

根据热浸镀模拟实验机的实验功能，采用模块化设计方法，进行各单体装置的研发，主要包括加热模块、冷却模块、试样传输装置、张力装置、隔离密封装置、气刀吹扫模块、热浸镀模块（锌锅）及附属装置（保护性气体系统、气刀供气系统、真空系统、水冷系统、液压系统、气动系统、气体分析系统、安全监控系统和测控及数据处理系统）等组成部分。

（1）加热模块，主要是对试样进行连续退火热处理及热浸镀后的合金化处理，采用低压大电流直接电阻加热手段对试样进行加热。试样加热装置包括加热炉腔、水冷单元、保护气单元及液压夹头 4 个部分。其中加热炉腔是试样加热的唯一场所；液压夹头用以夹紧试样，导通电流进行加热，当然此液压夹头还能为加热过程中的试样提供精确的张力控制；水冷单元包括水箱、泵、阀和连接管路，用于加热炉腔和液压夹头的冷却；保护气单元包括气源、减压阀、电磁开关阀和连接管路用于提供加热炉腔保护气和试样控制冷却。

（2）冷却模块，对试样提供喷气、喷雾和喷水等不同冷却方式，能够实现试样从慢速到快速的冷却效果。

（3）试样传输装置，由试样导杆带动试样在垂直方向上下移动，使试样能够在加热模块、冷却模块、气刀吹扫模块和热浸镀模块（锌锅）间往返运动。试样传输装置包括力矩电机、滚珠丝杠、升降杆、导杆、支承座等。由力矩电机带动滚珠丝杠转动，滚珠丝杠转动后会带动升降杆上下移动，由此完成试样的传输任务，使试样可以在加热炉腔、气刀室和锌锅间往返运动。其中升降杆内部有热电偶导线，冷却循环水路，以保证加热时对试样的温度控制和对升降杆冷却保护。

（4）张力装置，通过液压夹头调整试样张力，为试样加热时提供张力，保证试样在连续退火和合金化时保持良好的板形。张力装置主要由液压夹头、液压站、位移传感器组成。主要功能用于为试样加热时提供张力，克服试样在退火和合金化加热时的板形瓢曲问题。其次液压夹头的优势在于可以实现快速装卡试样，并可以在线提供精确的张力控制。

（5）隔离密封装置，用于隔离密封实验装置的上下两部分，真空插板阀使上下相互独立，当抽出隔板时，上下经通道处于连通状态。隔离密封装置主要由隔离箱、气动插板阀及空压机组成。主要动作为气动插板阀的开启和关闭，此动作由空压机提供动力。

（6）气刀吹扫模块，通过供气回路给气刀喷嘴供气，主要功能为控制热浸镀层的厚度和质量，供气压力在 2～30kPa 之间；气刀的开口可以调节缝宽、角度和与试样的相对位置。在气刀吹扫过程中，会导致镀层增厚或厚边等现象，故在气刀的供气系统中增加加热装置，使 N_2 等喷射气体经过时被加热，并能控制调整其温度，为研究喷射气体温度对镀层的影响规律提供了实验手段。气刀装置包括一对气刀体、气刀基座、角度调整杆、距离调整杆、氮气连接管路。气刀刀头缝隙大小、喷气角度、喷气距离需要在实验前预设好，不可在线调节，喷吹气压可以在线调节。

（7）热浸镀模块（锌锅），主要用于熔锌（铝）。锌锅系统主要由坩埚、坩埚加热炉、锌锅小车、锌锅搅拌装置、锌液循环系统、刮渣装置6大部分组成。其中锌锅小车是整套系统的载体，锌锅的相关设备均安装在其上面。坩埚加热炉直接包裹着坩埚并置于小车内，其主要功能为熔锌。锌锅搅拌装置和锌液循环装置一起模拟实际生产中的流动的锌液实况，此功能也是本实验机的特色设计。刮渣装置顾名思义，熔化的锌液表面会有杂质，如果不刮除会影响试样浸镀后的表面质量。

（8）附属装置，包括保护性气体系统、气刀供气系统、真空系统、水冷系统、液压系统、气动系统、气体分析系统、安全监控系统和测控及数据处理系统，保障各种实验功能的实现。

其中保护性气体包括退火用气体和冷却用气体两部分。退火用气体是不同气体的混合形式，提供给模拟装置的气体主要来自氮气储存箱及氢气压力储存箱，气体在氮气氛围中进行润湿，可根据需要调节其露点。退火气体可加热到50℃左右，以避免凝结或吸收。气体的排气口有快速强制排气功能，保证快速更换装置内部的气体成分。冷却用气体主要有纯的氮气和一定含量的氮氢混合气体，分别存储在两组氮气和氢气的压力容器瓶内，这样可以在快速冷却时间内保证提供足够量的气体。

水冷系统利用循环水对加热模块、试样杆和液压夹头进行冷却，同时在气体分析系统和安全监控系统发现有危险时，水冷系统能强制喷水为模拟装置降温，保证安全，防止爆炸。

液压系统主要为液压夹头实施精确控制。

气动系统为隔离密封装置的隔板提供动力，对部分气体进行增压控制。

热浸镀模拟实验机的主要性能指标如表6－8所示。

表6－8 热浸镀模拟实验机的主要性能指标

试样尺寸	200mm×150mm×(0.2～3)mm
加热方式	低压大电流直接电阻加热
加热范围	室温～1200℃
炉内气氛	N_2、H_2 混合气体，可模拟连续退火炉内气氛；露点可调
加热速度	厚0.2～3mm的板试样0～50℃/s，可调
冷却速度	厚0.2～3mm的板试样，喷气的冷却速度0～160℃/s，可调
温度控制精度	±1℃
试样最大行程	>1000mm
试样升降速度	0～1m/s，可调
锌锅最高温度	500℃

综上所述，RAL研发的热浸镀模拟实验机具有以下创新点：

（1）对比国外同类设备，取消了退火与合金化两个加热腔的独立设计模式，精简为一个低压大电流直接加热腔，可同时实现退火与合金化加热，大大降低成本。

（2）独特液压夹头装置，可精确控制张力，克服试样板形瓢曲问题。

（3）模块化设计，结构紧凑，功能多样，可实现连退、镀锌、镀铝等模拟试验。

（4）具有自主知识产权，并拥有2项发明专利。

6.6.4 结束语

中试研究设备的研制与开发，已形成集热轧、控冷、冷-温轧、热模拟、多功能连续退火和热浸镀模拟实验机等实验设备，涵盖全部钢铁生产轧制过程的技术、装备和产品研发创新平台。标志着我国中试研究设备的研制与开发向着系列化、示范化和服役实用型发展。通过中试研究创新性工作，建立了东北大学与钢铁企业产学研校企联合科技攻关开发实验研究装备的科技创新机制。为我国冶金装备研制、新型金属材料开发，提供了有效的研究手段和科技创新空间。

自1997年到现在，东北大学RAL中试创新团队不畏艰难，勇于创新，攻克了一个又一个技术难题，开发出一系列企业急需，支撑企业自主创新的实验研发技术和装备。这些技术和装备在钢铁行业获得高度认可，目前已经推广应用到鞍钢、宝钢、首钢、太钢、武钢、包钢、河北钢铁和台湾中钢等17家国内外著名钢铁企业，为解决企业发展中的技术难题，开发新钢种、新装备和新技术，提升企业的自主创新能力，增强企业的核心竞争力做出了重大贡献。通过“轧制技术、装备和产品研发创新平台”建设与推广应用，有效打通以企业为主体，高校为技术依托的从科技研发到成果转化的完整创新链条。攻克共性技术和企业关键技术，为实现校企科技创新、人才培养以及学科建设的有机结合奠定了坚实的基础。十几年的理论探索与实践，涌现出一大批注重理论与实际应用型科技英才，中试研究创新团队的科研实践，探索出一条高校在技术研发与成果转化的创新之路，创出了东北大学和RAL的品牌。

十年磨一剑，RAL在学术带头人王国栋院士的带领下，在原金属压力加工系老前辈教学及科研工作的基础上，经过十几年的潜心钻研，甘于寂寞，默默坚守，在轧制技术、装备和产品研发领域取得了多项具有突破性的科研成果。“现代轧制技术、装备和产品研发创新平台”获得2012年度国家科技进步二等奖，这是中试研究领域至今获得的最高奖励。2010年“现代轧制技术中试研究创新平台”获得辽宁省科学技术进步一等奖；2011年“板带轧制中试研究装备与应用”获得冶金行业科学技术二等奖；2012年“高品质硅钢生产工艺研究装备开发及应用”获得辽宁省科技进步二等奖；2011年“剪切/振动熔体处理短流程加工技术及其应用”获辽宁省科技进步二等奖；2011年“热力模拟实验技术与装备——MMS系列热力模拟实验机的研制与开发”获得冶金行业科学二等奖。这是东北大学作为第一完成单位在中试研究领域3年内一举拿到6项省部级一、二等以上科技成果奖励。

东北大学RAL完成的轧制技术系列化的中试研究创新性工作，从基础研究→技术开发→工程应用→行业推广，建立了由科技研发到产业化推广应用以及学校与钢铁企业校企联合科技攻关开发实验研究装备的科技创新机制，为我国冶金装备研制、新型金属材料开发提供了有效的研究手段和科技创新空间。自1997年到现在，东北大学RAL中试创新团队开发出一系列企业研发急需，支撑企业自主创新的实验研发技术和装备。这些技术和装备在钢铁行业获得高度认可，已经推广应用到鞍钢、宝钢、首钢、太钢、武钢、包钢、河北钢铁和中国台湾中钢等多家著名钢铁企业，为解决企业发展中的技术难题，开发新钢种、新装备和新技术，为企业培养了大批科技创新型人才，提升企业的自主创新能力，增强企业的核心竞争力。有效打通以企业为主体，高校为技术依托的科技研发到成果转化的完整创新链条，攻克共性技术和企业关键技术，为实现校企科技创新、人才培养以及学科建设的有机结合奠定了坚实的基础。但是，我国作为钢铁大国，高性能冷轧产品和高端制备技术的研发与世界工业发达国家相比还有很大差距。我们作为工作在钢铁研发领域的科技人员和工程技术人员深感任务艰巨，任重道远。

6.6.5 致谢

项目的研究工作获得的国家相关基金资助包括：

（1）国家“863”计划项目和国家“985”工程项目资金资助；

（2）国家自然科学基金 U1260204、No. 51174059、No. 51274063 资助；

（3）国家重点实验室开放课题资金资助；

（4）中国汽车联盟基金资助；

（5）中央高校基本科研业务费资助 No. 120407005。

参考文献

[1] 谢建新．难加工金属材料短流程高效制备加工技术研究进展［J］．中国材料进展，2010，29（11）：1～7.

[2] 钟太彬，林均品，陈国良．Fe_3Si 基合金的制备及应用研究进展［J］．功能材料，1999，30（4）：337～339.

[3] 吴玉美，陆晔，耿磊．我国今年1～7月硅钢产销分析［J］．科技视界，2012，28：442，438.

[4] Liang Y F，Lin J P，Ye F，et al. Microstructure and Mechanical Properties of Rapidly Quenched Fe－6.5wt.％ Si Alloy［J］. Journal of Alloys and Compounds，2010，504S：S476～S479.

[5] Ye F，Liang Y F，Wang Y L，et al. Fe－6.5wt.％ Si High Silicon Steel Sheets Produced by Cold Rolling［J］. Materials Science Forum，2010，638～642：1428～1433.

[6] 裴伟，沙玉辉，赵瑞清，左良．异步轧制无取向硅钢的再结晶织构演变［J］．东北大学学报（自然科学版），2012，33（9）：1261～1265.

[7] Sha Y H，Zhang F，Zhou S C，et al. Improvement of recrystallization texture and magnetic property in non－oriented silicon steel by asymmetric rolling［J］. Journal of Magnetism and Magnetic Materials，2008，320（3/4）：393～396.

[8] Pei W，Sha Y H，Yang H P，et al. Through－thickness texture variation in non－oriented electrical steel sheet produced by asymmetric rolling［J］. Advanced Materials Research，2009，79/80/81/82：1947～1950.

[9] SEAN R A，OZGUR D. Plastic anisotropy and the role of non－basal slip in magnesium alloy AZ31B［J］. International Journal of Plasticity，2005，21（6）：1161～1193.

[10] 江海涛，陆春洁，段晓鸽，唐荻，李志超．AZ31镁合金的热变形加工图及其应用［J］．北京科技大学学报，2012，34（7）：808～812.

[11] Medrea C，Negrea G，Domsa S. Aging Effect on Texture Evolution during Warm Rolling of ZK60 Alloys Fabricated by Twin－Roll Casting［C］. 10th ESAFORM Conference on Material Forming，2007：541～546.

[12] 夏伟军，蔡建国，陈振华，陈刚，蒋俊峰．异步轧制AZ31镁合金的微观组织与室温成形性能［J］．中国有色金属学报，2010，20（7）：1247～1253.

[13] WATANBE H，MUKAI T，ISHIKAWA K. Differential speed rolling of an AZ31 magnesium alloy and the resulting mechanical properties［J］. Journal of Materials Science，2004，39：1477～1480.

[14] KIM W J，PARK J D，KIM W Y. Effect of differential speed rolling on microstructure and mechanical properties of an AZ91 magnesium alloy［J］. Journal of Alloys and Compounds，2008，460（1/2）：289～293.

[15] Huang G B，et al. Extreme leaning machine for regression and multiclass classification［J］. IEEE Transactions on Systems，Man and Cybernetics－Part B，Vol. 42，No. 2，pp. 512～529，2012.

[16] Raick G M，Continuous Annealing Technology，Innovation for Modern Carbon Steel Processing，Presentation on the CAL_ SYMPOSIUM_ INDIA_ 2012，www. sms－siemag. com.

[17] M. Jaenecke，High－class continuous annealing and hot－dip galvanizing lines for a growing market，Presentation on the MINERALS，METALS，METTALLURGY & MATERIALS－8th International Conference 2011，www. sms－siemag. com.

[18] 蒂森克虏伯先进高强钢热镀锌技术最新发展（上，下）．国家冶金信息网（http：//www. metalinfo. cn），2014.

[19] 徐跃民．冷轧电工钢生产新技术［J］．上海金属，2007，29（5）：47～51.